U0415192

"十四五"时期国家重点出版物出版专项规划项目

# 石墨烯手册

## 第7卷:生物材料

Handbook of Graphene

Volume 7: Biomaterials

[马来西亚]苏莱曼·瓦迪·哈伦(Sulaiman Wadi Harun) 主编

王 刚 王旭东 杨晓珂 潘 登 李炯利 译

国防工业出版社

·北京·

著作权合同登记 图字:01-2022-4691号

图书在版编目(CIP)数据

石墨烯手册. 第7卷,生物材料/(马来)苏莱曼·瓦迪·哈伦主编;王刚等译. —北京:国防工业出版社,2023.1

书名原文:Handbook of Graphene Volume 7: Biomaterials

ISBN 978-7-118-12695-2

Ⅰ.①石… Ⅱ.①苏… ②王… Ⅲ.①石墨烯—应用—生物材料—手册 Ⅳ.①TB383-62

中国版本图书馆CIP数据核字(2022)第193195号

Handbook of Graphene, Volume 7: Biomaterials by Sulaiman Wadi Harun

ISBN 978-1-119-46977-3



※

国防工業出版社 出版发行

(北京市海淀区紫竹院南路23号 邮政编码100048)

北京虎彩文化传播有限公司印刷

新华书店经售

*

开本 787×1092 1/16 印张 18 字数 438 千字

2023年1月第1版第1次印刷 印数 1—1500册 定价 168.00元

---



国防书店:(010)88540777 书店传真:(010)88540776

发行业务:(010)88540717 发行传真:(010)88540762

# 石墨烯手册

## 译审委员会

主　任　戴圣龙

副主任　李兴无　王旭东　陶春虎

委　员　王　刚　李炯利　郁博轩　党小飞　闫　灏　杨晓珂

潘　登　李文博　刘　静　王佳伟　李　静　曹　振

李佳惠　李　季　张海平　孙庆泽　李　岳　梁佳丰

朱巧思　李学瑞　张宝勋　于公奇　杜真真　王　珺

于　帆　王　晶

# 译者序

碳，作为有机生命体的骨架元素，见证了人类的历史发展；碳材料和其应用形式的更替，也通常标志着人类进入了新的历史进程。石墨烯这种单原子层二维材料作为碳材料家族最为年轻的成员，自2004年被首次制备以来，一直受到各个领域的广泛关注，成为科研领域的“明星材料”，也被部分研究者认为是有望引发新一轮材料革命的“未来之钥”。经过近20年的发展，人们对石墨烯的基础理论和在诸多领域中的功能应用方面的研究，已经取得了长足进展，相关论文和专利数量已经逐渐走出了爆发式的增长期，开始从对“量”的积累转变为对“质”的追求。回顾这一发展过程会发现，从石墨烯的拓扑结构，到量子反常霍尔效应，再到魔角石墨烯的提出，人们对石墨烯基础理论的研究可以说是深入且扎实的。但对于石墨烯的部分应用研究而言，无论在研究中获得了多么惊人的性能，似乎都难以真正离开实验室而成为实际产品进入市场。这一方面是由于石墨烯批量化制备技术的精度和成本尚未达到某些应用领域的要求；另一方面，尽管石墨烯确实具有优异甚至惊人的理论性能，但受实际条件所限，这些优异的性能在某些领域可能注定难以大放异彩。

我们必须承认的是，石墨烯的概念在一定程度上被滥用了。在过去数年时间内，市面上出现了无数以石墨烯为噱头的商品，石墨烯似乎成了“万能”添加剂，任何商品都可以在掺上石墨烯后身价倍增，却又因为不够成熟的技术而达不到宣传的效果。消费者面对石墨烯产品，从最初的好奇转变为一次又一次的失望，这无疑为石墨烯应用产品的发展带来了负面影响。在科研上也出现了类似的情况，石墨烯几乎曾是所有应用领域的热门材料，产出了无数研究成果和水平或高或低的论文。无论对初涉石墨烯领域的科研工作者，还是对扩展新应用领域的科研工作者而言，这些成果和论文都既是宝藏也是陷阱。

如何分辨这些陷阱和宝藏？石墨烯究竟在哪些领域能够为科技发展带来新的突破？石墨烯如何解决这些领域的痛点以及这些领域的前沿已经发展到了何种地步？针对这些问题，以及目前国内系统全面的石墨烯理论和应用研究相关著作较为缺乏的状况，北京石墨烯技术研究院启动了《石墨烯手册》的翻译工作，旨在为国内广大石墨烯相关领域的工作者扩展思路、指明方向，以期抛砖引玉之效。

《石墨烯手册》根据Wiley出版的*Handbook of Graphene*翻译而成，共8卷，分别由来自世界各国的石墨烯及相关应用领域的专家撰写，对石墨烯基础理论和在各个领域的应用研究成果进行了全方位的综述，是近年来国际石墨烯前沿研究的集大成之作。《石墨烯手册》按照卷章，依次从石墨烯的生长、合成和功能化；石墨烯的物理、化学和生物学特性研究；石墨烯及相关二维材料的修饰改性和表征手段；石墨烯复合材料的制备及应用；石墨烯在能源、健康、环境、传感器、生物相容材料等领域的应用；石墨烯的规模化制备和表征，以及与石墨烯相关的二维材料的创新和商品化展开每一卷的讨论。与国内其他讨论石墨烯基础理论和应用的图书相比，更加详细全面且具有新意。

《石墨烯手册》的翻译工作历时近一年半，在手册的翻译和出版过程中，得到国防工业出版社编辑的悉心指导和帮助，在此向他们表示感谢！

《石墨烯手册》获得中央军委装备发展部装备科技译著出版基金资助，并入选“十四五”时期国家重点出版物出版专项规划项目。

由于手册内容涉及的领域繁多，译者的水平有限，书中难免有不妥之处，恳请各位读者批评指正！

北京石墨烯技术研究院

《石墨烯手册》编译委员会

2022年3月

# 前言

石墨烯自2004年从石墨中被发现并成功分离以来，迅速成为科学界的新兴研究热点。由于石墨烯基材料具有出色的电性能、力学性能和热特性以及生物相容性，因此被广泛应用于医疗行业，尤其是生物电子学、生物成像、药物输送和组织工程学等领域。石墨烯基材料还具有出色的电化学特性和光学特性，以及通过 π－π 堆叠作用、静电相互作用等方式吸附多种芳香族生物分子的能力，从而使其成为构建生物传感器和装载药物的理想材料。本卷面向的主要读者是即将毕业的本科生、攻读学位的研究生，以及刚刚跨入石墨烯生物材料研究领域的人员。本书力图概述石墨烯在生物医学应用领域的诸多研究，这些应用是通过不同的方式利用石墨烯的性质来实现的。

第1章全面阐述了石墨烯和石墨烯基材料在生物（如生物传感及生物成像、生物靶向）、医学和生物医学（如药物输送和抗菌等）领域的应用。氧化石墨烯作为石墨烯的衍生物，同样具备石墨烯的结构和性能特点，因此也被广泛应用于各个领域。第2章介绍了氧化石墨烯纳米片对水泥复合材料结构和性能的影响。迄今为止，人们不断地探索石墨烯基材料在医学应用中的潜在风险指数，以及用作组织工程材料的可持续性。第3章详细介绍了石墨烯基材料在临床改善中的应用，这些应用领域包括心脏、神经、软骨、肌肉骨骼和皮肤工程等。第4章介绍了突触器件的基本工作原理，并与生物突触进行类比，在此基础上讨论了几种基于石墨烯的电阻式存储器和晶体管的物理学原理。第5章集中阐述了不同石墨烯基材料的结构及其合成方法、相应材料的性质、优缺点以及这些材料作为生物医学植入物的应用。第6章介绍了二硫化钼和二硫化钨可饱和吸收体在超短脉冲光纤激光器上的应用。第7章内容是对比研究，通过分子模拟和实验，确定石墨烯对沥青黏合剂热力学性能的影响。

石墨烯基生物材料具有大表面积体积比、易于表面功能化等独特性质，这些性质为药物的靶向输送提供了良好的灵活性，并与生物环境形成优良的相互作用，这使得石墨烯基生物材料被广泛应用于生物医学。第8章重点介绍了石墨烯基给药系统向大脑和中枢神经系统输送药物等方面的功效。微生物感染每年都导致数百万人罹患疾病，这已成为全球主要的公共卫生问题之一。尽管研究人员已经揭示石墨烯基材料具有较好的抗菌能力，且几乎不会使细菌产生耐药性，对哺乳动物细胞的毒性也在可耐受范围之内，但是，在进一步应用于生物医药学之前，必须仔细评估这些材料对健康的潜在影响，因此第9章重点介绍石墨烯基材料对全球公共卫生的潜在价值（抗微生物活性）。石墨烯量子点于2007年被发现，是石墨烯家族中最“年轻”的成员之一，第10章将讨论这些材料的结构、性能和生物医学应用。第11章深入讨论了功能化石墨烯基纳米材料在酶固化领域研究的最新进展，这些进展旨在构建强健的纳米生物催化系统。

在此，谨向所有为本书的出版提供帮助的人，以及国际先进材料协会表示由衷的感谢。

苏莱曼·瓦迪·哈伦（Sulaiman Wadi Harun）
马来西亚吉隆坡
2019年2月7日

# 目录

# 第1章 石墨烯和石墨烯基材料在生物、生物医药及医学领域的应用

E. R. Sadiku[1], O. Agboola[1,2], I. D. Ibrahim[3], T. Jamiru[3], B. R. Avabaram[1], M. Bandla[1], W. K. Kupolati[4], O. S. Olafusi[4], J. Tippabattini[1,5], K. Varaprasad[1,6], K. A. Areo[3], S. C. Agwuncha[1,7], B. O. Oboirien[8], T. A. Adesola[3], C. Nkuna[1], J. L. Olajide[1], M. O. Durowoju[1], S. J. Owonubi[1,9], V. O. Fasiku[9], B. A. Aderibigbe[10], V. O. Ojijo[11], D. Desai[3], R. Dunne[3], K. Selatile[1], G. Makgatho[1], M. C. Khoathane[1], W. Mhike[1], O. F. Biotidara[12], S. Periyar Selvam[13], Reshma B. Nambiar[13], Anand Babu Perumal[13], M. K. Dludlu[1], A. O. Adeboje[4], O. A. Adeyeye[1], S. Sanni[2], A. S. Ndamase[1], G. F. Molelekwa[1], K. Raj Kumar[14], J. Jayaramudu[1,14], O. O. Daramola[1,15], M. J. Mochane[1,16], Nnamdi Iheaturu[17], Ihuoma Diwe[17], Betty Chima[17]

[1]南非比勒陀利亚茨瓦尼科技大学化学冶金与材料工程系纳米工程研究所

[2]尼日利亚奥塔科文纳特大学化学工程系

[3]机械工程、机电和工业设计系

[4]南非比勒陀利亚茨瓦尼科技大学土木工程系

[5]智利塔尔卡,塔尔卡大学自然资源化学研究所材料科学实验室

[6]智利康塞普西翁建筑实验室先进聚合物研究中心

[7]尼日利亚尼日尔州拉派,易卜拉欣·巴班吉达大学化学系

[8]南非约翰内斯堡大学化工技术系

[9]南非梅富根,南非西北大学梅富根校区生物科学系

[10]南非爱丽斯福特哈尔大学化学系

[11]南非比勒陀利亚科学和工业研究委员会,科学技术部国家纳米材料中心

[12]尼日利亚拉各斯亚巴,亚巴技术学院纺织与高分子科学系

[13]印度泰米尔纳德邦,印度SRM大学生物工程学院食品加工工程系

[14]印度阿萨姆邦焦哈,特科学与工业研究委员会,东北科技研究院,煤炭化学部

[15]尼日利亚翁多州阿库雷联邦技术大学冶金与材料工程系

[16]南非夸祖鲁-纳塔尔省祖鲁兰德大学化学系

[17]尼日利亚伊莫州奥维里联邦科技大学高分子与纺织工程系

**摘　要**　石墨烯可能是迄今为止发现的最强大的材料之一。本章简要介绍了石墨烯和石墨烯基材料的应用,包括生物、生物传感和生物成像、生物靶向、医学和生物医学、药物递送和抗菌应用。然而,纳米石墨烯基材料的细胞毒性、代谢特性和性能仍是人们非常

关心的问题，需要在临床应用之前充分解决。例如，GO－DTPA－Gd/DOX 基材料已被报道对癌细胞(HepG2)显示出显著的细胞毒性，这为构建基于氧化石墨烯(GO)的具有 $T_1$ 加权磁共振成像、荧光成像和药物递送功能的纳米治疗平台提供了一种新的策略。rGO－NS 纳米杂化物可以通过简单地改变生长反应参数表现出可调节的光学性质，与纯金纳米星相比，它的稳定性更高，而且对用于生物靶向的芳香族有机分子具有灵敏的表面增强拉曼散射(SERS)响应。对于生物标记和生物识别，芳香族抗癌药物分子可以通过超分子 π 堆积与 GO 纳米片相互作用，以实现高载药量和 pH 响应型药物释放性能。在生物医学应用领域，GO－IONP－Au－PEG 在多项体外细胞实验和体内动物实验中表现出其性能得到了显著提高。在药物递送方面，根据 GO 氧化程度的不同，GO 可被调节以适应不同药物模型的吸附，与氧化程度较低的 GO 相比，高氧化度的 GO 在体外实验中可作为更好的药物载体，如 poly dT30。通过使用 GO－CS－PHGC 复合材料，可以显著抑制革兰氏阴性菌和革兰氏阳性菌。

**关键词** 纳米石墨烯，氧化石墨烯，生物医学，药物递送，基因传递，癌症，纳米片

## 1.1 概述

除了已经被广泛研究的碳炔[1]外，目前为止，没有比石墨烯和金刚石强度更高的材料。Liu 等[1]通过提供碳炔完整的弹性模，重建了等效连续介质弹性表示方式，它表现出突出的力学性能(例如，标称弹性模量为 32.7TPa，有效机械厚度为 0.0772nm，刚度约为 $10^9$N·m/kg)，而碳纳米管或石墨烯的刚度约为 $4.5\times10^8$N·m/kg。因此，石墨烯似乎在各种可能的应用(包括医学应用)中与碳炔竞争激烈，但碳炔相对不稳定。

石墨烯具有独特的光学特性，在真空中单原子层具有低透光性，这是由于单层石墨烯结构的能量非常低，其特征是电子和空穴锥形带在狄拉克点相遇，这种现象在数量上不同于常见的二次质量带。单层石墨烯尽管本身呈透明，但其具有一定的不透光性，所吸收的光高于正常预期值。大约十年前，制造石墨烯的唯一技术还是将石墨片放置在胶带上，并通过小心剥离胶带来分离单层，即"透明胶带技术"。后来，科学家提出一种生产石墨烯的有效方法[2]，即将铜、镍或硅作为基底材料，然后将这些材料蚀刻掉。

最近，石墨烯的生产方法取得了进展，包括：化学气相沉积(CVD)技术生长多晶石墨烯，卷对卷技术、电化学剥离、水热自组装、化学气相沉积、嵌入、旋涂、超声速喷涂、纳米管切片和二氧化碳还原法。

2004 年，Geim 和 Novoselov[3]发现了排列成六边形晶格的另一种形式的碳(同素异形体)，如图 1.1 所示。这是一种由碳原子组成的扁平单层，紧密堆积成二维蜂窝状网格，显示出优异的特性。由于其独特的结构和多功能性，石墨烯在构建用于生物传感的新型生物界面等方面也引起了科学家们越来越多的关注。为了开发更通用可调的石墨烯基二维纳米材料，如石墨碳氮化物、氮化硼、过渡金属二硫化物和过渡金属氧化物，新型生物界面的构建已经产生了具有许多结构和组合特征的材料。在这方面，石墨烯基复合材料由于其原子厚度的二维共轭结构、高导电性、大比表面积和可控修饰等特点，已被广泛应用于生物传感领域。这些二维材料最近在多个学科领域中得到研究和开发并显示出优异的特性，包括物理、医学、生物学、工程学和化学，多学科交叉应用体现了二维纳米材料的多面

性,尤其是石墨烯材料的多功能性表现突出。因此,近年来,石墨烯和相关二维材料在基础科学和应用工程的各个领域都发挥了重要的作用。石墨烯与高分子材料、金属复合材料、贵金属、碳材料、陶瓷等不同功能纳米材料复合制备的石墨烯基复合膜具有巨大的膜结构优势,表现出独特的光学、力学、电学、化学和催化性能。

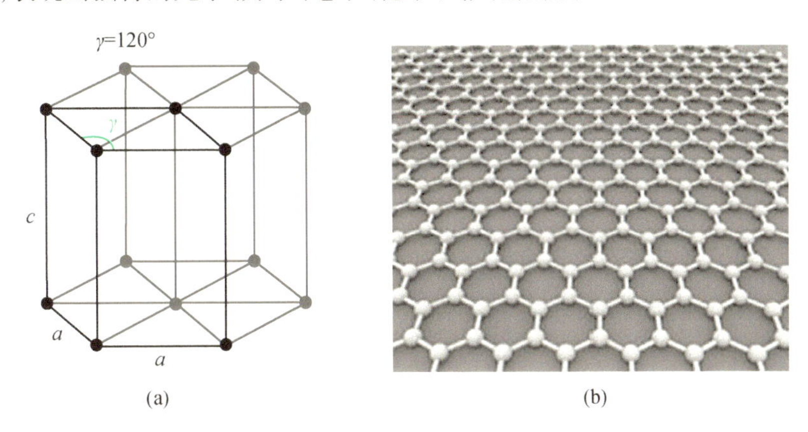


图 1.1 石墨烯[4-5]
(a)一种原子尺度的六边形晶格;(b)由碳原子构成的扁平单层。

自发现石墨烯以来,科研人员对石墨烯的研究进展突飞猛进,使石墨烯和石墨烯基材料(G-bMs)被广泛应用。例如,石墨烯被用于医疗和生物医学领域,包括药物递送、组织工程、生物微机器人、医疗设备、毒性和生物成像。除了这些生物和医学应用,石墨烯还应用于能源领域,尤其是能源的生产和储存、环境、传感器和晶体管、空气和水过滤等。

石墨烯独特的物理化学性质,在物理、化学和生物医学等领域受到越来越多的关注,如大比表面积、突出的导热性和导电性、超高的机械强度、优异的生物相容性和易于功能化等特性。然而,人们非常担忧石墨烯材料及其衍生物的广泛应用可能对环境健康和安全产生消极的影响,这些担忧是非常现实且不能被忽视的,亟待解决。

本书将主要介绍石墨烯、石墨烯基材料和纳米石墨烯基材料的生产技术及其生物、生物医学和药学的应用,着重关注的是石墨烯和用于小生物分子的石墨基材料,例如葡萄糖和多巴胺、蛋白质和 DNA 检测和测序、基于石墨烯的生物成像、生物传感、药物递送和光热治疗应用,还将讨论这些材料的安全性问题。

## 1.2 石墨烯的问世

毫无疑问,石墨烯自从被发现以来,人们已经取得了很大的研究进展,它可能是第一个被发现的二维 sp 键合原子晶体层。这些进展包括石墨烯的生产及其在各个领域的广泛应用。石墨烯是一种单原子厚度的碳,具有极高的导电性和导热性,以及高机械强度、阻隔性和许多其他优异性能。因此,石墨烯材料被广泛应用于各个领域[6]。发明这种“神奇”材料的研究人员称[7],石墨烯代表了一种概念性的新材料,它为低维物理提供了新的突破,这种突破从未停止过,并继续为各种应用提供“肥沃的土壤”。

## 1.3 石墨烯的重要性

根据Geim[8]的研究，石墨烯电荷载流子表现出巨大的本征迁移率，有效质量接近零，并且可以在室温下无散射地移动数微米。他进一步估计，石墨烯可以维持比铜高约六个数量级的电流密度，并显示出极高的热导率和刚度。它具有阻隔性、兼容脆性和延展性，性质仅次于碳炔。石墨烯中的电子运输由类狄拉克方程描述，这使得在桌面实验中研究相对论量子现象成为可能。Geim分析了石墨烯的最新研究趋势及其各种应用，并试图确定石墨烯领域未来可能的发展方向。从这个意义上说，由于石墨烯具有这些非常理想和优异的特性，因此在过去十年里它得到了惊人的发展，并在人类生活的许多方面得到了应用，这些应用包括但不限于饮用水、计算机、建筑材料、智能手机、交通工具(卫星、飞机、船舶和汽车防锈)、核废料清理和生物医学领域(包括生物传感、生物成像、生物靶向、医疗应用和药物输送)。

## 1.4 石墨烯和石墨烯基材料的生物学应用

含石墨烯的纳米材料越来越多地应用于生物医学领域。简单分子设计的独特本征特性，以及其与其他现有纳米材料协同作用的能力，使得石墨烯和石墨烯基纳米材料在不同应用领域都能大展身手，特别是作为生物医学应用中最有前途的候选材料。图1.2显示了氧化石墨烯的不同生物学应用。

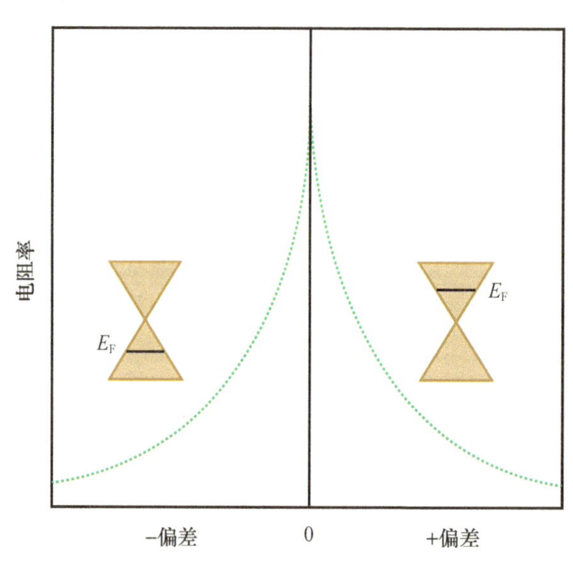


图1.2　氧化石墨烯的不同生物学应用

理解石墨烯对细胞行为的影响至关重要，这使我们认识到它对新的生物和生物医学应用发展的重要性。鉴于此，Shi等[9]提出了一种新的、简便的方法，通过控制还原态来调控细胞在少层还原态氧化石墨烯(FrGO)膜上的行为，试图对抗细胞反应和石墨烯表面状态的复杂性，调控石墨烯或其衍生物上的细胞行为，这仍然是一个难以克服的障碍。他们发现少层还原态氧化石墨烯的表面氧含量对细胞行为有决定性的影响，并且在适度还原的少层还原态氧化石墨烯中获得了细胞附着、增殖和表型的最佳性能。这突出了石墨烯及其衍生物的表面物理化学特性在它们与生物细胞相互作用中的重要作用，展示了石墨烯基材料在生物医学和生物电子应用中具有巨大的潜力。

Tonelli 等[10]总结了石墨烯及其衍生物的最新进展及其在药物递送、基因传递、生物传感器和组织工程中的潜在应用，还讨论了它们在三个不同生命领域（细菌、哺乳动物和植物细胞）的体内外毒性和生物相容性。此外，还强调了体内给药或体外细胞暴露后的内化，并解释了血脑屏障如何被石墨烯纳米材料覆盖。

Krishna 等[11]在一篇简短的综述中强调了这些多级纳米材料在生物纳米技术和生物医学中的应用范围和用途。该综述提到可将纳米材料和石墨烯基纳米材料纳入现有设计，以创建纳米级的高效工作模型，他们还讨论了其广阔的未来。

Lu 等[12]使用功能化的纳米级氧化石墨烯来保护寡核苷酸免受酶促裂解，这有效地将寡核苷酸递送到细胞中，而 Dong 等[13]则采用聚乙烯亚胺接枝石墨烯纳米带（PEI - g - GNR）在细胞内传递锁定核酸修饰的分子信标（LNA - m - MB）以识别微小核糖核酸（miRNA）。在它们的工作过程中，PEI - g - GNR 被认为是一种有效的基因载体，而 PEI - g - GNR 保护 LNA - m - MB 探针免受核酸酶消化或单链结合蛋白相互作用的影响，因此它可以用作探针的纳米载体，比 PEI 或 PEI - g - NWCNT 更有效地转染细胞，因为 GNR 具有大的表面积且 PEI 具有高电荷密度。作者得出以下结论，在最佳转染条件下，PEI - g - GNR 诱导的细胞毒性和细胞凋亡可以忽略不计。结合 LNA 对微小核糖核酸具有的显著亲和力和特异性，他们提出了一个由 LNA - m - MB/PEI - g - GNR 组成的递送系统，该系统有效地将 LNA - m - MB 转移到细胞中以识别目标微小核糖核酸。因此，他们以 HeLa 细胞为模型，开发了一种检测单细胞 miRNA 的方法。众所周知，以临床有效浓度向肿瘤输送抗癌药物的同时避免非特异性毒性是癌症治疗的主要关注点，因此，在另一项研究中，Yang 等[14]采用聚酰胺 - 胺树状大分子接枝钆功能化纳米氧化石墨烯（Gd - nGO）的纳米粒子（NP）作为有效的载体来递送化疗药物，同时使用高度特异性的基因靶向剂，例如 miRNAs 来靶向癌细胞，因为 Gd - NGO 带正电荷的表面能够同时吸附抗癌药物表阿霉素（EPI），并积极促进其与带负电荷的 Let - 7g miRNAs 的相互作用。他们得出结论，Gd - NGO/Let - 7g/EPI 可用作磁共振成像（MRI）的造影剂（CA），以识别血脑屏障开放的位置和程度，并确定向肿瘤组织递送的药物量。他们的研究结果表明，在未来的临床应用中，Gd - NGO/Let - 7g/EPI 可能是一种很有潜力的化学基因治疗和分子影像诊断的非病毒载体。

作为肿瘤治疗的潜在方式，微小核糖核酸是一类转录后基因调节因子，参与包括癌症发生在内的各种生理过程。Wang 等[15]报道了反义寡核苷酸（即抗 miR）在体内拮抗 miRNA 方面的应用，他们认为这在很大程度上是由于缺乏有效递送载体导致的，这是通过开发聚酰胺 - 胺树状大分子和聚乙二醇（PEG）功能化的 nGO - 共轭物（nGO - PEG - 树状大分子）将抗 miR - 21 有效递送到非小细胞肺癌细胞中来实现的。为了监测抗 miR - 21 向细胞和肿瘤中的传递，Wang 等构建了一个可激活的荧光素酶报告基因（Fluc - 3xPS），该报告基因所在的 3 个非翻译区含有三个与 miR - 21 完全互补的序列。他们得出结论，与裸树状大分子和脂质体 2000（Lipo2000）相比，nGO - PEG 树状大分子显示出相当低的细胞毒性和较高的转染效率。通过体外生物发光成像和蛋白质印迹分析，他们得出nGO－PEG树状大分子有效地将抗miR－21递送到细胞质中，并导致荧光素酶强度升高和PTEN靶蛋白表达都具有剂量依赖性，并且与裸树状大分子或Lipo2000相比，nGO－PEG树状大分子转染抗miR－21对细胞迁移和感染具有更强的抑制作用。他们还得出结论，通过nGO－PEG树状大分子静脉注射抗miR－21，在Fluc－3xPS报告移植肿瘤区域内诱导产生的生物发光信号显著增加。总之，他们认为nGO－PEG－树状大分子可能是一种用于递送核糖核酸寡核苷酸的潜在有效纳米载体。因此，将nGO－PEG－树状大分子与可激活的荧光素酶报告基因结合的策略，可以实现对其递送过程的图像监测，这为基于RNA的癌症治疗提供一些新的想法。

Zhang等将亲水性的氧化石墨烯/硒化铋纳米复合材料用于模拟断层成像、光声成像和光热治疗[16]。在他们的工作中，纳米治疗剂是在存在聚乙烯吡咯烷酮（PVP）的情况下，使用一锅溶剂热法在氧化石墨烯上直接沉积$Bi_2Se_3$纳米粒子来制备的。他们得出结论，最终得到的$GO/Bi_2Se_3/PVP$纳米复合材料显示出低的体外细胞毒性和可忽略不计的溶血活性，并且体内毒性很小。他们认为$GO/Bi_2Se_3/PVP$纳米复合材料可以作为一种有效的双峰造影剂，同时增强体内的X射线CT成像和光声成像效果。他们还得出结论，纳米复合材料在808nm激光的照射下对癌细胞表现出显著的光热细胞毒性，并且在纳米复合材料的瘤内或静脉注射后，通过使用808nm激光照射在小鼠模型中成功实现了不可逆的肿瘤光热消融。他们的结果强调了这样一个事实，$GO/Bi_2Se_3/PVP$纳米复合材料可以作为一种有前途的纳米平台，以此开发有效的肿瘤治疗应用。

Liu等[17]基于分散良好的金纳米粒子（AuNP）研制了一种新型非酶葡萄糖传感器，该传感器在蛋白质的指导下在还原氧化石墨烯（rGO）修饰的电极上原位生长。他们得出结论，该电极在不使用任何酶或介质的情况下，对葡萄糖氧化表现出高电催化活性。此外，他们认为在葡萄糖的安培检测应用中，获得了0.02～16.6mmol/L的宽线性范围、5μmol/L的低检测限和良好的选择性。他们的结论是，由所提出的葡萄糖传感器获得的优异分析性能，加上简单的制备方法，为开发有效的非酶传感器提供一个有前景的电化学平台。

石墨烯及其衍生物被认为是支持细胞生长和分化的理想平台，因此生物医学和医学科学对石墨烯及其衍生物有着巨大的兴趣。Yoo等[18]报道了石墨烯促进小鼠体细胞成纤维细胞重编程为诱导性多能干细胞。他们在玻璃基底上构建了一层石墨烯薄膜，并通过拉曼光谱将其表征为单层，发现石墨烯基底通过诱导间充质细胞向上皮细胞的转化，显著提高了细胞重编程效率，这种转化会影响H3K4me3水平。他们得出结论，石墨烯基底直接调节与重编程相关的动态表观遗传变化，因此为表观遗传多能重编程提供了有效的工具。

尽管氧化石墨烯在生物医学领域中的应用日益广泛，但其在体内的长期毒性仍然是一个引人关注的问题。在此方面，Kim等[19]合成了通过二硫键用PEG和支化PEI（BPEI）修饰的聚乙二醇纳米载体，旨在控制聚乙二醇作为递送载体的生物活性及其在生物系统中的降解。他们得出结论，ssPEG－PEI－GO通过静电相互作用与质粒DNA有效相互作用，形成稳定的纳米复合体。他们观察到，在近红外（NIR）照射时发生光热转换的氧化石墨烯作用下，ssPEG－PEI－GO/pDNA复合材料在细胞摄取后可以很容易地从核内体中逃逸，并且核内体解体也可被观察到。他们得出结论，在核内体逃逸后，细胞内环境的减少使聚合物解离，导致基因快速释放，因此与不可还原的酰胺官能化氧化石墨烯纳米载体（amPEG - PEI - GO）和对照组 BPEIs 相比，ssPEG - PEI - GO 表现出增强的基因转染效率和低毒性。此外，由于二硫键的存在，与酰胺官能化的配合物相比，去聚乙二醇化的氧化石墨烯纳米载体显示出更高的巨噬细胞截留率，随后其在巨噬细胞中降解。Kim 等的结论是，通过退化的氧化石墨烯发生的光致发光可以很容易地监测降解过程。

### 1.4.1 生物传感和生物成像

生物传感器是一种利用生物材料结合物理化学方法检测分析物的分析仪器。生物材料，例如细胞受体、组织、细胞器和核酸微生物等，是敏感的生物衍生材料或生物模拟材料，它们可以结合或识别被分析物。生物成像是医学界相对较新的发展领域，它利用数字技术，可大致分为四个医学和生物学领域：生物医学成像、分子生物成像、计算生物成像和药物发现中的生物成像。

生物成像是一种非侵入式并可以实时可视化的生物过程，这种检测方法对生命过程几乎没有干扰，也可以获得被观察样本的三维结构信息。事实上，生物成像可以对体内生物过程进行成像，如分子和细胞信号、受体动力学变化以及分子通过膜的相互作用和运动。这种技术可精确追踪代谢物，而这些代谢物是疾病判断、发展和疗效判断的生物标志物。

Zhu 等[20]对石墨烯及其衍生物在细胞内生物传感和生物成像中的应用进行了全面综述。石墨烯及其衍生物具有优良的光学性质，是生物成像（主要是细胞和组织）应用中很有发展潜力的材料。文献[20]列举出石墨烯及其衍生物在荧光生物成像、表面增强拉曼散射（SERS）成像和核磁共振成像中的具体应用实例，并强调其在石墨烯基材料领域中的广阔前景和进一步发展。

磁共振成像（MRI）是癌症诊断中一种功能强大且广泛使用的临床技术，针对 MRI 的 $T_1$ 加权像和药物输送，Zhang 等[21]基于氧化石墨烯的治疗平台被用于造影剂以提高 MRI 的诊断质量。他们基于 GO - Gd 复合材料开发了一种阳性 $T_1$ MRI CA。该方法采用二乙烯三胺五乙酸（DTPA）与氧化石墨烯化学偶联，最后与 Gd（Ⅲ）络合形成 $T_1$ MRI CA（GO - DTPA - Gd）。该项研究证明，与商用造影剂马根维显相比，GO - DTPA - Gd 系统显著改善了 MRI $T_1$ 的弛豫性以及细胞 MRI 的对比效果。通过物理吸附作用，他们将抗癌药物阿霉素（DOX）装载到氧化石墨烯表面。结果表明，制备的 GO - DTPA - Gd/DOX 对癌细胞（HepG2）具有明显的细胞毒性，该研究提供一种新的方法来构建基于氧化石墨烯的纳米治疗平台，该平台具有 $T_1$ 加权 MRI、荧光成像和药物递送功能。

Kuila 等[22]对石墨烯基生物传感器的最新进展进行了详细综述。由于石墨烯具有大的比表面积以及良好的导电性，它可以作为氧化还原酶或蛋白质氧化还原中心与电极表面之间的“电子线”，因此石墨烯传感器具有较大的潜力。石墨烯中电子的快速转移有助于精确和选择性地检测生物分子。文献[22]讨论了石墨烯在检测葡萄糖、胆固醇、尿酸、细胞色素 C、烟酰胺、氧化石墨烯和还原氧化石墨烯、血红蛋白、抗坏血酸、多巴胺和过氧化氢等方面的应用，这些物质可被用于构建重金属离子传感器、气体传感器和脱氧核糖核酸（DNA）传感器。

Wu 等[23-24]报道了一种基于表面等离子体共振（SPR）的石墨烯生物传感器，该传感器使用衰减全反射法检测传感器表面附近由于生物分子吸附引起的折射率变化。该装置由石墨烯片(GS)覆盖于一层金薄膜上组成，经计算，由于生物分子在石墨烯上的吸附增加以及石墨烯的光学性质，石墨烯－金表面等离子体共振生物传感器比传统的金薄膜表面等离子体共振生物传感器更灵敏。

由于生物分子具有直接布线的能力、非均匀化学和电子结构、在溶液中处理的可能性，以及可调谐为绝缘体、半导体或半金属的能力，氧化石墨烯显示出作为生物传感平台的优越特性[25]，因此，文献[25]提出了将能量转移供体/受体分子暴露在平坦表面中的氧化石墨烯光致发光作为通用的高效长程猝灭剂，这有望为生物传感开辟新途径。该文献通过描述氧化石墨烯的不同潜在开发特性，讨论了氧化石墨烯在光学生物传感应用的基本原理，并概述了目前的方法以及其未来的前景和挑战。

Battogtokh 和 Ko[26]开发了一种主动靶向、pH 响应的白蛋白光敏剂结合氧化石墨烯纳米复合材料作为图像引导的双重疗法治疗剂。他们按照 1∶1、1∶0.5 和 1∶0.1 的比例将牛血清白蛋白(BSA)－顺乌头酰脱镁叶绿酸－a(c－PheoA)结合物与氧化石墨烯复合，所得复合材料的平均流体动力学直径在 100～200nm 范围内。当配比为 1∶0.5 时，开发出了叶酸－BSA－c－PheoA 共轭：氧化石墨烯复合游离苯丙氨酸(PheoA＋GO：FA－BSA－c－PheoA NC)，平均流体动力学直径为 182.0nm±33.2nm。细胞摄取数据显示，PheoA＋GO：FA－BSA－c－PheoA NC 易被 B16F10 和 MCF7 癌细胞吸收，体外光毒性实验结果表明，PheoA＋GO：FA－BSA－c－PheoA NC 对癌细胞的杀伤作用比游离的 PheoA 高，从而证明了光敏剂和氧化石墨烯对 670nm 激光的协同效应。根据体内和体外生物成像结果显示，相比于用游离 PheoA 处理的小鼠肿瘤组织，用 PheoA＋GO：FA－BSA－c－PheoA NC 处理的小鼠肿瘤区域中可以观察到更高强度的荧光信号，而且靶向纳米复合材料有选择性地聚集在肿瘤区域。在抗肿瘤研究中，PheoA＋GO：FA－BSA－c－PheoA NC 和单次 671nm 激光治疗对荷瘤小鼠表现出协同作用。结果也表明，制备的 PheoA＋GO：FA－BSA－c－PheoA NC 可以安全地用于光疗法和癌症的光诊断。另一方面，Kim 等[27]开发了一种基于纳米尺寸氧化石墨烯(nGO)的多功能脱氧核酶(Dz)传递系统，用于同时检测和敲除目标基因。该项研究结果表明，Dz/nGO 复合物系统可便捷地监测活细胞中的 HCV mRNA，同时通过 Dz 介导的催化裂解来抑制 HCV 基因的表达。

Lin 等[28]曾在综述中，总结了石墨烯基纳米材料包括石墨烯、氧化石墨烯、还原氧化石墨烯、石墨烯量子点(GQD)及其衍生物的生物成像最新进展。该文献着重介绍了合成石墨烯基纳米材料的两种方法，即原位合成和结合法；介绍了分子成像模式，包括荧光光学成像、双光子荧光和拉曼成像、正电子发射断层成像(PET)/单光子发射 CT、MRI、光声成像、CT 和多模式成像。最后，该文献阐述了石墨烯基纳米材料在未来生物成像应用的前景和挑战。

通过对氧化石墨烯结合氧化铁纳米粒子(IONP)和金进行修饰[29]，可形成具有强超顺磁性的多功能磁性和等离子态 GO－IONP－Au 纳米复合材料，大大提高了近红外区的光学吸收率。进一步用 PEG 包覆纳米复合材料，获得了生理环境下稳定性高、体外无明显毒性的 GO－IONP－PEG。该成果表明，与前期所研究的聚乙二醇化氧化石墨烯相比，GO－IONP－Au－PEG 的光热癌症消融效应在体外细胞实验和体内动物实验中都得到了显著增强的效果。该文献还提到，应开发 GO－IONP－Au－PEG 中 IONP 和金在磁共振和

X 射线双模成像中的优势，从而强调石墨烯的多功能纳米复合材料在治疗癌症学中的使用。

Feng 等[30]报道了一种通过利用在第一次Ⅱ期临床试验中使用的适体 AS1411 和功能化石墨烯实现无标记癌细胞检测的电化学传感器。由于 AS1411 与对癌细胞表面过度表达的核仁素的高亲和力和特异性，可开发出一种能区分癌细胞和正常细胞的电化学适配酶传感器，且该方法最低可检测到 1000 个细胞。该文献总结得出，通过 DNA 杂交技术，这种 E－DNA 传感器可以再生并重复用于癌细胞检测，为基于适体和石墨烯修饰电极的无标记癌细胞检测提供了很好的应用实例。

Zeng 等[31]报道了十二烷基苯磺酸钠（SDBS）功能化 GS 和辣根过氧化物酶（HRP）在水溶液中通过静电吸引自组装成新颖的分层纳米结构。根据扫描电子显微镜（SEM）、高分辨率透射电子显微镜（TEM）和 X 射线衍射（XRD）等表征手段，结果表明 HRP－GS 生物纳米复合材料具有有序的分层纳米结构，且 HRP 均匀分散于在 GS 之间。通过紫外－可见光谱（UV－vis）和红外光谱表征，组装后 HRP 保持了天然结构，表明 SDBS 功能化 GS 具有良好的生物相容性。该研究将 HRP－GS 复合材料应用于酶电极（HRP－GS 电极）的制备，结果表明，所制备的 HRP－GS 电极对 $H_2O_2$具有高的电催化活性，且灵敏度高，线性范围宽，检测限低，电流响应快。这些良好的电化学性能是由于 GS 具有良好的生物相容性和良好的电子传递效率，以及 HRP－GS 纳米复合材料对 $H_2O_2$的高 HRP 负载和协同催化作用。由于石墨烯易与具有不同静电性质的芳香分子进行非共面官能化，因此这种自组装方式为将各种生物分子组装成具有层次结构的生物纳米复合材料用于生物传感和生物催化提供了一个简单有效的平台。Lin 等[32]开发了一种可重复使用的基于磁性氧化石墨烯（MGO）修饰 Au 电极的生物传感器，可检测人血浆中的血管内皮生长因子（VEGF）并用于癌症诊断。这种可重复使用的生物传感器，以 Avastin 为特异性生物识别元件，以 MGO 为载体装载 Avastin，由于其磁性能防止生物活性的丧失以实现快速纯化。该生物传感器可构建速度快且而不需要干燥过程，因此便于进行检测。与酶联免疫吸附试验（ELISA）分析相比，该生物传感器能够为临床诊断提供适当的灵敏度，且具有 31.25～2000pg/mL 的宽线性检测范围。对临床样本的 100% 血清、传感器读数和血管内皮生长因子（酶联免疫吸附法）试验表明该传感器在酶联免疫吸附试剂盒的限度内有良好的相关性。据研究，Au 生物传感器再现性的电流变化（$\Delta C$）的相对标准偏差为 2.36%（$n=50$），表明该传感器可重复使用，具有较高的重现性。Avastin－MGO 修饰生物传感器用于 VEGF 检测的优势在于，它不仅提高了检测能力，还降低了成本，并将响应时间缩短至 1/10，显示了其作为诊断产品的潜力。在用于传感器开发的元素分子识别以及与氧化石墨烯的结合中，使用了一种具有荧光猝灭和单链核酸选择性吸附、适体等性质的纳米材料。Song 等[33]开发了通过“调节”氧化石墨烯吸附来创建 RNA 适体传感器的方法。根据 Song 等的研究，先前基于适体氧化石墨烯吸附的传感器并不能证明其足够广泛的适用性，也很少有研究探索 RNA 适体的潜力。他们开发了基于“调节”氧化石墨烯吸附的传感方法，这种吸附可以容纳各种 RNA 适体。他们认为荧光团靠近荧光团标记的 RNA 适体的氧化石墨烯吸附会导致荧光猝灭。此外，由于传感系统与氧化石墨烯完全分离，在添加靶点后增加了荧光信号，因此他们认为通过与适配子 3－端杂交添加一条“阻断”DNA 的链能够削弱适配子与氧化石墨烯的相互作用。该发现可以应用于不同的适体，并适应于提高现有传感应用的普遍性。

在一项类似的研究中，基于全球公认威胁生命的疾病癌症大规模流行，Nellore 等[34]研究了一种基于适配子结合疗法的磁杂化氧化石墨烯分析方法，用于从具有综合治疗能力的血液样本中检测出高度敏感的肿瘤细胞。该研究开发了一种治疗性 AGE - 适体 - 缀合物磁性纳米粒子结合杂化氧化石墨烯，可从感染血液样本中高度选择性地检测肿瘤细胞。研究结果表明，杂化石墨烯可作为人恶性黑色素瘤细胞 G361 选择性成像的多色发光平台，吲哚青绿结合 AGE 适体的杂化氧化石墨烯能够协同光热和光动力治疗肿瘤。当使用 785nm 近红外光进行靶向综合治疗时，多模式治疗对于治疗恶性黑色素瘤癌症非常有效，且根据所获得的数据表明，基于适配子结合疗法的氧化石墨烯分析方法对提高癌症的诊断和治疗潜力巨大。

Wang 等[35]报道了新型 SERS 基底的开发，讲述它们如何与在确定光谱范围和 SERS 增强幅度方面起关键作用的目标分析物相连接以及其应用。该文献提出了种子介导生长还原氧化石墨烯 - 金纳米星(rGO - NS)纳米复合材料，并将其用作抗癌药物、阿霉素负载和释放的活性 SERS 材料。采用这种合成方法，不需要使用表面活性剂或聚合物稳定剂，能够精确地控制 rGO - NS 纳米杂化物的形貌及其相应的光学性质。结果表明，rGO - NS 纳米杂化物可通过调节生长反应参数而表现出可调谐的光学性质，与纯 Au - NS 相比，其稳定性得到了提高，并且对芳香族有机分子具有灵敏的 SERS 响应。rGO - NS 的 SERS 应用可用于检测阿霉素负荷和 pH 依赖性释放，因此在药物递送和化疗方面具有潜在的应用前景。

Wang 等[36]报道了转铁蛋白(Tf)功能化金纳米团簇(Tf - AuNC)/GO 纳米复合物(Tf - AuNC/GO)的制备，其可作为癌症细胞和小动物生物成像的近红外荧光探针。该方法通过以 Tf 为模板的生物矿化过程一步到位地制备 Tf - AuNC，在此过程中，Tf 不仅作为稳定剂和还原剂，而且作为一种靶向转铁蛋白受体(TfR)的功能性配体。制备的 Tf - AuNC 具有强烈的近红外荧光，可避免来自生物介质的干扰，例如组织自发光和散射光，由于 GO 的超荧光猝灭特性，Tf - AuNC 和 GO 组装形成了 Tf - AuNC/GO 纳米复合物，其本底荧光也可忽略不计。由于 Tf 和 TfR 之间的特殊相互作用以及在 Tf - AuNC/GO 复合材料中 TfR 与 GO 之间的竞争，Tf - AuNC/GO 纳米复合材料的近红外光谱得以有效恢复，且启动型近红外探针具有优异的水溶性，稳定性好，生物相容性好，且对 TfR 有很高的特异性及可忽略不计的细胞毒性。该探针成功应用于检测癌症细胞和小动物的启动型荧光生物成像。

Liu 等[37]报道了生物相容性氮掺杂石墨烯量子点(N - GQD)作为细胞和深部组织成像的有效双光子荧光探针。它以二甲基甲酰胺为溶剂和氮源，通过简单的溶剂热路线制备 N - GQD。N - GQD 的双光子吸收截面达到 48000 个 Göppert - Mayer 单位，该值远超过有机染料且与高性能半导体量子点相当，达到了碳基纳米材料的最高值。该研究证明了组织模体的穿透深度，N - GQD 在组织模型中可以达到 1800 μm 的大成像深度，这显著地扩展了双光子成像的基本深度极限。同时，N - GQD 对活细胞无毒性，并且在反复的激光照射下表现出优异的光稳定性。在生物和生物医学应用中，N - GQD 由于其高双光子吸收截面、大成像深度、良好的生物相容性和非凡的光稳定性，而成为有效双光子成像中的替代探针。

### 1.4.2 生物靶向

目标化是指允许某个或一组事物成为目标,并选择它或它们来采取行动。在细胞生物学中,它是一种将蛋白质运送到指定目的地的机制。通常来讲,一些活性药物成分,如核酸、小分子药物和蛋白质,都可以设计成靶向给药。纳米载体设计的药物递送有望改善药效学、药代动力学和药物的安全性,此外,还允许延长生产线和标签。例如,C型凝集素受体(CLR-TS)专门针对所有抗原呈递细胞(APC)配备有一个碳水化合物配体,该配体特异性地靶向并结合在专职抗原呈递细胞表面表达的CLR-TS。这些免疫细胞对于明确识别病原体、区分健康和恶性细胞以及维持免疫耐受性至关重要。应用包括传染病的预防和治疗;自身免疫性疾病、慢性炎症性疾病和特应性疾病的治疗;癌症免疫疗法;跨越血脑屏障后神经系统疾病的治疗等[38]。

另一方面,专门针对肝细胞的肝炎(HEP-TS)配备了一种特异性靶向肝细胞的专有配体。肝细胞是肝脏的利他中心器官,在整体稳态中起着关键作用。鉴于此,代谢性肝病,例如代谢综合征,可能对整个生物体产生非常重大的影响。非酒精性脂肪肝(NAFLD)是肥胖和代谢综合征的肝脏表现,在世界范围内,NAFLD已成为肝硬化和肝移植的主要病因。因此,为了靶向处理肝细胞,采用合适的治疗剂治疗HEP-TS可能会有效避免因NAFLD导致危及生命的状况和严重的并发症。对感染肝炎病毒的肝实质细胞进行抗病毒药物的特异性给药,可以优化治疗方案,防止系统毒副作用。考虑到同样的原因,自体免疫性肝炎可以安全地通过直接靶向受影响的肝细胞来治疗。HEP-TS变体的应用包括用于慢性代谢性肝病的治疗、各种慢性病毒性肝炎感染的治疗以及针对自身免疫性肝炎的治疗。

Jung等[39]成功地缀合了nGO-透明质酸(HA),他们通过HA受体介导的内吞作用,通过π-π堆叠的抗癌药物靶向输送而制备该物质。同时,他们进行了体外试验,证实了这种复合物的pH依赖性药物释放性质和靶向抗癌作用。

Dong等[40]提出了聚(l-丙交酯)(PLA)和PEG接枝的GQD(f-GQD)多功能纳米复合材料,用于同时进行细胞内miRNA成像分析和联合基因传递以提高治疗效率。这是因为具有大比表面积和优异机械完整性的光致发光GQD可以表现出优异的光学和电子特性,并在生物医学工程中具有广阔的应用前景。同时,由于GQD与PEG和PLA功能化的结果,使得纳米复合材料具有优异的生理稳定性和可在较广的pH范围内稳定的光致发光,这对细胞成像至关重要。通过细胞实验,证明f-GQD具有良好的生物相容性、较低的细胞毒性和保护特性。以HeLa细胞为模型,该研究发现f-GQD能够有效地为细胞内miRNA成像分析和调控提供miRNA探针。结论表明,GQD的大比表面积能够同时吸附靶向miRNA-21和survivin的药物,并且miRNA-21靶向和survivin靶向药物的缀合可以更好地抑制癌细胞生长,促进癌细胞凋亡。与单独靶向miRNA-21或survivin的药物结合后,癌细胞发生转移。文献[40]强调了多功能纳米复合材料在细胞内分子分析和临床基因治疗的生物医学应用中具有广阔的前景。Joo等[41]报道了一种基于纳米粒子的RNAi传递平台的合成、表征和评估,该平台保护siRNA有效载荷不受核酸酶诱导的降解,并有效地将其传递到靶细胞。纳米载体基于可生物降解的介孔硅纳米粒子(pSiNP),其中纳米粒子的空隙中填充siRNA,纳米粒子用氧化石墨烯纳米片(GO-pSiNP)封装。据报道,GO 包封剂将寡核苷酸有效载荷的释放延迟了 3 倍。根据实验结果,当与狂犬病病毒糖蛋白的靶向肽结合时,纳米粒子表现出 2 倍的细胞摄取和基因抑制效果,并且在脑损伤小鼠中静脉注射纳米粒子会导致大量积累,特别是在损伤部位。

Rong 等[42]将一种光敏剂分子 2 -(1 - 己基氧乙基) -2 - 二乙烯基焦脱镁叶绿酸 α(HPPH 或光氯化剂)通过超分子 π - π 堆积装载到 PEG 功能化的 GO 上。其中,GO - PEG - HPPH 复合物具有较高的 HPPH 负载效率。该研究通过荧光成像和用 64Cu 对 HP-PH 进行放射标记后的 PET 监测体内分布和给药情况。由于 HPPH 的肿瘤输送量增加,当用游离 HPPH 制备纳米载体时,GO - PEG - HPPH 显著提高了光动力杀伤癌细胞的效率。该研究确定了石墨烯作为 PDT 药物载体的作用,即可提高 PDT 的疗效以及治疗后的长期存活率。

Luo 等[43]结合聚对苯二甲酸 1,3 丙二醇酯(PTT)的光动力疗法(PDT),得出结论:纳米载体在癌症光疗法中具有更高的功效。该研究中,使用了具有癌症靶向能力的 PDT 光敏剂(IR - 808),并且将 NIR 敏感性与 PEG 和 BPEI 官能化的 nGO 化学偶联。由于用于 PTT 的 nGO 的最佳激光波长(808nm)与用于 PDT 的 IR - 808 的最佳激光波长一致,因此 IR - 808 共轭 nGO 片(nGO - 808、20 ~ 50nm)产生大量活性氧(ROS)并导致局部高温。通过评估人类和小鼠的癌细胞,证实得出:与使用 IR - 808 的单个 PDT 或使用 nGO 的 PTT 相比,nGO - 808 显著增强了 PDT 和 PTT 效应。进一步证实得出,由于在许多癌细胞中过表达的有机阴离子转运多肽介导,nGO - 808 优先积聚在癌细胞中,这为高度特异性的癌症光疗提供了潜在能力。文献[43]利用 nGO - 808 的靶向能力,体内近红外成像使肿瘤的边缘在静脉注射后 48h 仍清晰可见,这为影像引导的癌症光疗提供了一个平台。在单次注射 nGO - 808 和受到 808nm 激光照射 5min 后,两个肿瘤异种移植模型中的肿瘤被完全消融,没有观察到肿瘤复发,并且在用 nGO - 808 治疗后,没有明显的复发。与对照组相比无明显的毒性反应,因此,PDT/PTT 的协同治疗和 nGO - 808 的肿瘤靶向蓄积,是一种副作用较小的高效癌症光疗方法。

为利用氧化石墨烯纳米带(GONR)并结合 Chemo - PTT,Lu 等[44]用磷脂 - PEG(PL - PEG)修饰 GONR,制备聚乙二醇(PEG)化 GONR(PL - PEG - GONR),用来研究 99mTc 标记的 PL - PEG - GONR 在小鼠体内的短期生物分布及其排泄情况。结果表明,99mTc 标记的 PL - PEG - GONR 显示了一种独特的生物分布模式,即可在肝脏中快速积累和排泄。此外,文献[44]确定了 PL - PEG - GNOR 是通过肾脏途径从尿液中排出体外的,并通过血液学分析证明 PL - PEG - GNOR 在体内没有毒性。另外,阿霉素负载的 PL - PEG - GONR 针对 U87 胶质瘤细胞的 Chemo - PTT 具有 IC50 值,而传统化疗中的 IC50 值比其高 6.7 倍。通过这些研究结果得出,PL - PEG - GONR 可以用作药物纳米载体,并由此开发出一种有效的癌症治疗方法,它不仅可以提高治疗的有效性,还可以降低纳米载体在体内产生副作用的风险。

Ko 等[45]利用赫赛汀(HER)和 β - 环糊精(β - CD)标记的新型 GQD 纳米载体来治疗乳腺癌。他们认为,纳米载体的每个组成部分在实现增强抗癌活性方面都起着关键作用,并且纳米载体为 HER2 过度表达的乳腺癌提供了主动靶向性,以增强癌细胞的蓄积。此外,β - CD 通过"主客体"化学作用为疏水性抗癌药物阿霉素提供了一个装载位置,且由于 GQD 的蓝光发射,纳米载体提供了必要的诊断作用。为了抑制癌细胞的增殖,GQD

复合材料在酸性环境下迅速降解，阿霉素被控制释放。多功能药物递送系统导致协同增强的抗癌方法，这提供出治疗和诊断方式，且根据细胞内的转运结果及细胞活力和共焦激光扫描显微镜的结果，表明 GQD 复合物为 HER2 过度表达靶向乳腺癌的药物输送提供了一个可行的策略。

### 1.4.3 生物标记和生物识别

生物标记是指一些生物状态或状况的可测量指标，而生物识别是指特定化合物，尤其是作为免疫系统化合物的生物识别。生物标记物是指广泛的医学体征子类别，即从患者外部观察到的医学状态的客观指示，可以准确、重复地进行测量。人们在技术和健康领域广泛应用了生物识别，这是生命系统生物过程中的重要事件[46]。

Chen 等[47]制备了一种三明治型电化学免疫传感器，用于测定癌胚抗原（CEA），而 α－甲胎蛋白（AFP）是通过使用生物功能羧基石墨烯纳米片（CGS）免疫传感探针制备的。该免疫探针是通过将甲苯胺蓝和标记的抗 CEA（Ab2，1）、普鲁士蓝和抗 AFP（Ab2，2）依次固定到 CGS 上制备得到的。他们用 1－(3－二甲氨基丙基)－3－乙基碳二亚胺盐酸盐和 *N*－羟基琥珀酰亚胺将捕获的抗 CEA（Ab1，1）和抗 AFP（Ab1，2）固定在壳聚糖－金纳米粒子（CHIT－AuNP）修饰的电极上。这项研究结果表明，这种三明治型免疫测定法能同时检测 CEA 和 AFP 两种分析物，其线性范围为 0.5～60ng/mL，其中 CEA 的检测限为 0.1ng/mL，AFP 的检测限为 0.05ng/mL（倍噪比为 3）。Chen 等认为该方法测定血清样品的结果与标准酶联免疫吸附剂测定（ELISA）方法的参考值非常吻合，并且两种分析物之间可忽略的交叉反应性使其在临床诊断中具有广阔的应用前景。开发一种快速、灵敏的电化学生物传感器对癌症生物标志物的早期检测和诊断具有重要意义。Jin 等[48]报道了一种石墨烯基电化学生物传感器，该传感器是由化学气相沉积（CVD）法制备的石墨烯、磁珠（MB）和酶标记的抗体 AuNP 组成的。他们用捕获的抗体（Ab1）修饰 MB，这些抗体通过外部磁场附着在石墨烯薄片上，以避免降低石墨烯的导电性。结果表明通过用 HRP 和检测抗体（Ab2）修饰 AuNP 以形成 Ab2－AuNP－HRP 共轭抗体，可提高其灵敏度。他们还证实了多纳米材料促进了电极与分析物靶之间的电子传输，且 CEA 的检测限为 5 ng/mL。他们的结论是多纳米材料电极 GR/MB－Ab1/CEA/AB2－AuNP－HRP 可以用来检测生物分子，例如 CEA，且电化学生物传感器灵敏度高、特异性强，具有检测疾病标志物的潜力。

石墨烯在生物技术中的应用包括 DNA 传感、蛋白质分析和药物递送，这些应用相对细胞内监测和原位分子探测等应用更先进。Wang 等[49]设计了一种适体－羧基荧光素（FAM）/氧化石墨烯纳米片（GO－NS）纳米复合物，以研究其在活体细胞中的分子探测能力，研究结果表明已成功实现了对适体－FAM/GO－NS 纳米复合物的摄取和细胞靶向监测。氧化石墨烯纳米片在活细胞中的显著传递、保护和传感能力表明氧化石墨烯适用于许多生物学领域（例如 DNA 和蛋白质分析、基因和药物递送以及细胞内追踪）。

Chen 等[50]认为，基于纳米生物技术，构建对内部生理和/或外部辐射智能响应的多功能刺激响应纳米系统，可按需释放药物和改进诊断成像，以减轻抗癌药物的副作用，同时提高诊断/治疗效果。他们提出了一种新颖有效的三功能刺激响应纳米系统，通过双重氧化还原策略将超顺磁性 $Fe_3O_4$ 纳米粒子和顺磁性 $MnO_x$ 纳米粒子整合到剥离的氧化石墨烯纳米片上。他们认为，芳香族抗癌药物分子可以通过超分子 $\pi$ 堆叠与氧化石墨烯纳米片相互作用，以实现高载药量和对 pH 敏感的药物释放性能，并且为了实现高效的 pH 响应和还原触发的 $T_1$ 加权磁共振成像，整合的 $MnO_x$ 纳米粒子可以在温和的酸性和还原性环境中分解。他们还认为，超顺磁性 $Fe_3O_4$ 纳米粒子不仅可以充当 MRI 的 $T_2$ 加权造影剂，而且还可以响应外部磁场用于磁疗抗癌。因此，他们构建了一种生物相容性的氧化石墨烯纳米平台，并得出结论：这种材料通过下调转移相关蛋白的表达来抑制癌细胞的扩散，载有抗癌药物的载体可以显著逆转癌细胞的多药耐药性（MDR）。

Nahain 等[51]展示了一种利用贻贝启发的黏着材料多巴胺和光致变色染料螺吡喃（SP）偶联到靶向配体 HA 的主链上（HA－SP）制备光响应还原氧化石墨烯的方法。他们在弱碱性条件下利用儿茶酚化学制备的 HA－SP 还原了氧化石墨烯，使功能化石墨烯（rGO/HA－SP）成为荧光性纳米粒子。这是 HA、rGO/HA－SP 可以与 CD44 细胞受体结合的结果。HA－rGO－SP 能够保持其光致变色特性，并且在紫外线（波长为 365nm）照射下可转化为花青（MC）型，从而显示出紫色。可通过紫外－可见光谱和荧光光谱监测 HA－rGO－SP 的光致变色行为。他们通过共焦激光扫描显微镜（CLSM）对癌细胞系 A549 中 rGO/HA－SP 的体外荧光行为进行检测，证实了 HA 作为靶向配体，能够使 rGO/HA－SP 有效地传递。此外，以 Balb/C 小鼠为模型，通过注射 rGO/HA－SP 的 MC 溶液，实现了螺吡喃的体内荧光成像。他们证实，从生物分布分析来看，rGO/HA－SP 在肿瘤组织中的积累强烈支持了将准备好的石墨烯基材料特异性递送至靶位。他们的结论是，rGO/HA－SP 表面良好的药物释放能力不仅使该材料可以作为诊断的荧光探针，而且可以作为药物递送系统中的药物载体。

Ong 等[52]认为，心包脂肪可能会通过增加炎症和止血生物标志物的循环水平而增加心血管疾病（CVD）的风险。因此，他们研究了心包脂肪与炎症和止血生物标志物的关系、心血管疾病事件，以及这些关系中是否存在种族差异。心包脂肪与一些炎症和止血生物标志物有关。他们的研究结果显示，只有在西班牙裔美国人中，心包脂肪与心血管疾病事件的关联与这些生物标志物无关。

利用血液中的循环肿瘤细胞（CTC）作为转移癌的生物标志物，在捕获和识别具有足够敏感性和特异性的 CTC 方面存在巨大挑战[53]。由于 CTC 标记的异质性表达，现已众所周知，单个 CTC 标记不足以捕获血液中的所有 CTC。Nellore 等首次报道了用适体修饰的多孔氧化石墨烯膜可从感染血液中高效捕获和准确识别多种类型的 CTC。他们的结果表明，染料修饰的 S6、A9 和 YJ－1 适配体附着在 20～40μm 多孔氧化石墨烯膜上，能够从感染的血液中选择性地且同时捕获多种类型的肿瘤细胞（SKBR3 乳腺癌细胞、LNCaP 前列腺癌细胞和 SW－948 结肠癌细胞）。他们指出，氧化石墨烯膜对多种肿瘤细胞的捕获效率约为 95%；对于每个肿瘤浓度，每毫升血液样本中有 10 个细胞。他们通过使用不含抗体的膜证明了其捕获靶肿瘤细胞的检测选择性。他们还得出结论，感染不同细胞的血液也可以证明适配子结合膜捕获靶向肿瘤细胞的能力，他们的数据还表明，使用多色荧光成像可以精确分析捕获的多种类型的 CTC。因此，所报道的适配子结合膜对目前通过细胞捕获技术检测到的疾病具有良好的早期诊断潜力。

对于癌症的治疗，人们认为通过采用纳米技术，可以将治疗方法与诊断方法结合起来[54]。Wang 等[54]采用了最低要求，即将靶向配体、成像造影剂、主动靶向纳米组装体的抗肿瘤治疗剂与用于癌症治疗的诊断方法相结合。因此,他们开发了一种新型的主动靶向治疗剂,由两种成分组成:适体 AS1411 和 GQD,每种成分都是这种药物。通过使用共聚焦显微镜和488nm 激光,他们证实了这种药物具有出色的选择性标记肿瘤细胞的能力。考虑到这项研究的治疗角度,他们得出结论,当用 808nm 的近红外激光照射时,该药物对癌细胞具有协同生长抑制作用。超小尺寸、良好的生物相容性、内在稳定的荧光和近红外响应特性使 GQD 成为构建治疗药物的重要组成部分。

## 1.5 石墨烯及石墨烯基材料的医学和生物医学应用

值得注意的是,自从石墨烯被发现以来,石墨烯和石墨烯基纳米材料的生物医学应用,包括药物递送和基因传递,一直在持续增长,并且可能将继续呈指数级发展。这是由于石墨烯材料具有的高负载能力和大比表面积等特性。Nejabat 等[55]指出,石墨烯可以提高药物疗效,而不必增加化疗药物在癌症治疗中的剂量。他们还讨论了不同的石墨烯基材料作为癌症治疗的高效药物递送系统的优缺点,并且在文献[55]中对使用氧化石墨烯时细胞毒理学效应的降低以及生物相容的给药平台的制备进行了介绍。

Akhavan 等报道了载有 $Mg^{2+}$ 的海绵状石墨烯电极(SGE)的制备[56]。通过在石墨棒上使用化学剥离的氧化石墨烯片进行电泳沉积,制造出了海绵状的载有 $Mg^{2+}$ 的石墨烯电极。与玻碳电极相比,石墨烯电极在白血病和正常血细胞的微分脉冲伏安法(DPV)中能够呈现两种可区分的信号(源自鸟嘌呤的电化学氧化),只给出一个重叠峰。使用石墨烯电极能够快速(1h)、超灵敏地检测血清中的白血病指标($10^9$ 个正常细胞中单个异常细胞)。例如,目前最好的技术是通过聚合酶链反应产生的特定突变,可达到 $10^6$ 个正常细胞中有一个异常细胞的检测极限。而他们总结发现石墨烯电极获得的灵敏度比聚合酶链反应技术高出三个数量级。此外聚合酶链反应技术不仅昂贵,而且需要数天的培养时间。他们还记录了第一次电化学循环后石墨烯电极的 DPV 信号的显著变化,表明只有在第一次循环时,石墨烯电极的性能才能达到最好;另外,他们研究了石墨烯电极在 $0.1 \sim 1.0 \times 10^5$ 个细胞/mL 线性动态范围内的检测表现,根据石墨烯电极获得的电流估计分析灵敏度为 0.02 个细胞/mL。

Ma 等[57]使用 GO-nS 诱导盐酸阿霉素(DOX)原位凝胶化作为抗肿瘤药。当在室温下将非常少量的氧化石墨烯引入盐酸阿霉素水溶液中时,无需任何聚合物或化学添加剂,就可以快速形成稳固而触变性的凝胶。他们利用荧光光谱、X 射线衍射和扫描电镜等技术对该体系的凝胶化机理进行了研究,结果表明盐酸阿霉素胶囊具有缓释和抗肿瘤作用。

很明显,抗癌药物如阿霉素是在进入癌细胞细胞核后发挥作用的。因此,有效且高效地将抗癌药物释放到癌细胞的细胞质中,并使其通过药物载体(大多数情况下是聚合物底物)自由地移动到细胞核中是非常重要的。Zhou 等[58]构建了 pH 响应性的电荷逆转聚电解质和整合素 $\alpha_v\beta_3$ 单抗体功能化的氧化石墨烯复合材料,作为靶向输送和控制释放阿霉素到癌细胞的纳米载体。他们认为,阿霉素在体外的负载和释放证明了这种纳米载体不仅能高效地负载阿霉素,而且在弱酸性刺激下也能有效地释放阿霉素。他们在细胞毒性试验研究中,使用激光扫描共聚焦显微镜和流式细胞仪分析数据,证实了使用靶向纳米载体后,阿霉素可以选择性地输送到靶向癌细胞,并有效地从纳米载体释放到细胞质中,随后进入细胞核，通过电荷反转刺激酸性细胞内的聚电解质。他们的结论是，有效输送的抗癌药物和释放到靶向癌细胞的细胞核使治疗效率提高，这种由氧化石墨烯和电荷反转聚电解质制备的靶向纳米载体，将是肿瘤治疗中靶向药物递送的合适候选。在另一项研究中，Yang 等[59]采用简单的非共价方法制备了一种新型的盐酸氧化石墨烯 - 阿霉素纳米杂化物（GO - DXR），并对其在氧化石墨烯上的载药和释放行为进行了研究。在 DXR 的初始浓度为 0.47mg/mL 时，DXR 在氧化石墨烯上的有效负载率高达 2.35mg/mg。他们的结论是，DXR 在氧化石墨烯上的负载和释放表现出强烈的 pH 依赖性，这归因于氧化石墨烯和阿霉素之间的氢键相互作用。荧光光谱和电化学结果也表明氧化石墨烯和阿霉素之间存在强烈的 $\pi - \pi$ 共轭效应。

Wang 等[60]报道称，石墨烯量子点（GQD）保持了石墨烯固有的层状结构基元，其较小的径向尺寸和丰富的边缘羧基基团具有较好的生物相容性，因此这种纳米材料在治疗应用方面具有良好的前景。他们展示了 GQD 由于独特的结构特性，无需进行任何预修饰即可在药物输送和抗癌活性增强方面具有相当大的能力，他们认为这种载体可以通过阿霉素/GQD 偶联物有效地将阿霉素传递到细胞核，因为与游离阿霉素相比，这种结合物具有不同的细胞和核内化途径。此外，偶联物能显著提高阿霉素的 DNA 切割活性。因此，这种增强效果加上底物的有效核传递能力，显著地提高了阿霉素的细胞毒性。他们的结论是，阿霉素/GQD 偶联物还可以增加阿霉素对耐药癌细胞的核吸收和细胞毒性，从而表明这些偶联物可能有助于提高抗癌药物的化疗疗效，而这些抗癌药物由于耐药而处于次优状态。石墨烯基材料独特的物理化学性质使其在生物成像、药物递送、生物分子检测等领域具有广泛的应用前景。Zhu 等[61]报道，亚致死浓度的氧化石墨烯治疗可能会损害一般的细胞启动状态，如质膜和细胞骨架结构的紊乱。因此，他们探索了氧化石墨烯作为增敏剂的机制，以使癌细胞对化疗药物更敏感。他们发现氧化石墨烯不仅能在亚致死浓度下破坏 J774A.1 巨噬细胞和 A549 肺癌细胞的质膜和细胞骨架而不引起明显的细胞死亡，并且可以抑制许多生物进程。他们采用毒理基因组学的方法，列出了受氧化石墨烯影响的基因表达特征，同时进一步定义了那些参与氧化石墨烯反应的质膜和细胞骨架损伤的基因。他们的研究揭示了这样一个事实，即氧化石墨烯与整合素的相互作用发生在质膜上，因此激活了整合素 FAK - Rho - ROCK 通路，从而抑制整合素的表达，导致细胞膜和细胞骨架受损以及后续的细胞启动状态。利用这一机制，他们总结出通过氧化石墨烯预处理可以提高化疗药物（如阿霉素和顺铂）对癌细胞的杀伤作用。因此得出的结论是，通过破坏或部分破坏细胞质膜和细胞骨架网，降低肿瘤细胞对化疗药物的耐药能力，使肿瘤细胞对化疗药物敏感，这在肿瘤治疗中将有很好的前景。Li 等[62]报道，用飞秒激光束超快还原 GONP（GON）产生了大量的微气泡。为了了解 GON 在微气泡形成过程中的表面化学性质，他们通过去除大部分含氧基团来还原 GON，从而获得在激光照射下不显示微气泡的还原 GON（rGON）。他们认为，微气泡的瞬间坍塌可能会产生微振动效应，从而导致局部机械损伤。为了了解这种现象的潜在应用，他们用激光照射了标记有 GON 或 rGON 的癌细胞。研究发现，微泡极大增强了对肿瘤细胞的破坏；并且在微气泡产生时，有效的激光功率相比于没有微气泡时，减少到只有不到一半；飞秒激光通过利用 GON 的超快还原技术在医疗领域实现了安全应用。

Juarranz 等[63]报道，PDT 是一种微创治疗手段，已被批准用于多种癌症和非肿瘤性疾病的临床治疗。PDT的本质是有一种具有光敏特性的化合物(光敏剂,PS),选择性地积聚在恶性组织中。接下来的过程是通过可见光激活光敏剂,优选红色光谱区($\lambda \geq$ 600nm),因为在该范围内光对组织的透过性更强并且能产生活性氧(ROS),主要是单线态氧($^1O_2$)负责肿瘤细胞的细胞毒性和肿瘤消退。作者认为单线态氧参与PDT对肿瘤的破坏主要有三种机制,即直接损伤细胞、关闭血管和激活对肿瘤细胞的免疫反应,PDT较其他传统癌症治疗方法的优点是较低的全身毒性以及能够对光照下的肿瘤有选择性破坏的能力。因此,PDT已被用于治疗内窥镜可触及的肿瘤,如肺癌、膀胱癌、胃肠道肿瘤和妇科肿瘤,也可用于皮肤科领域,如用于治疗非黑色素瘤皮肤癌(基底细胞癌)和癌前疾病(光化角化病)。

Zhang等[64]开发了DOX负载聚乙二醇化的nGO(NGO-PEG-DOX),以促进化疗与PTT合二为一。通过研究PTT和化疗联合使用这种功能性氧化石墨烯在体内和体外对肿瘤的消融作用,总结出nGO-PEG-DOX纳米粒子将局部特异性化疗与体外NIR-PTT相结合的能力显著提高了癌症治疗的疗效,并且与单纯化疗或PTT相比,联合治疗显示出协同效应,具有较好的治疗效果。通过主要器官的病理检查可以证明,nGO-PEG-DOX的系统毒性低于纯阿霉素。另一方面,Robinson等[65]开发了具有高近红外吸收率和生物相容性的纳米还原氧化石墨烯片,未来可用于PTT治疗。他们采用的是平均径向尺寸为20nm的单层纳米还原氧化石墨烯片,通过两亲性聚乙二醇化聚合物链进行非共价功能化,使其在生物溶液中保持稳定性,并且显示出比未还原的共价聚乙二醇化nGO高6倍的近红外吸收。总结发现,含有Arg-Gly-Asp(RGD)基序的纳米还原氧化石墨烯的靶向肽能够在U87MG癌细胞中选择性地摄取细胞,并在体外对细胞产生高效的光消融作用。然而,在没有任何近红外辐射的情况下,纳米还原氧化石墨烯在远高于光热加热所需剂量的浓度下几乎没有表现出毒性。因此,相比于金纳米材料和碳纳米管等近红外光热剂,纳米还原氧化石墨烯具有尺寸小、光热效率高、成本低等优点,是一种很好的新型光热剂。

癌症可以通过PTT的物理手段被消灭。Yang和他的研究小组曾将在近红外(NIR)区域具有强光吸收的PEG功能化nGO(nGO-PEG)作为一种高效光热剂用于体内癌症治疗。在他们的最新研究中[66],使用了带有非共价PEG涂层的超小型还原氧化石墨烯(nrGO),研究了尺寸和表面化学如何影响石墨烯的体内行为,并显著提高基于石墨烯的体内光热癌症治疗的性能。由于nrGO-PEG增强的近红外吸收和高效的肿瘤被动靶向作用,在静脉注射nrGO-PEG后,经808nm激光照射5min,体内肿瘤清除率达100%。其功率密度为0.15W/cm$^2$,这相较于常规用于体内肿瘤消融的其他纳米材料,要低一个数量级。对小鼠进行治疗,所有接受治疗的小鼠存活了100天,没有一例死亡或有任何明显的副作用迹象。作者指出所获数据突出了一个事实,即功能化nGO(nGO-PEG)的表面化学和尺寸对石墨烯的体内性能至关重要,并且在使用优化的纳米石墨烯进行超有效光热处理方面显示出一些良好的前景,这可与其他治疗方法相结合来辅助对抗癌症。

Abdolahad等[67]利用绿茶还原的石墨烯对HT29和SW48结肠癌细胞进行高效NIR-PTT。他们用MTT法研究了GT-rGO片材的生物相容性,并通过流式细胞仪的细胞粒度测试和扫描电子显微镜证实了GT-rGO的多酚成分是还原氧化石墨烯黏附到癌细胞表面的有效靶向配体。总结发现高转移癌细胞(SW48)的光热破坏比低转移癌细胞

(HT29)高20%以上,GT－rGO的光热破坏效率比其他碳基纳米材料至少高两个数量级。他们认为这种优良的癌细胞破坏效率表明低浓度还原氧化石墨烯(3mg/L)和近红外激光(功率密度0.25W/$cm^2$)相结合在癌细胞光热治疗中具有很好的应用前景。

Akhavan等[68]利用超顺磁性锌铁氧体尖晶石($ZnFe_2O_4$)和不同含量还原氧化石墨烯的纳米复合结构,开发了前列腺癌细胞的体外磁性PTT和人胶质母细胞瘤肿瘤的体内PTT。他们将低浓度的$ZnFe_2O_4$－rGO纳米材料在磁场条件下定位在激光点上,经过短时间的近红外照射,对前列腺癌细胞产生了很好的破坏作用。其中,$ZnFe_2O_4$浓度为10μg/mL,还原氧化石墨烯含量为20%(质量分数),光照时间1min,激光功率密度为7.5W/$cm^2$,磁场强度为1T。另一方面,在没有磁场的情况下,单独使用同样浓度为10μg/mL的$ZnFe_2O_4$rGO和还原氧化石墨烯,在短时PTT中,以及在典型的2min放疗和2Gy剂量的伽玛辐射中,仅能导致50%的细胞破坏。AKhavan等总结发现在光热和放射治疗方法中成功应用纳米结构所需要的最小浓度分别为100μg/mL和1000μg/mL,而在上述的磁性PTT中,仅需要10μg/mL浓度。他们还研究了这种方法在体外对患有胶质母细胞瘤的小鼠的可行性,就像在有无外磁场的情况下研究注入肿瘤的磁性纳米材料的定位一样,并指出该项研究结果为磁性石墨烯复合材料在高效PTT中的更多应用指明了方向。

区域淋巴结(RLN)不可避免地伴随着巨大的创伤、多种并发症和较低的手术切除率,而目前,区域淋巴结切除仍是治疗胰腺癌转移的唯一方法。因此,Wang等[69]认为探索消融耐药胰腺癌的治疗方法是一个值得长期关注的问题。此外,由于只有少数淋巴结可以被肉眼发现,所以在治疗过程中,再次手术和术中RLN的定位也很重要。因此,他们在研究中为了诊断和治疗胰腺癌的RLN转移,首次开发了以IONP作为纳米探针修饰的氧化石墨烯材料[68]。这种方法是根据临床实践而设计的,将GO－IONP试剂直接注射到肿瘤中,并通过淋巴管输送到RLN。与目前在临床手术中使用的商用碳纳米粒子相比较,GO－IONP显示了对区域淋巴系统强大的双模核磁成像能力。它可以作为一种深色染色剂为外科医生提供非常有价值的信息,辅助其制订术前计划以及在术中将喉返神经与周围组织区分开来。他们证明在双模成像的指导下,包括腹部淋巴结在内的转移性淋巴结可以通过切口手术进行有效的近红外辐射消融。他们还通过实验清楚地说明了GO－IONP较低的系统毒性,从而满足了PTT对邻近组织的安全性,并得出结论:使用GO－IONP作为纳米探针是一种合理的RLN定位和光热烧蚀方法,而后者可作为一种替代淋巴结清扫的侵入性手术。

Yang等[70]为了通过近红外光激活PTT促进肿瘤细胞的靶向治疗,合成了一种纳米复合材料,即适配体－金纳米粒子杂化的氧化石墨烯(Apt－AuNP－GO)。他们还研究了Apt－AuNP－GO在近红外光照射下是否能够调节热休克蛋白(HSP)的表达,从而导致人类乳腺癌细胞的治疗反应,其结果可为提高PTT治疗癌症的疗效提供一些思路。他们总结发现,自组装的Apt－AuNP－GO纳米复合材料能够选择性靶向MUC1阳性的人类乳腺癌细胞(MCF－7),这是由于MUC1结合适配体和细胞膜上的MUC1(Ⅰ型跨膜粘蛋白糖蛋白)之间的特异性相互作用。他们还观察到,Apt－AuNP－GO对于近红外光的吸收具有很高的光热转换能力,能够在超低浓度下对MCF－7细胞产生治疗作用,而不会对健康细胞产生任何不良影响。这种可能性是由于Apt－AuNP－GO纳米复合材料结合了氧化石墨烯、金纳米粒子和适配体三者的优点,且具有特定的靶向能力、良好的生物相容性及其肿瘤细胞破坏能力,因此氧化石墨烯基材料在乳腺癌 PTT 中具有良好的应用潜力。他们总结发现 HSP70 蛋白表达的程度和持续时间与 Apt - AuNP - GO 辅助 PTT 治疗乳腺癌的疗效相关,因此他们相信这种纳米复合材料可以很容易地扩展到 HSP70 抑制剂的构建中,通过将热和 HSP 蛋白 70 抑制剂传递到肿瘤所发生的区域,用于化疗 PTT 中。

## 1.5.1 药物递送

石墨烯、氧化石墨烯和其他石墨烯基材料作为有前途的生物医学材料,其应用已得到广泛的研究。这是由于它们具有独特而理想的特性,包括大比表面积、出色的电导率(热、电和离子)、二维平面结构、化学和机械稳定性以及良好的生物相容性。这些特性有助于它们在设计先进的药物递送系统和提供广泛的治疗方法方面拥有极其广阔的应用前景[71]。Liu 等全面概述了石墨烯和石墨烯基材料在生物和生物医学应用(包括药物输送)领域的最新研究进展。他们讨论了目前石墨烯基纳米载体的表面改性方法及其生物相容性和毒性。他们还总结了很多杰出的研究成果并着重强调了其在抗癌药物以及基因方面的有关研究。他们还基于控制机制,包括针对 pH 值,化学相互作用,热、光和磁感应的靶向和刺激,对新的药物递送概念进行了回顾,还讨论了该领域的未来前景和挑战(图 1.3)。

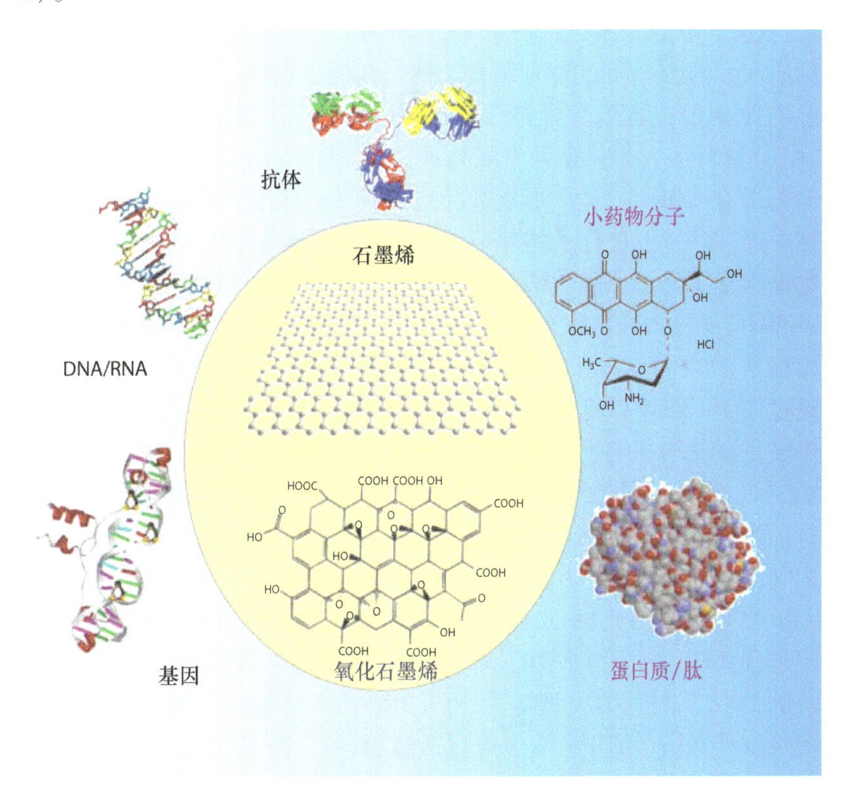


图 1.3 石墨烯和氧化石墨烯在生物和小型药物系统中的应用[71]

Hsieh 等调节了氧化石墨烯的氧化状态[72],并将一个基于氧化石墨烯的纳米平台与一个 pH 敏感的荧光示踪剂相结合,用于 pH 传感和 pH 响应的药物递送。为了优化对模型药物聚 - dT30 的吸附,他们对不同氧化程度的氧化石墨烯进行了研究,结果表明,与氧化程度较低的氧化石墨烯相比，高氧化的氧化石墨烯在体外是优良的药物载体候选者。在细胞实验中，他们合成了对 pH 敏感的若丹明染料，该染料首先用于在酸性条件下监测细胞的 pH 值，并在 588nm 处质子化若丹明发出荧光。他们得出的结论是，将 dT30 - GO 纳米载体引入细胞后，发生了若丹明触发的竞争反应，这导致寡核苷酸的释放和由氧化石墨烯导致的若丹明荧光猝灭，并且纳米载体的高载药量（FAM - dT30/GO = 25 ~ 50μg/mL）和快速细胞摄取（ <0.5h）可用于靶向 RNAi 输送至肿瘤的酸性环境。

Wang 等[73]开发了新型 SERS 基底，并讨论了这些基底如何与目标分析物相互作用，它们在确定谱图和 SERS 增强幅度及其应用中起决定性作用。Wang 等报道了种子介导生长的还原氧化石墨烯 - 金纳米片纳米复合材料，并将其用作抗癌药物（阿霉素）负载和释放的活性 SERS 材料。还原氧化石墨烯纳米片纳米杂化物的形态及其光学性能可以通过合成方法精确控制，无需表面活性剂或聚合物稳定剂。他们得出的结论是，与 Au NS 相比，开发的还原氧化石墨烯纳米片纳米杂化物具有可调节的光学特性，通过简单地改变生长反应参数，可以提高稳定性，并且对芳香族有机分子具有敏感的 SERS 响应。他们进一步证实了还原氧化石墨烯纳米片在检测阿霉素负荷和 pH 依赖性释放方面的应用，这在药物递送和化疗方面显示出了巨大的潜力。

Thakur 等使用一种经济的绿色化学方法从牛奶中合成水溶性 GQD，其可应用于癌症成像以及药物递送领域[74]，他使用一步微波辅助加热法合成了 GQD，它们呈现为带有多重荧光且横向尺寸约为 5nm 的球形结构。他们强调了这样一个事实：加热时间和离子强度等工艺参数对 GQD 的光致发光特性有着深远的影响。通过 X 射线光电子能谱（XPS）分析证实，GQD 进行了 N 型掺杂及富氧处理，而盐酸半胱胺（Cys）用于将抗癌药物盐酸小檗碱（BHC）附着在 GQD 上，从而形成载药效率约为 88% 的 GQD@ Cys - BHC 复合材料。他们在酸性 - 碱性环境下进行了体外药物释放研究，同时使用药物代谢动力学统计模型进行了药物动力学研究。他们的结论是，GQD 对 L929 细胞具有生物相容性，而治疗性的 GQD@ Cys - BHC 复合物经台盼蓝和 MTT 细胞毒性实验证实，其对不同的癌细胞系模型，即宫颈癌细胞系（如 HeLa 细胞）和乳腺癌细胞株（如 MDA - MB - 231）具有较强的毒副作用。他们通过使用 CLSM 和使用 GQD 和 GQD@ Cys - BHC 复合物进行荧光显微镜检查，证明了基于多重激发的细胞生物成像并且认为 GQD@ Cys - BHC 复合物的药物递送（治疗）和生物成像（诊断）性质在癌症的体外治疗中有潜在的应用前景。

显然，可靠的基因开发是基因治疗成功的关键。近年来，细胞穿透肽被用于增强纳米粒子的基因和药物递送功效。Imani 等[75]研究了八精氨酸（R8）功能化氧化石墨烯的可行性，其中 R8 肽以不同的比例（0.1 ~ 1.5μmol/mg 氧化石墨烯）与羧化氧化石墨烯通过两步酰胺化过程偶联，并用作新型的基因传递纳米载体。他们用表达增强型绿色荧光蛋白（pEGFP）的 DNA 质粒作为模型基因，研究 R8 - GO 基因转染哺乳动物细胞的能力。利用傅里叶变换红外光谱（FTIR）、原子力显微镜、紫外 - 可见光谱和 X 射线光电子能谱分析了肽的结合情况。为了将 pEGFP 尽可能多地转染到细胞中，通过动态光散射，Zeta 点位、TNBS 和凝胶阻滞试验优化了与氧化石墨烯结合的肽量。作者用 MTT 法研究了 R8 功能化氧化石墨烯的细胞毒性，证实了 R8 肽与氧化石墨烯的成功结合，纳米氧化石墨烯片（nGO）的厚度从 0.8nm 增加到 2 ~ 7nm，并且在 R8 功能化过程中，氧化石墨烯层间距增加。他们以 0.5μmol/mg 和 1μmol/mg 的比例在肽功能化的氧化石墨烯上获得最高的

DNA 负载量,因此得出结论:肽摩尔比为 1μmol/mg 氧化石墨烯的结合肽样品显示出最高的结合效率和 EGFP 基因表达,并表现出更好的分散性和生物相容性。NGOS 表面上的肽密度对生产最有效的细胞转染至关重要。因此,他们得出结论,R8 结合氧化石墨烯可以作为一种前景广阔的基因传递纳米载体,在生物技术治疗和临床应用中具有良好的潜力。

Feng 等[76]报道了石墨烯作为无毒的纳米载体在高效基因转染中的成功应用。他们成功地将氧化石墨烯与分子量分别为 1.2 kDa 和 10 kDa 的两种阳离子聚合物 - 聚乙烯亚胺(PEI)结合在一起,生成了 GO - PEI - 1.2k 和 GO - PEG - 10k 复合物,二者在生理溶液中都是稳定的。他们进行了一些细胞毒性试验,结果表明,与 GO - PEI - 10k 聚合物相比,GO - PEI - 10k 复合材料的毒性在处理后的细胞中显著降低。他们观察到,带正电的 GO - PEI - 10k 复合材料能够进一步与 pDNA 结合,用于 HeLa 细胞中的 EGFP 基因转染。他们观察到用 GO - PEI - 1.2k 时 EGFP 转染无效的,而使用相应的 GO - PEI - 1.2k 作为转染剂可以观察到较高 EGFP 表达。他们的结论是,GO - PEI - 10k 与 GO - PEI - 10k 相比,EGFP 转染效率相近,但毒性较低,石墨烯可以作为一种新型的低细胞毒性和高转染效率的基因传递纳米载体,在非病毒性基因治疗中具有潜在的应用前景。Zhang 等[77]用 PEI 结合氧化石墨烯(PEI - GO)研究 Bcl - 2 靶向短干扰 RNA(siRNA)和抗癌药物阿霉素的负载和输送。他们证实了 siRNA 的敲低效率更高,与纯 PEI 相比,PEI - GO 协同作用更好;PEI - GO 纳米载体对 siRNA 和阿霉素的连续输送表现出协同效应,从而显著提高了化疗效果。

Wei 等[78]报道了基于对氨基苯甲酸(rGO - $C_6H_4$ - COOH)共价还原氧化石墨烯的药物递送系统,用于抗癌药物 DOX 的载药和靶向输送。他们制备了由 PEI 和生物素共轭的 rGO - $C_6H_4$ - COOH 的胶体溶液,该溶液作为药物递送系统具有出色的水溶性和靶向性。β - 环糊精分子是用于容纳客体分子(如水不溶性抗癌药)的宿主分子,其引入目的是降低药物递送系统的细胞毒性并改善生物相容性。他们发现,rGO - $C_6H_4$ - CO - NH - PEI - NH - CO - CD - 生物素的载药量为 24.64%、阿霉素浓度较高时,药物释放行为与 pH 值有关,而阿霉素浓度较低时与盐分有关,这可以很好地用于癌细胞的药物控制释放。他们的结论是,负载在 rGO - $C_6H_4$ - CO - NH - PEI - NH - CO - CD - 生物素底物上的阿霉素能够有效地诱导 HepG2 癌细胞凋亡,这种现象可以用阿霉素和 rGO - $C_6H_4$ - CO - NH - PEI - NH - CO - CD - 生物素的结合来解释,该生物素能够将癌细胞阻滞在抗癌药物最敏感的 G2 期。

Tao 等[79]将 PEG 和 PEI 双聚合物功能化氧化石墨烯(GO - PEG - PEI)作为载体,实现了 CpG 的高效传递。他们认为 GO - PEG - PEI 能显著促进前发炎细胞激素的产生,增强 CpG 的免疫刺激作用。他们进一步应用 GO - PEG - PEI 的近红外光学吸收来控制 CpG - ODNs 的免疫刺激活性,由于光热诱导的局部加热加速了纳米载体的细胞内输送,因此在近红外激光照射下显示出显著增强的免疫刺激反应。他们认为,这是使用光热增强的纳米载体细胞内输送进行光可控 CpG 输送的首次证明。他们的结论是,体内实验证明了 GO - PEG - PEI - CpG 复合材料在激光照射下对癌症的治疗具有协同光热和免疫效应,具有极高的肿瘤抑制效率,因此 GO - PEG - PEI - CpG 复合材料在癌症治疗中具有优异的治疗效果。Cheng 等[80]利用石墨烯/金复合材料具有较高的阳离子性,结合和缩合带负电的 siRNA,用 PEI 作为还原剂和保护剂,通过原位还原法合成。由于 PEI 接枝石墨烯/金复合材料中含有足够数量的氨基，因此进一步用甲氧基-PEG对PEI接枝石墨烯/金复合材料进行改性，以获得低细胞毒性、新的血液相容性和在生理环境中的最佳分散性。作者认为，PEG化PEI接枝石墨烯/金复合材料(PPGA)可以有效地负载siRNA，从而形成PPGA/siRNA复合材料，转运到HL-60细胞并下调抗凋亡Bcl-2蛋白，表明PPGA是一种合适的基因传递平台。他们进一步得出结论，在近红外激光照射下，PPGA相对于PPG表现出更强的光热响应，这表明PPGA可以作为一种有效的光热剂。Bao等[81]通过简单的酰胺化过程成功地将氧化石墨烯与壳聚糖(CS)共价官能化。他们研究了CS接枝GO(GO-CS)片，该GO-GS片由约64%(质量分数)的CS组成，具有良好的水溶性和生物相容性，并进一步量化了GO-CS的物理化学性质。他们利用纳米载体GO-CS通过π-π堆叠和疏水相互作用来负载不溶于水的抗癌药物喜树碱(CPT)，并证实GO-CS具有出色的CPT负载能力，并且GO-CS-CPT与纯药物相比，复合材料在HepG2和HeLa细胞系中表现出非常高的细胞毒性。他们的结论是GO-CS还能将pDNA浓缩成稳定的纳米复合材料，在一定的氮磷比下，GO-CS/pDNA纳米粒子在HeLa细胞中显示出合理的转染效率，并且GO-CS纳米载体能够装载和输送抗癌药物及基因。

Yang等[82]报道了一种多分子超组装，其中叶酸修饰的β-CD(1)作为靶标单元，金刚烷基卟啉(2)作为接头单元，而氧化石墨烯作为载体单元。他们通过非共价相互作用成功地制备了这种组装体，并通过紫外-可见光谱、荧光光谱、X射线光电子能谱和电子显微镜对其进行了全面的研究。他们认为氧化石墨烯单元可以通过π-π相互作用与抗癌药物阿霉素结合，叶酸修饰的β-CD单元能够识别癌细胞中的叶酸受体。他们认为，与阿霉素结合后，这三个单元的协同作用，所产生的多个超分子组装比体内的游离阿霉素表现出更好的药物活性和更低的毒性。另一方面，Depan等[83]报道了一种新型叶酸修饰和石墨烯介导的药物递送系统制备，该系统涉及氧化石墨烯与抗癌药物的独特结合，以实现药物的控制释放。他们将阿霉素通过强π-π堆叠相互作用连接到氧化石墨烯上，然后用叶酸共轭CS包封氧化石墨烯来合成纳米载体基底。他们认为，π-π堆叠相互作用被简化为非共价的功能化，可实现较高的载药量并随后控制药物阿霉素的释放。他们得出的结论是，由于CS的亲水性和阳离子性质，封装的氧化石墨烯增强了纳米载体系统在水性介质中的稳定性，并且阿霉素的负载和释放强烈的依赖pH，并意味着氧化石墨烯和阿霉素之间存在氢键作用。因此，他们认为，该方法在靶向给药方面是有利的，而且由于制备的纳米杂化系统提供了一种结合可生物降解材料CS和氧化石墨烯的独特特性，并用于生物医学领域的新型制剂，因此它具有很高的潜力来应对当前药物递送方面的挑战。

### 1.5.2 抗微生物应用

通常，物理和化学效应在石墨烯抗菌应用中起到重要作用。石墨烯和石墨烯基材料的尖锐边缘直接与细菌接触，通过物理作用破坏细菌的细胞膜并破坏性地提取脂质分子，从而对细菌造成杀伤。

Ouyang等将多聚赖氨酸修饰的还原氧化石墨烯(PLL-rGO)作为铜纳米粒子(CuNP)的载体，同时通过将CuNP沉积在还原氧化石墨烯表面的方式制备了多聚赖氨酸/还原氧化石墨烯/铜纳米粒子(PLL-rGO-CuNP)复合材料[84]。他们对所制备的新型PLL-rGO-CuNP复合材料进行了表征，同时测试了该复合材料对革兰氏阴性大肠杆菌和革兰氏阳性金黄色葡萄球菌的抗菌活性。该研究表明，该复合材料具有叠加抗菌性，并且相比于固定在吡咯烷酮上，将 CuNP 固定在 PLL - rGO 上的结构更加稳定，这些特征使该复合材料具有长期的叠加抗菌性。研究还表明，该复合材料具有良好的水溶性，因此在微生物防治领域具有潜在的应用价值。

Xiao 等[85]报道了关于将水溶性聚噻吩(P3TOPS)接枝到还原氧化石墨烯片层上的“穿透接枝”(grafting - through)方法。由于聚噻吩侧链的裁切作用，所制得的改性还原氧化石墨烯片层，如 rGO - *g* - P3TOPA 和 rGO - *g* - P3TOPS 分别带正电和负电。因此，这些片层在水中具有良好的分散性和高光热转化效率(约 88%)。研究人员发现带有正电荷的 rGO - *g* - P3TOPA 表现出异常优异的光热杀菌活性。研究人员认为，这是由于静电作用使 rGO - *g* - P3TOPA 和大肠杆菌相结合，从而触发了二者界面之间的直接热传导。他们认为能够完全杀灭大肠杆菌时的 rGO - *g* - P3TOPA 的最低浓度为 2.5μg/mL，这个数值约是 rGO - *g* - P3TOPS 表现出相似抗菌活性所需浓度的 6.25%。因而，研究人员发现 ζ 电位测试以及光热加热实验证实了直接热传导机理，其中能够 100% 杀灭大肠杆菌的 rGO - *g* - P3TOPA 悬浮液(2.5μg/mL，32°C)所需达到的温度明显低于细菌的热消融阈值。这种新颖的方法结合了光热加热作用和静电引力来有效地杀灭细菌，实验结果也证实了该方法的有效性。

石墨烯上的含氧官能团被认为是对抗菌性有影响的[86]。根据所采用还原方法的不同，所获得还原氧化石墨烯上的含氧官能团的种类和数量也会不同，从而使其性质有所差异。Qui 等通过三种还原方法，即真空热处理，水合肼和硼氢化钠化学还原氧化石墨烯，在钛表面上合成了还原氧化石墨烯。该研究结果表明，在 600°C 热处理 1h 可完全除去羧基，水合肼可以除去含氧官能团，特别是环氧官能团，硼氢化钠可以将羰基还原为羟基。他们发现，通过不同还原过程所制备的还原氧化石墨烯对具有较高含量的羧基和羟基/环氧化物的细菌表现出不同的响应，从而显示出更有效的抗菌活性。此外，由于没有细胞毒性，氧化石墨烯和还原氧化石墨烯表现出优异的生物相容性。

数百年来，人类已经认识了银和银纳米粒子(AgNP)的抗菌活性，并将该特性与银离子($Ag^+$)联系起来。银纳米粒子具有快速高效的灭菌作用，这种可能源于银纳米粒子具有很强的光催化能力，利用660nm 可见光可以快速产生自由基氧，加上 $Ag^+$ 固有的抗菌能力，从而具有快速高效的灭菌效果。Xie 等[87]通过将 $Ag^+$ 原位还原为银纳米粒子，然后用Ⅰ型胶原薄层包裹，从而将分散性良好的银纳米粒子制备成真正意义上的 GO - NS。他们进行了体内皮下试验，结果表明利用 660nm 的可见光照射 20min 对植入物表面的大肠杆菌和金黄色葡萄球菌分别具有约 96.3% 和 99.4% 的高灭菌效果。研究人员认为胶原蛋白可以降低外膜潜在的细胞毒性。他们还发现，基于氧化石墨烯的生物平台与具有优异光催化性能的无机抗菌纳米粒子相结合，通过 660nm 可见光激发的光动力作用及生物平台固有的物理抗菌能力相结合而产生协同灭菌作用，可实现快速便捷的原位消毒并可长期预防细菌感染。

虽然由钛及其合金制成的植入物具有优异的性能，但有时也会因植入物带来的细菌感染而失效，因此，钛及其合金必须进行充分的表面改性。Qian 等[88]利用氧化石墨烯对钛板表面进行了改性，使表面负载有盐酸米诺环素。他们利用革兰氏阳性金黄色葡萄球菌、变形链球菌和革兰氏阴性大肠杆菌来测试样品的抗菌活性。他们还利用人牙龈成纤维细胞（HGF）以满足样品的细胞相容性。针对细菌存在的细胞黏附和细胞表面覆盖现象，他们对HGF细胞和金黄色葡萄球菌进行了共培养实验。结果显示，氧化石墨烯改性的钛表面可以抑制与氧化石墨烯直接接触的细菌生长，但不会影响到未与氧化石墨烯直接接触的细菌。此外，他们还发现，负载在氧化石墨烯改性钛表面（即M@GO－Ti）上的盐酸米诺环素表现出相当缓慢的释放行为，但因氧化石墨烯的“直接灭菌”以及盐酸米诺环素的“缓释灭菌”的协同效应，M@GO－Ti表现出了优异的抗菌活性。

Qui等[89]研究了生物界面中与氧化石墨烯层数相关的抗菌作用和成骨作用。在不同沉积电压下，他们利用阴极电泳沉积法将不同层数的氧化石墨烯沉积在钛表面。他们把大鼠骨间充质干细胞作为实验对象，观察了所有样品的初始细胞黏附和扩散、细胞增殖以及成骨分化现象。然后，他们使用革兰氏阴性大肠杆菌和革兰氏阳性金黄色葡萄球菌对改性的钛表面的抗菌作用进行研究。他们还将HGF细胞与大肠杆菌和金黄色葡萄球菌进行共培养，以模拟临床实践环境。研究结果表明，载有氧化石墨烯的钛表面具有出色的抗菌作用和成骨作用。随着氧化石墨烯层数的增加，活氧性水平随之提高并且引起表面起皱，从而分别赋予了材料的抗菌作用和成骨作用。研究人员指出，与细胞－细菌共培养过程中的纯钛表面相比，氧化石墨烯改性的钛表面具有更高的细胞表面覆盖率。

石墨烯和石墨烯基材料的抗菌性能在其众多应用领域中表现得尤为突出，几乎没有细菌耐药性以及对哺乳动物细胞的可耐受细胞毒性作用。石墨烯及其衍生物通过物理损伤发挥其抗菌作用，例如利用其尖锐边缘直接与细菌膜接触，并通过包裹和光热消融机制对脂质分子进行破坏性提取[90]。细菌的化学损伤通常是由于ROS以及电荷转移引起的氧化应激反应而产生的。由于石墨烯具有协同作用，因此常被用于分散和稳定各种纳米材料的载体，例如：具有高抗菌性的金属、金属氧化物以及聚合物，这使得构建石墨烯基抗生素药物平台成为可能。这是石墨烯基纳米复合材料广泛应用（如抗菌包装）之外的又一重要应用。在Ji等[90]的研究中，重点介绍了石墨烯的抗菌机理，总结了与石墨烯基材料的抗菌活性有关的最新进展，并讨论了许多最新的应用实例。Hu等[91]报道了两种水分散性石墨烯衍生物的抗菌活性，即氧化石墨烯和rGO－NS。他们断定石墨烯基纳米材料可以有效抑制大肠杆菌的生长，同时显示出了最小的细胞毒性。他们证明，通过简单的真空过滤，可以便捷地从悬浮液中制备出宏观、独立式的氧化石墨烯和还原氧化石墨烯纸。氧化石墨烯兼具优异的抗菌性、易于大规模制备以及易于加工等特点，从而能够实现低成本制造柔性自支撑纸张。人们期望这种新型的碳纳米材料在日常生活发挥重要的环境及临床应用。银纳米粒子的抗菌性使其用途越来越广泛，然而其较低的稳定性和较高的细胞毒性阻碍了实际应用。Cai等[92]进行了关于使用1－萘磺酸盐功能化的rGO（NA－rGO）作为银纳米粒子的基底制备AgNP－NA－rGO复合材料的研究。他们发现，相较于PVP稳定化的银纳米粒子和负载在NA－rGO上的银纳米粒子来说，AgNP－NA－rGO复合材料的抗菌活性更高。而且AgNP－NA－rGO复合材料比负载在PVP上的银纳米粒子性能更加稳定，因此具有长期的抗菌性。除此之外，AgNP－NA－rGO复合材料显示出优异的水溶性和低细胞毒性，表明它在可喷涂还原氧化石墨烯基抗菌溶液领域具有巨大的应用潜力。

为了长期调控季铵盐、十二烷基二甲基苄基氯化铵（rGO－1227）和还原氧化石墨烯－溴十六烷基吡啶（rGO－CPB）的抗菌性能，Ye等[93]探究了利用π－π相互作用在还原氧化石墨烯表面进行自组装技术路线。他们对所制备的 rGO－1227 和 rGO－CPB 纳米复合材料进行了 XRD、FTIR 光谱、热重分析(TGA)、场发射扫描电子显微镜(FESEM)及 TEM 表征。他们还对革兰氏阴性大肠杆菌和革兰氏阳性金黄色葡萄球菌的抗菌活性进行了评估,发现 rGO－CPB 和 rGO－1227 降低了纯抗菌剂的细胞毒性,并且都具有很强的抗菌性。除此之外,他们还证实了 CPB 可通过 π－π 共轭作用有效地负载在还原氧化石墨烯表面上。由于 rGO－CPB 比 rGO－1227 具有更多的自由 π 电子(其具有重要作用),因此该纳米复合材料具有长期的抗菌性。与 rGO－1227 相比,rGO－CPB 表现出更好的特定靶向能力和更好的长效抗菌性。由细菌病原体引起的微生物污染现象非常普遍,因此,具有优异抗菌性的材料无疑引起了人们的极大兴趣和重视。Li 等[94]发现了一种具有优异抗菌性的新型材料。他们开发了一种易于制备的抗菌 CS 和聚六亚甲基胍盐酸盐(PHGC)双聚合物功能化氧化石墨烯(GO－CS－PHGC)复合材料。他们通过 FTIR、XPS、FESEM、TEM、TGA 和拉曼光谱对所制备的材料进行了表征,并且还通过在 GO－CS－PHGC 复合材料存在的环境中培养革兰氏阴性菌和革兰氏阳性菌,以此来研究它们对细菌菌株的抗菌能力。作者还测定了以上三种组分的协同抗菌作用,实验结果表明,与单组分(GO、CS、PHGC 或 CS－PHGC)以及这些单组分的混合物相比,他们所制备的 GO－CS－PHGC 具有更强的抗菌活性。他们发现,GO－CS－PHGC 复合材料对革兰氏阴性菌和革兰氏阳性菌具有较强的抑制作用,对大肠杆菌的最小抑菌浓度(MIC)为 32μg/mL。由于 GO－CS－PHGC 不仅具有优异的抗菌活性,而且具有成本低以及易于制备等优势,因此 GO－CS－PHGC 作为抗菌剂在各种生物医学应用中具有潜在的应用前景。

众所周知,微生物病原体对抗生素的耐药性已经成为严重的威胁全球性健康的问题,致使医院发生感染的情况增多,据统计数据显示,在 MDR 微生物病原体引起的免疫功能低下和癌症等疾病中,这种耐药性的问题尤为明显。此类问题从根本上限制了选择有效的抗生素进行治疗。针对这种情况,近来研究人员正在努力开发诸如纳米粒子等具有抗微生物活性的新化合物,特别是 GON 已应用在诸多领域中,包括抗菌作用、生物检测、病原体、癌症治疗以及药物递送和基因传递。由于氧化石墨烯具有表面积大、导电率和导热率高以及生物相容性等特有的理化性质,氧化石墨烯作为细菌感染的抗菌剂的使用呈指数增长。为了将氧化石墨烯的使用毒性降到最低,同时提高氧化石墨烯作为抗菌剂的使用效率,研究人员利用生物分子、无机纳米结构以及聚合物对表面进行了各种改性及功能化。Yousefi 等[95]简要介绍了氧化石墨烯在使用和开发中取得的进展。在此,我们就该文献介绍的氧化石墨烯纳米复合材料作为新一代抗菌剂所取得的进展进行简要介绍。

微生物 MDR 给人类健康带来巨大威胁,如果问题仍未解决,将使人类重回抗生素时代。因为传统的抗传染病研究方法在开发高效的抗菌药物方面还相当不足,故纳米材料是一种非常有前景的替代品。Tegou 等[96]综述了石墨烯－细菌相互作用的特征,概述了石墨烯－微生物相互作用的范例,并介绍了可用材料的范围及其潜在应用,力图推动和促使人们对纳米材料平台真实功能有更深入、更广泛的理解,并达成群体共识。因为他们认为,将纳米材料(包括石墨烯基纳米材料)用作抗菌剂的相关问题仍需彻底了解。例如,人们对这些材料表面微生物的相互作用知之甚少,为了确定研发中材料的应用可行性,对该界面机制的阐述非常关键。文献[96]中提出的其他相关问题包括:①石墨烯衍生物是否是设计强力抗菌剂、载体或高效的诊断微传感器的理想材料? ②是否充分研究了主要微生物耐药性表型决定因素的划分？③毒性是否会成为限制因素？④人类是否离临床实施阶段越来越近？

在未来的生物医学应用当中，对高效抗菌纳米材料的使用无疑需要对石墨烯基材料的抗菌机理进行深入了解。为此，Zou 等[97]对石墨烯基材料的抗菌机理进行了全面的综述，包括 GM 的物理化学性质、实验环境和选定的微生物，以及 GM 与选定的微生物之间的相互作用，以探索具有争议的抗菌性的相关问题。他们还分析了设想机制的优缺点，并对预想的未来挑战以及研究前景提出了新的见解。

Akhavan 和 Ghaderi[98]研究了以石墨烯纳米壁形式沉积在不锈钢基底上的石墨烯纳米片对革兰氏阳性菌和革兰氏阴性菌的细菌毒性。他们利用化学剥离法合成的 $Mg^{2+}$ - GO - NS，通过电泳沉积法来制备氧化石墨烯纳米片，再根据细菌细胞质外流量的测量结果分析，他们发现，细菌失活的有效机制是细菌直接与纳米壁的尖锐边缘接触而引起的细菌细胞膜损伤。然而他们发现，具有外膜的革兰氏阴性大肠杆菌比没有外膜的革兰氏阳性金黄色葡萄球菌更能抵抗纳米壁造成的细胞膜损伤。此外，经过肼还原的氧化石墨烯纳米壁比未还原的氧化石墨烯纳米壁对细菌的毒性更大。他们还得出结论，在细菌和氧化石墨烯接触的相互作用过程中，由于还原纳米壁更尖锐的边缘和细菌之间能更好地进行电荷转移，因此还原纳米壁具有更好的抗菌活性。

Veerapandian 等[99]对氧化石墨烯和经紫外线光辐射的氧化石墨烯纳米片的抗菌性进行了全面研究。他们发现，微观表征显示类氧化石墨烯纳米片结构具有波浪状特征和褶皱或薄凹槽，并利用 XPS 和紫外线光电子能谱分别研究了紫外线照射前后氧化石墨烯纳米片的基本表面化学态。他们由 MIC 数据得出结论，经紫外线照射的氧化石墨烯纳米片比未经照射的氧化石墨烯纳米片及标准抗生素和卡那霉素具有更显著的抗菌作用。经测定，经紫外线光照射的氧化石墨烯纳米片对大肠杆菌和鼠伤寒沙门氏菌的 MIC 值为 0.125μg/mL，枯草芽孢杆菌为 0.25μg/mL，粪肠球菌为 0.5μg/mL，从而确保了其作为抑制病原菌生长的抗感染剂的潜力。他们还发现，常规氧化石墨烯纳米片的最低杀菌浓度比其相应的 MIC 值高出 2 倍，这表明氧化石墨烯纳米片具有良好的杀菌性，同时通过测定 β - D - 半乳糖苷酶水解邻硝基苯酚 - β - D - 半乳吡喃糖苷酶的活性，来推断其抗菌机理。

Sanmugam 等[100]提出了一种一步合成 CS - ZnO - GO 复合材料的新工艺，并对其染料吸附性和抗菌性进行了测定。作者通过紫外 - 可见吸收光谱、XRD、FTIR 光谱、扫描电子显微镜和 TEM 对 CS 以及 CS - ZnO 和 CS - ZnO - GO 等复合材料进行了表征，并且发现与 CS 相比，复合材料的热性能和力学性能有显著提升。作者还以亚甲蓝和铬络合物为污染物模型，染料浓度作为参数，测定了复合物对染料的吸附特性。研究人员测量了 CS 及其复合材料的抗菌性能，发现其对革兰氏阳性和革兰氏阴性细菌菌种的 MIC 为 0.1μg/mL。

Faria 及其同事[101]介绍了一种通过银纳米粒子修饰的氧化石墨烯(GO - Ag)片层生产的纳米复合材料的制备工艺、表征及抗菌性能。他们在 $AgNO_3$ 和柠檬酸钠存在的条件下制备了 GO - Ag 纳米复合材料，并通过紫外 - 可见光谱、XRD、TGA、拉曼光谱和 TEM 对材料进行了物理化学表征。他们发现，固定在 GO 表面上的 Ag 平均尺寸约为 7.5nm，并且发现氧化碎片片段(吸附在 GO 表面上的副产物)对于银纳米粒子的成核和生长至关重要。他们使用标准计数板方法研究了GO和GO-Ag纳米复合材料对铜绿假单胞菌的抗菌性。他们发现，在研究的浓度范围内，GO分散体对铜绿假单胞菌没有抗菌性，而另一方面，GO-Ag纳米复合材料具有高效杀菌性，其MIC值范围为2.5~5.0μg/mL。他们还研究了有关铜绿假单胞菌在不锈钢表面上的抗生物膜活性的黏附性，结果表明，在GO-Ag纳米复合材料作用1h后，黏附细胞的抑制率可达100%。研究人员认为，这一发现提供了第一个直接证据，即GO-Ag纳米复合材料能够抑制微生物黏附细胞的生长，从而阻止生物膜的形成。同时，实验结果证明了GO-Ag纳米复合材料可作为抗菌涂层材料，以抑制食品包装和医疗器械中生物膜的生长。在另一项研究中，Moraes等[102]报道了将GO-Ag纳米复合材料作为耐甲氧西林金黄色葡萄球菌（MRSA）的杀菌剂，这种细菌导致了全球严重的院内感染。由于细菌不大可能对纳米材料产生微生物耐药性，因此这类纳米材料是常规抗生素化合物的一种理想替代品。Moraes等[102]进一步阐明了GO-Ag纳米复合材料的合成及其对药品中相关微生物的抗菌活性。他们通过在GO水分散体中的柠檬酸钠还原银离子的方法合成了GO-Ag纳米复合材料，并通过紫外-可见吸收光谱、XRD、TGA、XPS和TEM对产物进行了广泛的表征，而TEM图像揭示了GO-Ag纳米片与细菌细胞相互作用的机理。他们通过微量稀释法和杀菌曲线实验测定了GO-Ag的抗菌性，同时通过TEM研究了用GO-Ag处理过的细菌细胞的形态。他们发现，银纳米粒子在整个GO片中分布良好，平均尺寸为9.4nm±2.8nm；GO-Ag纳米复合材料对MRSA、鲍曼不动杆菌、粪肠球菌和大肠杆菌都表现出优异的抗菌性；所有（100%）MRSA细胞在接触GO-Ag片4h后均失活；原始氧化石墨烯或纯银纳米粒子在测试浓度范围内均没有毒性。

## 1.6 挑战与展望

细胞反应和石墨烯表面状态的复杂性给调节石墨烯或其衍生物的细胞行为带来了相当大的挑战。毫无疑问，即使在某些领域仍有技术问题需要解决，生物成像技术仍有望帮助医学、生物医学和生物学等研究领域的人们获得一种非常重要的感知、直觉与认知。例如，临床医生可能难以通过生物成像来准确判断用药后肿瘤大小的变化。同样地，生物成像无法区分良性和扩散性晚期肿瘤。然而，我们可以预见，生物成像技术的不断进步将使图像转化为可靠的数据，这些数据可用于疾病的准确诊断和分析，从而减少或消除活检和其他有创操作的应用。在石墨烯基材料领域中，纳米医学是纳米材料的最新发展方向之一[103]。石墨烯基材料在纳米医学领域的应用中，免疫系统发挥了重要作用。因此，充分理解石墨烯基材料、免疫细胞和免疫组分之间相互作用的复杂性，以及如何将其有效用于新型的诊疗方法是非常重要的。Orecchioni等[103]从各个角度探讨了医学和生物医学领域中石墨烯基材料相关的课题，包括由于潜在毒性带来的挑战，以及通过石墨烯基材料与生物分子相结合来开发先进的纳米医学工具的可行性。在这个发展方向上，他们介绍和讨论了：①石墨烯对免疫细胞的影响；②石墨烯用于免疫生物传感器；③与石墨烯相结合用于肿瘤靶向的抗体。本章对以上大部分的内容进行了详细介绍。虽然纳米治疗产品由欧洲药品管理局在常规监管框架内进行监管，但由于其复杂性问题仍然存在，因此专家有必要进行额外评估，以确定纳米治疗产品的安全性、质量和功效。由于将纳米平台常规用于疫苗终将成为现实，重要的是不仅要解决免疫学引起的经典问题，还要解决与通常使用的纳米粒子和石墨烯基材料作为疫苗递送平台相关的具体问题。虽然石墨烯基材料和纳米粒子介导的免疫增强机制能够明显显示出，它们有望提高对抗原（即佐剂）的免疫反应，需要注意的是将纳米粒子（特别是石墨烯基材料）通过非胃肠道给药后，诱导免疫相关活动可能产生的负面影响。

## 1.7 小结

随着生物医学的进步，许多疾病将可以得到更好的诊断和治疗。这是因为生物成像技术对临床医生来说是一个重要的工具，可以帮助他们监测患者对药物的反应。这些技术可以通过安全、无创的途径为多种疾病提供良好的诊断和治疗。生物标志物在改善药物开发过程以及更广泛的医学、生物医学和生物学研究中发挥着非常重要的作用。这需要深刻理解可测量的生物过程和临床结果之间的关系，这有助于扩展治疗知识并拓宽治疗工具的种类范围，以此实现几乎所有疾病的治疗并加深对正常健康人体生理学知识的理解。总之，人们相信纳米疫苗，包括用于疫苗的石墨烯基材料，将在降低维护健康和医疗方面的成本，尤其是癌症治疗方面产生积极影响。鉴于人们对纳米疫苗特性的认识越来越深刻，以及与现有技术相比的优势，该技术也会得到越来越广泛的应用，从而为人类提供更好的医疗保健，为仍有待实现的医疗需求提供解决方案。

## 参考文献


[1] Liu, M., Artyukhov, V. I., Lee, H., Xu, F., Yakobson, B. I., Carbyne from first principles: Chain of C-atoms, a nanorod or a nanorope? *ACS Nano*, 7, 11, 10075 - 10082, 2013.

[2] Soldano, C., Mahmood, A., Dujardin, E. Production, properties and potential of graphene. *Carbon*, 48, 8, 2127 - 2150, 2010.

[3] Geim, A. and Novoselov, K., This month in physics history. *APS News Archives*, 18, 9, 1 - 8, 2009.

[4] https://en.wikipedia.org/wiki/Hexagonal_crystal_family (Accessed on January 03, 2018)

[5] https://www.google.co.za/search?ei = fz5NWouWJIKWgAaD9pbQAQ&q = graphene + hexagonal + lattice&oq = Graphene + lattice&gs_l = psy - ab.1.2.0i7i30k1l10.4419.4419.0.10753.1.1.0.0.0.0.253.253.2 - 1.1.0..0..1c.1.64.psy - ab.0.1.253..0.GWOoqYQLzcI (Accessed on January 03, 2018)

[6] Novoselov, K. S., Fal'ko, V. I., Colombo, L., Gellert, P. R., Schwab, M. G., Kim, K. A., Roadmap forgraphene. *Nature*, 490, 192 - 200, 2012.

[7] Geim, K. and Novoselov, K. S., The rise of graphene. *Nat. Mater.*, 6, 183 - 191, 2007.

[8] Geim, A. K., Graphene: Status and prospects. *Science*, 324, 5934, 1530 - 1534, 2009.

[9] Shi, X., Chang, H., Chen, S., Lai, C., Khademhosseini, A., Wu, H., Regulating cellular behavioron few - layer of reduced graphene oxide films with well - controlled reduction states. *Adv. Funct. Mater.*, 22, 751 - 759, 2012.

[10] Tonelli, F. M., Goulart, V. A., Gomes, K. N., Ladeira, M. S., Santos, A. K., Lorencon, E., Ladeira, L. O., Resende, R. R., Graphene - based nanomaterials: Biological and medical applications and toxicity. *Nanomedicine (Lond.)*, 10, 15, 2423 - 2450, 2015.

[11] Krishna, K. V., Ménard - Moyon, C., Verma, S., Bianco, A., Graphene - based nanomaterials for nanobio-

technology and biomedical applications. *Nanomedicine* ( *Lond.* ) ,8 ,10 ,1669 – 1688 ,2013.

[12] Lu,C. – H. ,Zhu,C. – L. ,Li,J. ,Liu,J. – J. ,Chen,X. ,Yang,H. – H. ,Using graphene to protect DNA from cleavage during cellular delivery. *Chem. Commun.* ,46 ,3116 – 3118 ,2010.

[13] Dong,H. ,Ding,L. ,Yan,F. ,Ji,F. ,Ju,H. ,The use of polyethylenimine – grafted graphene nanoribbon for cellular delivery of locked nucleic acid modified molecular beacon for recognition of microRNA. *Biomaterials* ,32 ,3875 – 3882 ,2011.

[14] Yang,H. W. ,Huang,C. Y. ,Lin,C. W. ,Liu,H. L. ,Huang,C. W. ,Liao,S. S. ,Chen,P. Y. ,Lu,Y. J. , Wei,K. C. ,Ma,C. C. ,Gadolinium – functionalized nanographene oxide for combined drug and microRNA delivery and magnetic resonance imaging. *Biomaterials* ,35 ,6534 – 6542 ,2014.

[15] Wang,F. ,Zhang,B. ,Zhou,L. ,Shi,Y. ,Li,Z. ,Xia,Y. ,Tian,J. ,Imaging dendrimer – grafted graphene oxide mediated anti – miR – 21 delivery with an activatable luciferase reporter. *ACS Appl. Mater. Interfaces* ,8 ,9014 – 9021 ,2016.

[16] Zhang,Y. ,Zhang,H. ,Wang,Y. ,Wu,H. ,Zeng,B. ,Zhang,Y. ,Tiana,Q. ,Yang,S. ,Hydrophilic graphene oxide/bismuth selenide nanocomposites for computed tomography( CT) imaging,photoacoustic imaging,and photothermal therapy. *J. Mater. Chem. B* ,5 ,1846 – 1855 ,2017.

[17] Liu,Y. ,Dong,Y. ,Guo,C. X. ,Cui,Z. ,Zheng,L. ,Li,C. M. ,Protein – directed *in – situ* synthesis of gold nanoparticles on reduced graphene oxide modified electrode for nonenzymatic glucose sensing. *Electroanalysis* ,24 ,12 ,2348 – 2353 ,2012.

[18] Yoo,J. ,Kim,J. ,Baek,S. ,Park,Y. ,Im,H. ,Kim,J. ,Cell re – programming into the pluripotent state using graphene based substrates. *Biomaterials* ,35 ,8321 – 8329 ,2014.

[19] Kim,H. ,Kim,J. ,Lee,M. ,Choi,H. C. ,Kim,W. J. ,Stimuli – regulated enzymatically degradable smart graphene – oxide – polymer nanocarrier facilitating photothermal gene delivery. *Adv. Healthc. Mater.* ,5 , 1918 – 1930 ,2016.

[20] Zhu,X. ,Liu,Y. ,Li,P. ,Nie,Z. ,Li,J. ,Applications of graphene and its derivatives in intracellular biosensing and bioimaging. *Analyst* ,141 ,4541 – 4553 ,2016.

[21] Zhang,M. ,Cao,Y. ,Chong,Y. ,Ma,Y. ,Zhang,H. ,Deng,Z. ,Hu,C. ,Zhang,Z. ,Graphene oxidebased theranostic platform for $T_1$ – weighted magnetic resonance imaging and drug delivery. *ACS Appl. Mater. Interfaces* ,5 ,13325 – 13332 ,2013.

[22] Kuila,T. ,Bose,S. ,Khanra,P. ,Mishra,A. K. ,Kim,N. H. ,Lee,J. H. ,Recent advances in graphene-based biosensors. *Biosens. Bioelectron.* ,26 ,4637 – 4648 ,2011.

[23] Wu,L. ,Chu,H. S. ,Koh,W. S. ,Li,E. P. ,Highly sensitive graphene biosensors based on surface plasmon resonance. *Opt. Express* ,18 ,14395 – 14400 ,2010.

[24] Song,B. ,Li,D. ,Qi,W. ,Elstner,M. ,Fan,C. ,Fang,H. ,Inside cover:Graphene on Au( 111) :Ahighly conductive material with excellent adsorption properties for high – resolution bio/nanodetection and identification. *ChemPhysChem* ,11 ,3 ,585 – 589 ,2010.

[25] Morales – Narváez,E. and Merkoci,A. ,Graphene oxide as an optical biosensing platform. *Adv. Mater.* , 24 ,3298 – 3308 ,2012.

[26] Battogtokh,G. and Ko,Y. T. ,Graphene oxide – incorporated pH – responsive folate – albuminphotosensitizer nanocomplex as image – guided dual therapeutics. *J. Controlled Release* ,234 ,10 – 20 ,2016.

[27] Kim,S. ,Ryoo,S. R. ,Na,H. K. ,Kim,Y. K. ,Choi,B. S. ,Lee,Y. ,Kim,D. E. ,Min,D. H. ,Deoxyribozymeloaded nano – graphene oxide for simultaneous sensing and silencing of the hepatitis C virusgene in liver cells. *Chem. Commun.* ( *Camb.* ) ,8241 – 8243 ,2013.

[28] Lin,J. ,Chen,X. ,Huang,P. ,Graphene – based nanomaterials for bioimaging. *Adv. Drug DeliveryRev.* ,

105, Part B, 242 - 254, 2016.

[29] Shi, X., Gong, H., Li, Y., Wang, C., Cheng, L., Liu, Z., Graphene - based magnetic plasmonic nanocomposite for dual bioimaging and photothermal therapy. *Biomaterials*, 34, 4786 - 479, 2013.

[30] Feng, L., Chen, Y., Ren, J., Qu, X., A graphene functionalized electrochemical aptasensor forselective label - free detection of cancer cells. *Biomaterials*, 32, 2930 - 2937, 2011.

[31] Zeng, Q., Cheng, J., Tang, L., Liu, X., Liu, Y., Li, J., Jiang, J., Self - assembled graphene - enzymehierarchical nanostructures for electrochemical biosensing. *Adv. Funct. Mater.*, 20, 3366 - 3372, 2010.

[32] Lin, C. W., Wei, K. C., Liao, S. S., Huang, C. Y., Sun, C. L., Wu, P. J., Lu, Y. J., Yang, H. W., Ma, C. C., A reusable magnetic graphene oxide - modified biosensor for vascular endothelial growth factor detection in cancer diagnosis. *Biosens. Bioelectron.*, 67, 431 - 437, 2015.

[33] Song, J., Lau, P. S., Liu, M., Shuang, S., Dong, C., Li, Y., A general strategy to create RNA aptamer sensors using "regulated" graphene oxide adsorption. *ACS Appl. Mater. Interfaces*, 6, 24, 21806 - 21812, 2014.

[34] Nellore, B. P. V., Pramanik, A., Chavva, S. R., Sinha, S. S., Robinson, C., Fan, Z., Kanchanapally, R., Grennell, J., Weaver, I., Hamme, A. T., Ray, P. C., Aptamer - conjugated theranostic hybrid graphene oxide with highly selective biosensing and combined therapy capability. *FaradayDiscuss.*, 175, 257 - 271, 2014.

[35] Wang, Y., Polavarapu, L., Liz - Marzán, L. M., Reduced graphene oxide - supported gold nanostars for improved SERS sensing and drug delivery. *ACS Appl. Mater. Interfaces*, 6, 24, 21798 - 21805, 2014.

[36] Wang, Y., Chen, J. - T., Yan, X. - P., Fabrication of transferrin functionalized gold nanoclusters/graphene oxide nanocomposite for turn - on near - infrared fluorescent bioimaging of cancer cells and small animals. *Anal. Chem.*, 85, 13, 2529 - 2535, 2013.

[37] Liu, Q., Guo, B., Rao, Z., Zhang, B., Gong, J. R., Strong two - photon - induced fluorescence from photostable, biocompatible nitrogen - doped graphene quantum dots for cellular and deeptissue imaging. *Nano Lett.*, 13, 2436 - 2441, 2013.

[38] Scolaro, M. J., Sullivan, S. M., Gieseler, R. K., Hozsa, C., Furch, M., Immunotherapies for malignant, neurodegenerative and demyelinating diseases by the use of targeted nanocarriers. Patent No: WO 2017017148 A1, February, 2017.

[39] Jung, H. S., Lee, M. - Y., Kong, W. H., Do, I. H., Hahn, S. K., Nano graphene oxide - hyaluronic acid conjugate for target specific cancer drug delivery. *RSC Adv.*, 4, 14197 - 14200, 2014.

[40] Dong, H., Dai, W., Ju, H., Lu, H., Wang, S., Xu, L., Zhou, S. - F., Zhang, Y., Zhang, X., Multifunctional poly(L - lactide) - polyethylene glycol - grafted graphene quantum dots for intracellular microrna imaging and combined specific - gene - targeting agents delivery for improved therapeutics. *ACS Appl. Mater. Interfaces*, 7, 11015 - 11023, 2015.

[41] Joo, J., Kwon, E. J., Kang, J., Skalak, M., Anglin, E. J., Mann, A. P., Ruoslahti, E., Bhatia, S. N., Sailor, M. J., Porous silicon - graphene oxide core - shell nanoparticles for targeted delivery ofsiRNA to the injured brain. *Nanoscale Horiz.*, 1, 407 - 414, 2016.

[42] Rong, P., Yang, K., Srivastan, A., Kiesewetter, D. O., Yue, X., Wang, F., Nie, L., Bhirde, A., Wang, Z., Liu, Z., Niu, G., Photosensitizer loaded nano - graphene for multimodality imaging guidedtumor photodynamic therapy. *Theranostics*, 4, 3, 229 - 239, 2014.

[43] Luo, S., Yang, Z., Tan, X., Wang, Y., Zeng, Y., Wang, Y., Zeng, Y., Wang, Y., Li, C., Li, R., Shi, C., A multifunctional photosensitizer grafted on polyethylene glycol and polyethylenimine dualfunctionalized nanographene oxide for cancer - targeted near - infrared imaging and synergistic phototherapy. *ACS Appl.*

*Mater. Interfaces*,13,8,27,17176 – 17186,2016.

[44] Lu,Y. – L.,Lin,C. – W.,Yang,H. – W.,Lin,K. – J.,Wey,S. – P.,Sun,C. – L.,We,K. – C.,Yen,T. – C.,Lin,C. – I.,Ma,C. – C. M.,Biodistribution of PEGylated graphene oxide nanoribbons and their application in cancer chemo – photothermal therapy. *Carbon*,74,83 – 95,2014.

[45] Ko,N. R.,Nafiujjaman,M.,Lee,J. S.,Lim,H. N.,Lee,Y. K.,Kwon,I. K.,Graphene quantum dotbased theranostic agents for active targeting of breast cancer. *RSC Adv.*,7,19,11420 – 11427,2017.

[46] Strimbu,K. and Tavel,J. A.,What are biomarkers? *Curr. Opin. HIV AIDS*,5,6,463 – 466,2010.

[47] Chen,X.,Jia,X.,Han,J.,Ma,J.,Ma,Z.,Electrochemical immunosensor for simultaneous detection of multiplex cancer biomarkers based on graphene nanocomposites. *Biosens. Bioelectron.*, 50, 356 – 361,2013.

[48] Jin,B.,Wang,P.,Mao,H.,Hu,B.,Zhang,H.,Cheng,Z.,Wu,Z.,Biana,X.,Jia,C.,Jing,F.,Jin,Q.,Zhao,J.,Multi – nanomaterial electrochemical biosensor based on label – free graphene for detecting cancer biomarkers. *Biosens. Bioelectron.*,55,15,464 – 469,2014.

[49] Wang,Y.,Li,Z.,Hu,D.,Lin,C. T.,Li,Y.,Lin,Y.,Aptamer/graphene oxide nanocomplex for *insitu* molecular probing in living cells. *J. Am. Chem. Soc.*,132,27,9274 – 9276,2010.

[50] Chen,Y.,Xu,P.,Shu,Z.,Wu,M.,Wang,L.,Zhang,S.,Zheng,Y.,Chen,H.,Wang,J.,Li,Y.,Shi,J.,Multifunctional graphene oxide – based triple stimuli – responsive nanotheranostics. *Adv. Funct. Mater.*,24,4386 – 4396,2014.

[51] Nahain,A. A.,Lee,J. E.,Jeong,J. H.,Park,S. Y.,Photo – responsive fluorescent reduced graphene oxide by spiropyran conjugated hyaluronic acid for *in – vivo* imaging and target delivery. *Biomacromology*,14,4082 – 4090,2013.

[52] Ong,K. – L.,Ding,J.,McClelland,R. L.,Cheung,B. M.,Criqui,M. H.,Barter,P. J.,Rye,K. – A.,Allison,M. A.,Relationship of pericardial fat with biomarkers of inflammation and hemostasis and cardiovascular disease:The multi – ethnic study of atherosclerosis. *Atherosclerosis*,239,386 – 392,2015.

[53] Nellore,B. P. V.,Kanchanapally,R.,Pramanik,A.,Sinha,S. S.,Chavva,S. R.,Hamme,A.,2nd,Ray,P. C.,Aptamer – conjugated graphene oxide membranes for highly efficient capture and accurate identification of multiple types of circulating tumor cells. *Bioconjug. Chem.*,26,235 – 242,2015.

[54] Wang,X.,Sun,X.,He,H.,Yang,H.,Lao,L.,Song,Y.,Xia,Y.,Xu,H.,Zhang,X.,Huang,F.,Atwo – component active targeting theranostic agent based on graphene quantum dots. *J. Mater. Chem. B*,3,3583 – 3590,2015.

[55] Nejabat,M.,Charbgoo,F.,Ramezani,M.,Graphene as multi – functional delivery platform in cancer therapy. *J. Biomed. Mater. Res. Part A*,105,8,2355 – 2367,2017.

[56] Akhavan,O.,Ghaderi,E.,Rahighi,R.,Abdolahad,M.,Spongy graphene electrode in electrochemical detection of leukemia at single – cell levels. *Carbon*,79,654 – 663,2014.

[57] Ma,D.,Lin,L.,Chen,Y.,Xue,W.,Zhang,L. – M.,*In – situ* gelation and sustained release of an antitumor drug by graphene oxide nanosheets. *Carbon*,50,3001 – 3007,2012.

[58] Zhou,T.,Zhou,X.,Xing,D.,Controlled release of doxorubicin from graphene oxide – basedcharge – reversal nanocarrier. *Biomaterials*,35,4185 – 4194,2014.

[59] Yang,X.,Zhang,X.,Liu,Y.,Ma,Y.,Huang,Y.,Chen,Y.,High – efficiency loading and controlled release of doxorubicin hydrochloride on graphene oxide. *J. Phys. Chem. C*,112,17554 – 17558,2008.

[60] Wang,C.,Wu,C.,Zhou,X.,Han,T.,Xin,X.,Wu,J.,Zhang,J.,Guo,S.,Enhancing cell nucleus accumulation and DNA cleavage activity of anti – cancer drug via graphene quantum dots. *Sci. Rep.*,3,1 – 8,2013.

[61] Zhu, J. , Xu, M. , Gao, M. , Zhang, Z. , Xu, Y. , Xia, T. , Liu, S. , Graphene oxide induced perturbation to plasma membrane and cytoskeletal meshwork sensitize cancer cells to chemotherapeutic agents. *ACS Nano*, 11, 3, 2637 - 2651, 2017.

[62] Li, L. , Hou, X. L. , Bao, H. C. , Sun, L. , Tang, B. , Wang, J. F. , Wang, X. G. , Gu, M. , Graphene oxide nanoparticles for enhanced photothermal cancer cell therapy under the irradiation of a femtosecond laser beam. *J. Biomed. Mater. Res. Part A*, 102, 2181 - 2188, 2014.

[63] Juarranz, Á. , Jaén, P. , Sanz - Rodríguez, F. , Cuevas, J. , González, S. , Photodynamic therapy of cancer: Basic principles and applications. *Clin. Transl. Oncol.* , 10, 148 - 154, 2008.

[64] Zhang, W. , Guo, Z. , Huang, D. , Liu, L. , Guo, X. , Zhong, H. , Synergistic effect of chemophotothermal therapy using PEGylated graphene oxide. *Biomaterials*, 32, 8555 - 8561, 2011.

[65] Robinson, J. T. , Tabakman, S. M. , Liang, Y. , Wang, H. , Casalongue, H. S. , Vinh, D. , Dai, H. , Ultrasmall reduced graphene oxide with high near - infrared absorbance for photothermal therapy. *J. Am. Chem. Soc.* , 133, 6825 - 6831, 2011.

[66] Yang, K. , Wan, J. , Zhang, S. , Tian, B. , Zhang, Y. , Liu, Z. , The influence of surface chemistry and size of nanoscale graphene oxide on photothermal therapy of cancer using ultra - low laserpower. *Biomaterials*, 33, 2206 - 2214, 2012.

[67] Abdolahad, M. , Janmaleki, M. , Mohajerzadeh, S. , Akhavan, O. , Abbasi, S. , Polyphenols attached graphene nanosheets for high efficiency NIR mediated photo - destruction of cancer cells. *Mater. Sci. Eng. C*, 33, 1498 - 1505, 2013.

[68] Akhavan, O. , Meidanchi, A. , Ghaderi, E. , Khoei, S. , Zinc ferrite spinel - graphene in magnetophotothermal therapy of cancer. *J. Mater. Chem. B*, 2, 3306 - 3314, 2014.

[69] Wang, S. , Zhang, Q. , Luo, X. F. , Li, J. , He, H. , Yang, F. , Di, D. , Jin, C. , Jiang, X. G. , S Shen, S. , Fu de, L. , Magnetic graphene - based nanotheranostic agent for dual - modality mapping guided photothermal therapy in regional lymph nodal metastasis of pancreatic cancer. *Biomaterials*, 35, 35, 9473 - 9483, 2014.

[70] Yang, L. , Tseng, Y. - T. , Suo, G. , Chen, L. , Yu, J. , Chiu, W. - J. , Huang, C. C. , Lin, C. H. , Photothermal therapeutic response of cancer cells to aptamer - gold nanoparticle - hybridized graphene oxide under NIR illumination. *ACS Appl. Mater. Interfaces*, 7, 5097 - 5106, 2015.

[71] Liu, L. , Cui, L. , Losic, D. , Graphene and graphene oxide as new nanocarriers for drug delivery applications. *Acta. Biomater.* , 9, 9243 - 9257, 2013.

[72] Hsieh, C. J. , Chen, Y. C. , Hsieh, P. Y. , Liu, S. R. , Wu, S. P. , Hsieh, Y. Z. , Hsu, H. Y. , Graphene oxide-based nanocarrier combined with a pH - sensitive tracer: A vehicle for concurrent pH sensing and pH - responsive oligonucleotide delivery. *ACS Appl. Mater. Interfaces*, 7, 11467 - 11475, 2015.

[73] Wang, Y. , Polavarapu, L. , Liz - Marzan, L. M. , Reduced graphene oxide - supported gold nanostars for improved SERS sensing and drug delivery. *ACS Appl. Mater. Interfaces*, 6, 24, 21798 - 21805, 2014.

[74] Thakur, M. , Mewada, A. , Pandey, S. , Bhori, M. , Singh, K. , Sharon, M. , Sharon, M. , Milk - derivedmulti - fluorescent graphene quantum dot - based cancer theranostic system. *Mater. Sci. Eng. C*, 67, 468 - 477, 2016.

[75] Imani, R. , Emami, S. H. , Faghihi, S. , Synthesis and characterization of an octaarginine functionalized graphene oxide nano - carrier for gene delivery applications. *Phys. Chem. Chem. Phys.* , 17, 6328 - 6339, 2015.

[76] Feng, L. , Zhang, S. , Liu, L. , Graphene - based gene transfection. *Nanoscale*, 3, 1252 - 1257, 2011.

[77] Zhang, L. , Lu, Z. , Zhao, Q. , Huang, J. , Shen, H. , Zhang, Z. , Enhanced chemotherapy efficacy by sequential delivery of siRNA and anticancer drugs using PEI - grafted graphene oxide. *Small*, 7, 460 - 464, 2011.

[78] Wei,G.,Dong,R.,Wang,D.,Feng,L.,Dong,S.,Song,A.,Hao,J.,Functional materials from the covalent modification of reduced graphene oxide and β – cyclodextrin as a drug delivery carrier. *New J. Chem.*,38,140 – 145,2014.

[79] Tao,Y.,Ju,E.,Ren,J.,Qu,X.,Immunostimulatory oligonucleotides – loaded cationic graphene oxide with photothermally enhanced immunogenicity for photothermal/immune cancer therapy. *Biomaterials*,35,9963 – 9971,2014.

[80] Cheng,F. – F.,Chen,W.,Hu,L. – H.,Chen,G.,Miao,H. – T.,Li,C.,Zhu,J. – J.,Highly dispersible PEGylated graphene/Au composites as gene delivery vector and potential cancer therapeutic agent. *J. Mater. Chem. B*,1,4956 – 4962,2013.

[81] Bao,H.,Pan,Y.,Ping,Y.,Sahoo,N. G.,Wu,T.,Li,L.,Li,J.,Gan,L. H.,Chitosan – functionalized graphene oxide as a nanocarrier for drug and gene delivery. *Small*,7,1569 – 1578,2011.

[82] Yang,Y.,Zhang,Y. M.,Chen,Y.,Zhao,D.,Chen,J. T.,Liu,Y.,Construction of a graphene oxide based noncovalent multiple nanosupramolecular assembly as a scaffold for drug delivery. *Chem. Eur. J.*,18,4208 – 4215,2012.

[83] Depan,D.,Shah,J.,Misra,R. D. K.,Controlled release of drug from folate – decorated and graphene mediated drug delivery system:Synthesis,loading efficiency and drug release response. *Mater. Sci. Eng. C*,31,1305 – 1312,2011.

[84] Ouyang,Y.,Cai,X.,Shi,Q.,Liu,L.,Wan,D.,Tan,S.,Ouyang,Y.,Poly – L – lysine – modified reduced graphene oxide stabilizes the copper nanoparticles with higher water – solubility andlong – term additively antibacterial activity. *Colloids Surf.*,*B*,107,107 – 114,2013.

[85] Xiao,L.,Sun,J.,Liu,L.,Hu,R.,Lu,H.,Cheng,C.,Huang,Y.,Wang,S.,Geng,J.,Enhanced photothermal bactericidal activity of the reduced graphene oxide modified by cationic watersoluble conjugated polymer. *ACS Appl. Mater. Interfaces*,9,5382 – 5391,2017.

[86] Qiu,J.,Wang,D.,Geng,H.,Guo,J.,Qian,S.,Liu,X.,How oxygen – containing groups on graphene influence antibacterial behaviours. *Adv. Mater. Interfaces*,4,15,1700228,2017.

[87] Xie,X.,Mao,C.,Liu,X.,Zhang,Y.,Cui,Z.,Yang,X.,Yeung,K. W. K.,Pan,H.,Chu,P. K.,Wu,S.,Synergistic bacteria killing through photodynamic and physical actions of graphene oxide/Ag/collagen coating. *ACS Appl. Mater. Interfaces*,9,9,31,26417 – 26428,2017.

[88] Qian,W.,Qiu,J.,Su,J.,Liu,X.,Minocycline hydrochloride loaded on titanium by graphene oxide:An excellent antibacterial platform with the synergistic effect of contact – killing and release – killing. *Biomater. Sci.*,35,2018. Advance Article.

[89] Qiu,J.,Geng,H.,Wang,D.,Qian,S.,Zhu,H.,Qiao,Y.,Qian,W.,Liu,X.,Layer – number dependent antibacterial and osteogenic behaviors of graphene oxide electrophoretic deposited on titanium. *ACS Appl. Mater. Interfaces*,9,14,12253 – 12263,2017.

[90] Ji,H.,Sun,H.,Qu,X.,Antibacterial applications of graphene – based nanomaterials:Recent achievements and challenges. *Adv. Drug Delivery Rev.*,105,Pt. B,176 – 118,2016.

[91] Hu,W.,Peng,C.,Luo,W.,Lv,M.,Li,X.,Li,D.,Huang,Q.,Fan,C.,Graphene – based antibacterial paper. *ACS Nano*,4,7,4317 – 4323,2010.

[92] Cai,X.,Tan,S.,Yu,A.,Zhang,J.,Liu,J.,Mai,W.,Jiang,Z.,Sodium 1 – naphthalenesulfonate – functionalized reduced graphene oxide stabilizes silver nanoparticles with lower cytotoxicity and long – term antibacterial activity. *Chem. Asian J.*,7,7,1664 – 1670,2012.

[93] Ye,X.,Feng,J.,Zhang,J.,Yang,X.,Liao,X.,Shi,Q.,Tan,S.,Controlled release and long – term antibacterial activity of reduced graphene oxide/quaternary ammonium salt nanocomposites prepared by non –

covalent modification. *Colloids Surf.* ,*B*,149,322 - 329,2017.

[94] Li,P. ,Gao,Y. ,Sun,Z. ,Chang,D. ,Gao,G. ,Dong,A. ,Synthesis,characterization and bactericidal evaluation of chitosan/guanidine functionalized graphene oxide composites. *MoleculesBasel*,22,1,23,2017.

[95] Yousefi,M. ,Dadashpour,M. ,Hejazi,M. ,Hasanzadeh,M. ,Behnam,B. ,de la Guardia,M. ,Shadjou,N. , Mokhtarzadeh,A. ,Anti - bacterial activity of graphene oxide as a new weapon nanomaterial to combat multidrug - resistance bacteria. *Mater. Sci. Eng. C*,74,568 - 581,2017.

[96] Tegou,E. ,Magana,M. ,Katsogridaki,A. E. ,Ioannidis,A. ,Raptis,V. ,Jordan,S. ,Chatzipanagiotou,S. , Chatzandroulis,S. ,Ornelas,C. ,Tegos,G. P. ,Terms of endearment:Bacteria meet graphene nanosurfaces. *Biomaterials*,89,38 - 55,2016.

[97] Zou,X. ,Zhang,L. ,Wang,Z. ,Luo,Y. ,Mechanisms of the antimicrobial activities of graphene materials. *J. Am. Chem. Soc.* ,138,7,2064 - 2077,2016.

[98] Akhavan,O. and Ghaderi,E. ,Toxicity of graphene and graphene oxide nanowalls against bacteria. *ACS Nano*,4,10,5731 - 5736,2010.

[99] Veerapandian,M. ,Zhang,L. ,Krishnamoorthy,K. ,Yun,K. ,Surface activation of graphene oxide nanosheets by ultraviolet irradiation for highly efficient anti - bacterial. *Nanotechnology*,24,39,395706,2013.

[100] Sanmugam,A. ,Vikraman,D. ,Park,H. J. ,Kim,H. S. ,One - pot facile methodology to synthesize chitosan - ZnO - graphene oxide hybrid composites for better dye adsorption and antibacterial activity. *Nanomaterials*(*Basel.* ),7,11,363,2017.

[101] de Faria,A. F. ,Martinez,D. S. ,Meira,S. M. ,de Moraes,A. C. ,Brandelli,A. ,Filho,A. G. ,Alves,O. L. ,Anti - adhesion and antibacterial activity of silver nanoparticles supported on graphene oxide sheets. *Colloids Surf.* ,*B*,113,115 - 124,2014.

[102] de Moraes,A. C. M. D. ,Lima,B. A. ,de Faria,A. F. ,Brocchi,M. ,Alves,O. L. ,Graphene oxidesilver nanocomposite as a promising biocidal agent against methicillin - resistant*Staphylococcusaureus. Int. J. Nanomed.* ,10,6847 - 6861,2015.

[103] Orecchioni,M. ,Menard - Moyon C,L. G. ,Bianco,A. ,Graphene and the immune system:Challenges and potentiality. *Adv. Drug Delivery Rev.* ,105,Part B,163 - 175,2016.

# 第2章 氧化石墨烯纳米片对水泥复合材料结构和性能的影响

Shenghua Lv
陕西科技大学资源化学与材料工程学院

**摘　要**　氧化石墨烯作为石墨烯的衍生物，继承了石墨烯的结构和性能，目前已在各个领域得到应用。本章主要介绍了近年来氧化石墨烯在水泥复合材料中的应用现状。研究内容包括氧化石墨烯和水泥复合材料的制备、结构和性能表征。另外，本章将介绍氧化石墨烯对水泥复合材料结构和性能的影响机理。最后，对氧化石墨烯在水泥复合材料中存在的问题和发展趋势进行了介绍和讨论。

**关键词**　氧化石墨烯，石墨烯，水泥复合材料

## 2.1 概述

水泥复合材料是目前最重要且存量最丰富的建筑材料之一。水泥复合材料主要包括砂浆和混凝土，已广泛应用于各种建筑工程[1-2]。提高水泥复合材料的机械强度和耐久性是近200多年来水泥复合材料发展过程中的一个重要研究课题[3-6]。水泥复合材料具有较高的抗压强度和较低的抗拉/抗折强度，这说明水泥复合材料是脆性材料。此外，水泥复合材料也是孔隙结构复杂的多孔材料，由于不规则水泥水化产物的无序聚集及其脆性，水泥复合材料内部存在大量的微裂纹。这些孔隙和微裂纹会导致水泥复合材料的渗透和性能恶化，并降低水泥复合材料的使用寿命。理论计算表明，水泥复合材料的抗压强度和抗折强度分别可达200MPa和50MPa，使用寿命可达300～500年。但在实际应用中，它们的抗压强度和抗折强度通常分别小于80MPa和10MPa，寿命限制在30～70年[7]。

一般来说，材料的力学性能和耐久性主要取决于它的微观结构[8-10]。因此，寻找和研究具有理想微观结构的水泥复合材料的制备方法具有十分重要的意义。目前，常用的水泥复合材料为混凝土、砂浆等，其主要存在的问题是其微观结构无序、不密实，且有许多微裂纹和孔隙，这导致其强度和耐久性明显下降[11-15]。这些问题与水泥水化产物的形状和聚集状态密切相关[16-18]。水泥的主要成分和反应产物见表2.1和表2.2。通常，水泥水化产物具有不规则的形状和随机聚集物，从而形成无序的微观结构[19-21]。减少水泥基体微裂纹和孔隙的办法仍然主要取决于填充的各种材料，如微米和纳米尺寸的矿物材

料[22-24]。这些粉末材料仅起到填充作用，不能改变水泥水化产物的形状和聚集状态，而水泥水化反应会产生大量不规则的产物和无序的聚集，从而不可避免地在水泥复合材料中产生许多裂纹和孔隙。目前，增强水泥复合材料的强度主要取决于在水泥复合材料的结构中添加的钢筋[25]、钢纤维[26]、碳纤维[27]、聚合物纤维[28-31]、矿物纤维[32-33]等增强材料。这些增强材料只能提高水泥复合材料的整体强度，但仍不能改善水泥复合材料的微观结构和相应的耐久性。因此，水泥复合材料仍存在裂纹和孔隙，如何提高水泥复合材料的耐久性和性能也是一个亟待解决的问题。初步分析表明，控制水泥水化产物形成致密有序的微观结构是提高水泥水化产物强度和耐久性的关键。

表2.1 波特兰水泥42.5的主要成分

| 化学成分 | 质量分数/% | 矿物成分 | 质量分数/% |
| --- | --- | --- | --- |
| 氧化钙($CaO$) | 62.16 | 硅酸三钙($C_3S$)($3CaO \cdot SiO_2$) | 51.75 |
| 二氧化硅($SiO_2$) | 22.25 | 硅酸二钙($C_2S$)($2CaO \cdot SiO_2$) | 20.64 |
| 氧化铝($Al_2O_3$) | 5.43 | 铝酸三钙($C_3A$)($3CaO \cdot Al_2O_3$) | 12.53 |
| 三氧化铁($Fe_2O_3$) | 4.85 | 铝铁酸四钙($C_4AF$)($4CaO \cdot Al_2O_3 \cdot Fe_2O_3$) | 10.75 |
| 氧化镁($MgO$) | 3.96 | 二水石膏($CSH_2$)($CaSO_4 \cdot 2H_2O$) | 2.12 |
| 氧化钠($Na_2O$) | 0.57 | 半水石膏($CaSO_4 \cdot 0.5H_2O$) | 1.21 |
| 硫酸钙($CaSO_4$) | 0.78 | 石膏($CaSO_4$) | 1.07 |

表2.2 波特兰水泥42.5的水泥反应产物

| 水泥水化产物 | 晶体形状 | 质量分数/% |
| --- | --- | --- |
| 钙矾石(AFt)($3CaO \cdot Al_2O_3 \cdot 3CaSO_4 \cdot 32H_2O$) | 针状、六角柱状、条状、棒状、多面体状 | 7~11.6 |
| 单硫酸盐(AFm)($3CaO \cdot Al_2O_3 \cdot 3CaSO_4 \cdot 12H_2O$) | 六角形薄片状、柱状、多面体状 | 2~3.3 |
| 水化硅酸钙(C-S-H)($3CaO \cdot 2SiO_2 \cdot 3H_2O$) | 不规则状、花状、短纤维状、薄片状 | 50~70 |
| 氢氧化钙(CH)($Ca(OH)_2$) | 柱状、薄片状、六角形状 | 20~33 |
| $C_3F \cdot 3CaSO_4 \cdot 31H_2O$,$C_3F \cdot CaSO_4 \cdot 12H_2O$,$C_3FH_6$ | 柱状、薄片状、多面体状 | 1~2.3 |

通过控制常规水泥水化产物的形成并产生致密的微结构，可以解决水泥复合材料中存在的上述这些问题。然而，到目前为止，这方面的研究还很有限。氧化石墨烯的出现为解决这些问题提供了一个新的机会[34-36]。氧化石墨烯纳米片可以利用传统材料，如聚合物[37-38]、金属[39]、陶瓷[40-41]和纤维[42]，然后通过其模板和组装效果，形成无缺陷的微观结构，以获得广泛用于各种场合的可调性能[43-47]。这些结果启发了人们解决水泥复合材料所面临的问题的想法。在之前的研究中，我们首先发现氧化石墨烯纳米片可以调节水泥水化产物，形成规则的棒状、花状和多面体状晶体。这些规则晶体可进一步聚合成有序的微观结构[48]，显著减少裂纹和孔隙并提高水泥复合材料的强度和耐久性[49-51]。目前，利用氧化石墨烯纳米片增强水泥复合材料的研究受到了全世界的关注[52-58]。许多研究人员研究了氧化石墨烯纳米片的用量、化学结构和尺寸范围对水泥水化反应、水化产物、微观结构和力学性能的影响[59-60]。虽然研究人员对氧化石墨烯纳米片的增强功能有不同的看法[61]，但普遍的共识是氧化石墨烯纳米片在水泥复合材料中的裂纹和孔隙之间具有填充、连锁和桥接的功能，其可以促进致密微观结构的形成，同时显著提高机械强度和

耐久性[62-66]。

本章主要介绍了氧化石墨烯纳米片的制备及其在水泥复合材料中的应用，还研究了不同氧化度、用量、粒径的氧化石墨烯纳米片对水泥水化产物以及水泥复合材料的微观结构和力学性能的影响。同时，本章还介绍了掺杂氧化石墨烯纳米片与水泥复合材料微观结构、强度和耐久性的关系。

## 2.2 氧化石墨烯纳米片的制备和结构特征

### 2.2.1 制备方法

氧化石墨烯纳米片是一种纳米片材料，其厚度小且平面尺寸大。厚度的大小范围约为1～10nm，聚集物通常是单一的二维氧化石墨烯纳米片。平面尺寸范围约为50～1000nm。在氧化石墨烯纳米片的表面和界面上存在羧基、羰基、羟基和环氧树脂基团等化学基团，化学基团的含量与制备工艺和分布情况有密切的关系。对于氧化石墨烯纳米片在水泥复合材料中的应用，理想的氧化石墨烯纳米片必须具有较高的化学基团含量和较小的厚度和长度/宽度，并且可以作为少层薄片，能够单独或均匀地分布在水性材料中。在目前，主要采用改进的 Hummers 法制备氧化石墨烯纳米片。制备过程包括三个主要步骤：低温渗透、中温氧化和高温分散。制备过程如下。将5g石墨、30g 98%的$H_2SO_4$和2g $NaNO_3$依次加入圆底烧瓶中，在冰浴中（<5℃）进行搅拌。连续搅拌后，在烧瓶中慢慢加入6g $KMnO_4$。当溶液的颜色变为绿色时，在5℃下保持1h，再加热至35℃，在此温度下搅拌并保持12h，然后，在溶液中缓慢加入100mL 去离子水，将温度提高到90℃，依次加入300mL 去离子水和30g $H_2O_2$（0.50mol）。溶液的颜色由棕色变为亮黄色。然后用真空抽滤净化溶液，再用去离子水反复洗涤，直至洗涤水中不再含有$SO_4^{2-}$。然后将300mL 去离子水加入沉淀的氧化石墨烯浆料中进行搅拌，超声（功率为500W）分散1h。最后得到了一种稳定的氧化石墨烯纳米片状分散水溶液，即初始氧化石墨烯悬浮液。根据研究要求，通过改变去离子水的用量，将氧化石墨烯浓度控制在0.1%～1%。材料的技术条件和成分可根据尺寸范围和化学基团含量的要求适当变化。

采用傅里叶变换红外光谱（FTIR）、X 射线衍射（XRD）、能量分散 X 射线谱仪（EDS）和 X 射线光电子能谱（XPS）方法通过纯化样品检测化学结构。用去离子水进行沉淀和洗涤以此净化氧化石墨烯样品，然后采用冷冻干燥法获得固体氧化石墨烯。利用 VECTOR－22 FTIR 衰减反射光谱仪获得红外光谱；用 D/max2200PC X 射线衍射仪获得 XRD 图谱；利用 HITACHI S－4800 场发射扫描电子显微镜（SEM）和 EDAX EDS 获得 EDS 图谱，将 EDS 的样品固定在铝样品台上，并用溅射法涂金；利用 Kratos XSAM 800 XPS 获得 XPS 光谱。

利用 SPI3800 N/SPA400 原子力显微镜（AFM）观察氧化石墨烯纳米片的微观形貌，利用 AFM 图像和 NANO－ZS90 激光粒子分析仪（LPA）测量氧化石墨烯纳米片的尺寸分布。在单晶硅（5 mm×5mm×0.45mm）上加入极稀氧化石墨烯悬浮液（将0.2%氧化石墨烯溶液稀释200倍），并将其在50℃真空炉中干燥2h，以此方法可制备用于 AFM 观察的氧化石墨烯样品。

### 2.2.2 结构特征

FTIR 和 XPS 可用于描述氧化石墨烯纳米片的结构特征，并确定氧化石墨烯纳米片的化学基团及其含量[48]。图2.1(a)显示了石墨和不同氧化时间下氧化石墨烯的 FTIR 光谱。对石墨的吸附峰进行分析，如下：1630$cm^{-1}$、1357$cm^{-1}$和1042$cm^{-1}$处的吸附峰分别为双键(—C═C—)、C—C 单键(—C—C—)和醚键(C—O—C)的吸附峰。对氧化石墨烯的吸附峰进行分析，如下：3350 $cm^{-1}$、1735 $cm^{-1}$、1410 $cm^{-1}$和1095 $cm^{-1}$处的吸附峰分别为—OH、—COOH、—C 和 C—$SO_3H$ 的吸附峰。随着氧化时间的延长，氧化石墨烯特征峰的强度增大，而在1630 $cm^{-1}$和1357 $cm^{-1}$处的石墨特征峰的强度随时间的延长而减小。FTIR 结果证实了氧化石墨烯结构中存在—OH、—COOH 和—$SO_3H$ 基团。

图2.1(b)显示了氧化石墨烯的 XPS 能谱，这表明 C═C/C—C、C—O—C、C ═O 和 COOH 的存在，它们的相对含量分别为31.67%、33.56%、15.26%和19.51%[49]。

图2.1(c)显示了不同氧含量氧化石墨烯的 XRD 射线衍射谱。结果表明，随着氧含量由12.36%增加到18.34%、25.45%、29.33%，氧化石墨烯的吸附峰强度逐渐减小，峰值形状逐渐扩大，氧化石墨烯的层间距逐渐增大。结果表明，氧化反应显著促进了层间距的扩大，并在水溶液中形成了氧化石墨烯纳米片分散体。XRD 图谱表明，上述氧含量对应的氧化石墨烯纳米片的层间距分别为0.702nm、0.727nm、0.802nm 和0.812nm。结果表明，插层复合材料中的氧化石墨烯纳米片具有较大的层间距，有利于在水溶液中分散成纳米片[49]。

图2.1(d)显示了 LPA 观察到的在羧甲基壳聚糖(CCS)/氧化石墨烯(GO)插层复合材料中氧化石墨烯纳米片的尺寸分布。结果表明，在 CCS/GO 复合材料中，氧化石墨烯纳米片的尺寸范围为2~380nm，而在初始氧化石墨烯悬浮溶液中，氧化石墨烯纳米片的尺寸范围为12~550nm。由于 CCS/GO 插层材料的形成，其尺寸范围明显减小。两种氧化石墨烯纳米片不同的主要原因是 CCS/GO 复合材料中的氧化石墨烯纳米片由于 CCS 穿透氧化石墨烯纳米片的层间，并扩展了层间距，从而被分离成单个少层纳米片。石墨、氧化石墨烯和 CCS/GO 的 XRD 图谱表明，氧化石墨烯纳米片的层间距由0.35nm 的石墨增加到0.73nm 的氧化石墨烯和0.83nm 的 CCS/GO。结果表明，石墨片的规律性降低由 CCS 的氧化和插层引起。通过插层将 CCS 聚合物链插入氧化石墨烯层间之前，通过氧化引入氧官能团，导致层间距增加和层间相互作用减弱。因此，氧化反应和 CCS 插层之间的协同作用将有助于扩大层间距，并将最大限度地在整个水性复合材料中均匀且单独分散少层纳米片。

氧化石墨烯纳米片的微观结构如图2.1(e)所示。图2.1($e_1$)和($e_2$)清晰地展示了初始氧化石墨烯纳米片和 CCS/GO 复合材料的平面形貌。图2.1($e_1$)和($e_2$)中氧化石墨烯纳米片的尺寸范围分别为200~980nm 和50~450nm。结果表明，与 CCS/GO 复合材料相比，初始氧化石墨烯纳米片的尺寸更大。三维形貌表明，初始氧化石墨烯纳米片具有致密平坦的形貌，而 CCS/GO 复合材料具有鼓胀形貌，从而使不均匀的表面变平。氧化石墨烯和 CCS/GO 的剖面观测表明，氧化石墨烯和 CCS/GO 的厚度分别为19.87nm、8.43nm、1.98nm 和1.12nm。考虑到它们对应的层间距分别为0.73nm 和0.85nm，其厚度分别由16层、7层、2层和1层的单层氧化石墨烯纳米片(0.35nm)组成。这些结果证实了

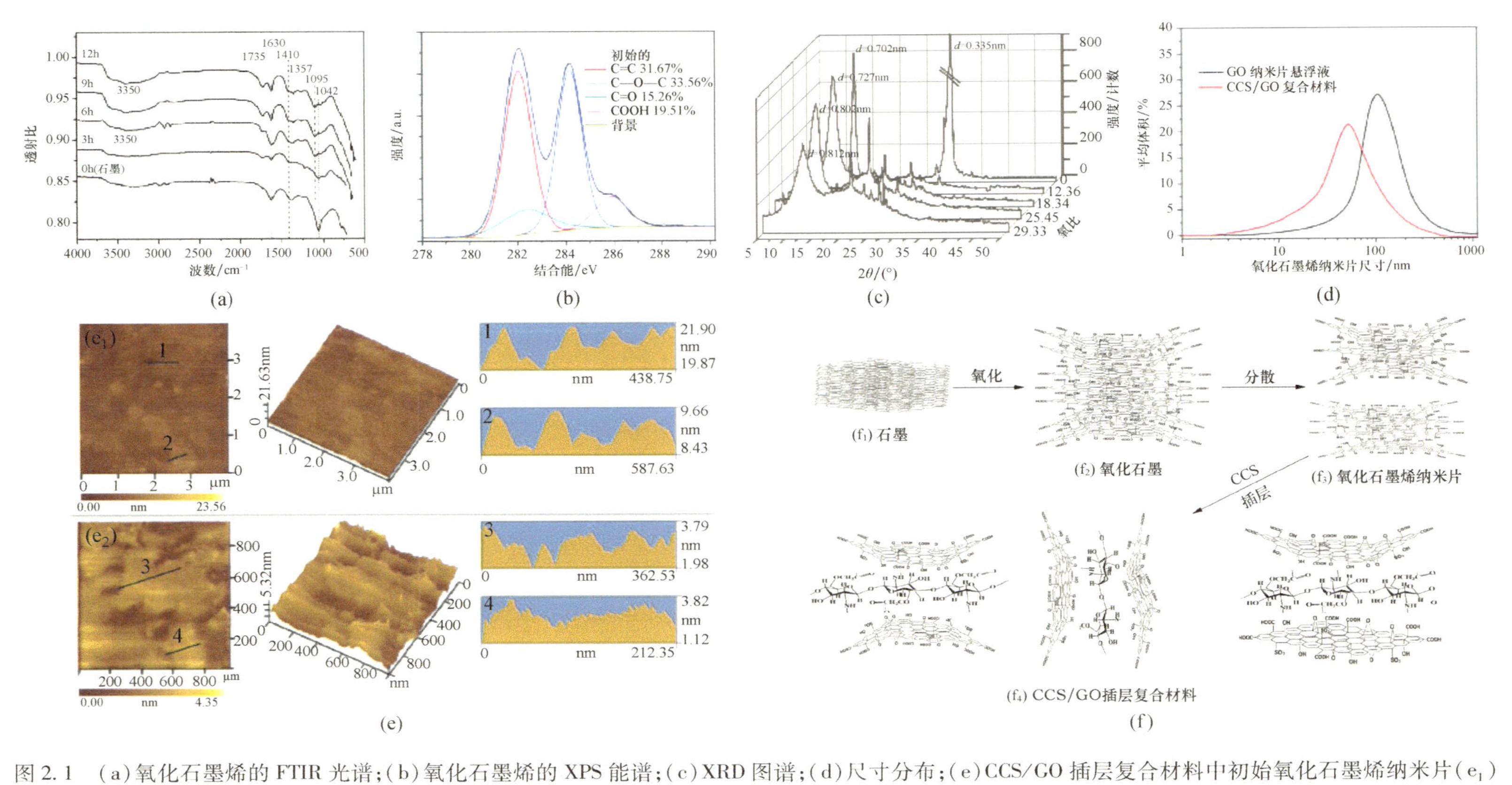


图 2.1 (a)氧化石墨烯的 FTIR 光谱;(b)氧化石墨烯的 XPS 能谱;(c)XRD 图谱;(d)尺寸分布;(e)CCS/GO 插层复合材料中初始氧化石墨烯纳米片($e_1$)和 CCS/GO 复合材料纳米片($e_2$)的 AFM 图像;(f)CCS/GO 插层复合材料的形成过程

CCS/GO 复合材料中的氧化石墨烯纳米片可以是少层(少于两层),并且在水溶液中均匀单独分布。因此结果表明,氧化石墨烯纳米片在 CCS/GO 插层复合材料中具有均匀的分散性[55]。

基于上述结果可得出氧化石墨烯纳米片的形成和分散机理,如图 2.1(f)所示。石墨具有致密层状结构,由许多单层石墨烯组成(图 2.1($f_1$))。当氧化剂与石墨发生反应时,含氧官能团,如羟基、环氧基、羰基和羧基,首先在石墨表面形成,更多是在石墨边缘形成(图 2.1($f_2$))。随着这些基团的增加,边缘的层间间距也会增大。因此,氧化剂可以很容易地渗入石墨中,从而导致薄片的边缘膨胀,分子力降低。在超声作用下,增大的边缘很容易被剥离和粉碎。同时,氧化石墨的亲水性会显著增加,从而易于在水中分散(图 2.1($f_3$))。但由于氧化石墨烯纳米片的表面积大、表面能高、自组装能力强,因此易于在水溶液中凝聚。当把 CCS 加入氧化石墨烯纳米片悬浮液时,由于 CCS (—$NH_2$、—COOH、—OH)和氧化石墨烯表面(—COOH 和—OH)有多个官能团,因此 CCS 能穿透氧化石墨烯纳米片,在氧化石墨烯和 CCS 之间发挥作用。此外,CCS 由较长的链组成,具有高度可溶的环状结构单元。这使得它们更容易黏附在氧化石墨烯纳米片的表面,促进了其在溶液中均匀地分散,这得益于空间位阻和静电斥力(图 2.1($f_4$))。因此,氧化石墨烯纳米片是单层纳米片,可以在悬浮液中均匀分布。上述结果表明,氧化石墨烯纳米片可以通过形成 CCS/GO 插层复合材料而分散成 1 层或 2 层单层。CCS 的结构包括羧基和胺基,表现为两性特征。由于 CCS 具有带正电的氨基基团,因此具有很高的吸附容量[55]。

## 2.3 使用氧化石墨烯纳米片制备水泥复合材料

水泥复合材料包括水泥浆、砂浆和混凝土,它们是根据研究计划和要求制备的。水泥复合材料主要成分包括水泥、砂、水、聚羧酸减水剂(PC)和氧化石墨烯纳米片。各组分的制备流程和成分也是由研究计划确定的。聚羧酸减水剂是水泥复合材料不可缺少的添加剂,其主要作用是在不降低水泥基浆料流动性的前提下降低水的消耗。这里使用的聚羧酸减水剂和氧化石墨烯是聚羧酸减水剂溶液和氧化石墨烯纳米片悬浮液。它们的含水量与水总质量相当。水泥复合材料样品包括硬化水泥浆和砂浆。氧化石墨烯剂量分别为 0.01%、0.02%、0.03%、0.04%、0.05%、0.06%和 0.07%。制备流程如下:首先将水、聚羧酸减水剂溶液、氧化石墨烯纳米片悬浮液及相关添加剂混合,并用超声处理混合物 50min,目的是制备插层复合材料,以获得单独分散的氧化石墨烯纳米片;然后,将水泥、砂和插层复合溶液混合搅拌,以此制备含有氧化石墨烯纳米片的水泥复合材料;之后,将水泥复合材料倒入不同的模具中制备试验样品;24h 后,从模具中取出样品,并在测试前在 20℃温度下和 90%相对湿度下将样品进行固化。

通过在水泥浆和砂浆中加入不同剂量、不同尺寸的氧化石墨烯纳米片,可研究氧化石墨烯纳米片对水泥复合材料微观结构和性能的影响。水泥复合材料微观结构主要包括水泥水化产物的形态及其聚集状态,以及水化产物的晶体结构。水泥复合材料性能包括抗压强度、抗折强度、抗拉强度、组织结构、孔隙结构和耐水性、抗冻融性、抗碳化性、干燥收缩值等耐久性参数。

采用S－4800 SEM（日本东京）对氧化石墨烯/水泥复合材料的微观结构进行测试。将测试样品干燥后涂金以获得导电性。采用 Autopore Ⅳ9500 全自动压汞仪（美国佐治亚州诺克罗斯）对水泥复合材料的孔隙结构进行测试，样品大约1cm。在准确称量之前，先把样品晾干，放到伸缩接头中，然后将样品放在低压（0～30MPa）和高压（30～400MPa）环境中进行密封和测试。用相同的 XRD 测试仪器测试复合材料的晶体结构。

采用 JES－300 混凝土抗压强度测试仪器（中国无锡）对氧化石墨烯/水泥复合材料的抗压强度进行测试，增加速率为2.4～2.6MPa/s。采用 DKZ－500 混凝土三点抗折强度测试仪器（中国无锡）测试抗折强度，增加速率为1MPa/s。我们测试了五种水泥复合配方样品。采用标准差对试验结果进行预估。根据 GB/T 50082—2009（中国国家标准）对耐水性、抗冻融性、抗碳化性、干燥收缩值等耐久性参数进行了测定。

## 2.4 氧化石墨烯纳米片对水泥复合材料微观结构和性能的影响

### 2.4.1 氧化石墨烯纳米片用量对水泥复合材料微观结构和性能的影响

通过改性 Hummers 法直接掺杂原始氧化石墨烯悬浮液，并用扫描电子显微镜（SEM）观测水泥复合材料的形貌，以此可研究不同氧化石墨烯纳米片用量对水泥复合材料微观结构的影响。测试结果如图2.2所示。从图2.2中可观察到一个明显的形状变化，即在含有氧化石墨烯纳米片的水泥复合材料中存在大量的水泥水合晶体，而且随着氧化石墨烯用量的增加，水泥水合晶体的量有增加的趋势。当水泥复合材料不含有氧化石墨烯时，断口表面出现针状、棒状和片状晶体，即 AFt、CH、AFm 的水泥水合晶体，并呈现无序堆叠（图2.2(a)）。当氧化石墨烯含量（质量分数）由0.01%增加到0.03%时，可发现致密形式的花状晶体呈现更加紧密并相互交织的趋势。结果表明，氧化石墨烯对花状晶体的密度有重要影响。当氧化石墨烯用量为0.01%时，断口上出现的花状水合晶体较少，花状晶体不扩开（图2.2(b)）。当氧化石墨烯用量为0.02%时，水合晶体形状类似花瓣丰富的完整花朵，并在水泥复合材料中均匀分布（图2.2(c)）。当氧化石墨烯用量为0.03%时，花状水合晶体变得更紧密并趋于聚集（图2.2(d)）。当氧化石墨烯用量为0.04%和0.05%时，水合晶体的形状类似黏附在一起的不规则多面体（图2.2(e)）和规则的完整多面体（图2.2(f)）。多面体的形状与上述花状水合晶体有明显的不同[48]。

水泥复合材料的力学性能取决于其微观结构。为了确定水泥复合材料的机械强度和微观结构之间的关系，测量了相应的力学性能，如抗压强度、抗折强度和抗拉强度，见表2.3。结果表明了不同用量氧化石墨烯的水泥复合材料的抗拉/抗折/抗压强度（根据水泥质量，分别使用0.01%/0.02%/0.03%/0.04%/0.05%固体）。氧化石墨烯纳米片的氧含量为29.75%。结果表明，随着氧化石墨烯用量增加至0.03%，抗拉强度和抗折强度均有所提高。随着氧化石墨烯用量的进一步增加，抗拉强度和抗折强度反而略有下降。氧化石墨烯用量为0.03%时，样品在28天时的抗拉强度和抗折强度分别提高了78.6%和60.7%，明显高于不含氧化石墨烯的样品的抗拉强度和抗折强度。氧化石墨烯用量为0.05%时，抗压强度增加，28天时的抗压强度增加47.9%。结果表明，在氧含量为29.75%和氧化石墨烯用量为0.03%时，样品的抗拉强度和抗折强度均有显著提高，这表明氧化石墨烯明显提高了样品的韧性。一般来说，抗拉强度和抗折强度与韧性之间存在显著的相关性。结合图2.2中力学性能的结果，很容易发现花状晶体有利于增强韧性，而多面体晶体有利于增强抗压强度。花状晶体由交织的棒状晶体组成，有一定的空间来吸收运动，因此抗拉强度和抗折强度较大。另一方面，多面体类晶体水化产物形成致密结构，与花状结构相比具有较大的抗压强度。

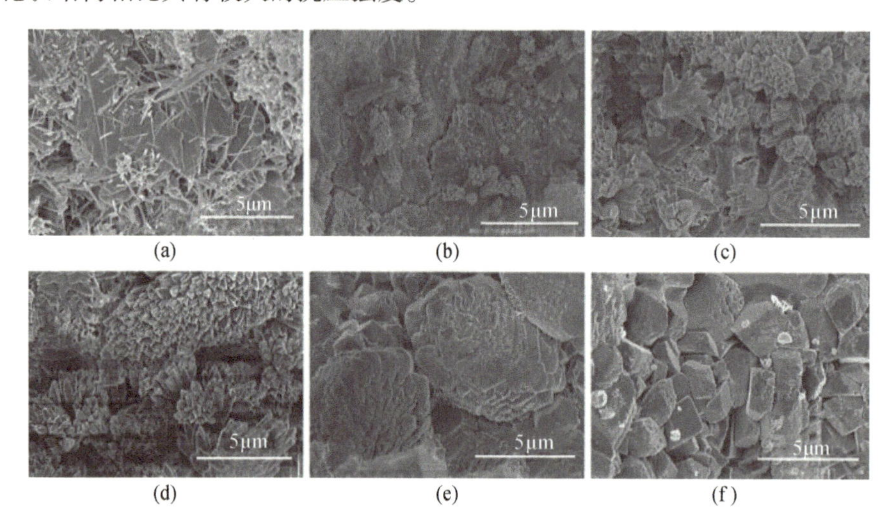


图2.2 28天时含有掺杂氧化石墨烯的水泥复合材料的SEM图像
(a)不含氧化石墨烯；(b)含有0.01%氧化石墨烯；(c)含有0.02%氧化石墨烯；(d)含有0.03%氧化石墨烯；(e)含有0.04%氧化石墨烯；(f)含有0.05%氧化石墨烯。混合450g水泥、1350g标准砂、165g水、0.9g聚羧酸减水剂，掺入含氧量为29.75%的不同质量的氧化石墨烯，制备了水泥复合材料。

表2.3 不同氧化石墨烯①用量的砂浆的抗拉强度、抗折强度和抗压强度

| 氧化石墨烯用量/%(质量分数) | 抗拉强度/增加 | | 抗折强度/增加 | | 抗压强度/增加 | |
|---|---|---|---|---|---|---|
| | 3天 | 28天 | 3天 | 28天 | 3天 | 28天 |
| 0(对照试样) | 1.94MPa/0% | 3.83MPa/0% | 5.63MPa/0% | 8.84MPa/0% | 36.74MPa/0% | 59.31MPa/0% |
| 0.01 | 2.47MPa/28.0% | 5.63MPa/47.0% | 8.55MPa/51.9% | 13.41MPa/51.7% | 41.23MPa/12.2% | 67.24MPa/13.4% |
| 0.02 | 2.48MPa/27.8% | 6.11MPa/59.5% | 8.68MPa/54.2% | 11.75MPa/32.9% | 48.33MPa/31.5% | 75.66MPa/27.6% |
| 0.03 | 2.93MPa/51.0% | 6.84MPa/78.6% | 9.61MPa/70.7% | 14.21MPa/60.7% | 53.32MPa/45.1% | 82.36MPa/38.9% |
| 0.04 | 2.42MPa/24.7% | 5.23MPa/36.6% | 7.23MPa/28.4% | 11.54MPa/30.5% | 56.42MPa/53.6% | 84.35MPa/42.2% |
| 0.05 | 2.41MPa/24.2% | 5.20MPa/35.8% | 7.21MPa/28.1% | 11.51MPa/30.2% | 58.45MPa/59.0% | 87.49MPa/47.9% |

① 混合450g水泥、1350g标准砂、165g水和0.9g聚羧酸减水剂，掺入含氧量为29.75%的不同质量的氧化石墨烯，制备了水泥复合材料。

### 2.4.2 不同含氧量的氧化石墨烯纳米片对水泥复合材料微观结构和性能的影响

将含氧量分别为12.36%、18.34%、25.45%和29.33%的0.03%用量氧化石墨烯纳米片混合制备了微观结构水泥复合材料,其SEM图像如图2.3所示。当含氧量依次增加时,水泥复合材料形状发生了明显的变化。含氧量为12.36%的水合晶体很少出现花状晶体(图2.3(a))。相反,在含氧量为18.34%时,图2.3(b)显示出现了许多花状晶体。当含氧量进一步增加到25.45%时,出现了完整的花状、分散良好的水合晶体(图2.3(c))。当含氧量达到29.33%时(图2.3(d)),花状水合晶体变得致密并聚集成簇。这些结果清楚地表明了氧化石墨烯纳米片在花状水泥水合晶体的发展中的作用。这些晶体的形成似乎与氧官能团在氧化石墨烯纳米片的存在有关。这说明花状晶体起源于中心位点,其生长可能发生在氧化石墨烯表面的一些活性官能团(—COO—、—OH、—$SO_3^-$)周围。由于水泥中活性官能团($C_3S$、$C_2S$、$C_3A$和$C_4Al_nFe_{2-n}O_7$)的反应而形成这些基团,在水泥水化过程中引入氧化石墨烯而形成花状水泥水合晶体[49]。

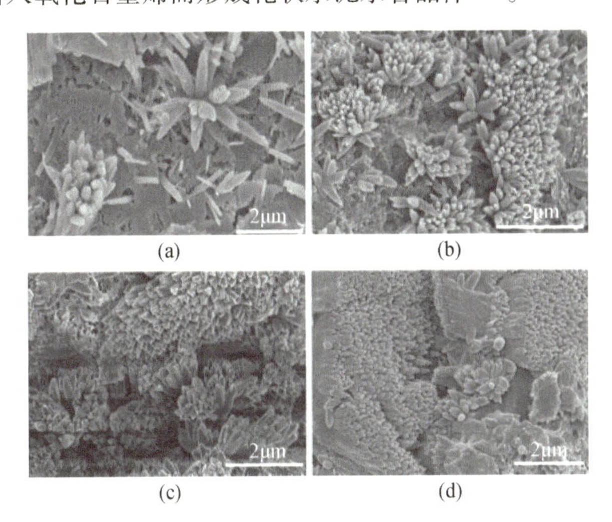


图2.3 28天时水泥水化物的SEM图像,掺入0.03%不同含氧量的氧化石墨烯

(a)12.36%;(b)18.34%;(c)25.45%;(d)29.33%。混合450g水泥、1350g标准砂、165g水和0.9g聚羧酸减水剂,掺入含氧量为29.75%的不同质量氧化石墨烯,制备了水泥复合材料。

为研究水化晶体形态变化对水泥复合材料力学性能的影响,相关人员对相应的水泥复合材料的抗拉强度、抗折强度和抗压强度进行了测试。表2.4显示了掺杂氧化石墨烯纳米片的水泥复合材料的抗拉强度、抗折强度和抗压强度,氧化石墨烯的含氧量分别为12.36%、18.34%、25.45%和29.33%。结果表明,随着含氧量由12.36%提高到25.45%,28天时的抗拉强度、抗折强度和抗压强度显著增加。与对照试样相比,28天时含氧量为25.45%的氧化石墨烯纳米复合材料的抗拉强度、抗折强度和抗压强度分别增加了197.2%、184.5%和160.1%。当含氧量为29.33%时,与氧含量25.45%时相比,在28天时抗拉强度、抗折强度和抗压强度几乎没有增加。因此,这证明了形状的改变也可以改善抗拉强度、抗折强度和抗压强度。尤其是抗拉强度和抗折强度显著增强,这表明氧化石墨烯通过调节花状水合晶体,增强了韧性。我们可以得出这样的结论:在空穴和裂纹中产生的花状晶体会导致填充和多点连接,因此抗拉强度和抗折强度比对照试样大。

表2.4 28天时水泥复合材料抗折强度、抗拉强度和抗压强度①

| 含氧量/% | 抗拉强度/增加 | 抗折强度/增加 | 抗压强度/增加 |
| --- | --- | --- | --- |
| 0(对照试样) | 3.96MPa/100% | 9.13MPa/100% | 55.42MPa/100% |
| 12.36 | 4.87MPa/123.0% | 11.53MPa/126.3% | 63.46MPa/114.5% |
| 18.34 | 5.95MPa/150.3% | 12.35MPa/135.3% | 73.48MPa/132.6% |
| 25.45 | 7.81MPa/197.2% | 16.84MPa/184.5% | 88.72MPa/160.1% |
| 29.33 | 7.78MPa/196.5% | 16.75MPa/184.1% | 88.68MPa/160.0% |

① 混合450g水泥、1350g标准砂、165g水和0.9g聚羧酸减水剂，掺入含氧量为29.75%的不同质量氧化石墨烯，制备了水泥复合材料。

## 2.4.3 水化时间对水泥复合材料微观结构和力学性能的影响

为研究水化时间对水泥复合材料微观结构和力学性能的影响，将氧化石墨烯用量固定为0.03%、氧含量为29.75%，研究了水泥复合材料在不同水化时间下的SEM图像和抗拉/抗折/抗压强度。水泥水化时间对水泥复合材料微观结构的影响如图2.4所示。SEM结果表明，氧化石墨烯能促进花状水合晶体的形成。在1天时，观察到小且不规则的球形颗粒，形状类似于快开放的花苞(图2.4(a))。在3天时，观察到了许多小的棒状晶体，也有少量的不完整的花状晶体，这可能由棒状晶体构成(图2.4(b))。在7天时，水合晶体形状类似于花瓣丰富的不完整花朵(图2.4(c))，在28天时，与7天时的形状相比，花状晶体呈现出完美且更大的花形(图2.4(d))。在60天和90天时，水合晶体更致密，并表现出形成交联团簇的趋势(图2.4(e)和(f))。这些结果证实了氧化石墨烯对花状水合晶体形成的调控作用，以及它们随时间变化通过花状晶体形成大型紧密交联结构的趋势[54]。

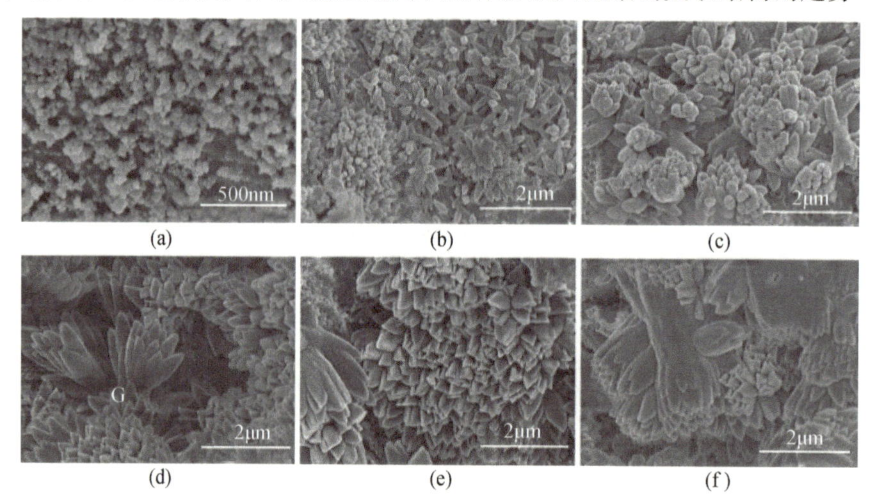


图2.4 不同水化时间下含有0.03%氧化石墨烯的水泥水化晶体的SEM图像

(a)1天；(b)3天；(c)7天；(d)28天；(e)60天；(f)90天。混合450g水泥、1350g标准砂、165g水和0.9g聚羧酸减水剂，掺入含氧量为29.75%的不同质量氧化石墨烯，制备了水泥复合材料。

图2.5(a)显示了水合晶体随时间变化的XRD射线衍射图。结果表明，由AFt、CH、AFm和C-S-H组成的水化产物以及AFt、CH和AFm晶体随着水化时间增加，数量也增加。图2.5(b)显示了硬化水泥浆的抗拉强度、抗折强度和抗压强度随时间的变化。抗拉

强度和抗折强度一直在增加,其中最显著的变化发生在28天之前。然后,这三种强度随水化时间从28天增加到60天略有增加。

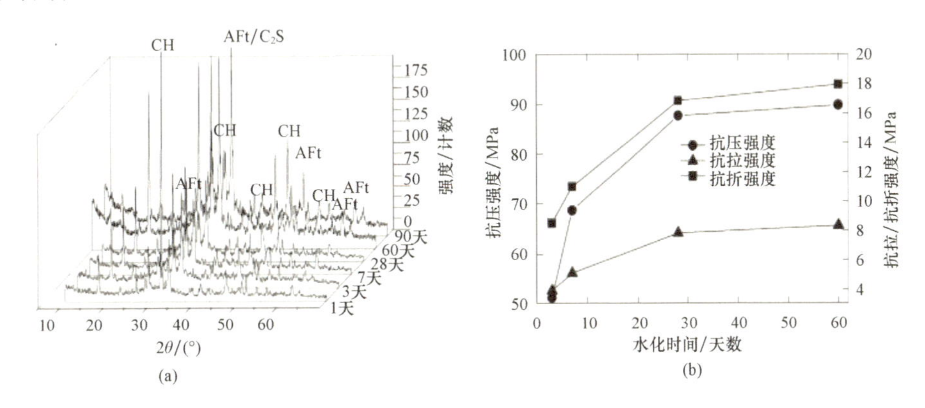


图2.5 不同水化时间下掺杂0.03%氧化石墨烯的水泥复合材料的(a)XRD图谱和(b)力学性能
混合450g水泥、1350g标准砂、165g水和0.9g聚羧酸减水剂,掺入含氧量为29.75%的不同质量氧化石墨烯,制备了水泥复合材料。

### 2.4.4 氧化石墨烯纳米片尺寸对水泥复合材料微观结构和力学性能的影响

通过观察SEM图像,并测量掺杂不同尺寸氧化石墨烯纳米片的水泥复合材料的抗折强度和抗压强度,可研究氧化石墨烯纳米片尺寸对水泥水合晶体和水泥复合材料力学性能的影响。

图2.6显示了28天时,厚度为27.6nm、平均尺寸为430nm的氧化石墨烯纳米片水泥复合材料的SEM图像。结果表明,氧化石墨烯纳米片的用量对水泥水合晶体形态有显著影响。当氧化石墨烯用量为0.01%水泥质量时,水泥复合材料含有由棒状晶体形成的待开放的花状晶体(图2.6(a))。当氧化石墨烯用量为0.02%水泥质量时,水泥复合材料中出现了许多开放花朵状晶体或较大的棒状晶体簇(图2.6(b))。当氧化石墨烯用量为0.03%和0.04%水泥质量时,到处都可以看到更多的棒状晶体和更致密的团簇(图2.6(c)和(d))。当氧化石墨烯用量大于0.05%水泥质量时,在水泥复合材料中发现了许多多面体晶体。当氧化石墨烯用量为0.05%水泥质量时,在水泥浆中发现不规则多面体晶体聚集物(图2.6(e)),当氧化石墨烯用量为0.06%水泥质量时,观察到形状良好的多面体晶体(图2.6(f))。结果表明,氧化石墨烯纳米片能从水泥水化反应过程中产生棒状晶体,并控制水合晶体的形状,从而导致花状或致密多面晶体的形成,在复合材料没有氧化石墨烯纳米片时,没有在水泥浆中发现以上晶体。

表2.5显示了图2.6水泥复合材料在28天时的抗折强度和抗压强度。结果表明,随着氧化石墨烯用量从0.01%增加到0.04%水泥质量,抗折强度和抗压强度也增大。在氧化石墨烯用量为0.04%水泥质量时,抗折强度达到最大值,比对照试样高130.8%。在氧化石墨烯用量为0.06%水泥质量时,抗压强度接近最大值,比对照试样提高129.5%。结果表明,与对照试样相比,抗压强度的提高幅度小于抗折强度,最大抗折强度和最大抗压强度的氧化石墨烯用量不同。抗折强度和抗压强度的变化趋势与水泥水合晶体形态完全一致。在氧化石墨烯用量为0.01%~0.04%水泥质量时,水合晶体主要为棒状晶体和花状

晶体，以及其聚集物(图2.6)。在氧化石墨烯用量为0.04%水泥质量时，棒状晶体发生最致密的重叠和交联，对应于最大的抗折强度。当氧化石墨烯用量大于0.05%水泥质量时，水泥水合晶体形成多面体晶体，抗压强度明显增加。结果表明，较低的氧化石墨烯用量有利于形成水泥复合材料中的花状水合晶体，并提高其抗折强度；提高氧化石墨烯用量有利于生成多面体晶体，并提高抗压强度。因此，氧化石墨烯纳米片将有助于水泥复合材料韧性增加。

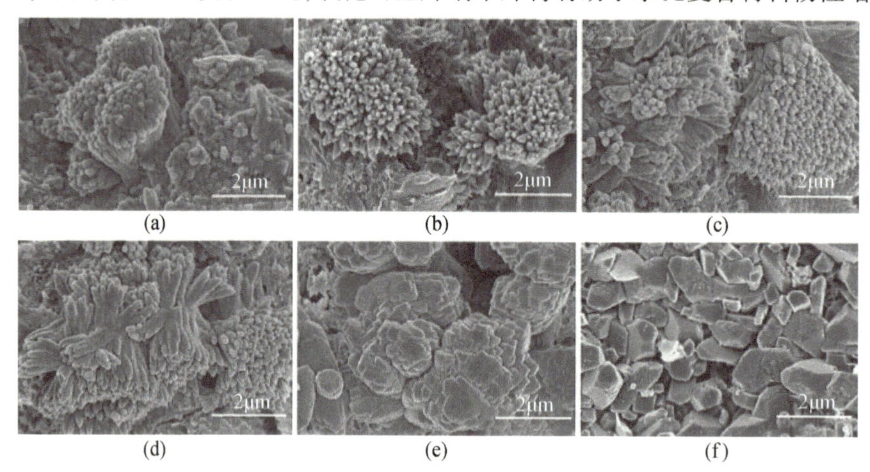


图2.6　28天时不同氧化石墨烯用量且厚度为27.6nm、平均尺寸为430nm的氧化石墨烯纳米片水泥复合材料的SEM图像

氧化石墨烯用量为(a)0.01%；(b)0.02%；(c)0.03%；(d)0.04%；(e)0.05%；(f)0.06%。混合450g水泥、1350g标准砂、165g水和0.9g聚羧酸减水剂，掺入含氧量为29.75%的不同质量氧化石墨烯，制备了水泥复合材料。

表2.5　28天时氧化石墨烯纳米片②水泥复合材料①的抗折强度和抗压强度

| 氧化石墨烯用量/% | 抗折强度/增加 | 抗压强度/增加 |
|---|---|---|
| 0(对照试样) | 8.84MPa/100% | 59.31MPa/100% |
| 0.01 | 10.22MPa/115.6% | 65.24MPa/110.0% |
| 0.02 | 10.71MPa/121.2% | 68.31MPa/115.2% |
| 0.03 | 11.25MPa/127.3% | 71.24MPa/120.1% |
| 0.04 | 11.56MPa/130.8% | 74.51MPa/125.6% |
| 0.05 | 11.55MPa/130.7% | 75.62MPa/127.5% |
| 0.06 | 11.55MPa/130.7% | 76.83MPa/129.5% |

① 混合450g水泥、1350g标准砂、165g水和0.9g聚羧酸减水剂，掺入含氧量为29.75%的不同质量氧化石墨烯，制备了水泥复合材料。

② 氧化石墨烯纳米片尺寸：平均厚度为27.6nm、平均尺寸为430nm。

图2.7显示了28天时，平均厚度为9.5nm、平均尺寸为180nm的氧化石墨烯纳米片水泥复合材料的SEM图像。结果表明，氧化石墨烯纳米片用量分别为0.01%、0.02%和0.03%时，可导致棒状晶体形成均匀分布的花状结构，随着氧化石墨烯用量由0.01%增加到0.03%(图2.7(a)~(c))，晶体分布更加紧密。在氧化石墨烯用量为0.03%水泥质量时，水合晶体呈现出较厚、较短的棒状结构，与花状结构的较细棒状晶体有很大的不同(图2.7(c))。在氧化石墨烯用量为0.04%、0.05%和0.06%水泥质量时，可以观察到大量密集的规则多面体(图2.7(d)~(f))。图2.7中水合晶体的形状与图2.6中相应晶体的形

状不同，这表明较小的氧化石墨烯纳米片在低用量时可以更有效地促进花状水化晶体的形成，而在用量高时可以促进规则多面体晶体的形成。造成这种现象的原因可能是在水泥复合材料中存在很多较小且较薄的氧化石墨烯纳米片，这导致了水泥水合晶体更规则地生长。

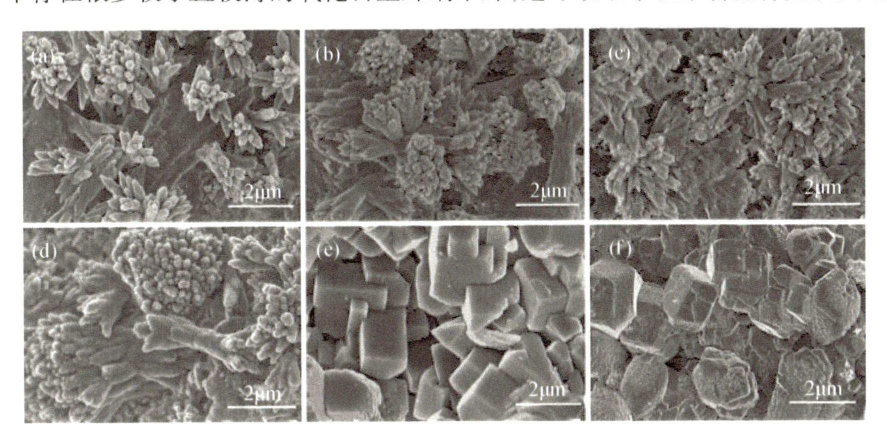


图2.7　28天时，掺杂平均厚度为9.5nm、平均尺寸为180nm
氧化石墨烯纳米片的硬化水泥复合材料的SEM图像

氧化石墨烯用量为(a)0.01%；(b)0.02%；(c)0.03%；(d)0.04%；(e)0.05%；(f)0.06%水泥质量。掺杂450g水泥、1350g标准砂、165g水和0.9g聚羧酸减水剂，掺入含氧量为29.75%的不同质量氧化石墨烯，制备了水泥复合材料。

表2.6显示了图2.7中的水泥复合材料在28天时的抗折强度和抗压强度。结果表明，随着氧化石墨烯纳米片用量增加到0.03%和0.04%水泥质量，硬化水泥复合材料的抗折强度和抗压强度也提高。与对照试样相比，氧化石墨烯用量为0.03%时抗折强度提高了143.2%，氧化石墨烯用量为0.04%时抗压强度提高了134.5%。结果表明，当氧化石墨烯用量为0.03%和0.04%时，抗折强度和抗压强度达到最大，比表2.5中的氧化石墨烯用量少了0.01%。同时，增长率也高于上述增长率(表2.5)。主要原因是水化晶体随着氧化石墨烯用量的增加而变得更加紧密。硬化水泥复合材料的抗折强度和抗压强度变化趋势与其微观结构一致。这些结果证明了上述结论，即这些花状晶体有助于提高抗折强度，而紧密的多面体晶体可以提高抗压强度。结果表明，尺寸较小的氧化石墨烯纳米片对水泥水合晶体的数量、形状和分布有较大的影响，从而提高了水泥水合晶体的韧性和强度。

表2.6　28天时氧化石墨烯纳米片②水泥复合材料①的抗折强度和抗压强度

| 氧化石墨烯用量/% | 抗折强度/增加 | 抗压强度/增加 |
|---|---|---|
| 0(对照试样) | 8.84MPa/100% | 59.31MPa/100% |
| 0.01 | 10.86MPa/122.9% | 66.51MPa/112.1% |
| 0.02 | 11.52MPa/130.3% | 72.48MPa/122.2% |
| 0.03 | 12.66MPa/143.2% | 76.31MPa/128.6% |
| 0.04 | 12.57MPa/142.1% | 79.72MPa/134.5% |
| 0.05 | 12.56MPa/142.1% | 79.06MPa/133.3% |
| 0.06 | 11.43MPa/139.3% | 79.86MPa/134.7% |

① 混合450g水泥、1350g标准砂、165g水和0.9g聚羧酸减水剂，掺入含氧量为29.75%的不同质量氧化石墨烯，制备了水泥复合材料。

② 氧化石墨烯纳米片尺寸：平均厚度为9.5nm、平均尺寸为180nm。

通过研究 SEM 图像，以及掺杂平均厚度为 3.1nm、平均尺寸为 72nm 氧化石墨烯纳米片的硬化水泥复合材料的抗折强度和抗压强度，进一步探讨了最小氧化石墨烯纳米片对水泥水化晶体和水泥复合材料力学性能的影响。图 2.8 显示了 SEM 图像。在氧化石墨烯用量为 0.01% 水泥质量时，在硬化水泥复合材料的断口表面可以观察到许多棒状晶体及团簇以及花状晶体，这说明氧化石墨烯纳米片用量低可以有效地调节水泥水合晶体的形状和分布（图 2.8(a)）。在氧化石墨烯用量为 0.02% 时，棒状晶体聚集成具有交错结构的花状晶体（图 2.8(b)）。在氧化石墨烯用量为 0.03% 时，发现了密集的棒状晶体团簇（图 2.8(c)）。在氧化石墨烯用量为 0.04% 时，发现更多的不规则多面体晶体紧密堆积（图 2.8(d)）。在氧化石墨烯用量为 0.05% 时，多面体晶体变得更大、更紧密（图 2.8(e)）。在氧化石墨烯用量为 0.06% 时，发现了较大的不规则多面体晶体，由不规则多面体嵌块组成（图 2.8(f)）。结果表明，较小的氧化石墨烯纳米片可以促进大量紧密堆积的水合晶体形成。

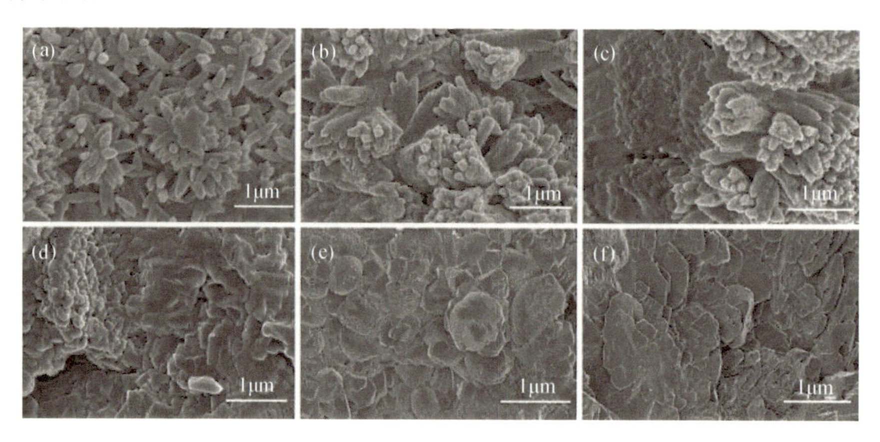


图 2.8　28 天时，掺杂平均厚度为 3.1nm、平均尺寸为 72nm 氧化石墨烯纳米片的硬化水泥复合材料的 SEM 图像

氧化石墨烯用量为(a)0.01%；(b)0.02%；(c)0.03%；(d)0.04%；(e)0.05%；(f)0.06% 水泥质量。混合 450g 水泥、1350g 标准砂、165g 水和 0.9g 聚羧酸减水剂，掺入含氧量为 29.75% 的不同质量氧化石墨烯，制备了水泥复合材料。

表 2.7 显示了图 2.8 的水泥复合材料在 28 天时的抗折强度和抗压强度。结果表明，掺杂用量为 0.01% ~0.03% 水泥质量的氧化石墨烯时，水泥复合材料的抗折强度、抗压强度与对照样品相比有显著提高。当氧化石墨烯用量为 0.04% 水泥重量时，抗折强度和抗压强度达到最大值，与对照样品相比分别提高了 152.4% 和 137.5%。硬化水泥复合材料的抗折强度和抗压强度变化趋势与图 2.8 中有序致密水化晶体的形成一致。结果表明，与低分散、尺寸大的氧化石墨烯纳米片相比，尺寸较小的高分散氧化石墨烯纳米片可以有效地促进柱状晶体的生长，形成更多规则的花状或密集的多面体晶体，从而使水泥复合材料韧性显著增强。结果也与表 2.5 和表 2.6 的结论基本一致。

表 2.7　氧化石墨烯纳米片②水泥复合材料①的抗折强度和抗压强度

| 氧化石墨烯用量/% | 抗折强度/增加 | 抗压强度/增加 |
|---|---|---|
| 0（对照样本） | 8.84MPa/100% | 59.31MPa/100% |
| 0.01 | 10.36MPa/117.2% | 67.46MPa/113.7% |

续表

| 氧化石墨烯用量/% | 抗折强度/增加 | 抗压强度/增加 |
| --- | --- | --- |
| 0.02 | 12.33MPa/139.5% | 76.51MPa/129.0% |
| 0.03 | 13.47MPa/152.4% | 79.64MPa/134.3% |
| 0.04 | 13.52MPa/152.9% | 81.56MPa/137.5% |
| 0.05 | 13.46MPa/152.3% | 81.89MPa/138.1% |
| 0.06 | 13.43MPa/151.9% | 81.95MPa/138.2% |

① 混合450g水泥、1350g标准砂、165g水和0.9g聚羧酸减水剂，掺入含氧量为29.75%的不同质量氧化石墨烯，制备了水泥复合材料。

② 氧化石墨烯纳米片尺寸：平均厚度为3.1nm，平均尺寸为72nm。

上述实验结果表明，氧化石墨烯纳米片能促进大量棒状水合晶体的生成，并使其聚集物成花状和多面体晶体，从而提高水泥复合材料的抗折强度和抗压强度。研究结果还表明，氧化石墨烯纳米片对水泥水合晶体的生长具有组装功能和模板效应。高用量低分散的氧化石墨烯纳米片可以促进晶体从棒状或针状晶体组装成花状和多面体晶体，且氧化石墨烯用量增加时，可以形成棒状晶体团簇。低用量高分散的氧化石墨烯纳米片也能促进花状晶体和多面体晶体的形成，在这种情况下，随着氧化石墨烯用量的增加，这些晶体往往会紧密堆积。与低分散的氧化石墨烯纳米片相比，高分散的氧化石墨烯纳米片能更好调节规则水化晶体形成，从而提高水泥复合材料的强度和韧性。

### 2.4.5 氧化石墨烯纳米片对硬化水泥浆体孔结构的影响

水泥基材料包括硬化水泥浆和混凝土，这是一种高孔隙的材料。孔结构对此类材料的力学性能有重要影响。在水泥浆中加入氧化石墨烯纳米片能促进棒状晶体的形成，并进一步形成规则排列和均匀分布的花状和多面体晶体。水合晶体的生长需要一定的孔结构来提供生长空间，同时晶体生长会降低孔隙率。为探讨水泥水化晶体的形成机理，本节研究氧化石墨烯纳米片对水泥浆孔结构的影响。表2.8显示了不同氧化石墨烯用量时，含有氧化石墨烯纳米片水泥浆的孔结构。结果表明，氧化石墨烯纳米片的加入对硬化水泥浆的孔结构有重要的影响。高用量氧化石墨烯纳米片可以明显减少硬化水泥浆的总孔隙面积、孔径中值、平均直径和孔隙率。结果还表明，随着氧化石墨烯用量的增加，氧化石墨烯纳米片也能使平均孔隙径接近平均直径，这说明水泥中的孔隙尺寸趋于均匀。同时结果表明，随着氧化石墨烯用量从0.01%水泥质量提高到0.03%水泥质量，氧化石墨烯纳米片可以显著减少大孔隙（>100nm）的数量，并能迅速增加小孔隙（<100nm）的数量。当氧化石墨烯用量超过0.03%水泥质量时，主孔隙变小且分布均匀。孔隙结构符合上述SEM图像和机械强度。氧化石墨烯纳米片用量较低时，会形成不规则的水合晶体，产生较大的孔隙/孔隙率，导致机械强度差，反之亦然。结果表明，氧化石墨烯纳米片可以促进更多规则水合晶体的产生，而水合晶体将寻求空间生长。因此，水泥浆中的孔隙和裂缝为水合晶体的生长提供了空间，晶体生长会减小孔隙和裂缝的大小。这一解释似乎得到了上述实验结果的支持，在结构致密的水泥浆中存在许多完全规则的水化晶体。氧化石墨烯纳米片可以为水泥浆或混凝土提供自修复功能，从而减少孔隙率，这有利于提高机械强度。

表2.8 掺杂纳米片的水泥浆在28天时的孔结构

| 孔结构参数 | 含有氧化石墨烯纳米片②的硬化水泥浆①的孔结构 | | | | | | |
|---|---|---|---|---|---|---|---|
| | 坯件 | 氧化石墨烯用量(占水泥质量的百分比)/% | | | | | |
| | | 0.01 | 0.02 | 0.03 | 0.04 | 0.05 | 0.06 |
| 总孔隙面积/($m^2$/g) | 17.40 | 16.32 | 13.35 | 12.33 | 10.12 | 9.41 | 7.34 |
| 孔径中值/nm | 25.80 | 23.58 | 19.26 | 15.35 | 10.60 | 8.72 | 6.51 |
| 平均直径/nm | 31.60 | 27.46 | 23.40 | 14.38 | 9.28 | 8.28 | 7.34 |
| 总孔隙率/% | 22.61 | 19.78 | 16.20 | 14.67 | 11.94 | 10.78 | 10.55 |
| 孔隙率/% ($D$③ <100nm) | 67.23 | 69.31 | 72.38 | 82.33 | 84.38 | 85.53 | 88.95 |
| 孔隙率/% ($D$ = 100 ~ 200nm) | 20.42 | 21.26 | 19.09 | 14.55 | 13.29 | 12.36 | 9.32 |
| 孔隙率/% ($D$ >200nm) | 12.35 | 9.43 | 8.53 | 3.12 | 2.33 | 2.11 | 1.73 |

① 以水泥、水和聚羧酸减水剂为100：30：0.2的比例制备水泥浆。
② 氧化石墨烯纳米片尺寸：平均厚度为3.1nm、平均尺寸为72nm。
③ $D$：孔隙直径。

## 2.5 通过掺杂薄层式氧化石墨烯纳米片制备具有大尺度有序微结构的水泥复合材料及其结构与性能研究

尽管研究发现，氧化石墨烯纳米片能调节水泥水化产物形成棒状、花状、多面体晶体等规则形状，并可进一步组装成有序的微观结构，从而显著减少水泥复合材料内部的裂缝和空穴，显著提高水泥复合材料的强度和韧性，但对照结果表明，大体积水泥复合材料存在局部不均匀性。研究还发现，在整个大体积水泥复合材料中，很难形成大尺寸有序的微观结构。因此，本节研究了通过掺杂氧化石墨烯纳米片来形成大尺寸、大体积有序微观结构水泥复合材料的方法。因此，目前氧化石墨烯纳米片在水泥复合材料应用中的一个重要问题是，氧化石墨烯纳米片应该可以控制整个水泥复合材料，以便形成规则的水合晶体和有序致密的微观结构。这是因为所有的建筑工程都需要大量的水泥复合材料。问题的核心前提是薄层式氧化石墨烯纳米片可以单独存在，并且首先应该在水溶液中均匀分布。通过制备分散剂 - 氧化石墨烯插层复合材料，可以制备出薄层式氧化石墨烯纳米片。同时，本节还研究了有序微观结构与强度和耐久性之间的关系；后面2.7节根据水泥基体的SEM形貌，阐明了水泥基体有序微观结构的形成机理。

### 2.5.1 通过形成羧甲基壳聚糖/氧化石墨烯插层复合材料制备薄层式氧化石墨烯纳米片

由于氧化石墨烯纳米片之间的范德瓦耳斯力相互作用，使得原始氧化石墨烯纳米片容易在水悬浮液和水泥浆中聚集，导致氧化石墨烯纳米片在悬浮液和水泥浆中分布不均匀，并形成不均匀微观结构，严重影响了水泥复合材料的力学性能和耐久性。根据对氧化石墨烯纳米片结构的分析，氧化石墨烯纳米片为薄层，并在水悬浮液中单独均匀分散，这是在水泥复合材料中均匀分布氧化石墨烯纳米片的基本前提。这里研究了聚羧酸减水剂、聚丙烯酸酯和接枝聚合物对氧化石墨烯纳米片在水泥复合材料中分散的影响。研究结果表明，采用聚羧酸减水剂和乙烯基单体接枝改性制备复合材料不能满足在水泥复合材料中均匀分布氧化石墨烯纳米片的要求，特别是氧化石墨烯纳米片中的接枝聚合物可以降低氧化石墨烯纳米片对水泥水化产物的模板效应。为了制备少层纳米片并在水泥复合材料中均匀分布，采用插层反应法制备了羧甲基壳聚糖/氧化石墨烯（CCS/GO）插层复合材料。然后，采用不同的试验技术，研究了掺杂氧化石墨烯纳米片复合材料的微观结构、力学性能和耐久性指数。研究结果对制备水泥复合材料具有重要意义，通过控制密集和均匀的氧化石墨烯纳米片微观结构，可以制备高性能、使用寿命长的水泥复合材料。

化学结构试验结果表明成功地制备了 CCS/GO 插层复合材料。氧化石墨烯纳米片的尺寸分布测试结果表明，CCS/GO 复合材料中氧化石墨烯纳米片的尺寸范围为 1 ~ 380nm，而原始氧化石墨烯纳米片的尺寸范围为 12 ~ 550nm。由于 CCS/GO 插层复合材料的形成，其尺寸范围明显减小。两种氧化石墨烯纳米片不同的主要原因是 CCS 穿透氧化石墨烯纳米片的层间从而扩展了层间距，导致 CCS/GO 复合材料中的氧化石墨烯纳米片分离成单个少层纳米片。石墨、氧化石墨烯和 CCS/GO 的 X 射线衍射分析表明，氧化石墨烯纳米片的层间距由 0.35nm（石墨）增加到 0.73nm（氧化石墨烯）和 0.83nm（CCS/GO）。结果表明石墨片的规律性降低是由于 CCS 的氧化和插层。在将 CCS 聚合物链插入氧化石墨烯层间之前，通过氧化引入氧官能团，导致层间距增加，而层间相互作用减弱。因此，氧化反应和 CCS 插层之间的协同作用将有助于扩大层间距，并将最大限度地在整个水性复合材料中均匀分布少层纳米片。

### 2.5.2 大尺度、大体积有序结构水泥复合材料的制备

水泥复合材料由水泥、砂、水、聚羧酸减水剂、羧甲基壳聚糖和氧化石墨烯纳米片按照一定成分比例组成。制备流程包括制备 CCS/GO 插层复合材料，以及将 CCS/GO 插层复合材料与水泥和砂混合制备氧化石墨烯/水泥复合材料。将新鲜的水泥复合材料倒入不同的模具中，制备试验样品进行试验。24h 后，从模具中取出样品，在测试前将其在 20℃ 温度、90% 相对湿度下进行固化[55]。

通过在水泥复合材料中加入氧化石墨烯纳米片，依次研究氧化石墨烯纳米片对水泥复合材料微观结构和性能的影响。28 天后的抗压强度和抗折强度是评定标准。通过掺杂质量分数为 0.03%、0.05%、0.07% 的氧化石墨烯纳米片，研究不同氧化石墨烯用量对水泥复合材料强度的影响。根据制备流程，通过掺杂 CCS/GO 插层复合材料制备了水泥复合材料。为了便于下面的分析和讨论，我们将坯样水泥浆样品设定为样品$S_1$；在坯样水泥浆样品中掺杂 0.03%、0.05% 和 0.07% 的氧化石墨烯纳米片，分别为样品$S_2$、$S_3$和$S_4$；在坯样水泥浆样品中掺杂 0.05% 的氧化石墨烯纳米片，为样品$S_5$；坯样水泥浆样品为样品$S_6$。

采用扫描电子显微镜（SEM）对 28 天后不同水泥复合材料的微观结构进行研究。SEM 图像如图 2.9 所示，图中显示了$S_1$样品的微观结构（无氧化石墨烯），表明该微观结构为非晶态固体，有大量孔隙和微裂纹。结果表明，水泥水化产物主要为非晶态固体，因此形成不致密微观结构。图 2.9（b）显示了$S_2$样品（0.03% 的氧化石墨烯）的微观结构，表明通过自交织和自交联形成了规则晶体组成的水泥复合材料。结果表明，氧化石墨烯可以促进更多规则晶体的产生，并形成大尺度的均匀微观结构。图 2.9（c）~（e）显示了水泥

复合材料样品(0.03%的氧化石墨烯)、(0.05%的氧化石墨烯)和(0.07%的氧化石墨烯)的SEM图像，表明这些水泥复合材料的形貌和显微结构也与$S_2$相似。但与$S_2$相比，它们有更紧密的交联结构。结果表明，由于$S_3$(0.05%的氧化石墨烯)和$S_4$(0.07%的氧化石墨烯)中氧化石墨烯用量大，水泥复合材料中产生了更多的规则晶体，并有助于交联和交织微观结构的形成。图2.9(f)显示了$S_6$的SEM图像，表明该微观结构为带裂纹的非晶态固体。与上述研究结果相比，这个结果表明，在水泥复合材料中加入含0.03%、0.05%和0.07%氧化石墨烯纳米片的CCS/GO插层复合材料，可以形成更多的规则晶体产物，形成较大尺度的致密微观结构。与以往的制备方法不同，目前的制备方法在水泥复合材料中采用了少层氧化石墨烯纳米片和原始的氧化石墨烯纳米片悬浮液。CCS/GO插层复合材料中的氧化石墨烯纳米片为少层纳米片，在水泥复合材料中单独均匀分布，从而通过自交织和自交联形成更多的规则晶体，形成了更大尺度的致密微观结构。结果表明，氧化石墨烯纳米片在水泥复合材料中的分散对水泥晶体的影响很大，特别对水泥复合材料的宏观结构有很大影响。提高氧化石墨烯纳米片在水泥复合材料中的分散性，无疑有利于形成致密的结构。

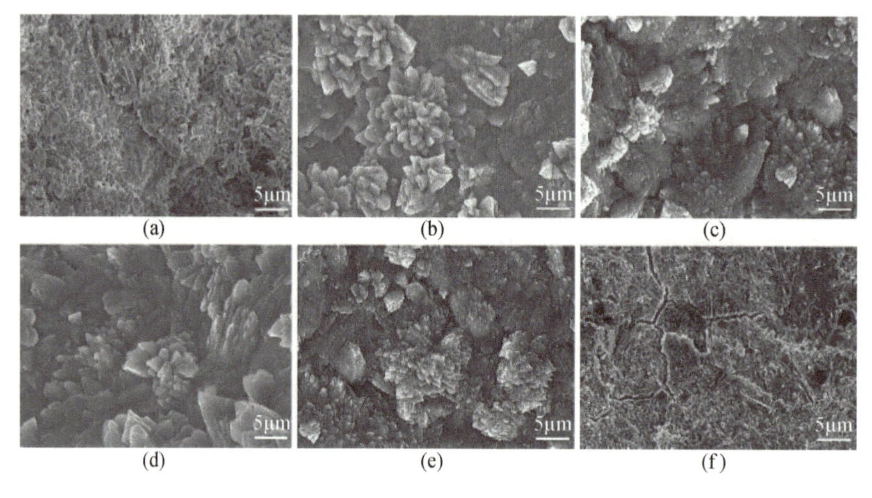


图2.9　28天后水泥复合材料的SEM图像

(a)$S_1$;(b)$S_2$;(c)$S_3$;(d)$S_4$;(e)$S_5$;(f)$S_6$。

结果表明，在水泥复合材料中均匀地分布少层氧化石墨烯纳米片，可以制备出致密均匀的水泥复合材料。可以通过用X射线能谱仪(EDS)测试整个SEM图像中的碳元素分布和限制区域中的碳含量，表征氧化石墨烯纳米片在水泥复合材料中的分布。图2.10(a)~(c)分别显示了样品$S_2$、$S_3$和$S_4$的SEM图像。图2.10(d)~(f)分别显示了图2.10(a)~(c)对应的整个测试区域的碳元素分布。结果表明，碳元素在整个测试区域分布均匀，说明用量为0.03%、0.05%、0.07%的氧化石墨烯纳米片能够均匀单独分布在水泥复合材料中，从而在水泥复合材料中形成均匀致密的微观结构。

在特定区域测试的碳含量见表2.9。图2.10中将EDS测试区域标记为红框，测试结果见表2.9。结果表明，在$S_2$到$S_3$至$S_4$，碳含量呈逐渐增加的趋势。其主要原因是氧化石墨烯用量从$S_2$的0.03%逐渐增加到$S_3$的0.05%和$S_4$的0.07%。EDS测试结果表明，水泥复合材料中的碳含量大于相应的氧化石墨烯用量，原因可能是氧化石墨烯纳米片主要分布在晶体表面。结果表明，氧、硅、钙均按含量分布在测试区，表明晶体具有均匀的元素成分和晶相结构。另外,花状晶体中心的碳含量比 ED $S_2$、ED $S_5$等其他部分稍高一些,说明,氧化石墨烯纳米片主要处于初始生成晶体的中间部分。这些初始晶体可以用作后续生产更多晶体的生长模板。因此,所有元素在水泥复合材料中均匀分布,从而产生了更多的规则晶体和致密的微观结构。

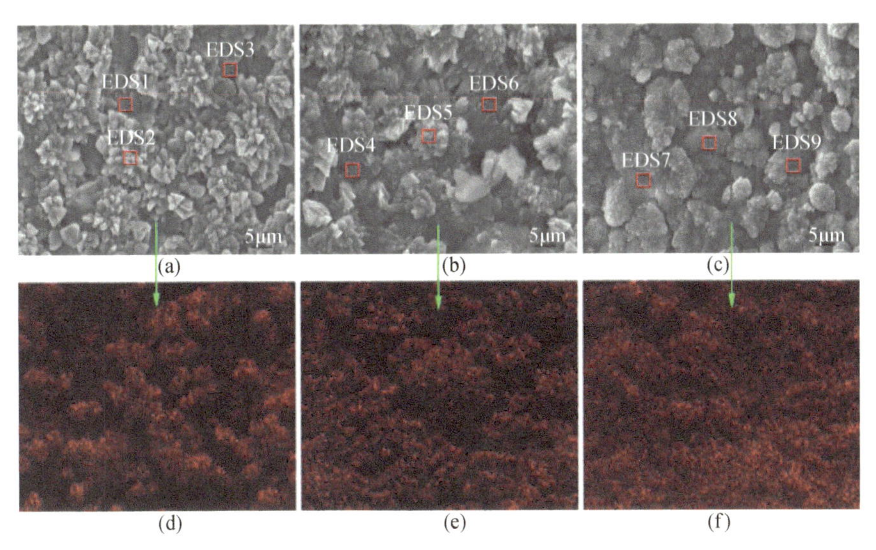


图 2.10　整个 SEM 图像中的碳元素分布

(a)$S_2$;(b)$S_3$;(c)$S_4$;(d)~(f)碳元素分布。

表 2.9　掺杂氧化石墨烯的水泥基体的元素成分

| 元素含量/%(质量分数) | C | O | Si | Ca | Al | Mg | Na | K | Fe | S |
|---|---|---|---|---|---|---|---|---|---|---|
| 水泥 | 1.34 | 34.83 | 9.63 | 44.31 | 3.52 | 1.68 | 1.13 | 0.95 | 2.38 | 0.23 |
| ED $S_1$ | 4.28 | 39.56 | 2.26 | 46.08 | 2.94 | 1.69 | 1.02 | 0.94 | 0.97 | 0.26 |
| ED $S_2$ | 5.63 | 38.54 | 2.51 | 44.91 | 3.41 | 1.65 | 1.15 | 0.65 | 1.32 | 0.23 |
| ED $S_3$ | 4.56 | 37.56 | 2.89 | 45.62 | 3.52 | 1.68 | 1.24 | 1.34 | 1.32 | 0.27 |
| ED $S_4$ | 6.45 | 41.32 | 2.81 | 42.45 | 2.61 | 1.56 | 1.38 | 0.81 | 0.44 | 0.17 |
| ED $S_5$ | 5.52 | 42.39 | 3.21 | 43.42 | 1.42 | 1.62 | 1.25 | 0.64 | 0.34 | 0.19 |
| ED $S_6$ | 6.65 | 40.49 | 3.21 | 42.39 | 2.56 | 1.78 | 1.12 | 0.78 | 0.81 | 0.21 |
| ED $S_7$ | 9.85 | 40.42 | 2.91 | 40.71 | 1.95 | 1.62 | 1.13 | 0.35 | 0.85 | 0.21 |
| ED $S_8$ | 10.23 | 40.56 | 2.43 | 40.15 | 2.86 | 1.45 | 1.15 | 0.27 | 0.63 | 0.27 |
| ED $S_9$ | 9.94 | 40.55 | 2.35 | 40.81 | 1.98 | 1.68 | 1.35 | 0.35 | 0.76 | 0.23 |

### 2.5.3　水泥复合材料的力学性能及耐久性参数

表 2.10 显示了氧化石墨烯/水泥复合材料的抗压强度和抗折强度。结果表明,与对照试样相比,氧化石墨烯/水泥复合材料具有较高的抗压强度和抗折强度。与对照试样相比,氧化石墨烯/水泥复合材料,比如样品$S_2$、$S_3$、$S_4$和$S_5$在 28 天时的抗压强度分别为 151.36MPa、175.64MPa、166.23MPa 和 155.46MPa,提高比值分别为 42.08%、64.87%、56.04%和43.11%。所有氧化石墨烯/水泥复合材料在 28 天时的抗压强度均达到了较高

性能。同时，与对照试样相比，相应的抗折强度也有明显的提高。样品$S_2$、$S_3$、$S_4$和$S_5$在28天时的抗折强度分别为22.83MPa、31.67MPa、29.38MPa和28.65MPa，与对照样品相比分别提高了80.05%、149.76%、131.71%和154.41%。结果表明，与抗压强度相比，抗折强度有明显的提高。$S_2$、$S_3$和$S_4$是硬化水泥浆样品，$S_5$是砂浆，试验结果表明，与砂浆相比，氧化石墨烯用量为0.05%时，硬化水泥浆具有较高的抗压强度和抗折强度。强度从3天到7天和28天的增加趋势来看，氧化石墨烯/水泥复合材料在3天时强度较弱，在7天和28天时强度增加较大。原因可能是水化晶体在1天时开始生成，在3天时生长，然后在7天和28天时进一步生长并形成一个完美的交联结构。最后的完美结构在7天时接近完成，在28天时完全完成。与28天时的强度相比，60天时的强度略有提高，由此可以看出，氧化石墨烯/水泥复合材料形成完美致密的微观结构是一个相对较长的过程。

表2.10　氧化石墨烯/水泥复合材料的抗压强度和抗折强度

| 样品 | 抗压强度/MPa | | | | 抗折强度/MPa | | | |
|---|---|---|---|---|---|---|---|---|
| | 3天 | 7天 | 28天 | 60天 | 3天 | 7天 | 28天 | 60天 |
| $S_1$ | 40.67 | 75.25 | 106.53 | 117.73 | 3.42 | 8.52 | 12.68 | 13.54 |
| $S_2$ | 32.65 | 91.56 | 151.36 | 154.62 | 7.46 | 13.54 | 22.83 | 23.47 |
| $S_3$ | 35.41 | 95.75 | 175.64 | 177.36 | 7.85 | 17.28 | 31.67 | 32.46 |
| $S_4$ | 36.23 | 98.23 | 166.23 | 168.34 | 7.31 | 16.62 | 29.38 | 29.43 |
| $S_5$ | 31.63 | 87.43 | 155.46 | 158.42 | 6.87 | 14.32 | 28.65 | 27.36 |
| $S_6$ | 22.15 | 91.56 | 108.63 | 129.63 | 5.38 | 9.98 | 11.26 | 12.42 |

水泥复合材料的耐久性主要取决于其致密性、稳定性等微观结构性能。致密性和稳定性通常通过抗渗透性、抗冻融性、抗碳化性、干燥收缩性和孔隙结构来评估。因此，这些性能通常被用来评估水泥复合材料的耐久性。表2.11显示了水泥复合材料的耐久性参数，结果表明，与对照样品相比，渗水高度、冻融质量损失、碳化深度等参数较小。这说明水泥复合材料性能提高，即氧化石墨烯/水泥复合材料的耐久性有了显著的提高。

表2.11　水泥复合材料28天时的耐久性参数

| 样品 | 抗渗透性 | | 冻融循环①(100) | | | 碳化深度/mm | |
|---|---|---|---|---|---|---|---|
| | 渗透的压力/MPa | 渗水高度/mm | $m_0$/g | $m_{损失}$/g | $p$/% | 7天 | 28天 |
| $S_1$ | 3.5 | 15.4 | 9837 | 0.55 | 71.52 | 3.73 | 4.94 |
| $S_2$ | 3.5 | 4.7 | 9833 | 0 | 89.5 | 2.73 | 3.23 |
| $S_3$ | 3.5 | 3.6 | 9845 | 0 | 96.53 | 0.84 | 1.84 |
| $S_4$ | 3.5 | 3.7 | 9836 | 0 | 98.76 | 0.65 | 1.35 |
| $S_5$ | 3.5 | 4.1 | 9841 | 0 | 97.65 | 0.52 | 1.62 |
| $S_6$ | 3.5 | 11.3 | 9851 | 0.45 | 73.34 | 3.53 | 4.34 |

① $m_0$：冻融试验前样品的质量；$m_{损失}$：100个冻融循环后样品的质量；$p$：100个冻融循环后试验样品相对动态弹性模量的保留率。

图2.11显示了氧化石墨烯/水泥复合材料的干燥收缩值。结果表明，与对照样品$S_1$

和$S_6$相比，氧化石墨烯/水泥复合材料样品$S_2$、$S_3$、$S_4$和$S_5$的干燥收缩值较小。在样品$S_2$、$S_3$、$S_4$和$S_5$中，$S_3$的干燥收缩值最小，$S_3$的氧化石墨烯用量为0.05%，说明0.05%是最佳用量，水化产物及其交联结构也最紧凑、最均匀。因此，当氧化石墨烯用量为0.05%时，氧化石墨烯纳米片通过形成致密均匀的微观结构，对水泥复合材料的干燥收缩有明显的抑制作用。原因是氧化石墨烯纳米片能通过晶体的自组装和自交联控制水泥水化产物，形成稳定的水合晶体和规则微观结构。

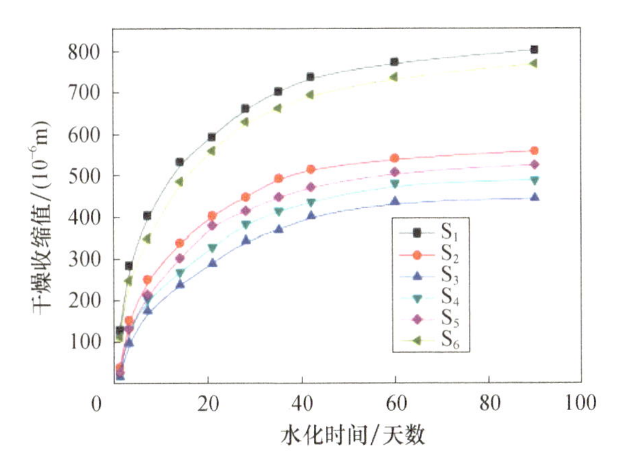


图2.11 氧化石墨烯/水泥复合材料干燥收缩值随水化时间的变化

表2.12显示了氧化石墨烯/水泥复合材料的孔隙结构。结果表明，在水泥复合材料中加入氧化石墨烯纳米片，会对孔隙结构有重要影响。与对照样品$S_1$和$S_6$相比，$S_2$ ~ $S_5$的氧化石墨烯/水泥复合材料样品具有较小的总孔隙面积、孔径中值、平均孔隙直径和孔隙率。与对照样品相比，氧化石墨烯/水泥复合材料的孔径中值和平均直径非常接近，且明显变小。

表2.12 氧化石墨烯/水泥复合材料在28天时的孔隙结构

| 样品 | 水泥复合材料的孔隙结构 | | | | |
|---|---|---|---|---|---|
| | 总孔隙面积/($m^2$/g) | 孔径中值/nm | 平均孔隙直径/nm | 表观密度/($g/cm^3$) | 孔隙率/% |
| $S_1$ | 24.86 | 39.42 | 55.13 | 2.21 | 23.74 |
| $S_2$ | 16.59 | 22.34 | 21.94 | 2.31 | 17.36 |
| $S_3$ | 13.68 | 15.25 | 14.67 | 2.35 | 11.25 |
| $S_4$ | 12.32 | 14.32 | 13.45 | 2.33 | 10.25 |
| $S_5$ | 15.14 | 17.67 | 19.32 | 2.35 | 15.43 |
| $S_6$ | 27.43 | 45.72 | 45.65 | 2.34 | 21.62 |

当氧化石墨烯用量为0.05%时，氧化石墨烯/水泥复合材料具有微观结构紧凑、平均孔隙直径小、总孔隙面积小、孔隙率小等优点。水泥复合材料中的小孔隙是毛细孔隙，主要是由于水泥凝胶产物中有游离水。氧化石墨烯纳米片能将水泥水化产物转化为规则形状的晶体，并通过晶体生长和自交联形成大尺度致密的微观结构。晶体生长需要一定的孔隙率来提供生长空间，而晶体生长会降低孔隙率。较小的孔隙率有利于提高机械强度和耐久性。

## 2.6 氧化石墨烯纳米片对水泥水合晶体结构的影响

上述结果表明,水泥水化产物可以转化为规则晶体,并通过掺杂氧化石墨烯纳米片形成致密的微观结构。这些结果与对水泥水化产物及其结构的传统观点有很大的不同。水泥的主要成分是$C_3S$、$C_2S$、$C_3A$、$C_4AF$ 和$SCH_2$,其可以与水反应生成钙矾石[$(Ca_6Al_2(SO_4)_3(OH)_{12}\cdot 26H_2O$,AFt]、单硫酸盐[$Ca_4Al_2(OH)_2\cdot SO_4\cdot H_2O$,AFm]、氢氧化钙[$Ca(OH)_2$,CH)]和水化钙[$3CaO\cdot 2SiO_2\cdot 3H_2O$,C-S-H]凝胶的水化产物。一般来说,这些水化产物可能表现出各种形状,形成不规则的聚集,从而形成具有裂缝和孔隙的致密微观结构。可用 X 射线能谱仪(XRD)测试水泥水化产物的晶体结构。

图2.12 显示了水泥复合材料的 XRD 图谱,分析结果见表2.13。结果表明$S_1$样品中的水泥水化产物(不含氧化石墨烯纳米片的水泥复合材料)主要为 CH、$CaCO_3$、AFt、AFm、C-S-H、$CaAl_2Si_6O_{16}\cdot 6H_2O$,$Ca_6(AlSiO_4)_{12}\cdot 30H_2O$ 和$CaHSi_2O_7$。这些产物主要表现为非晶态固体和少量晶体。因此,$S_1$表现为无定形固体。对于氧化石墨烯/水泥复合材料的$S_2$样品(0.03% 氧化石墨烯)、$S_3$样品(0.05% 氧化石墨烯)和$S_4$样品(0.07% 氧化石墨烯),它们有更多的水泥水合晶体产物,比如 CH、$CaCO_3$、AFt、AFm、C-S-H、$CaAl_2Si_6O_{16}\cdot 6H_2O$、$Ca_6(AlSiO_4)_{12}\cdot 30H_2O$、$CaHSi_2O_7$、$Ca_3Si(OH)_6(CO)_3(SO_4)\cdot 12H_2O$、$Ca_4Si_4O_4(OH)_{24}\cdot 3H_2O$、$Ca_5Si_{16}O_{16}(OH)_2$、$K_2Ca_5(SO_4)_6\cdot H_2O$、$Ca_2Al_2Fe_2O_5$和$Ca_3Si(OH)_6(CO_3)(SO_4)\cdot 12H_2O$。这些晶体表现出六方、立方和四方晶体结构。$S_5$和$S_6$的 XRD 图谱与$S_4$和$S_1$的 XRD 图谱相似,因此这里不再赘述它们的 XRD 图谱和分析结果。

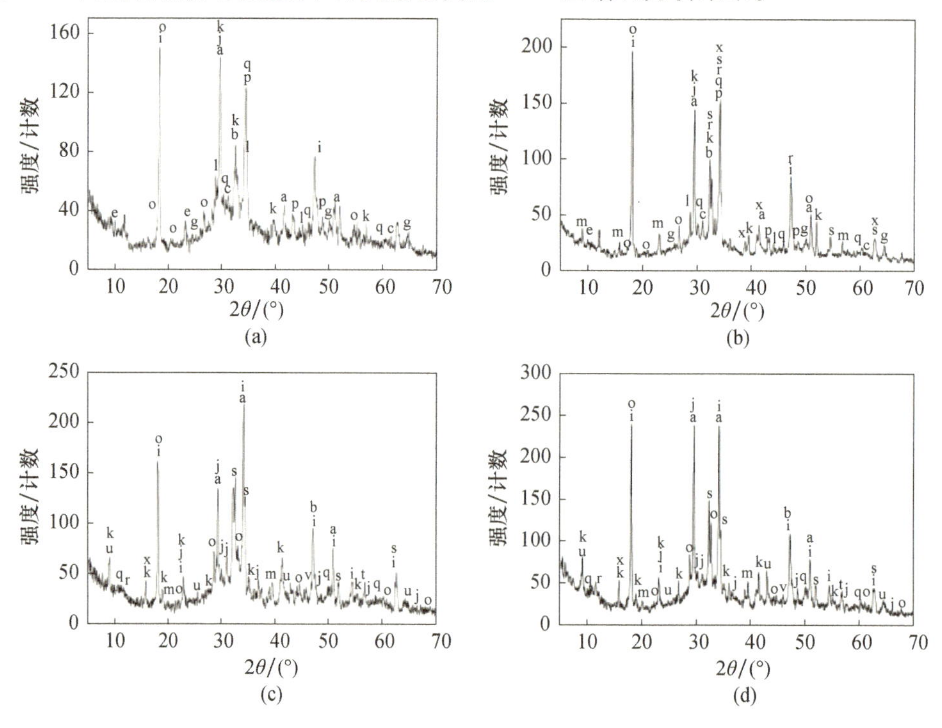


图2.12 水泥复合材料28天时的 XRD 图谱

(a)$S_1$;(b)$S_2$;(c)$S_3$;(d)$S_4$。

表 2.13　水泥复合材料的晶体相

| | 水泥水化产物 | 晶系 | 水泥复合材料晶体① | | | |
|---|---|---|---|---|---|---|
| | | | $S_1$ | $S_2$ | $S_3$ | $S_4$ |
| a | $C_3S$, $Ca_2SiO_5$ | 单斜 | + | + | + | + |
| b | $C_2S$, $Ca_2SiO_4$ | 单斜 | + | + | + | + |
| c | $C_3A$, $Ca_3Al_2O_6$ | 正交 | + | + | | |
| d | $C_4AF$, $Ca_4Al_2Fe_2O_{10}$ | 四方 | + | | | |
| e | $CaSO_4 \cdot 2H_2O$ | 单斜 | + | | | |
| f | $Al_2O_3$ | 六方 | | | | |
| g | $SiO_2$ | 四方 | + | + | + | + |
| h | CaO | 立方 | | | | |
| i | $Ca(OH)_2$ | 六方 | + | + | + | + |
| j | $CaCO_3$ | 六方 | + | + | + | + |
| k | AFt, $Ca_6Al_2(SO_4)_3(OH)_{12} \cdot 26H_2O$ | 六方 | + | + | + | + |
| l | AFm, $Ca_4Al_2O_6(SO_4) \cdot 14H_2O$ | 六方 | + | + | + | + |
| m | C-S-H, $Ca_3Si_2O_7 \cdot xH_2O$ | 非晶态 | + | + | + | + |
| n | C-S-H($Ca_3Si_2O_7 \cdot xH_2O$) | 单斜 | | + | + | + |
| o | $CaAl_2Si_6O_{16} \cdot 6H_2O$ | 四方 | + | + | + | + |
| p | $Ca_2H_2Si_2O_7$ | 正交 | + | | + | + |
| q | $Ca_6(AlSiO_4)_{12} \cdot 30H_2O$ | 立方 | + | + | + | + |
| r | $Ca_4Si_4O_4(OH)_{24} \cdot 3H_2O$ | 单斜 | | + | + | + |
| s | $Ca_3Si(OH)_6(CO_3)(SO_4) \cdot 12H_2O$ | 六方 | | + | + | + |
| t | $K_2Ca_5(SO_4)_6 \cdot H_2O$ | 单斜 | | | + | + |
| u | $CaFe_5AlO_{10}$ | 四方 | | + | + | + |
| v | $Ca_2Al_2Fe_2O_8$ | 正交 | | | + | + |

① +：水泥复合材料中的晶相。

此外，图2.12中的晶峰强度随氧化石墨烯用量的依次增加0.03%（$S_2$）、0.05%（$S_3$）和0.07%（$S_4$）而逐渐增大，这表明氧化石墨烯纳米片的控制能力与氧化石墨烯用量密切相关。晶体的完整性和峰值强度表现出从$S_2$到$S_3$和$S_4$增加的趋势。同时，还发现非晶态C-S-H凝胶可以成为$S_2$、$S_3$和$S_4$的单斜晶体。结果表明，氧化石墨烯纳米片可以控制水泥水化产物形成规则晶体，并形成致密的微观结构。

## 2.7 规则形状的水泥水合结晶及其有序微观结构的形成机理

### 2.7.1 氧化石墨烯纳米片对水泥水化产物的调控机理

水态水泥主要由硅酸三钙$C_3S$（$Ca_3SiO_5$）、硅酸二钙$C_2S$（$Ca_2SiO_4$）、铝酸三钙$C_3S$（$Ca_3Al_2O_6$）、铁铝酸四钙$C_4AF$（$Ca_4Al_nFe_{2-n}O_7$）以及少量的熟料硫酸盐（$Na_2SO_4$，$Ka_2SO_4$）和石

膏（$CaSO_4 \cdot 2H_2O$）组成。在水化过程中，$C_3A$、$C_4AF$、$C_3S$ 和$C_2S$ 将进行复杂的水化反应，形成钙矾石（$Ca_6Al_2(SO_4)_3(OH)_{12} \cdot 26H_2O$，AFt）、单硫酸盐（$Ca_4Al_2(OH)_2SO_4 \cdot H_2O$，AFm）、氢氧化钙（$Ca(OH)_2$，CH）和水化硅酸钙（$3CaO \cdot 2SiO_2 \cdot 4H_2O$，C－S－H）凝胶，相应的化学反应分别用式(2.1)～式(2.4)表示。通常，CH、AFt 和 AFm 表现出无序的棒状和针状，这决定了水泥浆的脆性。

$$\underset{C_3A}{Ca_3Al_2O_6} + 3CaSO_4 + 26H_2O \rightarrow \underset{AFt}{Ca_6Al_2((SO_4)_3(OH)_{12} \cdot 26H_2O} \tag{2.1}$$

$$\underset{C_3A}{Ca_3Al_2O_6} + \underset{AFt}{Ca_6Al_2((SO_4)_3(OH)_{12} \cdot 26H_2O} + 4H_2O \rightarrow \underset{AFm}{3Ca_4Al_2(OH)_{12} \cdot SO_4 \cdot 6H_2O} \tag{2.2}$$

$$\underset{C_3S}{2Ca_3SiO_5} + 6H_2O \rightarrow \underset{C-S-H}{3CaO \cdot 2SiO_2 \cdot 4H_2O} + \underset{CH}{3Ca(OH)_2} \tag{2.3}$$

$$\underset{C_2S}{2\ Ca_3SiO_5} + 4\ H_2O \rightarrow \underset{C-S-H}{3CaO \cdot 2\ SiO_2 \cdot 4\ H_2O} + \underset{CH}{Ca(OH)_2} \tag{2.4}$$

根据以上研究结果和讨论，可以提出氧化石墨烯对水泥水化产物的调节机制，如图2.13(a)所示。氧化石墨烯表面有许多氧官能团，主要包括—OH、—COOH 和—$SO_3H$（图2.13($a_1$)）。活性官能团优先与$C_3S$、$C_2S$ 和$C_3A$ 发生反应，并形成水化产物的生长点（图2.13($a_2$)），而水化反应暂时被 PC 延缓（图2.13($a_3$)）。缓凝作用后，水化反应继续在氧化石墨烯表面的生长点发生（图2.13($a_4$)）。水化产物的生长点和生长模式均受氧化石墨烯控制，称为模板效应。氧化石墨烯可以使许多邻近的棒状水合晶体在同一氧化石墨烯表面形成厚的柱状和花状晶体（图2.13($a_5$)）。这些柱状产物由 AFt、AFm、CH 和 C－S－H 的棒状产物组成，并且由于周围的应力较大，它们从氧化石墨烯表面向同一方向生长，保持了柱状。柱状晶体一旦形成孔隙、裂纹或松散的结构，它们就会分开生长，形成完全开花的花状晶体（图2.13($a_6$)），以填充剂和止裂剂的形式分散在孔隙和裂缝中，以延缓裂纹的扩展。当氧化石墨烯含量大于0.04%时，生长点密度过大，不能形成单一的花状晶体，因此水合晶体将产生多面体形状，形成致密结构。通常在水泥复合材料的空穴和缝隙中产生花状晶体，并形成交联结构，这对提高水泥复合材料的韧性有很大的作用[48]。

### 2.7.2 大尺度规则水合晶体和水泥复合材料的大体积有序结构的形成机理

以上结果表明，在水泥水化过程中，氧化石墨烯纳米片能将水泥成分调节为规则晶体，形成致密的微观结构[55]。形成机理主要包括模板效应和自组装效应，如图2.13(b)所示。图2.13($b_1$)和($b_2$)表明氧化石墨烯纳米片是单独少层纳米片，通过添加 CCS/GO 插层复合材料均匀地分布在水泥浆中。图2.13($b_3$)表明通过模板效应，初始晶体正在生长氧化石墨烯纳米片表面。图2.13($b_4$)表明初始晶体在氧化石墨烯纳米片中生长，形成规则晶体，然后通过自组装和自交联形成致密有序的微观结构，如图2.13($b_5$)和($b_6$)所示。

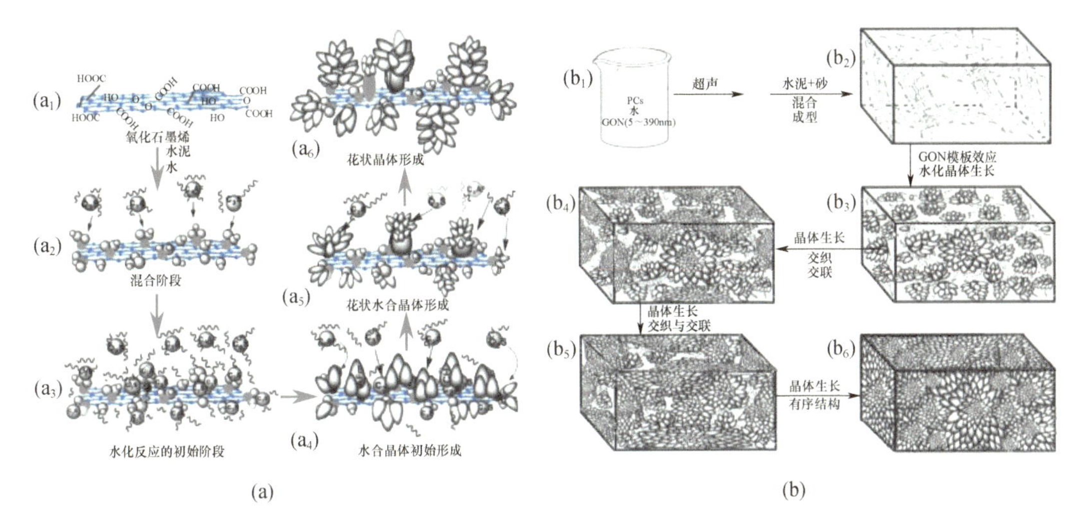


图 2.13 氧化石墨烯对水泥水合晶体调节机理的示意图

(a)规则的花状晶体;(b)大尺度规则晶体和大体积致密微观结构。

### 2.7.3 普通水泥复合材料成型机理的实验基础

观察水泥纳米复合材料中的各种 SEM 图像,有助于描述水泥晶体及其有序结构形成的机理。图 2.14(a)显示了含有 0.01% 氧化石墨烯纳米片的水泥复合材料在 28 天时的此类图像。其突出特点是水泥水合晶体由于用量小,在水泥复合材料中形成大体积团簇,分布不均匀。图 2.14($a_1$)描述了球状晶体,它们由多面体状晶体组成,在复合材料中分布不均匀。这种情况可能意味着,在一定质量分数下,纳米片的分散可能会不均匀。也许,氧化石墨烯纳米片的存在会影响晶体的存在。图 2.14($a_2$)描述了纳米片模板化晶体的生长过程。这种现象在纳米片表面发生。图 2.14($a_3$)显示了两种不同的晶体形状;一种是完全球形;另一种是半球形。图 2.14($a_3$)还显示了许多多面体状晶体可能聚集成一个球形。这一发现表明球形晶体可能是晶体生长的结果。图 2.14($a_4$)所示的晶体生长模式表明也可能发生垂直于纳米片表面的生长。有趣的是,这些发现也反映了纳米片调节水泥水化/晶体过程的能力。

图 2.14(b)显示了含 0.02% 氧化石墨烯纳米片的水泥复合材料经 28 天固化后的各种 SEM 图像。这些图像说明了水泥水合晶体填充裂缝且同时生长的能力。在图 2.14($b_1$)中,可以看到水泥复合材料中的许多花状晶体团簇。图 2.14($b_2$)显示了团簇具有球状、花状晶体特征;此外,这些晶体存在多面体表面。图 2.14($b_3$)显示了在扩展的三维空间上形成有序晶体的趋势。图 2.14($b_4$)显示了许多棒状晶体的聚集,这些晶体又由纳米多面体晶体组成。

这些研究得出了一些结论。首先,水泥水合晶体可以很容易地形成球状形貌的团簇。其次,氧化石墨烯纳米片低于 0.03% 水泥质量时,这些形状在水泥复合材料中的分布可能不均匀。

图 2.14(c)显示了制备的几种氧化石墨烯纳米片为 0.03% 水泥质量的混凝土样品的 SEM 图像。图 2.14($c_1$)和($c_2$)由于水泥浆中纳米片用量大且分散均匀,表现出致密有序

的花状结构，其本身可能具有各种形态。总的来说，我们认为这种情况表明，氧化石墨烯纳米片可能通过单个晶体相互联系的机制诱导花状晶体的形成。图2.14($c_3$)和($c_4$)显示了晶体团簇的有序结构，在空间中方向相似。图2.14($c_4$)显示了花状结构包含纳米多面体晶体。所有的水泥水合产物都有相似的结构和顺序，也就是说，它们也会形成花状。

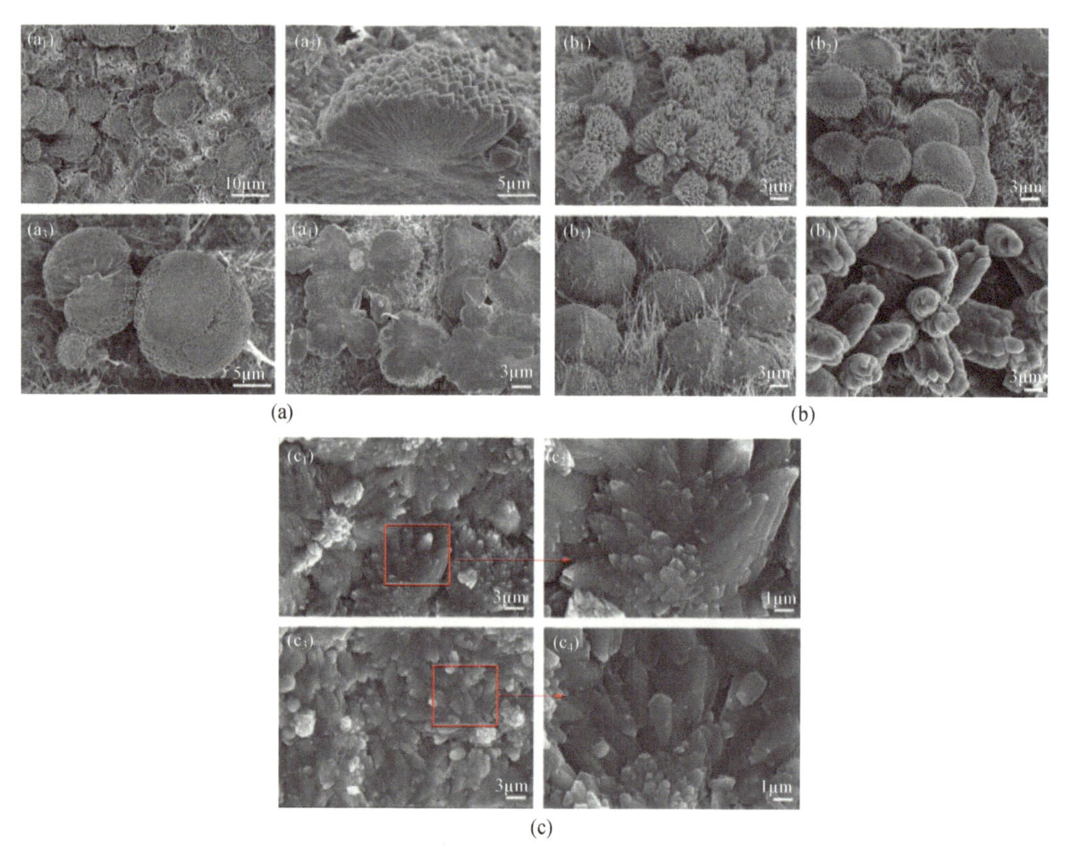


图2.14 水泥复合材料固化28天后的SEM图像

(a)0.01%氧化石墨烯纳米片；(b)0.02%氧化石墨烯纳米片；(c)0.03%氧化石墨烯纳米片。

文献还没有报道过关于有序水泥晶体及其有序宏观结构的大尺度形成。研究结果表明，可以通过在水泥复合材料中掺杂氧化石墨烯纳米片来制备这些复合材料。令人惊讶的是，在我们的研究过程中，我们发现晶体的网络和交织对于它们形成有序均匀的结构有重要意义。

## 2.8 小结

(1)采用Hummers法和超声波法制备了氧化石墨烯纳米片初始悬浮液。通过对氧化石墨烯纳米片的力学性能、耐久性指标等微观结构和性能的观察，研究了氧化石墨烯纳米片对水泥复合材料微观结构和性能的影响。结果表明，氧化石墨烯纳米片能调节水泥水化产物形成规则水化晶体和有序的微观结构。规则水化晶体包括针状、柱状、花状和多面体状晶体，这些晶体可进一步组装成有序致密的微观结构。有序微观结构是指由规则晶体通过交联和交织构成微观结构，其具有致密性，并含有少量的孔隙和微裂纹。在水泥基体的孔隙、空穴和裂缝中很容易形成规则水化晶体，从而产生填充和修复效应及多点网络连接。氧化石墨烯纳米片对水泥水化产物的控制作用与氧化石墨烯纳米片在水泥复合材料中的用量和分散有密切的关系。初始氧化石墨烯纳米片主要是多层(4～10层)聚集物。氧化石墨烯纳米片易在水溶液和水泥浆中聚集，导致水泥浆分布不均匀，形成不均匀、不致密的微观结构。

(2)初始氧化石墨烯纳米片水泥复合材料的抗拉/抗折/抗压强度在0.03%～0.05%的小用量下有明显增强。特别是与坯样相比，其抗拉强度、抗折强度和抗压强度均有明显的提高。结果表明，氧化石墨烯纳米片在有效调节水合晶体的微观结构方面发挥了重要作用，显著降低了水合晶体的脆性，显著提高了水合晶体的强度和韧性。该方法为提高水泥基材料的强度，特别是抗折强度提供了新的途径，具有广阔的应用前景。该研究为水泥复合材料的实际应用提供了可能。

(3)研究人员提出了氧化石墨烯纳米片的控制机理，认为规则水合晶体的形成主要取决于氧化石墨烯纳米片在水泥水化反应初期对水泥水合晶体的模板效应，而有序致密的微观结构主要依赖于水合晶体在水泥水化反应后期的相互交织和交联作用。在水泥浆的空穴和裂缝中很容易形成规则的晶体，然后进一步填充会降低孔隙率和孔径，所有类型的晶体最终都会形成致密的交联结构。这种有序网络是一种新型的水泥复合材料微观结构，能显著提高水泥的强度和韧性。

(4)初始氧化石墨烯纳米片在水基和水泥复合材料中可以很容易地进行重新堆叠和聚集，这是强层间相互作用的结果。这导致水泥复合材料的分布不均匀，增强效果受到限制。以羧甲基壳聚糖(CCS)为分散剂，形成CCS/GO插层复合材料，以此制备了薄层式氧化石墨烯纳米片。氧化石墨烯纳米片可以作为少层纳米片，均匀地分布在水基和水泥复合材料中。测试结果表明，在分散剂的控制下氧化石墨烯纳米片可以作为单独的1～2层纳米片存在于水泥复合材料中，而原来的氧化石墨烯纳米片的层数为7～16层。因此，CCS对氧化石墨烯纳米片具有较强的插层和分散能力。

(5)掺杂0.03%～0.07%小用量薄层式氧化石墨烯时，水泥复合材料具有致密、均匀的微观结构，由规则晶体通过自交联和自交织组成。EDS和XRD结果表明，与对照样品相比，水泥复合材料中存在着更多甚至更均匀的水泥水化晶体。氧化石墨烯纳米片的作用机理是氧化石墨烯纳米片对初始水化晶体起模板作用，然后晶体在氧化石墨烯纳米片上生长，形成大尺度、大体积的规则形状，从而形成致密有序的微观结构。

(6)掺杂小用量的薄层氧化石墨烯，水泥复合材料的抗压强度和抗折强度分别达到150MPa和30MPa。渗透、冻融、碳化、干缩值、孔隙结构等耐久性能明显提高。结果表明，掺杂少量薄层氧化石墨烯可以获得结构致密、性能优良的水泥复合材料。

(7)最重要的问题仍然是分散问题。氧化石墨烯纳米片易于结块和重堆叠，使得氧化石墨烯纳米片难以均匀地分布在大体积水泥复合材料中。未来的发展趋势是制备高效分散剂，以获得薄层式氧化石墨烯纳米片，以便在水泥复合材料中单独均匀分布，并制备出具有大规模有序结构和高性能的大体积水泥复合材料。分散剂应该是聚合物两性分散剂，如改性壳聚糖和合成聚合物分散剂，如聚丙烯胺－丙烯酰胺和聚丙烯腈－丙烯酸羟乙酯。

## 参考文献


[1] Bishop, M., Bott, S. G., Barron, A. R., A new mechanism for cement hydration inhibition: Solidstatechemistry of calcium nitrilotris(methylene)triphosphonate. *Chem. Mater.*, 15, 30743, 2003.

[2] Lu, X. L., Ye, Z. M., Zhang, L., Hou, P., Cheng, X., The influence of ethanol – diisopropanolamine on the hydration and mechanical properties of Portland cement. *Constr. Build. Mater.*, 135, 484, 2017.

[3] Keßer, S., Fischer, J., Straub, D., Gehlen, C., Updating of service – life prediction of reinforced concrete structures with potential mapping. *Cem. Concr. Compos.*, 47, 47, 2014.

[4] Yoo, D. Y., Kim, S., Park, G. J., Park, J. J., Kim, S. W., Effects of fiber shape, aspect ratio and volume fraction on flexural behavior of ultra – high – performance fiber – reinforced cement composites. *Compos. Struct.*, 174, 375, 2017.

[5] Zegardlo, B., Szelag, M., Ogrodnik, P., Ultra – high strength concrete made with recycled aggregate from sanitary ceramic wastes—The method of production and the interfacial transition zone. *Constr. Build. Mater.*, 122, 736, 2016.

[6] Ganesh, P., Murthy, A. R., Kumar, S. S., Reheman, M. M. S., Iyer, N. R., Effect of nanosilica on durability and mechanical properties of high – strength concrete. *Mag. Concr. Res.*, 68, 1, 2016.

[7] Li, W. W., Ji, W. M., Wang, Y. C., Liu, Y., Shen, R. X., Xing, F., Investigation on the mechanical properties of a cement – based material containing carbon nanotube under drying and freezethaw conditions. *Materials*, 8, 8780, 2015.

[8] Kadam, M. P. and Patil, Y. D., Strength, durability and micro structural properties of concrete incorporating MS and GCBA as sand substitute. *J. Sci. Ind. Res. India*, 76, 644, 2017.

[9] Mokdad, F., Chen, D. L., Liu, Z. Y., Xiao, B. L., Ni, D. R., Ma, Z. Y., Deformation and strengthening mechanisms of a carbon nanotube reinforced aluminum composite. *Carbon*, 104, 64, 2016.

[10] Liu, H. B., Wang, X. Q., Jiao, Y. B., Sha., T., Experimental investigation of the mechanical and durability properties of crumb rubber concrete. *Materials*, 9, 172, 2016.

[11] Ahn, T. H., Kim, H. G., Ryou, J. S., New surface – treatment technique of concrete structures using crack repair stick with healing ingredients. *Materials*, 9, 654, 2016.

[12] Ghatefar, A., El – Salakawy, E., Bassuoni, M. T., Early – age restrained shrinkage cracking of GFRP – RC bridge deck slabs: Effect of environmental conditions. *Cem. Concr. Compos.*, 64, 62, 2015.

[13] Lameiras, R., Barros, J. A. O., Azenha, M., Influence of casting condition on the anisotropy of the fracture properties of steel fibre reinforced self – compacting concrete (SFRSCC). *Cem. Concr. Compos.*, 59, 60, 2015.

[14] Wang, J. J., Basheer, P. A. M., Nanukuttan, S. V., Long, A. E., Bai, Y., Influence of service loading and the resulting micro – cracks on chloride resistance of concrete. *Constr. Build. Mater.*, 108, 56, 2016.

[15] Shen, D. J., Jiang, J. L., Shen, J. X., Yao, P. P., Jiang, G. Q., Influence of curing temperature on autogenous shrinkage and cracking resistance of high – performance concrete at an early age. *Constr. Build. Mater.*, 103, 67, 2016.

[16] Bella, C. D., Wyrzykowski, M., Griffa, M., Termkhajornkit, P., Chanvillard, G., Stang, H., Eberhardt, A., Lura, P., Application of microstructurally – designed mortars for studyingearly – age properties: Microstructure and mechanical properties. *Cem. Concr. Res.*, 78, 234, 2015.

[17] Scrivener, K. L., Juilland, P., Monteiro, P. J. M., Advances in understanding hydration of Portland cement. *Cem. Concr. Res.*, 78, 38, 2015.

[18] Sun, H. F. , Li, Z. S. S. , Memon, S. A. , Zhang, Q. W. , Wang, Y. C. , Liu, B. , Xu, W. T. , Xing, F. , Influence of ultrafine 2CaO · $SiO_2$ powder on hydration properties of reactive powder concrete. *Materials*, 8, 6195, 2015.

[19] Quercia, G. , Lazaro, A. , Geus, J. W. , Brouwers, H. J. H. , Characterization of morphology and texture of several amorphous nano - silica particles used in concrete. *Cem. Concr. Compos.* , 44, 77, 2013.

[20] Chakraborty, S. , Kundu, S. P. , Roy, A. , Adhikari, B. , Majumder, S. B. , Effect of jute as fiber reinforcement controlling the hydration characteristics of cement matrix. *Ind. Eng. Chem. Res.* , 52, 1252, 2013.

[21] Ntafalias, E. , Koutsoukos, P. G. , Spontaneous precipitation of calcium silicate hydrate in aqueous solutions. *Cryst. Res. Technol.* , 45, 39, 2010.

[22] Al - Tulaian, B. S. , Al - Shannag, M. J. , Al - Hozaimy, A. R. , Recycled plastic waste fibers for reinforcing Portland cement mortar. *Constr. Build. Mater.* , 127, 102, 2016.

[23] Khan, M. , Ali, M. , Use of glass and nylon fibers in concrete for controlling early age micro cracking in bridge decks. *Constr. Build. Mater.* , 125, 800, 2016.

[24] Kong, D. Y. , Corr, D. J. , Hou, P. K. , Yang, Y. , Shah, S. P. , Influence of colloidal silica sol on fresh properties of cement paste as compared to nano - silica powder with agglomerates inmicronscale. *Cem. Concr. Compos.* , 63, 30, 2015.

[25] Yuan, Y. S. , Ji, Y. S. , Modeling corroded section configuration of steel bar in concrete structure. *Constr. Build. Mater.* , 23, 2461, 2009.

[26] Watanabe, K. , Kimura, T. , Niwa, J. , Synergetic effect of steel fibers and shear - reinforcing bars on the shear - resistance mechanisms of RC linear members. *Constr. Build. Mater.* , 24, 2369, 2010.

[27] Hossain, M. Z. , Awal, A. S. M. A. , Flexural response of hybrid carbon fiber thin cement composites. *Constr. Build. Mater.* , 25, 670, 2011.

[28] Ali, M. , Liu, A. , Hou, S. , Chouw, N. , Mechanical and dynamic properties of coconut fibre reinforced concrete. *Constr. Build. Mater.* , 30, 814, 2012.

[29] Reis, J. M. L. , Fracture and flexural characterization of natural fiber - reinforced polymer concrete. *Constr. Build. Mater.* , 20, 673, 2006.

[30] Soroushian, P. , Tlili, A. , Alhozaimy, A. , Khan, A. , Development and characterization of hybridpolyethylene - fibre - reinforced cement composites. *Constr. Build. Mater.* , 7, 221, 1993.

[31] Soroushian, P. , Won, J. P. , Hassan, M. , Durability characteristics of $CO_2$ - cured cellulose fiber reinforced cement composites. *Constr. Build. Mater.* , 34, 44, 2012.

[32] Su, H. , Xu, J. , Dynamic compressive behavior of ceramic fiber reinforced concrete under impact load. *Constr. Build. Mater.* , 45, 306, 2013.

[33] Morova, N. , Investigation of usability of basalt fibers in hot mix asphalt concrete. *Constr. Build. Mater.* , 47, 175, 2013.

[34] Lee, S. Y. , Chong, M. H. , Park, M. , Kim, H. Y. , Park, S. J. , Effect of chemically reduced graphene oxide on epoxy nanocomposites for flexural behaviors. *Carbon Lett.* , 15, 67, 2014.

[35] Compton, O. C. , Nguyen, S. T. , Graphene oxide, highly reduced graphene oxide, and graphene: Versatile building blocks for carbon - based materials. *Small*, 6, 711, 2010.

[36] Yang, H. , Jiang, J. , Zhou, W. , Lai, L. , Xi, L. , Lam, Y. M. , Shen, Z. , Khezri, B. , Yu, T. , Influences ofgraphene oxide support on the electrochemical performances of graphene oxide - $MnO_2$ nanocomposites. *Nanoscale Res. Lett.* , 6, 1, 2011.

[37] Goncalves, G. , Cruz, S. M. , Ramalho, A. , Grácio, J. , Marques, P. A. , Graphene oxide versus functionalized carbon nanotubes as a reinforcing agent in a PMMA/HA bone cement. *Nanoscale*, 4, 2937, 2012.

[38] Mujtaba, A., Keller, M., Ilisch, S., Radusch, H. J., Beiner, M., Thurn - Albrecht, T., Saalwachter, K., Detection of surface - immobilized components and their role in viscoelastic reinforcement of rubber - silica nanocomposites. *ACS Macro Lett.*, 3, 481, 2014.

[39] Mun, S. C., Kim, M., Prakashan, K., Jung, H. J., Son, Y., Park, O. O., A new approach to determine rheological percolation of carbon nanotubes in microstructured polymer matrices. *Carbon*, 67, 64, 2014.

[40] Stein, J., Lenczowski, B., Anglaret, E., Frety, N., Influence of the concentration and nature of carbon nanotubes on the mechanical properties of AA5083 aluminium alloy matrix composites. *Carbon*, 77, 44, 2014.

[41] Poulia, A., Sakkas, P. M., Kanellopoulou, D. G., Sourkouni, G., Legros, C., Argirusisabc, Chr., Preparation of metal - ceramic composites by sonochemical synthesis of metallic nano - particlesand*in - situ* decoration on ceramic powders. *Ultrason. Sonochem.*, 3, 417, 2016.

[42] He, J., Li, X. D., Zhu, Q., Ma, C., Zhang, M., Li, J. G., Sun, X., Dispersion of nano - sized yttria powder using triammonium citrate dispersant for the fabrication of transparent ceramics. *Ceram. Int.*, 42, 9737, 2016.

[43] Li, J., Shao, L., Zhou, X., Wang, Y., Fabrication of high strength PVA/rGO composite fibers by gel spinning. *RSC Adv.*, 4, 43612, 2014.

[44] Li, Y., Liu, Z., Yu, G., Jiang, W., Mao, C., Self - assembly of molecule - like nanoparticle clusters directed by DNA nanocages. *J. Am. Chem. Soc.*, 137, 4320, 2015.

[45] Zhao, Z., Jacovetty, E., Liu, Y., Yan, H., Encapsulation of gold nanoparticles in a DNA origami cage. *Angew. Chem. Int. Ed.*, 50, 2041, 2011.

[46] Sato, K., Hosokawa, K., Maeda, M., Rapid aggregation of gold nanoparticles induced by noncross - linking DNA hybridization. *J. Am. Chem. Soc.*, 125, 8102, 2003.

[47] Storhofff, J., Elghanian, R., Mirkin, C., Letsinger, R., Sequence dependent stability of DNAmodified gold nanoparticles. *Langmuir*, 18, 6666, 2002.

[48] Lv, S. H., Ma, Y. J., Qiu, C. C., Sun, T., Liu, J. J., Zhou, Q. F., Effect of graphene oxide nanosheets of microstructure and mechanical properties of cement composites. *Constr. Build. Mater.*, 49, 121, 2013.

[49] Lv, S. H., Ma, Y. J., Qiu, C. C., Zhou, Q. F., Regulation of GO on cement hydration crystals and its toughening effect. *Mag. Concr. Res.*, 65, 1246, 2013.

[50] Lv, S. H., Deng, L. J., Yang, W. Q., Zhou, Q. F., Cui, Y. Y., Fabrication of polycarboxylate/graphemeoxide nanosheet composites using copolymerization, for reinforcing and toughening cementcomposites. *Cem. Concr. Compos.*, 66, 1, 2016.

[51] Lv, S. H., Sun, T., Liu, J. J., Zhou, Q. F., Use of graphene oxide nanosheets to regulate the microstructure of hardened cement paste to increase its strength and toughness. *CrystEngComm*, 16, 8508, 2014.

[52] Pan, Z., He, L., Qiu, L., Korayem, A. H., Li, G., Zhu, J. W., Collins, F., Li, D., Duan, W. H., Wang, M. C., Mechanical properties and microstructure of a graphene oxide - cement composite. *Cem. Concr. Compos.*, 58, 140, 2015.

[53] Horszczaruk, I., Mijowska, E., Kalenczu, R. J., Aleksandrzak, M., Mijowska, S., Nanocomposite of cement/graphene oxide - Impact on hydration kinetics and Young's modulus. *Constr. Build. Mater.*, 78, 234, 2015.

[54] Lv, S. H., Liu, J. J., Sun, T., Ma, Y. J., Zhou, Q. F., Effect of GO nanosheets on shape of cement hydration crystals of cement hydration crystals and their formation process. *Constr. Build. Mater.*, 64, 231, 2014.

[55] Lv, S. H., Hu, H. Y., Zhang, J., Luo, X. Q., Lei, Y., Sun, L., Fabrication of GO/cement composites by incorporation of few - layered GO Nanosheets and characterization of theircrystal/chemicalstructure and

properties. *Nanomaterials*,7,12,2017.

[56] Chuah, S. , Pan, Z. , Sanjayan, J. G. , Wang, C. M. , Duan, W. H. , Nano reinforced cement and concrete composites and new perspective from graphene oxide. *Constr. Build. Mater.* ,73,113,2014.

[57] Li,X. ,Lu,Z. ,Chuah,S. ,Li,W. ,Liu,Y. ,Duan,W. H. ,Li,Z. ,Effects of graphene oxide aggregates on hydration degree, sorptivity and tensile splitting strength of cement paste. *Compos. Part. A: Appl. Sci. Manuf.* ,100,1,2017.

[58] Chu,H. H. ,Jiang,J. Y. ,Sun,W. ,Zhang,M. ,Effects of graphene sulfonate nanosheets on mechanical and thermal properties of sacrificial concrete during high temperature exposure. *Cem. Concr. Compos.* ,82,252, 2017.

[59] Dubey, N. , Rajan, S. S. , Bello, Y. D. , Min, K. S. , Rosa, V. , Graphene nanosheets to improvephysico - mechanical properties of bioactive calcium silicate cements. *Materials*,10,606,2017.

[60] Ghazizadeh,S. P. ,Duffour,N. T. ,Skipper,M. ,Billing,Y. B. ,Bai,Y. ,An investigation into the colloidal stability of graphene oxide nano - layers in alite paste. *Cem. Concr. Res.* ,99,116,2017.

[61] Cui,H. Z. ,Yan,X. T. ,Tang,L. P. ,Xing,F. ,Possible pitfall in sample preparation for SEManalysis—A discussion of the paper "Fabrication of polycarboxylate/graphene oxide nanosheet composites by copolymerization for reinforcing and toughening cement composites" by Lv*et al. Cem. Concr. Compos.* ,77, 81,2017.

[62] Mokhtar,M. M. ,Abo - El - Enein,S. A. ,Hassaan,M. Y. ,Morsy,M. S. ,Khalil,M. H. ,Mechanical performance,pore structure and micro - structural characteristics of graphene oxide nano platelets reinforced cement. *Constr. Build. Mater.* ,138,333,2017.

[63] Wang,B. M. ,Jiang,R. S. ,Wu,Z. L. ,Investigation of the mechanical properties and microstructure of graphene nanoplatelet - cement composite. *Nanomaterials*,6,1,2016.

[64] Faria,P. ,Duarte,P. ,Barbosa,D. ,Ferreira,I. ,New composite of natural hydraulic lime mortar with graphene oxide. *Constr. Build. Mater.* ,156,1150,2017.

[65] Bastos,G. ,Patiño - Barbeito,F. ,Patiño - Cambeiro,F. ,Armesto,J. ,Nano - inclusions applied incement - matrix composites: A review. *Materials*,9,1015,2016.

[66] Lu,L. ,Ouyang,D. ,Properties of cement mortar and ultra - high strength concrete incorporating graphene oxide nanosheets. *Nanomaterials*,7,187,2017.

# 第3章 石墨烯基材料在临床改善中的适应性和可行性

Oludaisi Adekomaya[1], Emmanuel Rotimi Sadiku[2], Tamba Jamiru[3], Zhongjie Huan[3], Adeolu Adesoji Adediran[4], Daramola Oluyemi Ojo[2,5], Jimmy Lolu Olajide[2]

[1]尼日利亚,Olabisi Onabanjo 大学机械工程系

[2]南非比勒陀利亚茨瓦尼科技大学工程与建筑环境学院化学冶金与材料工程系纳米工程研究所(INER)

[3]南非比勒陀利亚茨瓦尼科技大学工程与建筑环境学院机械工程、机电一体化与工业设计系

[4]尼日利亚夸拉州奥穆阿兰,兰玛克学院理工学院机械工程系

[5]尼日利亚阿库雷联邦技术大学冶金与材料工程系

**摘　要**　石墨烯基材料已在医疗行业,特别是在生物电子学、生物成像、药物输送和组织工程等领域发挥了重要作用。这种材料的一个关键特性是具有出色的电学、力学和热性能及生物相容性。石墨烯材料也被认为具有二维特性,这使其可适用于组织工程。本章研究旨在探讨石墨烯材料在医学应用中的潜在危险指数,以及现有材料在组织工程中的可持续性应用。本章详细讨论了石墨烯材料在再生医学中的应用,并考虑了石墨烯材料在心脏、神经、软骨、肌肉骨骼和皮肤工程中的广泛应用。虽然该材料在医学领域的应用已经有了很大的发展,但它的毒性和生物相容性在使用中仍然存在许多问题。本章将讨论这一问题,并介绍其在临床领域的应用前景。

**关键词**　石墨烯和石墨烯基材料,医学应用,组织工程,生物相容性,毒性,生物电子学

## 3.1 概述

据报道,石墨烯材料是由碳的因素异形体组成的二维薄片,它由碳元素构成且厚度仅为一个原子[1]。石墨烯这些独特的特性赋予了它在应用中的潜力[2]。许多已发表的文章报道了石墨烯是目前的最轻和最强的材料,而且石墨烯也有比现有工程材料更好的传热能力[3]。这意味着石墨烯可以整合应用到人类的许多需要中。Balandin[4]证实了石墨烯的一个关键特性是比银和金刚石导热性更强,这使得石墨烯成为近年来备受追捧的材料。

一些研究人员[5-6]也发现,石墨烯的强度是钢的200倍,且具有柔性。石墨烯也不易燃,因此适合于石油的安装和开发[7]。石墨烯的应用超越了人类的需要和工业的应用。

在 Akhavan[8] 的研究中,我们发现虽然在 2004 年研究人员经过缜密研究已经发现了石墨烯,但是研究人员对石墨烯开展的初步研究还没有完全实现石墨烯在日常使用中的全部应用潜力,鉴于此科学家们仍在研究如何发展石墨烯的应用,而一些研究人员已经揭开了应用石墨烯的新前景。

石墨烯的一些显著特性包括能帮助获得更优良的电池、医疗扫描仪,并能提高计算机的速度、手机屏幕的耐用性以及改善仿生设备。这些不断进化的材料强度得到了增强,从而产生了高度可持续的产品。一些著作已经报道了改性石墨烯基材料在医疗行业的应用[9-11]。Zhang 和同事进行了详细的文献综述,了解石墨烯对药物/基因的作用,以提高石墨烯的治疗效果,并尽量减少其严重的副作用。他们发现在药物中加入石墨烯有助于准确递送和释放抗癌药物。这一发现的关键是观察到这种材料具有更高的光热转换系数,从而使其适合于光热治疗,如图 3.1 所示。

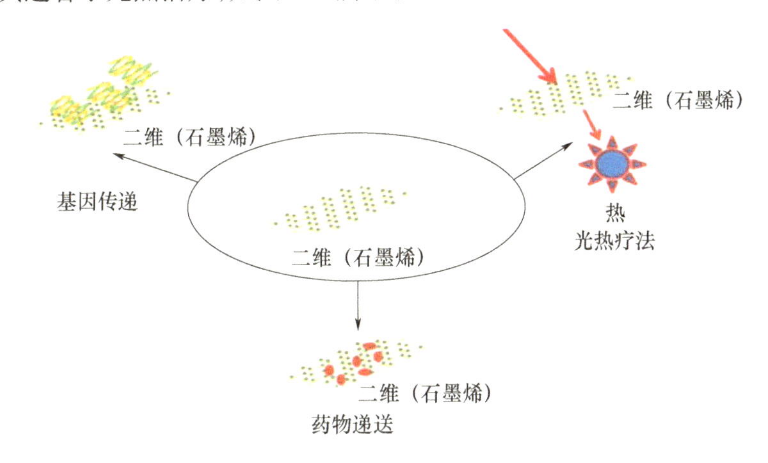


图 3.1 石墨烯的医学应用(Zhang 等授权改编[18])

Pan 和其同事[99]的研究进一步证实了早期的发现,即光敏剂也可以安装在石墨烯基材料的表面,从而促进更好的光动力学治疗结果。图 3.1 进一步解释了这个概念,显示了石墨烯在不同应用中的整合,从而更好地进行生态管理。

在过去的二十年里,恶性肿瘤的出现变得愈发普遍,因此医学专家将这种疾病列为威胁人类生命的凶手。随着现代医学的发展,生物相容性材料引入医学领域,一些癌症相关疾病的基本治疗方法,如手术治疗、化疗和肿瘤放疗,正在整合石墨烯基材料进行扩展[12-13]。最主要的治疗方案之一是化疗,在此过程中要谨慎使用化学药品并可靠输送药物,对此过程要进行全面检测,目的是希望能控制副作用产生或消除副作用。然而,尽管在药物管理方面取得了这些进步,但大多数研究[14]表明,现有的大量抗癌药物具有疏水性且生物利用性较差。这意味着,在使用它们的过程中可能会带来更多的危机,比如水溶解性差、慢性副作用和专一性极低,最终导致治疗效果差。

在上述基础上,出现了可持续的新型药物递送系统,以期解决这些治疗药物在现代医学中的问题,改善其治疗效果和可靠性。纳米科学和纳米技术的发展进一步促进了新型纳米材料的合成,从而改进了药物递送系统。其他一些著作[15-16]表明,越来越多的相关作者着重于研究石墨烯基材料。

石墨烯基材料的出现有助于得到越来越多的实验结论,表明了石墨烯基材料在药物递送中的应用潜力。这种材料吸引相关人员兴趣的原因是其独特的结构和几何结构，以及其物理和化学性能[17]。Stankovich 和同事们还发现，与现有的同等材料相比，石墨烯具有较高的断裂强度、更好的电导率和热导率，且其电荷载流子多孔流动更快速。他们的发现表明，石墨烯是二维单层 $sp^2$ 杂化碳原子，仍然是历史上已知的最薄材料，其含有蜂窝状网络结构，这是其他同素异形体的基础结构（图 3.2）。Zhang 等发现，石墨烯倾向于形成堆叠的三维石墨结构，并可轧制形成一维碳纳米管。石墨烯也可以被包裹成零维富勒烯，具有更好的结构灵活性。

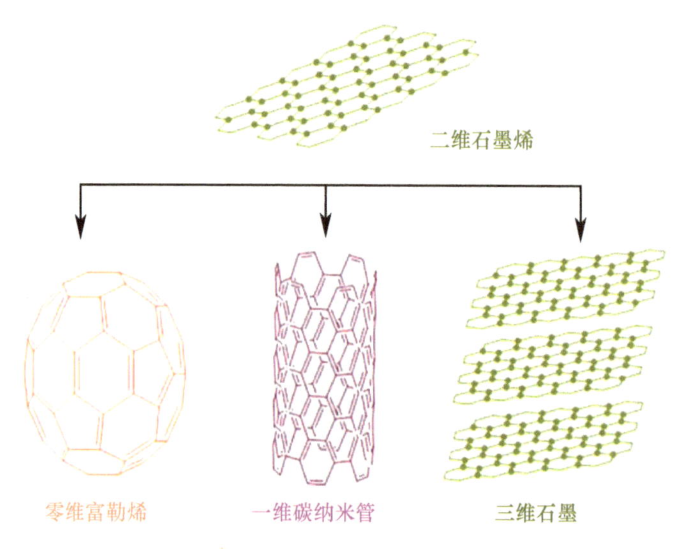


图 3.2　石墨烯结构及其衍生物（B. Zhang 等授权改编[18]）

相关人员发现了石墨烯相关材料的新特性，认为其有望与生物分子和现有的工程金属材料结合，这为定制石墨烯的性能提供了机会[19-20]。目前正在进行的部分研究集中于探索石墨烯与聚合物、陶瓷和金属基复合材料结合的能力，希望可以改善这些复合材料在一些生物医学应用中的力学性能，如图 3.3 所示。

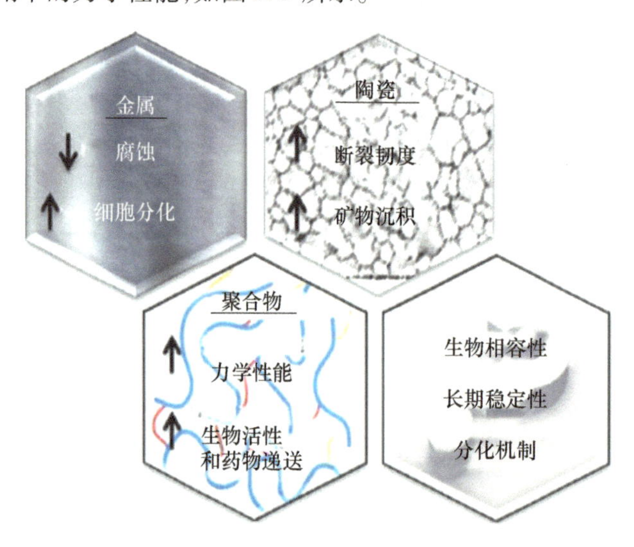


图 3.3　改善有望合成生物复合材料的石墨烯有助于临床发展（Xie 等授权改编[68]）

虽然一些研究人员[21-23]提出了不同的论点,认为复合材料比石墨烯等单组分材料有更多优势,但现实情况是石墨烯与其他材料的结合也可以推动新的讨论。在过去的研究中,热塑性复合材料的毒性可能比热固性材料低,但容易使裂纹缓慢增长[24]。

进一步的实验研究表明,用金属基复合材料增强热塑性聚合物可以减少裂纹扩展,但由于其制造主要依赖铂和银等贵金属,因此成本昂贵[25]。一些作者[26]建议使用陶瓷-聚合物复合材料,但这种材料容易引起过敏反应,而其他作者[27-28]认为所产生的材料将表现出较低的力学性能。石墨烯的发现被认为是促进新生物复合材料发展的介质,其表现出了增强的性能,引起了相关人员对现代医学的兴趣,也弥补了陶瓷-聚合物复合材料或金属-聚合物复合材料的显著缺点。

## 3.2 石墨烯的生物医学特性

2004年,在成功剥离石墨烯后,相关人员对石墨烯的应用性能进行了广泛的实验研究[8,29-30]。石墨烯有望成为一种二维材料,其显示出大比表面积,约为2630 $m^2/g$[31]。石墨烯材料中具有强C—C共价键,这使得石墨烯成为历史上最坚硬的材料之一,可达到的弹性模量为1100 GPa,断裂强度为130 GPa[32]。在另一项研究中,Wu和其同事[100]认为石墨烯的特性是因为其拥有π-π键,π-π键总是在原子平面上下,使得石墨烯具有特殊的热导率和电导率。Ghosh等[33]对石墨烯进行了详细的实验研究,发现该材料的热导率为5000W/(m·K)。其他著作报道了石墨烯的电导率在9000~10000S/cm之间[34],并具有超高的内在迁移率,可达到200000$cm^2$/(V·s)[35]。

相关人员已经扩大了对石墨烯的研究,在石墨烯中加入了纳米材料,从而形成了石墨烯家族纳米材料(GFN)。石墨烯家族纳米材料是单层石墨烯与多层石墨烯结合的结果。一些作者[36]进一步扩展了对GFN的研究,包括石墨烯的氧化物(氧化石墨烯(GO))和氧化还原石墨烯(rGO),如图3.4所示。在某些情况下,与石墨烯家族其他成员相比,单层石墨烯显示出更高的比表面积。也有一些文献认为,随着层数的增加,比表面积减小,刚度增加。其他一些研究[37]报道了石墨烯的一些缺点,即大多数单层石墨烯的横向尺寸会影响细胞的摄取和血脑屏障的运输。由于这种困难,尽管单层石墨烯状态自由和反应性高,但是许多作者[38-39]现在专注于多层石墨烯的研究或应用于生物领域的氧化石墨烯。

在这些发表的著作中可以找到更多关于石墨烯特性的研究[36,41]。在本节中,我们只注重描述与生物医学应用相关的石墨烯基材料的性能。

Meyer等[42]报道了石墨烯是片状结构,为六角形堆叠形态。如前所述,石墨烯具有强的C—C键,长度约为0.14nm,平面间距约为0.34nm。因此,石墨烯是强度最大、硬度最大的材料,其潜在抗拉强度约为130GPa,刚度约为1TPa。因此可以得出结论,1$m^2$的石墨烯材料可以支撑约4kg的材料[43]。石墨一般有两种构型,包括α和β。α六方结构是石墨烯薄片(GS)上ABAB排列,而β六方结构是ABCABC的排列,为斜方六面体。晶体结构的这两种排列可以识别出这两种结构,尽管它们具有相似的物理性能。从石墨的α结构来看,平面间距约为0.34nm,平行间距约为0.67nm[44]。许多著作中已经报道了多层石墨由微弱的范德瓦耳斯力组成;这是最弱的吸引力之一,可以使石墨极其柔软,就像铅笔的铅芯一样，很容易断裂。在化学反应方面，石墨烯的副作用是可以产生化学反应，并在温度大于350℃时燃烧[45]。石墨烯的特点是透明度高，易于与其他材料相互作用，具有显著的生物相容性[46]。有了以上提到的这些潜力，研究人员预见了在生物医学应用中探索这种材料的可能性，包括生物传感、生物靶向、生物成像和其他医学应用，如图3.5所示。

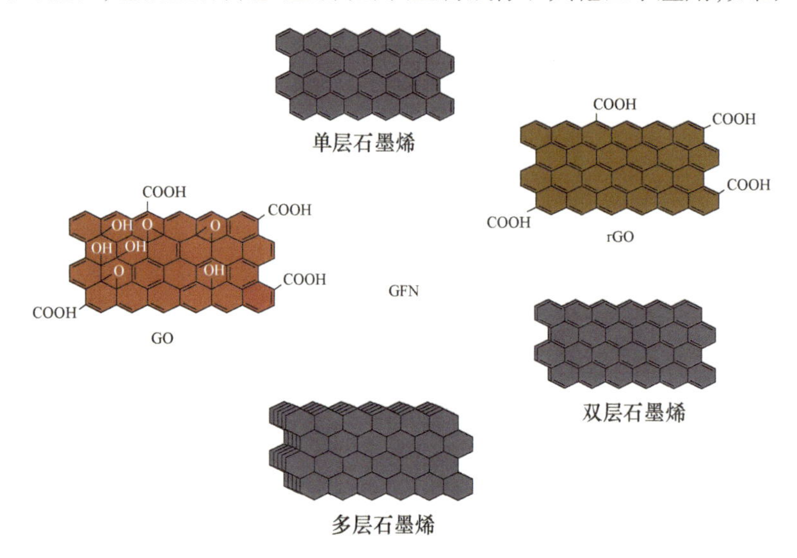


图3.4 石墨烯家族纳米材料，包括单层和双层石墨烯、氧化石墨烯、还原氧化石墨烯和多层石墨烯（Jaleel、Sruthi和Pramod授权改编[40]）

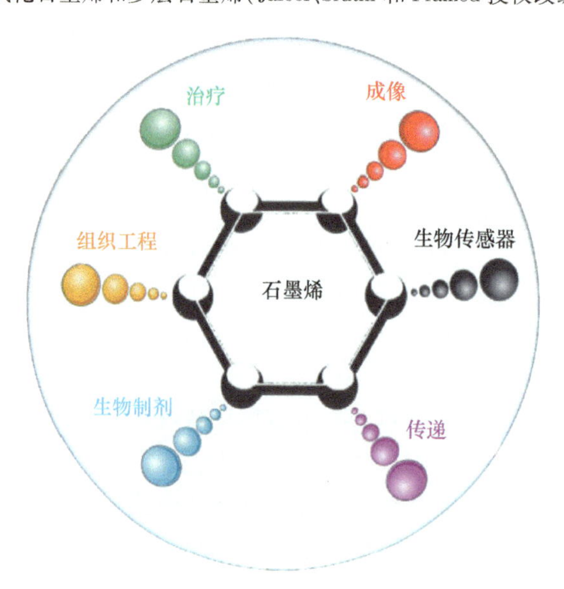


图3.5 石墨烯的潜在应用（Foo和Gopinath授权改编[47]）

## 3.3 石墨烯的光学和生物学特性

石墨烯对光的吸收在波长268nm处达到峰值。透光率通常随氧化石墨烯转变为石墨烯而降低[48]。与原始石墨烯相比,绝缘氧化石墨烯的较高透光率主要是因为其不同的电子结构[49]。这些性能就像光和图像的吸收一样,是石墨烯层存在的结果,而更多层的石墨烯有助于提高这些性能。石墨烯家族在加入纳米材料后,可用于 DNA 和 RNA 的传递与检测,这是由于材料的吸收性能较好[41]。相关人员报道了石墨烯带有正电荷,能够与带负电荷的核苷酸相互作用,从而使它们免受核酸酶的影响[50]。

## 3.4 石墨烯在医学应用中的安全性和可持续性

石墨烯的不可生物降解性一直是许多工作的关注点[51],因为这个危险因素会导致石墨烯存在健康危害和环境问题[52]。氧化石墨烯和还原氧化石墨烯都是生物相容和生物可降解的材料,因为水很容易与石墨烯家族分散。相关人员还认为,氧化石墨烯和还原氧化石墨烯在某些方面对人体组织的毒性较低,适用于生物应用[53]。石墨烯具有大的比表面积,并能与生物组织相互作用,可能产生活性氧(ROS),从而发生毒性作用,这也同暴露于活性石墨烯的浓度、形状和时长有关。同其他著作一样[54-55],相关人员发现氧化石墨烯通过与 toll 样受体 4 反应来降低巨噬细胞的活性,并最终产生氧化损伤。Renshaw 等采用斑马鱼模型,分析了石墨烯纳米复合材料的安全性和环境问题[56]。另一项著作中报道了,制备的聚乙二醇(PEG)氧化石墨烯纳米复合材料可以从生物体迅速释放,从而限制生物生长。

## 3.5 石墨烯的实验室制备

历史上,人们一直在尝试利用相关反应的产物开发氧化石墨烯[57]。Brodie 是早期制备氧化石墨烯的人之一。他于 1859 年尝试用氯酸钾与发烟硝酸相结合的方法氧化石墨,结果表明用该方法制备氧化石墨烯需要很多时间,并且需要连续氧化工艺来保障产物形成[58]。另一名研究人员 Staudenmair 在 1898 年改进了 Brodies 的方法。Staudenmair 进一步研究了石墨氧化的过程,他将硫酸、氯酸钾和发烟硝酸混合来氧化石墨。在一项相关的研究中,Hoffmann 通过用 68% 的硝酸代替发烟硝酸进行实验研究。结果表明,Hoffmann 的方法比 Staudenmair 的研究方法更优良。1958 年,Hummer 和 Offeman 报道了一种更有效、更好的方法,这种方法被广泛用于氧化石墨烯合成。和其他方法一样,该方法包括使用浓硫酸、强氧化剂$KMnO_4$以及硝酸钠氧化石墨。这种方法的反应剧烈且有爆炸性,因此需要在冰浴下加入少量浓度$KMnO_4$,以防止危险发生。一些研究者[59]已经表明,在 Hummer 等的实验方法中,有毒气体的变化可能是由于在反应混合物中使用了硝酸钠。一些研究人员对 Hummer 等的方法进行了不同的改进,其中包括去除硝酸钠[60]。研究结果还表明,在氧化石墨烯制备的预氧化阶段使用高铁酸钾和$KMnO_4$,可以减少反应时间,减少反应物消耗,从而增加产量[61](图 3.6)。

近年来,人们广泛采用剥离法或表面生长法制备不同层数的石墨烯。机械剥离法也被称为剥离法,在这种方法中,通过胶带将石墨剥离为单层。在真空条件下(通过外延生长法),在较高的温度下在碳化硅晶体表面制备单层石墨烯。该方法也可以用于其他基底,能产出不同层数的石墨烯,包括单层、双层和多层石墨烯[15]。化学气相沉积是制备石墨烯的另一重要方法。在这种情况下，在镍或铜金属表面形成石墨烯层。气体源在极高温度(1000℃)下暴露于金属表面，并发生分解，然后在冷却的表面上生长出不同层数的石墨烯。

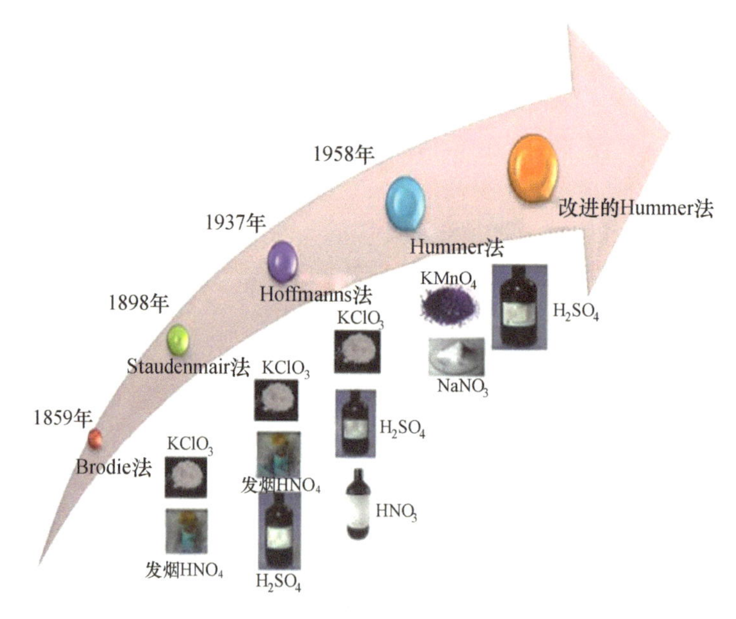


图3.6　合成氧化石墨烯的不同方法(Jaleel等授权改编[40])

其他石墨烯基纳米复合材料也已被用于改善生物医学应用[62]，例如，制备了石墨烯-细胞生物复合材料，将石墨烯基纳米材料的应用扩展到平面组织培养。其他石墨烯基纳米复合材料及其制备和应用详见表3.1。

表3.1　石墨烯纳米复合材料的制备方法及其应用(Zhang等授权改编[18])

| 石墨烯基纳米复合材料 | 制备方法 | 医疗应用 |
|---|---|---|
| 氧化石墨烯/三甲基壳聚糖 | 将氧化石墨烯悬浮液与三甲基壳聚糖混合，再经超声处理 | 基因传递 |
| 还原氧化石墨烯 | 将悬浮的羟基磷灰石(HA)微粒与还原氧化石墨烯混合，再进行旋涡化处理 | 有助于促进各种颅骨成骨分化 |
| 八精氨酸-氧化石墨烯 | 用NHS激活氧化石墨烯，再与八精氨酸反应 | 基因传递 |
| 氧化石墨烯-ZnS | 还原ZnS纳米晶体与GO-PEG功能化 | 细胞标记 |
| 纳米氧化石墨烯(NGO)-支化聚乙烯亚胺(BPE)-氯6 | 光敏剂同nGO-PEG共轭 | 光动力疗法 |
| 聚酰胺-胺-石墨烯 | 悬浮液中的石墨烯醇与油酸混合，然后通过1-乙基-3-(3-二甲胺丙基)二酰亚胺(EDC)偶联反应与聚酰胺-胺共轭 | 基因传递 |
| 氧化石墨烯-锰铁氧体(MF) | 在超声条件下，油酸酰胺接枝氧化石墨烯，并与锰铁氧体-荧光体(MF-NP)混合 | 热疗剂 |

## 3.6 石墨烯基材料及其风险指数

很多新研究成果中已经讨论过用石墨烯基材料改善临床领域,认为控制石墨烯基材料在人类细胞中的副作用存在许多困难[63]。在我们讨论石墨烯基材料在临床领域中的应用前,必须讨论这些材料的潜在毒性及其在生物细胞中的可持续性。过去一些研究已经注意到石墨烯基材料的表面性能各不相同,因此这些材料在细胞中的相互作用很可能触发细胞毒性[64]。

Navalon、Dhakshinamoorthy、Alvaro 和 Garcia[65]全面综述了细胞中石墨烯基材料的相互作用。Rafiee 等[66]还讨论了纳米石墨烯基材料的毒性与活性氧(ROS)产物的关系。许多研究人员[67]已经对这些材料进行了实验研究,并得出结论,即石墨烯基材料可以加强细胞毒性效应,而这些效应在很大程度上取决于其浓度或材料的化学特性。

其他一些著作[68]已经报道了石墨烯对人类细胞功能具有毒性,其危险程度已经达到会显著破坏蛋白质的程度,甚至会扩大或分离两种功能性蛋白质、破坏细胞的新陈代谢,并最终导致细胞的死亡。最近,一些研究人员[18]研究了石墨烯基材料的细胞毒性。研究结果表明,合成还原氧化石墨烯纳米片(rGONP)尽管浓度低至0.1μg/mL,其仍然显示了对干细胞的遗传毒性作用。这些结果表明,在决定应用石墨烯前,特别决定在组织工程中应用纳米片石墨烯材料前,还需要进行大量细致研究。在一项相关的研究中,研究小组[69]数年一直在研究人体细胞中氧化石墨烯片和纳米片的大小和浓度。他们的一个重要结论表明,石墨烯与干细胞和其他生物系统有相互作用的趋势,它们的毒性很大程度上取决于薄片的横向大小。

近年来,一些研究人员[70]在哺乳动物上研究了纳米氧化石墨烯(NGO)剂量依赖效应对哺乳动物繁殖的潜在影响。他们发现,当 NGO 浓度达 2000μg/mL 时,存在生殖毒性。这也可能意味着,如果在细胞生物中没有有效将材料浓度控制为低浓度,可能导致发生异常现象。这些结果意味着应该进一步研究石墨烯材料的潜在风险指数,以及在生物和医学应用中存在的潜在遗传风险因素。很多研究[71]已经报道了由于石墨烯及其衍生物很大程度上不可降解,大尺寸材料会致使其具有肺毒性。

在一项相关研究中,Kotchey[72]使用过氧化氢和辣根过氧化物酶攻击氧化石墨烯,发现氧化石墨烯可以被降解。在此研究的基础上,未来可能需要一个清晰的设计策略来合成可降解的石墨烯基材料,这将决定石墨烯基材料对健康和环境的危险性。一些文献已经证实,可以通过酶诱导的氧化将氧化石墨烯降解为较小的薄片,但是还原氧化石墨烯由于表面分子的作用对降解有较强的抗性。为了使氧化石墨烯与酶降解达到生物相容性,一些研究人员[73]得出结论,氧化石墨烯必须与生物相容性的聚乙二醇共价共轭,这会产生适用于生物医学应用的细微毒性和相当大的可降解性。

Sasidharan 和其同事进行了实验研究,且 Yang 等[74]报道了,形成的羧基化石墨烯具有较高的亲水性,且几乎无细胞毒性。结果表明,使用羧基改性的氧化石墨能减弱氧化石墨烯与细胞膜之间的疏水相互作用,从而抑制其细胞毒性。许多人和研究机构已经报告了关于他们在体内外细胞毒性方面的各种发现,这些发现为指导生物医学应用创造了不同的维度,显示了石墨烯基材料的安全性和毒性。

AshaRani 等[75]认为，人类细胞对氧化石墨烯非常敏感，其细胞毒性也同样依赖于用量。他们的研究清楚地表明，氧化石墨烯材料和细胞膜之间的物理和力学效应可能导致细胞过早死亡。然而，其他一些研究人员为了减少石墨烯材料细胞毒性，对其进行了适当改性。Novoselov 等[43]在其他地方报道了这些改性方法。

基于上述关于石墨烯基材料及其他已发表的著作[76-77]，有必要总结石墨烯基材料的形状、层数、刚度、疏水性、用量、化学性及其细胞毒性带来的影响。为了减少石墨烯基材料的毒性，有必要对此进一步研究。很多类似的著作以不同的观点介绍了石墨烯基材料在生物领域中的应用和毒性等相关研究。Jaworski 等[78]在另一篇著作中报道了石墨烯微片(GP)对人神经胶质瘤细胞系的影响。这项著作的发现表明，石墨烯微片对两个细胞系都有毒性。在对照组中，Liao、Lin、Macosko 和 Haynes [79]研究了氧化石墨烯剥离、氧含量和颗粒状态对红细胞(RBC)的影响，结果表明氧化石墨烯和石墨烯的用量均与红细胞溶血活性有关。

通过以上对石墨烯材料的讨论，可以得出结论，即石墨烯基材料的毒性可能与许多方面有关，如尺寸、表面化学、细胞系、形态和其他上述因素。过去的大部分著作是在动物器官中使用石墨烯基材料研究细胞活性或毒性。目前还没有研究报道关于石墨烯基材料对动物行为的影响，例如使用石墨烯微片治疗动物的焦虑和记忆状态。然而我们已经看到在本书中呈现了关于石墨烯基材料对细胞和生物器官的毒性的不同研究发现；因此，石墨烯基材料的临床应用仍然存在争议，直到就其他工作提出的生物安全问题达成一致。

## 3.7 石墨烯材料在临床改善中的应用

### 3.7.1 组织工程

组织工程在临床发展中的应用在医学界仍然是一个重要问题，通过使用细胞、工程材料或组合这些材料来恢复或改善组织的功能。组织工程的一个关键因素是开发可持续的生物材料，以取代生物细胞/部分，并提供与活细胞具有同等价值的表面。由于石墨烯材料易于与生物细胞相互作用，以及其较好的机械强度、刚度和电导率，因此石墨烯材料在组织工程领域显示出了更好的应用前景。

石墨烯基材料在组织重设计中的一个典型应用是增强材料，即水凝胶、薄膜和纤维，这提高了石墨烯基材料在生物医学应用中的机械强度和刚度。在 Sordello 等[80]报道的一项实验工作中，他们开发了一种用于骨组织的三维 GO/HA 水凝胶，他们的发现显示出材料具有很强的力学性能、高电导率和良好的细胞相容性，使其成为骨组织工程的优秀候选材料。

另一项研究报道了，氧化石墨烯纳米片能显著提高聚丙烯酸和壳聚糖(CS)水凝胶支架的力学性能[81]。为了进一步支持这一发现，Li 等[82]提出了一项新的研究，研究了聚氧乙烯十二酸山梨酸酯(TWEEN)和还原氧化石墨烯杂化膜。他们发现，所制备的杂化膜具有强机械力度和生物相容性，并且具有不同细胞系和抗菌性。其他研究人员的研究工作显示，使用电纺方法制备的壳聚糖-聚乙烯醇纳米纤维石墨烯可以迅速治愈伤口。

提高石墨烯基材料的力学性能和电学性能不一定是研究人员在骨组织工程应用中使

用石墨烯材料的原因。Kim 等[83]还报道石墨烯基体可促进人神经干细胞(hNSC)的黏附和神经分类。作者建议增强这种分化的介质是通过 hNSC 和石墨烯之间的电耦合。Wang 等[84]的发现也表明石墨烯的电导率在改善组织方面非常重要。其他研究人员也报道了类似的实验工作。

相关人员讨论了细胞重设计中的力学和电学特性的相关性,也必须要强调石墨烯基材料的表面功能化及其在组织工程应用中的用途。Gu 和其同事证明,氨基功能化的氧化石墨烯具有较好的细胞活性和较好的抗凝血效果。过去的一些研究表明,氧化石墨烯还可以帮助细胞分化为骨骼肌,这一方面是因为它们的粗糙程度,另一方面是因为它们的蛋白质吸收[85]。

讨论石墨烯化学惰性和抗渗性能的重要性也具有重要意义。各种已发表的著作表明,这些性能使石墨烯能够适用于金属生物医用设备的生物相容性防腐涂层。Jankovic 等[86]报道了石墨烯涂层增强细胞部件材料的生物和血液相容性的前景。Li 等[87]所做的实验工作很有说明性,把石墨烯描述为生物环境中的一种保护材料。他们进一步说明了石墨烯也可以保护在生物医学应用中的金属表面,比如金属植入物。

### 3.7.2 基因传递中的改性石墨烯材料

基因疗法是一种采用基因治疗与基因相关疾病的方法,长期以来这种治疗手段已经引起了相关人员广泛的兴趣,并对其进行了研究。由于石墨烯基纳米材料具有较高的负载效率和更高的基因转染能力,因此在该领域的应用也被认为是基因传递的候选材料。石墨烯基材料在 DNA 和 RNA 治疗领域中的应用是无序的,因为 DNA 和 RNA 具有带负电荷的磷酸盐。因此,我们需要寻找阳离子聚合物,如壳聚糖,来改性石墨烯基材料并使其带有正电[88]。然后,石墨烯基材料和壳聚糖的合成可以通过静电相互作用来形成所需的复合材料。氧化石墨烯 - 壳聚糖(GO - CS)的合成如图 3.7 所示。该方法提高了新型复合材料的转染效率,从而降低了其细胞毒性。

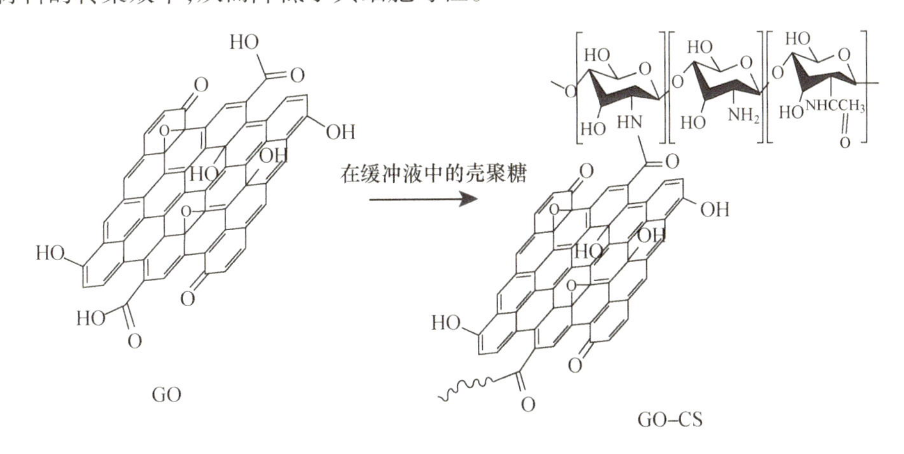


图 3.7 GO - CS 的合成过程(B. Zhang 等授权改编[18])

### 3.7.3 药物递送

探索石墨烯材料的其他特性,最重要的是探索其较大的比表面积和丰富的游离 π 电子，这可以使我们更好地了解这种材料在药物递送系统中的应用。石墨烯材料药物递送中的吸引性能表现在它与其他不溶性芳香药物的非共价链接和疏水相互作用，而且不破坏其效力。石墨烯基材料也表现出与药物的共价相互作用，一些作者已经完全证明了此点[63,89]。石墨烯基材料的性能提高了药物的热稳定性，并显著延长了药物的储存寿命。

## 3.8 通过石墨烯在聚合物基复合材料中的结合提高生物活性

聚合物基材料在牙科和生物医学领域的应用由来已久，因为其力学和热学性能可以满足这些需求。聚合物基材料性能是其可以很容易地加工、成型，并根据某些生物特性进行化学调整[90]。然而，一些研究人员[91]报道了，用于再生牙科和医学行业的聚合材料的主要缺点是，它们在承重区不可持续，并且可能会发生重塑和诱发炎症反应。为了进一步证明这种缺点，一些已发表的著作也说明了它们的降解通常发生在自催化酯分解之后，这可能会降低微环境中的 pH 值，从而抑制细胞的生长和分化[92]。

为了减少某些固有限制，石墨烯及其衍生物被视为可能的填料，可以通过几种方法与聚合物结合（图 3.8），从而产生性能和功能化改善的复合材料。Mora – Huertas 等[93]已经表明，各种石墨烯衍生物有助于在聚合物中实现良好的分散性。他们进一步证明了氧化石墨烯在水溶性聚合物中容易分散。在陶瓷复合材料中，石墨烯二维薄片状结构的大比表面积可以改善填料与基体之间的界面黏附，从而抑制裂纹扩展，并提高断裂韧性。一些已发表的研究表明，在低含量石墨烯填料的情况下，聚合物复合材料表现出更好的性能。

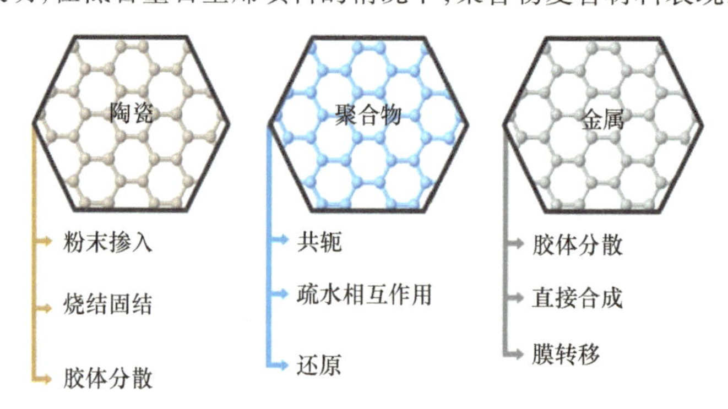


图 3.8　用石墨烯改性生物材料的可能方法（Xie 等授权改编[68]）

在相关的研究中，Bortz 等[94]报道了，在纯环氧树脂中加入 0.125%（质量分数）的功能化氧化石墨烯后，其断裂韧性提高了约 65%，断裂能提高了约 115%。在另一项研究中，发现在聚偏二氟乙烯中加入质量分数 2% 的氧化石墨烯纳米片，抗拉强度提高了 92%，弹性模量提高 192%[95]。相关人员也报道了石墨烯在生物聚合物中的应用。文献表明，在聚己内酯中加入质量分数 5% 的氧化石墨烯，可以将复合材料的弹性模量从 344MPa 提高到 626MPa，这是由于聚合物的结晶度较高。其他研究进一步表明，在壳聚糖支架上加入质量分数 3% 的氧化石墨烯，其硬度由 0.3 GPa 增加到 1.1 GPa，弹性模量也由 2.6 GPa 增加到 6.7 GPa。

基于上述发现，石墨烯家族材料在改善聚合物复合材料的物理和力学性能方面显示了巨大的潜力。实际上，可以进一步探索石墨烯改性聚合物复合材料的优化，因为这涉及增强相尺寸和百分比浓度的优化，以及填料石墨烯与聚合物基体间的界面黏附等方面。在所有这些优点中，这些合并复合材料的一个主要缺点是所产生的聚合物的颜色突然变化，尤其是在碳质材料中。大多数研究人员已经证明，即使氧化石墨烯和还原氧化石墨烯浓度低，其溶液颜色通常比较暗[96]，其他发现同样表明，原始石墨烯通常会吸收一定比例的白光（$\pi\alpha \approx 2.3\%$），这对人们在使用这些材料进行修复和装补时提出了另一个挑战，因为人们非常关注这些材料的光学特性。

## 3.9 石墨烯在金属基生物医疗材料中的应用

金属及其合金由于其韧性、强度和耐久性较好，已被用于生物医学领域。加入石墨烯家族材料可以进一步改善金属的现有性能，并增强金属及其合金，使之成为一种适合医学改良的生物活性材料。一些实验研究[97]表明，经过抗压测试，金属和石墨烯或氧化石墨烯纳米层制备的复合材料显示了1.5 GPa（铜/石墨烯）和4.0 GPa（镍/石墨烯）的超高强度。这种改良是石墨烯阻止位错沿石墨烯－金属界面传播的结果。例如，与纯铜相比，电沉积法制备的铜－石墨烯纳米复合材料箔具有更高的硬度和弹性模量[98]。

在另一项研究中表明，采用半粉末冶金方法，将0.18%（质量分数）的石墨烯加入Mg－1%Al－1%Sn中，与对照基体相比较，其极限抗拉强度（从236MPa增加到268MPa）和屈服强度（从161MPa增加到208MPa）得到提高。这些新复合材料强度的提高可能是由于石墨烯在金属基体中均匀分布，从而导致它们之间有效的界面连接[68]。在类似的研究中，在钛酸酯纳米线支架上加入氧化石墨烯片会使复合材料结构的杨氏模量增加40倍[68]。

所有这些已发表的成果表明石墨烯家族材料可以改善金属和合金在生物医学应用的力学性能。石墨烯及其衍生物还表现出通过生物分子的结合和诱导可持续促进成骨细胞分化来改善金属性能的显著趋势。这些属性使其备受关注，由此可以改良金属和合金在增强骨中的应用。

## 3.10 小结

目前研究人员正在探索石墨烯，随着研究人员继续在其他可持续的应用中扩展这种材料，研究似乎还没有结束。主要原因是由于石墨烯独特的物理化学和生物性能。在过去，石墨烯只被用于电子领域和尖端研究；现在，它们的应用已经扩展到生物医学领域，如药物递送、基因传递、细胞成像和组织工程。石墨烯基材料具有较大的比表面积和较好的机械强度和光学性能等独特的特性，使得石墨烯材料适合递送各种药物或基因，以及提高生物材料在组织和细胞工程或应用中的力学和物理特性。本章介绍了这些应用的各种实例。

最后，我们还对石墨烯材料在临床应用中的潜在毒性进行了X射线检测，尽管目前这些发现还没有统一的结论。总之，我们仍然希望石墨烯基材料将开启另一个新的研究，由此展开新的应用。然而，我们建议在应用这些材料前必须进行彻底且严格的研究，以确定材料的毒性倾向。

## 参考文献


[1] Reina, A. , Jia, X. , Ho, J. , Nezich, D. , Son, H. , Bulovic, V. *et al.* , Large area, few – layer graphene films on arbitrary substrates by chemical vapor deposition. *Nano Lett.* ,9,1,30 – 35,2008.

[2] Kim, H. , Abdala, A. A. , Macosko, C. W. , Graphene/polymer nanocomposites. *Macromolecules*, 43, 16, 6515 – 6530,2010.

[3] Mecklenburg, M. , Schuchardt, A. , Mishra, Y. K. , Kaps, S. , Adelung, R. , Lotnyk, A. *et al.* , Aerographite: Ultra lightweight, flexible nanowall, carbon microtube material with outstanding mechanical performance. *Adv. Mater.* ,24,26,3486 – 3490,2012.

[4] Balandin, A. A. , Thermal properties of graphene and nanostructured carbon materials. *Nat. Mater.* ,10,8, 569 – 581,2011.

[5] Terrones, M. , Botello – Méndez, A. R. , Campos – Delgado, J. , López – Urías, F. , Vega – Cantú, Y. I. , Rodríguez – Macías, F. J. *et al.* , Graphene and graphite nanoribbons: Morphology, properties, synthesis, defects and applications. *Nano Today*,5,4,351 – 372,2010.

[6] Yoo, J. M. , Kang, J. H. , Hong, B. H. , Graphene – based nanomaterials for versatile imaging studies. *Chem. Soc. Rev.* ,44,14,4835 – 4852,2015.

[7] Wang, Z. , Tang, X. – Z. , Yu, Z. – Z. , Guo, P. , Song, H. – H. , Duc, X. – S. , Dispersion of graphene oxide and its flame retardancy effect on epoxy nanocomposites. *Chin. J. Polym. Sci.* ,29,3,368 – 376,2011.

[8] Akhavan, O. , The effect of heat treatment on formation of graphene thin films from graphene oxide nanosheets. *Carbon*,48,2,509 – 519,2010.

[9] Justin, R. and Chen, B. , Characterisation and drug release performance of biodegradable chitosan – graphene oxide nanocomposites. *Carbohydr. Polym.* ,103,70 – 80,2014.

[10] Wang, Z. , Xia, J. , Zhou, C. , Via, B. , Xia, Y. , Zhang, F. *et al.* , Synthesis of strongly greenphotoluminescent graphene quantum dots for drug carrier. *Colloids Surf.* ,*B*,112,192 – 196,2013.

[11] Zhang, L. , Li, Y. , Jimmy, C. Y. , Chemical modification of inorganic nanostructures for targeted and controlled drug delivery in cancer treatment. *J. Mater. Chem. B*,2,5,452 – 470,2014.

[12] Bedian, L. , Rodriguez, A. M. V. , Vargas, G. H. , Parra – Saldivar, R. , Iqbal, H. M. , Bio – based materials with novel characteristics for tissue engineering applications—A review. *Int. J. Biol. Macromol.* ,98,837 – 846,2017.

[13] Salvo, P. , Melai, B. , Calisi, N. , Paoletti, C. , Bellagambi, F. , Kirchhain, A. *et al.* , Graphene – baseddevices for measuring pH. *Sens. Actuators*,*B*,256,976 – 991,2017.

[14] Venkatesan, J. , Bhatnagar, I. , Manivasagan, P. , Kang, K. – H. , Kim, S. – K. , Alginate composites for bone tissue engineering: A review. *Int. J. Biol. Macromol.* ,72,269 – 281,2015.

[15] Stankovich, S. , Dikin, D. A. , Piner, R. D. , Kohlhaas, K. A. , Kleinhammes, A. , Jia, Y. *et al.* , Synthesis of graphene – based nanosheets via chemical reduction of exfoliated graphite oxide. *Carbon*,45,7,1558 – 1565,2007.

[16] Zhang, Q. , Xu, J. , Song, Q. , Li, N. , Zhang, Z. , Li, K. *et al.* , Synthesis of amphiphilic reduced graphene oxide with an enhanced charge injection capacity for electrical stimulation of neuralcells. *J. Mater. Chem. B*,2,27,4331 – 4337,2014.

[17] Huang, X. , Yin, Z. , Wu, S. , Qi, X. , He, Q. , Zhang, Q. *et al.* , Graphene – based materials: Synthesis, characterization, properties, and applications. *Small*,7,14,1876 – 1902,2011.

[18] Zhang, B. , Wang, Y. , Zhai, G. , Biomedical applications of the graphene – based materials. *Mater. Sci.*

*Eng.* ,*C*,61,953 - 964,2016.

[19] Mao,H. Y. ,Laurent,S. ,Chen,W. ,Akhavan,O. ,Imani,M. ,Ashkarran,A. A. *et al.* ,Graphene:Promises,facts,opportunities,and challenges in nanomedicine. *Chem. Rev.* ,113,5,3407 - 3424,2013.

[20] Whitby,R. L. ,Chemical control of graphene architecture:Tailoring shape and properties. *ACSNano*,8,10,9733 - 9754,2014.

[21] Du,J. and Cheng,H. M. ,The fabrication,properties,and uses of graphene/polymer composites. *Macromol. Chem. Phys.* ,213,10 - 11,1060 - 1077,2012.

[22] Eswaraiah,V. ,Sankaranarayanan,V. ,Ramaprabhu,S. ,Functionalized graphene - PVDF foam composites for EMI shielding. *Macromol. Mater. Eng.* ,296,10,894 - 898,2011.

[23] Huang,X. ,Qi,X. ,Boey,F. ,Zhang,H. ,Graphene - based composites. *Chem. Soc. Rev.* ,41,2,666 - 686,2012.

[24] Böer,P. ,Holliday,L. ,Kang,T. H. - K. ,Independent environmental effects on durability of fiberreinforced polymer wraps in civil applications:A review. *Constr. Build. Mater.* ,48,360 - 370,2013.

[25] Nguyen,D. A. ,Lee,Y. R. ,Raghu,A. V. ,Jeong,H. M. ,Shin,C. M. ,Kim,B. K. ,Morphological and physical properties of a thermoplastic polyurethane reinforced with functionalized graphene sheet. *Polym. Int.* ,58,4,412 - 417,2009.

[26] Patnaik,A. ,Satapathy,A. ,Mahapatra,S. ,Dash,R. ,A comparative study on different ceramic fillers affecting mechanical properties of glass—Polyester composites. *J. Reinf. Plast. Compos.* ,28,11,1305 - 1318,2009.

[27] Hamad,I. ,Al - Hanbali,O. ,Hunter,A. C. ,Rutt,K. J. ,Andresen,T. L. ,Moghimi,S. M. ,Distinct polymer architecture mediates switching of complement activation pathways at the nanosphere - serum interface:Implications for stealth nanoparticle engineering. *ACS Nano*,4,11,6629 - 6638,2010.

[28] Lee,E. J. ,Huh,B. K. ,Kim,S. N. ,Lee,J. Y. ,Park,C. G. ,Mikos,A. G. *et al.* ,Application of materials as medical devices with localized drug delivery capabilities for enhanced wound repair. *Progr. Mater. Sci.* ,89,392 - 410,2017.

[29] Burress,J. W. ,Gadipelli,S. ,Ford,J. ,Simmons,J. M. ,Zhou,W. ,Yildirim,T. ,Graphene oxide framework materials:Theoretical predictions and experimental results. *Angew. Chem. Int. Ed.* ,49,47,8902 - 8904,2010.

[30] McCreary,K. M. ,Swartz,A. G. ,Han,W. ,Fabian,J. ,Kawakami,R. K. ,Magnetic moment formation in graphene detected by scattering of pure spin currents. *Phys. Rev. Lett.* ,109,18,186604,2012.

[31] Zhang,L. and Shi,G. ,Preparation of highly conductive graphene hydrogels for fabricating supercapacitors with high rate capability. *J. Phys. Chem. C*,115,34,17206 - 17212,2011.

[32] Weiss,N. O. ,Zhou,H. ,Liao,L. ,Liu,Y. ,Jiang,S. ,Huang,Y. *et al.* ,Graphene:An emerging electronic material. *Adv. Mater.* ,24,43,5782 - 5825,2012.

[33] Ghosh,S. ,Calizo,I. ,Teweldebrhan,D. ,Pokatilov,E. P. ,Nika,D. L. ,Balandin,A. A. *et al.* ,Extremely high thermal conductivity of graphene:Prospects for thermal management applications in nanoelectronic circuits. *Appl. Phys. Lett.* ,92,15,151911,2008.

[34] Zheng,S. ,Wu,Z. - S. ,Wang,S. ,Xiao,H. ,Zhou,F. ,Sun,C. *et al.* ,Graphene - based materials for high - voltage and high - energy asymmetric supercapacitors. *Energy Storage Mater.* ,6,70 - 97,2017.

[35] Chen,H. ,Müller,M. B. ,Gilmore,K. J. ,Wallace,G. G. ,Li,D. ,Mechanically strong,electrically conductive,and biocompatible graphene paper. *Adv. Mater.* ,20,18,3557 - 3561,2008.

[36] Guo,X. and Mei,N. ,Assessment of the toxic potential of graphene family nanomaterials. *J. Food Drug Anal.* ,22,1,105 - 115,2014.

[37] Liu, J. , Cui, L. , Losic, D. , Graphene and graphene oxide as new nanocarriers for drug delivery applications. *Acta Biomater.* ,9,12,9243 - 9257,2013.

[38] Wang, Y. , Wang, K. , Zhao, J. , Liu, X. , Bu, J. , Yan, X. *et al.* , Multifunctional mesoporous silica - coated graphene nanosheet used for chemo - photothermal synergistic targeted therapy of glioma. *J. Am. Chem. Soc.* ,135,12,4799 - 4804,2013.

[39] Yang, K. , Feng, L. , Shi, X. , Liu, Z. , Nano - graphene in biomedicine: Theranostic applications. *Chem. Soc. Rev.* ,42,2,530 - 547,2013.

[40] Jaleel, J. A. , Sruthi, S. , Pramod, K. , Reinforcing nanomedicine using graphene family nanomaterials. *J. Controlled Release*,255,218 - 230,2017.

[41] Sanchez, V. C. , Jachak, A. , Hurt, R. H. , Kane, A. B. , Biological interactions of graphene - family nanomaterials: An interdisciplinary review. *Chem. Res. Toxicol.* ,25,1,15 - 34,2011.

[42] Meyer, J. C. , Geim, A. K. , Katsnelson, M. I. , Novoselov, K. S. , Booth, T. J. , Roth, S. , The structure of suspended graphene sheets. *Nature*,446,7131,60 - 63,2007.

[43] Novoselov, K. S. , Fal, V. , Colombo, L. , Gellert, P. , Schwab, M. , Kim, K. , A roadmap for graphene. *Nature*,490,7419,192 - 200,2012.

[44] Fina, F. , Callear, S. K. , Carins, G. M. , Irvine, J. T. , Structural investigation of graphitic carbon nitride via XRD and neutron diffraction. *Chem. Mater.* ,27,7,2612 - 2618,2015.

[45] Zhang, L. , Diao, S. , Nie, Y. , Yan, K. , Liu, N. , Dai, B. *et al.* , Photocatalytic patterning and modification of graphene. *J. Am. Chem. Soc.* ,133,8,2706 - 2713,2011.

[46] Choi, W. , Lahiri, I. , Seelaboyina, R. , Kang, Y. S. , Synthesis of graphene and its applications: Areview. *Crit. Rev. Solid State Mater. Sci.* ,35,1,52 - 71,2010.

[47] Foo, M. E. and Gopinath, S. C. , Feasibility of graphene in biomedical applications. *Biomed. Pharmacother.* ,94,354 - 361,2017.

[48] Wang, H. , Xie, G. , Ying, Z. , Tong, Y. , Zeng, Y. , Enhanced mechanical properties of multi - layergraphene filled poly(vinyl chloride) composite films. *J. Mater. Sci. Technol.* ,31,4,340 - 344,2015.

[49] Zhu, J. , Chen, M. , He, Q. , Shao, L. , Wei, S. , Guo, Z. , An overview of the engineered graphene nanostructures and nanocomposites. *RSC Adv.* ,3,45,22790 - 22824,2013.

[50] Jachak, A. C. , Creighton, M. , Qiu, Y. , Kane, A. B. , Hurt, R. H. , Biological interactions and safety of graphene materials. *MRS Bull.* ,37,12,1307 - 1313,2012.

[51] Goenka, S. , Sant, V. , Sant, S. , Graphene - based nanomaterials for drug delivery and tissue engineering. *J. Controlled Release*,173,75 - 88,2014.

[52] Bussy, C. , Ali - Boucetta, H. , Kostarelos, K. , Safety considerations for graphene: Lessons learnt from carbon nanotubes. *Acc. Chem. Res.* ,46,3,692 - 701,2012.

[53] Das, S. , Singh, S. , Singh, V. , Joung, D. , Dowding, J. M. , Reid, D. *et al.* , Oxygenated functional group density on graphene oxide: Its effect on cell toxicity. *Part. Part. Syst. Char.* ,30,2,148 - 157,2013.

[54] Chen, G. - Y. , Yang, H. - J. , Lu, C. - H. , Chao, Y. - C. , Hwang, S. - M. , Chen, C. - L. *et al.* , Simultaneous induction of autophagy and toll - like receptor signaling pathways by graphene oxide. *Biomaterials*,33,27,6559 - 6569,2012.

[55] Qu, G. , Liu, S. , Zhang, S. , Wang, L. , Wang, X. , Sun, B. *et al.* , Graphene oxide induces toll - likereceptor 4(TLR4) - dependent necrosis in macrophages. *ACS Nano*,7,7,5732 - 5745,2013.

[56] Renshaw, S. A. , Loynes, C. A. , Trushell, D. M. , Elworthy, S. , Ingham, P. W. , Whyte, M. K. , A transgenic zebrafish model of neutrophilic inflammation. *Blood*,108,13,3976 - 3978,2006.

[57] Shen, J. , Hu, Y. , Shi, M. , Lu, X. , Qin, C. , Li, C. *et al.* , Fast and facile preparation of graphene oxide and

reduced graphene oxide nanoplatelets. *Chem. Mater.* ,21,15,3514 – 3520,2009.

[58] Nethravathi,C. and Rajamathi,M. ,Chemically modified graphene sheets produced by the solvothermal reduction of colloidal dispersions of graphite oxide. *Carbon*,46,14,1994 – 1998,2008.

[59] Rao,S. ,Upadhyay,J. ,Das,R. ,Manufacturing and characterization of multifunctional polymerreduced graphene oxide nanocomposites,in:*Fillers and Reinforcements for AdvancedNanocomposites*,pp. 157 – 232, Woodhead Publishing,Cambridge,UK,2015.

[60] Kondratowicz,I. ,Żelechowska,K. ,Sadowski,W. ,Optimization of graphene oxide synthesis and its reduction,in:*Nanoplasmonics,Nano – Optics,Nanocomposites,and Surface Studies*,pp. 467 – 484,Springer,Poland,2015.

[61] Liu,S. – Q. ,Xiao,B. ,Feng,L. – R. ,Zhou,S. – S. ,Chen,Z. – G. ,Liu,C. – B. *et al.* ,Graphene oxide enhances the Fenton – like photocatalytic activity of nickel ferrite for degradation of dyes under visible light irradiation. *Carbon*,64,197 – 206,2013.

[62] Stankovich,S. ,Piner,R. D. ,Nguyen,S. T. ,Ruoff,R. S. ,Synthesis and exfoliation of isocyanatetreated graphene oxide nanoplatelets. *Carbon*,44,15,3342 – 3347,2006.

[63] Sun,X. ,Liu,Z. ,Welsher,K. ,Robinson,J. T. ,Goodwin,A. ,Zaric,S. *et al.* ,Nano – graphene oxide for cellular imaging and drug delivery. *Nano Res.* ,1,3,203 – 212,2008.

[64] Schinwald,A. ,Murphy,F. A. ,Jones,A. ,MacNee,W. ,Donaldson,K. ,Graphene – based nanoplatelets:A new risk to the respiratory system as a consequence of their unusual aerodynamic properties. *ACS Nano*,6, 1,736 – 746,2012.

[65] Navalon,S. ,Dhakshinamoorthy,A. ,Alvaro,M. ,Garcia,H. ,Carbocatalysis by graphene – based materials. *Chem. Rev.* ,114,12,6179 – 6212,2014.

[66] Rafiee,M. A. ,Rafiee,J. ,Wang,Z. ,Song,H. ,Yu,Z. – Z. ,Koratkar,N. ,Enhanced mechanical properties of nanocomposites at low graphene content. *ACS Nano*,3,12,3884 – 3890,2009.

[67] Stankovich,S. ,Dikin,D. A. ,Dommett,G. H. ,Kohlhaas,K. M. ,Zimney,E. J. ,Stach,E. A. *et al.* ,Graphene – based composite materials. *Nature*,442,7100,282 – 286,2006.

[68] Xie,H. ,Cao,T. ,Rodriguez – Lozano,F. J. ,Luong – Van,E. K. ,Rosa,V. ,Graphene for the development of the next – generation of biocomposites for dental and medical applications. *Dent. Mater.* ,7,33,765 – 774,2017.

[69] Akhavan,O. ,Ghaderi,E. ,Akhavan,A. ,Size – dependent genotoxicity of graphene nanoplatelets in human stem cells. *Biomaterials*,33,32,8017 – 8025,2012.

[70] Ou,L. ,Song,B. ,Liang,H. ,Liu,J. ,Feng,X. ,Deng,B. *et al.* ,Toxicity of graphene – family nanoparticles:A general review of the origins and mechanisms. *Part. FibreToxicol.* ,13,1,57,2016.

[71] Zhang,Y. ,Ali,S. F. ,Dervishi,E. ,Xu,Y. ,Li,Z. ,Casciano,D. *et al.* ,Cytotoxicity effects of graphene and single – wall carbon nanotubes in neural phaeochromocytoma – derived PC12 cells. *ACSNano*,4,6, 3181 – 3186,2010.

[72] Kotchey,G. P. ,*Enzyme – Catalyzed Degradation of Carbon Nanomaterials*,University of Pittsburgh,Pennsylvania,USA,2013.

[73] Zhao,X. ,Liu,L. ,Li,X. ,Zeng,J. ,Jia,X. ,Liu,P. ,Biocompatible graphene oxide nanoparticlebased drug delivery platform for tumor microenvironment – responsive triggered release of doxorubicin. *Langmuir*,30, 34,10419 – 10429,2014.

[74] Yang,K. ,Li,Y. ,Tan,X. ,Peng,R. ,Liu,Z. ,Behavior and toxicity of graphene and its functionalized derivatives in biological systems. *Small*,9,9 – 10,1492 – 1503,2013.

[75] AshaRani,P. ,Low Kah Mun,G. ,Hande,M. P. ,Valiyaveettil,S. ,Cytotoxicity and genotoxicity of silver

nanoparticles in human cells. *ACS Nano*, 3, 2, 279 - 290, 2008.

[76] Singh, V., Joung, D., Zhai, L., Das, S., Khondaker, S. I., Seal, S., Graphene based materials: Past, present and future. *Progr. Mater. Sci.*, 56, 8, 1178 - 1271, 2011.

[77] Xu, Y., Bai, H., Lu, G., Li, C., Shi, G., Flexible graphene films via the filtration of water - soluble noncovalent functionalized graphene sheets. *J. Am. Chem. Soc.*, 130, 18, 5856 - 5857, 2008.

[78] Jaworski, S., Sawosz, E., Grodzik, M., Winnicka, A., Prasek, M., Wierzbicki, M. *et al.*, *In vitro* evaluation of the effects of graphene platelets on glioblastoma multiforme cells. *Int. J. Nanomed*, 8, 413, 2013.

[79] Liao, K. - H., Lin, Y. - S., Macosko, C. W., Haynes, C. L., Cytotoxicity of graphene oxide and graphene in human erythrocytes and skin fibroblasts. *ACS Appl. Mater. Interfaces*, 3, 7, 2607 - 2615, 2011.

[80] Sordello, F., Zeb, G., Hu, K., Calza, P., Minero, C., Szkopek, T. *et al.*, Tuning $TiO_2$ nanoparticle morphology in graphene - $TiO_2$ hybrids by graphene surface modification. *Nanoscale*, 6, 12, 6710 - 6719, 2014.

[81] Faghihi, S., Gheysour, M., Karimi, A., Salarian, R., Fabrication and mechanical characterization of graphene oxide - reinforced poly (acrylic acid)/gelatin composite hydrogels. *J. Appl. Phys.*, 115, 8, 083513, 2014.

[82] Li, X., Cai, W., An, J., Kim, S., Nah, J., Yang, D. *et al.*, Large - area synthesis of high - quality and uniform graphene films on copper foils. *Science*, 324, 5932, 1312 - 1314, 2009.

[83] Kim, K. S., Zhao, Y., Jang, H., Lee, S. Y., Kim, J. M., Kim, K. S. *et al.*, Large - scale pattern growth of graphene films for stretchable transparent electrodes. *Nature*, 457, 7230, 706 - 710, 2009.

[84] Wang, Y., Shi, Z., Huang, Y., Ma, Y., Wang, C., Chen, M. *et al.*, Supercapacitor devices based on graphene materials. *J. Phys. Chem. C*, 113, 30, 13103 - 13107, 2009.

[85] Song, J., Gao, H., Zhu, G., Cao, X., Shi, X., Wang, Y., The preparation and characterization of polycaprolactone/graphene oxide biocomposite nanofiber scaffolds and their application fordirecting cell behaviors. *Carbon*, 95, 1039 - 1050, 2015.

[86] Janković, A., Eraković, S., Mitrić, M., Matić, I. Z., Juranić, Z. D., Tsui, G. C. *et al.*, Bioactive hydroxyapatite/graphene composite coating and its corrosion stability in simulated body fluid. *J. Alloys Compd.*, 624, 148 - 157, 2015.

[87] Li, F., Liu, Y., Qu, C. - B., Xiao, H. - M., Hua, Y., Sui, G. - X. *et al.*, Enhanced mechanical properties of short carbon fiber reinforced polyethersulfone composites by graphene oxide coating. *Polymer*, 59, 155 - 165, 2015.

[88] Yang, X., Tu, Y., Li, L., Shang, S., Tao, X. - M., Well - dispersed chitosan/graphene oxide nanocomposites. *ACS Appl. Mater. Interfaces*, 2, 6, 1707 - 1713, 2010.

[89] Depan, D., Shah, J., Misra, R., Controlled release of drug from folate - decorated and graphene mediated drug delivery system: Synthesis, loading efficiency, and drug release response. *Mater. Sci. Eng.*, *C*, 31, 7, 1305 - 1312, 2011.

[90] Langer, R., Polymer - controlled drug delivery systems. *Acc. Chem. Res.*, 26, 10, 537 - 542, 1993.

[91] Patri, A. K., Majoros, I. J., Baker, J. R., Dendritic polymer macromolecular carriers for drug delivery. *Curr. Opin. Chem. Biol.*, 6, 4, 466 - 471, 2002.

[92] Cho, K., Wang, X., Nie, S., Shin, D. M., Therapeutic nanoparticles for drug delivery in cancer. *Clin. Cancer Res.*, 14, 5, 1310 - 1316, 2008.

[93] Mora - Huertas, C., Fessi, H., Elaissari, A., Polymer - based nanocapsules for drug delivery. *Int. J. Pharmaceutics*, 385, 1, 113 - 142, 2010.

[94] Bortz, D. R., Heras, E. G., Martin - Gullon, I., Impressive fatigue life and fracture toughness improve-

ments in graphene oxide/epoxy composites. *Macromolecules*,45,1,238 – 245,2011.

[95] Kuilla,T. ,Bhadra,S. ,Yao,D. ,Kim,N. H. ,Bose,S. ,Lee,J. H. ,Recent advances in graphene based polymer composites. *Progr. Polym. Sci.* ,35,11,1350 – 1375,2010.

[96] Blake,P. ,Hill,E. ,Castro Neto,A. ,Novoselov,K. ,Jiang,D. ,Yang,R. *et al.* ,Making graphene visible. *Appl. Phys. Lett.* ,91,6,063124,2007.

[97] Wu,Z. – S. ,Zhou,G. ,Yin,L. – C. ,Ren,W. ,Li,F. ,Cheng,H. – M. ,Graphene/metal oxide composite electrode materials for energy storage. *Nano Energy*,1,1,107 – 131,2012.

[98] Mattevi,C. ,Kim,H. ,Chhowalla,M. ,A review of chemical vapour deposition of graphene on copper. *J. Mater. Chem.* ,21,10,3324 – 3334,2011.

[99] Pan,Y. ,Sahoo,N. G. ,Li,L. ,The application of graphene oxide in drug delivery. *Expert Opin. Drug Delivery*,9,11,1365 – 1376,2012.

[100] Wu,Z. – S. ,Ren,W. ,Gao,L. ,Zhao,J. ,Chen,Z. ,Liu,B. *et al.* ,Synthesis of graphene sheets with high electrical conductivity and good thermal stability by hydrogen arc discharge exfoliation. *ACS Nano*,3,2,411 – 417,2009.

# 第4章 基于石墨烯的神经形态突触器件

He Tian, Fan Wu, Tian-Ling Ren
清华大学微电子学研究所,北京信息科学与技术国家研究中心(BNRist)

**摘　要**　开发用于神经形态的电子突触器件已经引起了人们的广泛关注。人类大脑中存在着千万亿($10^{15}$)的生物突触,而开发电子大脑则需要制造出同样多的电子突触。然而,鉴于电子突触设备所具有的功能,该类设备的研究仍处于起步阶段。目前,突触器件主要有两种类型:基于电阻存储器和基于晶体管。本章首先介绍了突触器件的基本工作原理及其与生物突触的类比。其次介绍了几种石墨烯基电阻存储器和晶体管器件的物理特性。对于石墨烯基电阻存储器,在电极和氧化金属界面处插入单层石墨烯,可以有效地降低功耗。将石墨烯作为电阻存储器的底部电极,还可以获得灵活的存储器和独特的栅极调谐。然后介绍了具有独特功能的石墨烯基突触器件。例如,单个石墨烯基器件可以在电阻记忆模式或晶体管模式下运行。与其他传统的电子突触相比,石墨烯突触表现出更多的增强态,因此石墨烯突触具有更好的学习能力。此外,石墨烯基突触可以在兴奋性突触或抑制性突触之间切换。利用石墨烯特有的双极传输,可以连续调节石墨烯突触的突触权重,并模拟生物突触的整个发展过程。最后,我们讨论了当前电子突触进行人脸识别的算法植入,并着重讨论了石墨烯突触在更强大的神经形态应用中的巨大潜力。
**关键词**　石墨烯,突触器件,电阻存储器,晶体管,神经形态应用

## 4.1 神经形态计算基础

### 4.1.1 对神经形态应用器件的需求

在21世纪,随着集成电路技术尺度缩小到90nm以下,集成电路领域出现越来越多的问题。不少其他行业专家认为,摩尔定律[1]持续的可能性很小,这种定律规定当价格不变时,集成电路上可容纳的元件数量每18~24个月将增加一倍,其性能也将增加一倍。

漏电流[2]等技术问题阻碍了芯片性能的发展,但微电子领域的专家们一直没有放弃对这一问题的研究,在45nm节点上[3],英特尔的研究人员充分利用高K介质层克服了漏电流这一迫切需要解决的问题;在22nm节点上,鳍式场效应晶体管(FinFET)[4]极大地提高了栅极控制的能力,从而有望生产出更多的小型器件。所有这些努力逐步推动了摩尔定律的发展。毋庸置疑,在过去20年中,计算机和手持器件的性能都得到了提高,而且手

持器件的计算性能已可以与台式计算机相媲美。

基于上述过程,我们可发现缩小设备的尺寸越来越困难[5];同时,由于传统计算设备的冯·诺伊曼结构,其消耗越来越大,例如 AlphaGo[6],它的功耗超过 30000W,而同一类别的人脑功耗只有 20W。

随着传感器技术和无线通信技术的进步,我们正努力寻找一个更短的通道长度来进一步减少芯片面积,以此收集到越来越多的数据,例如,在任何时候手机的图像只有几兆字节大小,视频只有几吉字节大小,而大量的数据使芯片负担过重。所有这些发展促进了另一种筛选内容的方法的诞生,即人工智能(AI)[7]。

目前,有两种实现神经形态计算的主流方法:一种是基于传统中央处理器(CPU);另一种是基于仿生学。在现有技术的基础上,许多行业研究人员充分利用传统的 CPU 来实现神经形态网络计算。虽然多处理器和图形处理单元(GPU)与当前的微电子过程兼容性好,但同时算法实现和高能耗可能是其发展的绊脚石,如图 4.1(a)所示。

人脑可以同时处理数据[8],这与传统的冯·诺伊曼系统的流水线结构不同,前者大大提高了计算效率,并降低了功耗。此外,人类大脑的短期和长期学习能力与现有微处理器不同,因此我们认为,在这个数据爆炸的时代,我们在仿生学领域仍然可以做很多工作。与传统 CPU 相比,低功耗、快速处理能力和高并行性等非凡的特性也让我们感兴趣,如图 4.1(b)所示。

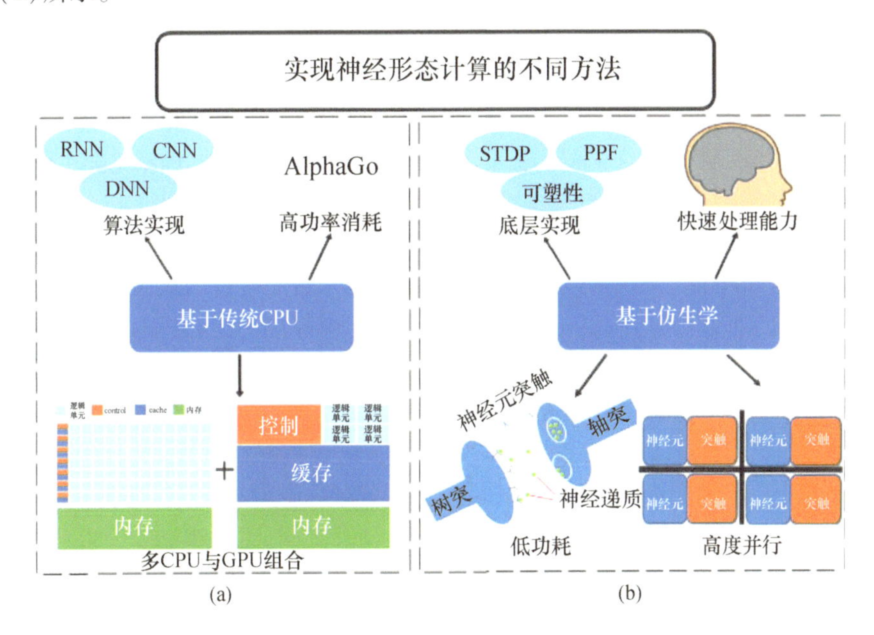


图 4.1 传统 CPU 与仿生学在实现神经形态计算中的比较

一个可行的解决方案是神经启发结构,它利用突触神经元和局部存储进行分布式计算。人脑的主要优点是并行信息处理能力强,而功耗极低。在硬件方面,人们已经为神经启发学习算法开发了几个具有部分并行性的平台。目前,编码神经形态硬件的有用信息有两种方法。第一种方法是基于数字化实现,这种方法适用于广泛使用的数字电路。作为现在流行的技术,GPU[9]或现场可编程门阵列[10]已广泛应用于深度学习的硬件加速。然而能源效率仍然是瓶颈,谷歌在 AlphaGo 中演示了 CMOS 基应用-专用集成电路加速器和定制设计的张量处理单元[11]，这在一定程度上解决了这个问题。第二种方法是脉冲化实现，这种方法使用脉冲作为信息来模拟生物神经网络。最近，IBM 展示了 TrueNorth 芯片[12]，其集成了大约 100 万个数字神经元，可以与 2.56 亿个具有静态随机存储器（SRAM）的突触进行连接。同时，在 28nm 的节点上制造了 TrueNorth 芯片，其显示了极低的功耗，但仅限离线训练（这意味着需由软件更新突触权重，然后加载到 SRAM 中），而且 SRAM（1bit，六个晶体管）的复杂性极大地限制了开发，因为在大多数情况下，突触权重应该根据输入数据更新，并且/或应该在运行时学习新的特性。

简单地说，数字方案和脉冲方案是通过使用不同的方式来编码信息的。前者利用二进制数码（0 或 1）或脉冲数量来表示神经元信息，后者将信息应用到脉冲速率或脉冲时间，这是一种模拟设计。

如前所述，“内存墙”和可伸缩性限制了 CMOS 在神经启发计算方面的发展。采用 SRAM 阵列的 CMOS 设计作为权阵也有局限性，如二进制位存储和顺序写/读过程[13]。为了进一步实现加速和更高的密度，一个可行方法是使用交叉点阵列实现完全并行写/读结构，而且每个交叉点通过电阻突触器件实现。为了解决这些问题，非易失性存储器（NVM）由于可以长期保留数据，并具有其他独特属性，因此其在模仿神经网络阵列中的生物突触方面表现出了很好的性能。

### 4.1.2 生物突触的基础知识

在讨论电突触之前，我们首先介绍生物突触的原理和概念，包括化学突触和电突触。人脑中的要素是突触，且突触数量巨大（高达$10^{15}$）[14]，这是学习和识别的关键器件。神经元通过突触相互连接；在生物学上，它们通过突触权重调制表示神经元之间的连接强度，而这也与人脑的学习和记忆有关[15]。

如图 4.2 所示，在生物神经元网络中[16]，每个化学神经元都有几个树突，每个树突可能被激发或触发，每个神经元也有几个轴突，用来接收来自后神经元的信息。树突被触发意味着某些类型的通道被打开。该通道使得可在细胞中释放离子，并引起兴奋性突触，或者在某些情况下，细胞外也可以释放离子。当离子以电子方式在细胞内释放时，会导致细胞膜变化或电压梯度发生变化。当电压梯度变化的综合效应刚好达到轴丘阈值时，这里的钠通道就会打开，从而使钠溢出，之后很明显可以观察到电压变正，从而引起兴奋性突触后电位。当离子在细胞外释放时，会引起抑制性突触后电位，这与钙离子通道和钠离子通道的关闭有关。此外，信息传输不仅限于树突和轴突之间，也会单独发生在树突和轴突中，正如上述，这是最常见的情况。至于电突触，也就是间隙连接，这是两个神经元之间的机械连接，可以允许电的传导。与化学突触相比，电突触具有较小的尺寸和较短的传播时间。

在神经科学中[17]，突触可塑性是指神经元细胞之间的联系，我们称为“突触”，可调节其强度。突触的形态和功能可能导致特征或现象的持久变化。突触形态随着自活性的增强而增强，随其减弱而变弱。在人工神经网络中，突出的可塑性意指利用神经科学中突触可塑性的数学模型来构建神经元之间的连接。

脉冲时间相关的可塑性（STDP）[15]是生物突触中最基本的学习/遗忘算法。我们可以将两个神经元的强度定义为突触权重。以 STDP 为例，当突触前脉冲比突触后脉冲出现得更早时,突触权重就会增加,这意味着两个神经元的强度会变得更强。相反,如果突触前脉冲出现的时间比突触后脉冲时间晚,突触权重就会减少,这就意味着两个神经元的强度会变弱。此外,突触前脉冲和突触后脉冲发生的间隔越近,突触权重的变化就越大,可以从图4.3(a)中了解到。我们可以推断出,当使用STDP规则时,生物神经系统可以实现无监督学习。

长时程增强/长时程抑制[18](LTP/LTD)是两个神经元信号传递过程中持续的增强/抑制现象,是指同时刺激两个神经元的能力。这是与突触可塑性有关的几种现象之一,即改变突触强度的能力。由于突触强度的变化被认为可以编码记忆,因此LTP/LTD通常被认为是重要组成部分,这是习惯和记忆基础的主要分子机制之一,如图4.3(b)所示。

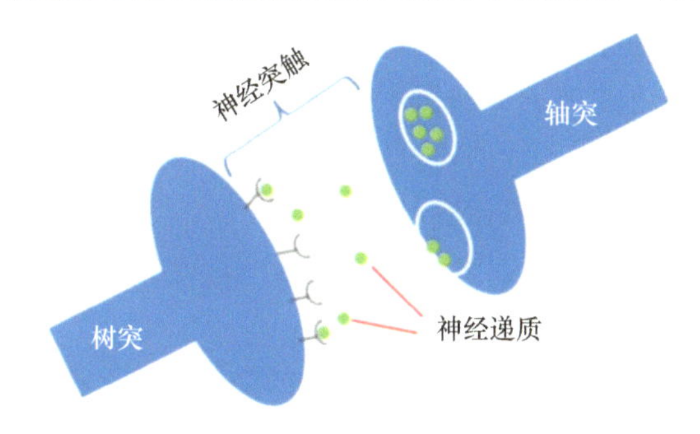


图4.2 生物神经元和化学突触结构

注:每个神经元只有一个轴突(其主要功能是将神经冲动从细胞体传递到其他神经元或效应器)以及一些树突,从而可以接收神经递质并传入另一个细胞体。前神经元轴突与后神经元树突之间的区域可视为神经元突触。

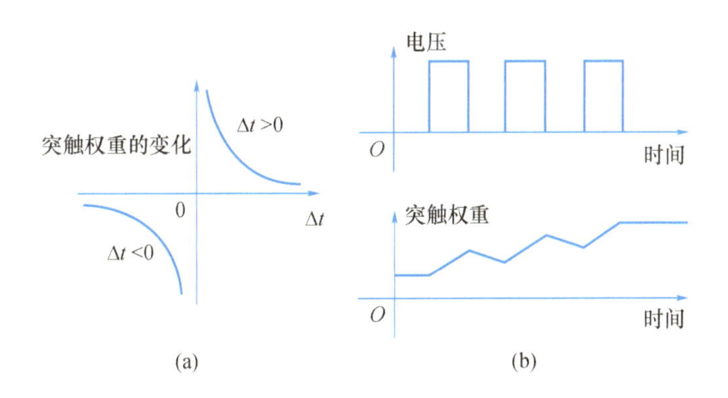


图4.3 一些生物突触效应

(a)以脉冲时间相关的塑性规则为例,我们可以推断出闭合时间间隔会导致更显著的质量变化;
(b)长期增势规则:几个脉冲之后,就会激发突触,这意味着电导较低。

短时程突触可塑性[18]分为短时程增强/短时程抑制,这是突触可塑性的一种重要形式,在神经系统的正常功能中起着重要作用。短时程突触可塑性能增强突触传递的确定性,如调节大脑皮层兴奋与抑制的平衡,形成神经活动的时空特征,并形成和调节大脑皮层丘脑网络的同步振荡。这也是实现神经系统某些高级功能的不可缺少的一部分,如睡眠节奏、学习和记忆。

比较短时程突触可塑性和长时程突触可塑性时需要注意一点:短时程突触可塑性与计算功能有关,长时程突触可塑性与学习记忆功能有关。

### 4.1.3 突触器件的基本工作原理

人类大脑的优先级使全世界的研究人员制造出了模拟生物神经元网络的器件阵列，其中最重要的部分就是突触。

非易失性存储器[19]的目标是以一种更加并行的方式代替静态随机存储器(SRAM)和更新突触权重，它可以缩小电子突触面积，SRAM 的 1 个比特就需要 6 个晶体，但非易失性存储器(NVM)多个比特只需要一个器件。由于 NVM 具有易失性，因此一个可行的 NVM 设备具有明显优势，它可能几乎没有泄漏到 SRAM 的路径。除了前面提到的，顺序写/读过程并不重要，NVM 也显示了在线学习的潜力。

目前有几种主要的方法来模拟生物突触，如相变存储器(PCM)[20]、阳离子基电阻式开关存储器[21]、空位基电阻式开关存储器[22]和晶体管器件[23]。本章将重点讨论可变电阻式存储器(RRAM)和晶体管。

#### 4.1.3.1 可变电阻式存储器用作突触器件

我们认为可变电阻式存储器，即 RRAM 或忆阻器，可以代表最优秀的 NVM 器件之一，它使用电阻存储信息和数据。

RRAM 作为下一代主流内存技术显示了巨大的前景，因为其电导可以连续地调谐到多级状态，从而模拟神经网络中的模拟突触或学习算法中的权重。

如前所述，突触器件应具有生物突触所具有的一些基本功能，如根据周围环境、STDP、LTP 等对突触权重进行更新。对于电阻式存储器，我们应该注意在 RRAM 模式的传统人工突触器件中缺乏的几个方面(结构类似于图 4.4(a))。

(1)更多的多级态[24]。在生物突触上观察到的突触可塑性特征表现为具有多级突触权重状态的模拟行为。大多数神经启发算法也使用模拟突触权重来学习相关模式或提取特征。一般来说，更多的多级态(甚至超过数百个级别)可以转化为更好的学习能力和改善网络鲁棒性。如果器件不能满足要求，我们可能需要制造多个器件，这将需要一个更大的面积和更昂贵的价格。

(2)动态可塑性[25]。生物突触的可塑性不是一成不变的；然而，过去突触器件的可塑性为静态且不可调整，这极大地限制了在类脑系统中实现更高的智力水平。

(3)多工作模式[26]。为了减小集成电路的尺寸，并受到现有过程的限制，最有效的方法是使器件分时复用。但现有的 RRAM 器件只能在一种模式下运行，这意味着我们需要为电路的使用制造其他的晶体管，而这将带来更多的复杂性。

(4)权重更新的线性度[27]。权重更新中的线性度是指器件电导与相同编程脉冲数量之间的线性度。理想情况下，这应该是一个线性关系，可以将算法中的权重直接映射到器件中的电导。基于近期文献报道，缺乏线性会导致神经网络的学习精度损失。

(5)保持和耐久。生物突触可以将这些信息保存多年；在高温下，电阻性突触器件应表现为长期记忆，能将数据保持 10 年。对于更有挑战性的任务，比如 ImageNet 挑战，则需要更高的耐力。

(6)耗电量。在生物神经网络中，突触每次活动消耗的能量很少，大约为 $10^{-15}$ J 水平[28]；然而，在传统的 RRAM 器件(如 PCM)中，退火过程会产生大量难以回收的热量。

#### 4.1.3.2 晶体管用作突触器件

另一种可行的方法是利用某些晶体管的迟滞特性。这种方法证明了当前制造工艺无与伦比的兼容性。然而,大多数现有的人工突触器件都由离子材料制成,这种材料常常会导致突触不可调整的可塑性。两种突触器件结构如图4.4(b)所示。

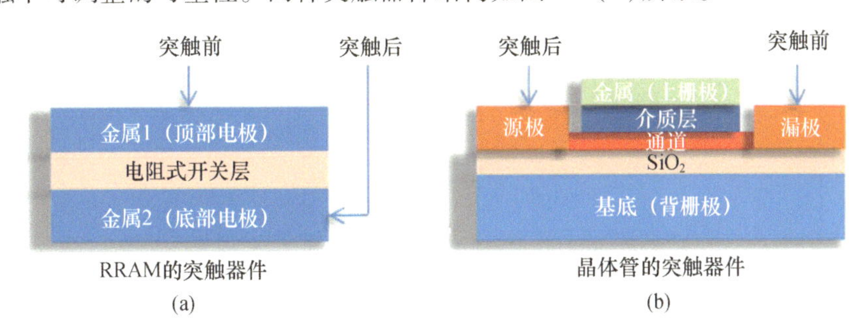


图4.4 两种突触器件结构
(a)RRAM结构的突触器件(顶部电极和底部电极分别对应突触前和突触后);
(b)晶体管结构的突触器件(漏极和源极分别对应突触前和突触后)。

由于RRAM器件的迟滞窗口,晶体管器件表现出良好的可调谐突触权重,这在RRAM器件中很难实现。此外,与RRAM器件极高的成形电压相比,晶体管器件的工作电压也比较理想。

石墨烯由于其独特的电学特性,如零带隙和极高的载流子迁移率,已被应用于许多电子器件中。石墨烯的可调性向我们展示了另一种实现晶体管迟滞的方法。如果我们将单层石墨烯(SLG)或双层石墨烯(BLG)插入传统的RRAM中,如电极或界面层,产生的结果令我们非常感兴趣,在接下来的内容中,我们将介绍石墨烯及其特性,并演示一些石墨烯器件,大家可从中发现一些有趣的现象。除此之外,我们将介绍一些基于石墨烯的突触器件,这可以避免上述的一些问题。

## 4.2 石墨烯简介

石墨烯于2004年被发现,由于其独特的内在结构和电学性能等,受到了广泛的关注。人们正在探索石墨烯的独特特性,希望将其应用于广泛的领域,比如将石墨烯用于传感器或其他高速光电器件。众所周知,石墨烯的单层结构是紧凑的二维蜂窝晶格,晶格常数为$a=0.247$nm,这意味着相邻原子的距离约为0.142nm,如图4.5(a)所示。许多文献已经报道了,相邻单层石墨烯(SLG)的厚度为0.33nm,多层石墨烯的厚度与层数成正比,如图4.5(b)所示。

本征石墨烯是一种天然的零带隙材料,由于$K$和$K'$(类似狄拉克点)在倒易空间中重合,因此表现出了同等的导带和价带,如图4.6(a)所示。上述讨论显示了零有效电子和空穴质量,引起的超高迁移率可达230000cm$^2$/(V·s),这大大高于传统半导体材料,在室温(297 K)下,少量掺杂硅的传统半导体材料的迁移率为1350cm$^2$/(V·s)。需要注意,一些不可避免的内在或外在原因可能限制了迁移率的发展,包括晶格缺陷的杂质、生长过程或转换过程中形成的晶界以及纵向声子散射。

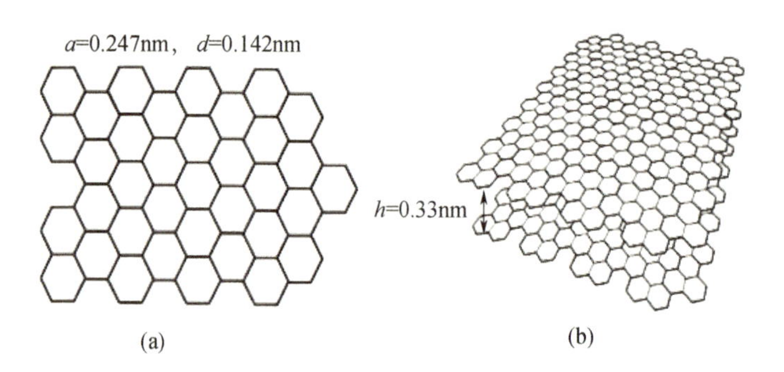


图 4.5 石墨烯结构

(a)蜂窝晶格及石墨烯的晶格常数；(b)两个相邻层的厚度。

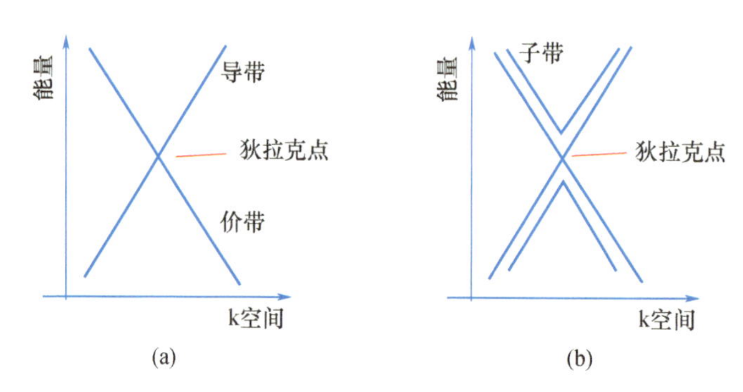


图 4.6 单层和双层石墨烯的能带结构

(a)在单层石墨烯中，导带和价带在某一点上重叠，即被称为“狄拉克点”；
(b)在双层石墨烯中，有两个子带，在本征双层石墨烯中，没有带隙。

此外，石墨烯还表现出可以通过外加电场来调节的双极电荷载流子。当栅极上的正偏压被抑制时，费米能级将被更新，并将高于狄拉克点，我们可以了解到，大多数载流子都是电子。相反，由于负偏差的影响，费米能级将低于狄拉克点，这将导致空穴成为主要载体，如图 4.7 所示。

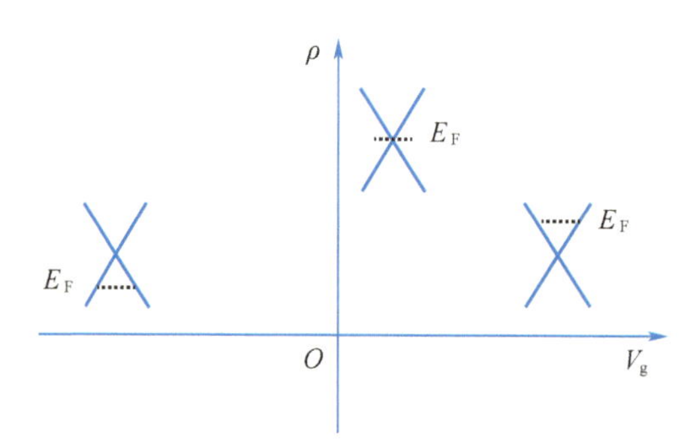


图 4.7 石墨烯的双极电学传输特性

正栅极偏压引起费米能级的升高。相反地，负栅极偏压导致费米能级下降。

上面我们讨论的石墨烯是单层石墨烯(SLG)，但在某些情况下，双层石墨烯显示了一些可以用于器件的独特特性。双层石墨烯的能带结构与单层石墨烯的能带结构有很大的不同；在导带和价带中增加了两个子带，如图 4.6(b)所示，在双层石墨烯上施加一个纵向电场可引起带隙[29-30]。但对于三层石墨烯的能带,导带和价带部分重叠。如果石墨烯的层数继续增加,导带与价带的重叠程度将继续增加,石墨烯的性质将逐渐由半金属半导体转变为金属。

在接下来的几节中,我们将展示几个基于石墨烯的电阻式存储器和突触器件。在4.3节中将介绍器件结构,可以发现当在电极和/或氧化金属界面插入一层石墨烯时,可以有效地降低器件的功耗。

## 4.3 石墨烯用作可变电阻式存储器中的插入层

### 4.3.1 选择石墨烯作为可变电阻式存储器插入层的原因

在氧空位基的可变电阻式存储器器件中[22],由电场分离氧空位和氧离子形成丝极。其中一个问题是,由于氧离子的迁移和高成形电压,氧离子将被困在顶部电极中,并且很难回到电阻开关层。该机制能很好地诱导器件在不同的试验和非线性的权重更新之间变化,这对人工突触器件非常不利。此外,高漏电流和复位电流驱动我们寻找插入层,以避免这些问题。

### 4.3.2 器件结构比较

如图4.8(b)所示,传统的电阻式开关随机存取存储器具有金属-绝缘体-金属(MIM)结构,我们在器件中将单层石墨烯[31]插入底部电极和电阻式开关层之间,如图4.8(a)所示。在$HfO_x$基的可变电阻式存储器(RRAM)中,$HfO_x$是电阻式开关的功能层;由氧空位形成和裂开丝极,并使得RRAM器件介于低阻态(LRS)和高阻态(HRS)之间。底部电极可以是许多种金属材料,为了更好地与石墨烯插入器件进行比较,我们使用铂作为顶部电极,其功函数为5.64eV,能与$HfO_x$接触得更好。我们使用的顶部电极是TiN/Ti;TiN作为钛的致密保护层,也可以用于探测,钛与石墨烯具有良好的欧姆接触,其工作函数为4.35eV,与石墨烯的功函数4.5eV非常接近。五种材料的功函数比较[31]如图4.9所示。

简单地说,SLG被用作"隔氧层",以防止氧离子进一步深入金属电极中。我们可以假设势垒效应会引起外部电阻,从而在一定程度上降低了复位电流。这对于低功耗器件的应用非常重要。

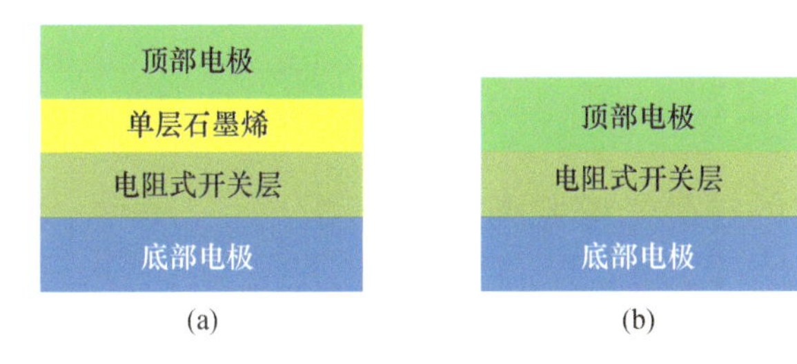


图4.8 电阻开关随机存取存储器的垂直结构
(a)石墨烯插入式RRAM;(b)传统RRAM。

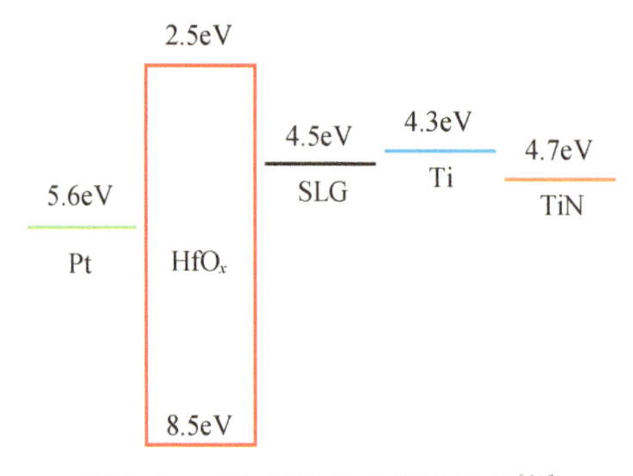


图 4.9　五种材料的功函数比较[31]

### 4.3.3　器件制备

名义上，首先制备带有嵌入式铂(Pt)底部电极的平面，然后使用原子层沉积(ALD) $HfO_x$(5nm)，如图 4.10(a)所示。原子层沉积$HfO_x$的条件是腔室的基本压力为 13.33 ~ 26.66Pa，采用四(二乙胺)铪和水作为前驱体，在 200℃ 的热标准下进行 40 个循环。然后，将生长的 SLG 转移到图 4.10(b)的基底上，并通过光刻和氧等离子体刻蚀图案，如图 4.10(c)所示。最后，通过光刻和干式蚀刻沉积和图刻顶部电极(图 4.10(d))。钛与石墨烯接触作为黏附层，TiN 用于顶部进行探测。完成整个过程[31]后，SLG 覆盖的区域定义为 G - RRAM，SLG 未覆盖的区域定义为 C - RRAM。图 4.10(e)显示了在 4 英寸(1 英寸 = 25.4mm)晶圆片中带有石墨烯的 RRAM(G - RRAM)和没有石墨烯阵列的对照样品(C - RRAM)[31]。

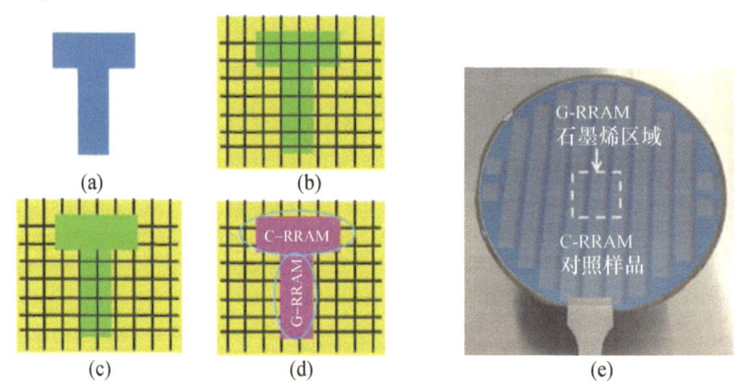


图 4.10　G - RRAM 的制备方法[31]

(a)首先对底部电极进行图刻(蓝色区域代表铂)；(b)SLG 的转移及$HfO_x$沉积(黄色区域代表$HfO_x$，而网格代表单层石墨烯)；(c)SLG 的图刻过程；(d)最终结构 G - RRAM(含石墨烯)和 C - RRAM(不含石墨烯)；(e)4 英寸晶圆片上 G - RRAM 和 C - RRAM 阵列图示。

### 4.3.4　通过石墨烯的拉曼光谱监测氧的活动

由于拉曼散射是表征石墨烯结构信息的一种有效方法，因此在循环过程中拉曼显微镜与 SLG 耦合可以探测 RRAM 内部的变化。由 2D 峰和 G 峰在拉曼光谱中的位置，我们可以定义 SLG 的掺杂类型，从中我们可以得知决定该现象的主要是氧离子[31]。由于 D 峰的高度，我们也可以知道晶格缺陷。

1. 器件制造过程中的拉曼光谱

通过比较石墨烯在初始转移和集成过程后的拉曼光谱[32]，可以评估石墨烯的损伤，如图4.11(a)所示。G峰位置($1584cm^{-1}$处)与本征SLG峰相同($1583cm^{-1} \pm 1cm^{-1}$处)。实验结果表明，与制备器件(如Ti/TiN溅射)后的D峰相比，SLG转移后的D峰确实较低，符合我们的认识。需要注意2D峰值在制备G-RRAM后出现了明显的下降，这主要是由于石墨烯的掺杂效应所致。$H_2O$作为去离子水，在清洁过程中必不可少，可能是p型掺杂剂。此外，如上文所述，氧等离子体是隐蔽性p型掺杂剂，在石墨烯的边缘可能有一些残余物。氧的存在可显著降低2D峰。

2. 操作过程中的拉曼光谱

交叉棒结构可以有效地显示RRAM的性能，如图4.10(d)所示。重叠面积约$0.5\mu m \times 0.5\mu m$，转移石墨烯面积约$10\mu m \times 10\mu m$。

为了更好地理解和进行定量分析，使用单点拉曼测量在同一位置进行9次置位/复位操作循环。图4.11(b)显示了石墨烯关键信息，从中可以确定以下内容：

通过提取分析D峰的强度，发现D峰高度随置位/复位过程而降低；相关人员已经报道了通过退火可以修复石墨烯的晶格结构，并降低D峰强度。在每一次的置位/复位操作中，产生了大量的热量，石墨烯吸收热量并恢复其C—C晶格结构[31]。因此，使得D峰继续下降。

在每个周期的置位操作后，G峰移动到波数较大的位置，复位操作后移动较小的波数。G峰的位置对应于石墨烯的掺杂浓度。

由此我们可以分析得知，在置位过程中，氧离子从氧化层向上移动到石墨烯，并与石墨烯缺陷结合形成共价键，使石墨烯掺杂成p型。因此，拉曼G峰向较大的波数转移，2D峰强度降低。在复位操作中，氧离子在反向电场作用下被拉回到氧化层，并与氧空位重新结合。这一过程将使石墨烯本征化，从而将G峰转移到小波数，增加2D峰的强度。该机制如图4.11(c)和(d)所示。

3. 降低能耗

图4.12(a)显示了该器件的成形曲线。试验结果表明，G-RRAM比C-RRAM具有更高的成形电压。这是因为G-RRAM具有更大的内置电阻。如图4.12(b)所示，随着G-RRAM和C-RRAM在同一置位顺应性电流下的置位和复位翻转曲线，通过插入石墨烯G-RRAM整体电阻增强。G-RRAM的复位电流比C-RRAM的复位电流低两个数量级。图4.12(c)数据显示了G-RRAM和C-RRAM在100个循环的复位电流分布。结果表明，平均复位电流下降至近1/11。此外，石墨烯的引入提高了复位电流分布的均匀性。值得注意的是，$10\mu A$置位组饱和电流不是C-RRAM的最佳运行条件。如图4.12(d)所示，在$10\mu A$顺应性电流下，C-RRAM器件在40个循环后性能下降，HRS电阻显著下降，导致电阻开关窗口降低。当置位顺应电流为$100\mu A$时，该器件可运行100多个循环，因此$100\mu A$是C-RRAM的最佳运行条件。如图4.12(e)所示，当两个器件都处于最佳运行状态时，即C-RRAM使用$100\mu A$的置位顺应电流和G-RRAM使用$10\mu A$的置位饱和电流，可以看出G-RRAM的复位电流比C-RRAM的复位电流高。图4.12(g)显示了G-RRAM和C-RRAM的电阻分布。RRAM的HRS分布均匀性明显高于C-RRAM。G-RRAM的HRS均匀性不如LRS，HRS电阻分布的均匀性也有进一步的改进空间。

图4.12(h)显示了G－RRAM在100个循环的HRS/LRS循环特征曲线。LRS的电阻在1MΩ左右分布比较均匀，而HRS的电阻波动较大。对于传统RRAM的常见存储器，HRS与LRS的比值大于10，可以满足数据存储应用，但对于新存储器，例如STT－RAM的HRS与LRS的比值可以满足应用要求。图4.12(h)显示了G－RRAM的HRS和LRS的比值大于6，刚好达到存储器应用的阈值。然后分析了该器件的功耗，并通过将复位电流与电压值相乘得到存储器的功耗。图4.12(i)比较了该器件的功耗与C－RRAM的功耗。C－RRAM比G－RRAM的功耗高47倍左右。

G－RRAM也显示了强大的数据保留能力，如图4.13(a)所示；在100℃时，存储时间可能超过$10^5$s(约27.8h)。此外，G－RRAM显示了一个多级电阻，可以存储比C－RRAM更多的信息(图4.13(b))。改变置位饱和电流可以改变氧化层导丝的半径，从而控制低阻状态。

从这两个方面我们可以发现，首先石墨烯插入层可以成为阻止氧离子进入顶部电极的氧气势垒，拉曼光谱可以证明此点；其次，单层石墨烯可以大大提高电阻，降低功耗。我们可以推断出单层石墨烯与氧化层界面的电阻可能非常高，因为正如上述钛的功函数接近石墨烯的功函数。因此，热量会集中并在G－RRAM产生退火效应，但在C－RRAM中，热量在导丝中分布均匀。

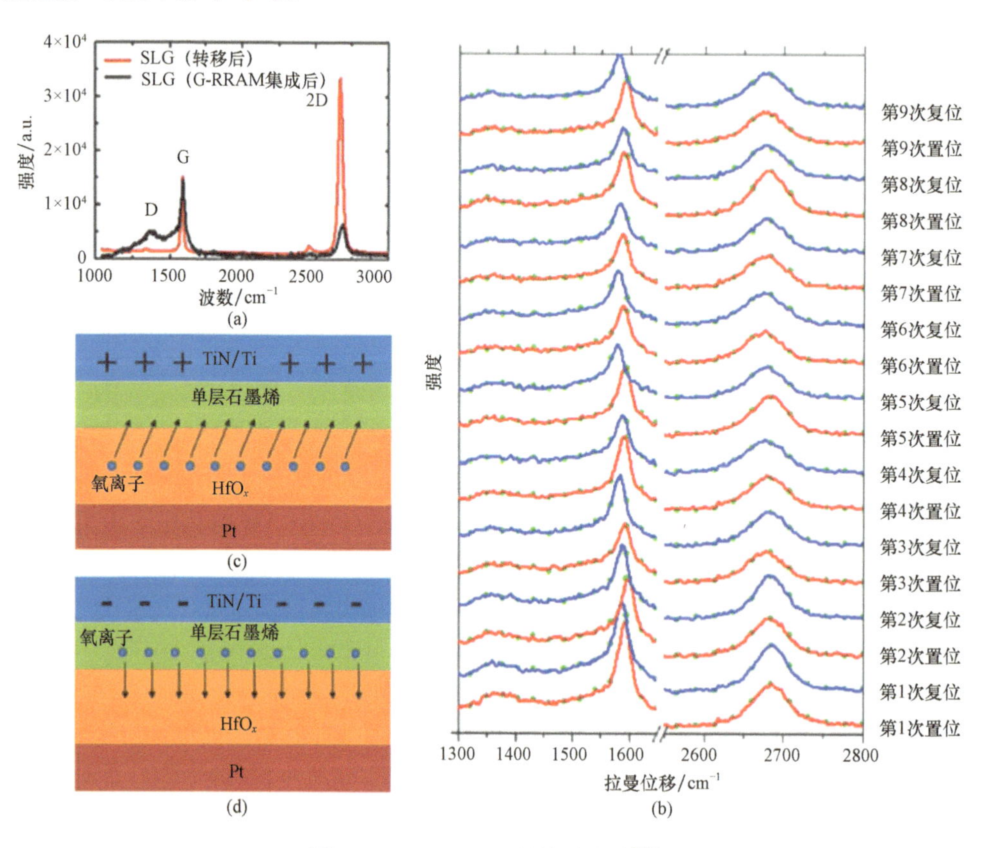


图4.11　G－RRAM的拉曼光谱[31]

(a)集成处理后的转移的石墨烯(红线)与石墨烯(黑线)的拉曼光谱的比较；
(b)9次循环中的置位/复位后的拉曼光谱；(c)、(d)G－RRAM的机制。

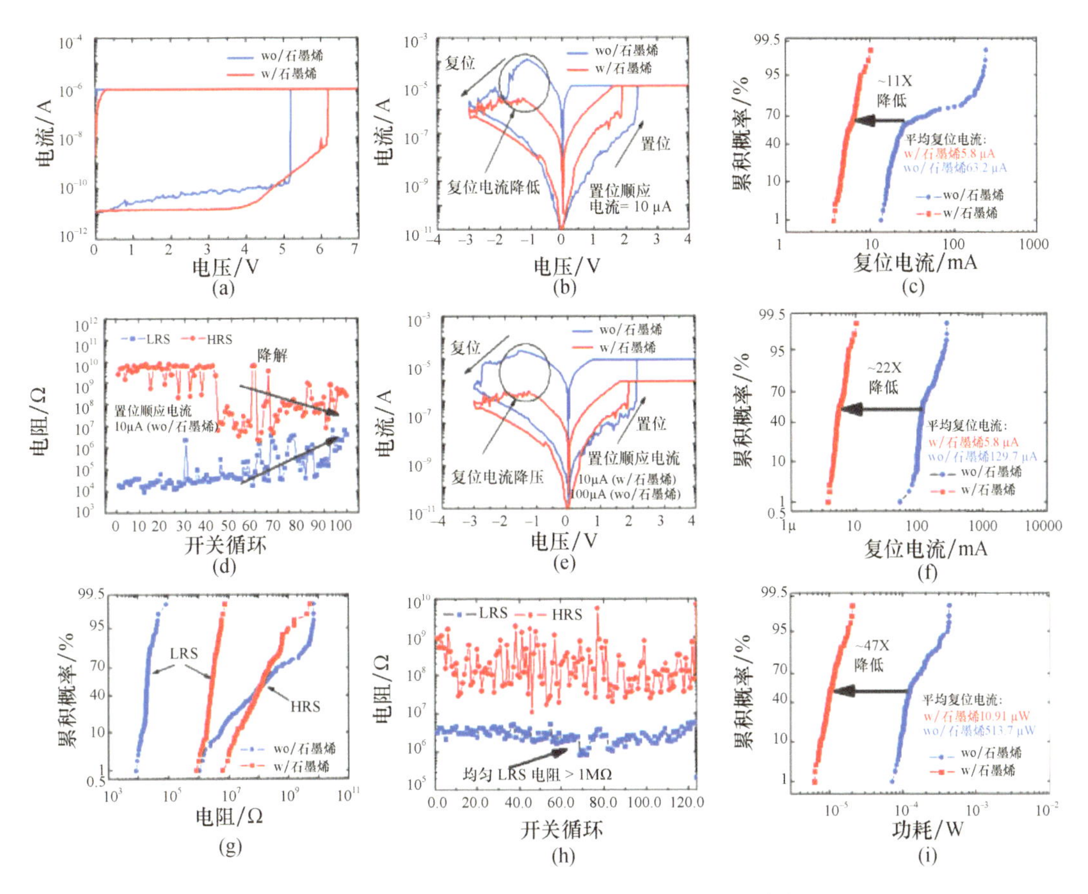

图 4.12 G - RRAM 和 C - RRAM 的电学性能[31]

(a)G - RRAM 和 C - RRAM 中形成电压的比较;(b)在相同顺应电流下 G - RRAM 和 C - RRAM 中置位/复位循环曲线的比较;(c)G - RRAM 中的低复位电流;(d)10μA 顺应电流下 C - RRAM 的降解;(e)、(f)C - RRAM 和 G - RRAM 在最佳条件下的性能比较;(g)、(h)G - RRAM 和 C - RRAM 中电阻的分布;(i)两个器件之间的功耗比较。

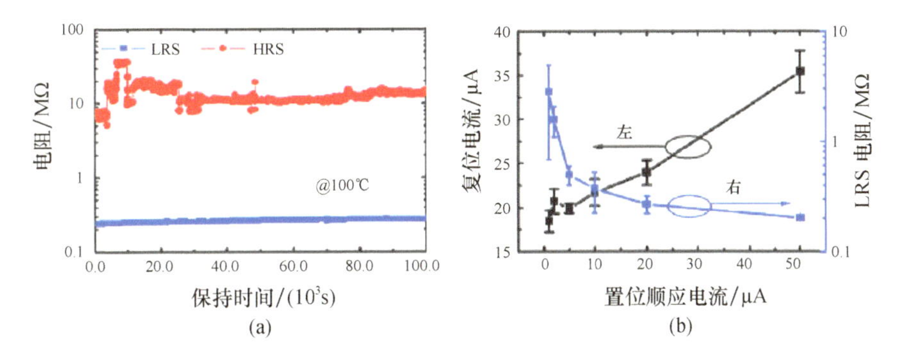

图 4.13 (a)G - RRAM 的保留时间,可以存储超过 100000s 的信息,而且变化非常小;(b)G - RRAM 存储多级电阻的容量[31]

# 4.4 石墨烯用作可变电阻式存储器中的电极

## 4.4.1 选择石墨烯作为电极的原因

### 4.4.1.1 柔性电极

由于硅的弹性模量高约为190GPa，并具有良好的力学性能，因此其被广泛用作电极，它可以避免核心电路结构受到外界环境的影响。然而，随着人工智能的发展、对微机电系统（MEMS）技术的需求以及可穿戴技术的不断发展，传统的硅基 CMOS 制作遇到了极大的挑战。以人体可穿戴器件为例，集成电路必须适应复杂的皮肤表面，传统的硅基 CMOS 器件基本无法实现这一目标；然而，石墨烯由于弹性模量较高[33]，单层石墨烯的弹性模量可以达到1 TPa，因此可以成功实现这一目标。Frank 等[34]报道了厚度为2～8nm 石墨烯的杨氏模量为0.5 TPa 左右。所有这些都证明石墨烯具有高的弹性模量。测试方法[33]如下（图4.14）。

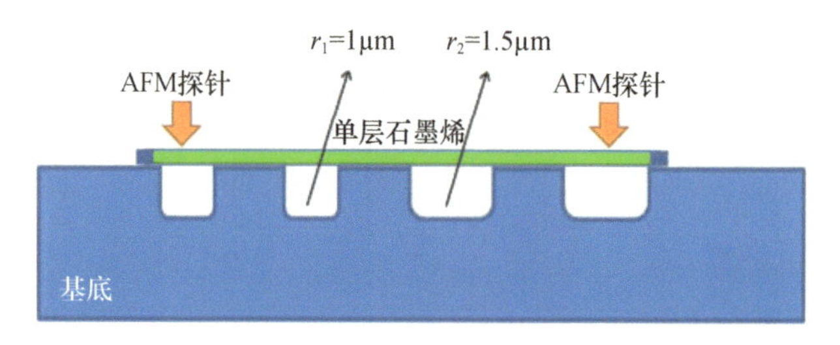


图4.14 AFM 探针对石墨烯薄膜施加压力的示意图

首先，通过机械剥离将单层石墨烯转移到带空穴的基底上，通过显微镜测量发现空穴的半径分别为1μm 和1.5μm。通过原子力显微镜（AFM）探针对石墨烯薄膜施加压力测定发现，单层石墨烯薄膜的临界破裂强度约为42N/m。根据其他参数，可以发现单层石墨烯具有1TPa 弹性模量。

因此如前所述，石墨烯（单层和双层）的力学性能和本征半金属特性显示出其能更好替代硅基底，能广泛应用于极不均匀的界面。

### 4.4.1.2 大规模生产的可行性

使用石墨烯作为电极的一个障碍是能否实现大规模生产，这在工业应用中也很重要。然而，在2009年，Rodney 等[35]已经报道了以铜为绝缘基底制备大规模单层石墨烯的方法。在这种方法中，在铜上生长的石墨烯单层覆盖率在95%以上，而且在铜的晶界上可以连续形成石墨烯薄膜。这个过程如图4.15所示。此外，Jing 等[37]和 Byung 等[38]于2009年报道了以镍为基底制备单层和多层石墨烯薄膜的方法，并报道了图示过程。到目前为止，已经展示了许多使用石墨烯制备的器件，我们认为，在不久的将来石墨烯应用于电极将成为常态。

### 4.4.1.3 栅极可调性

Chiu 等[39]在2010年报道了，在实验中利用单层石墨烯作为导电通道，并通过改变栅极偏压，可以显示出在漏极电极上给定偏压下电流的变化。理想的电流电压传递曲线如

图4.16所示。由于氧气($O_2$)和水($H_2O$)的p型掺杂,实际曲线和理想曲线之间差别很小。电导的变化对应于费米能级的变化,如图4.16所示。

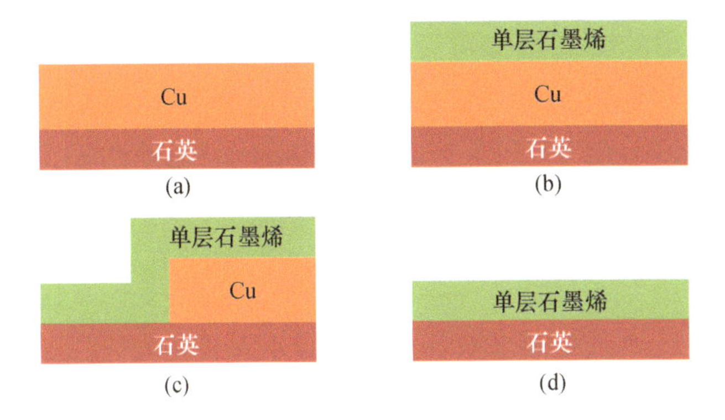


图4.15 以铜为基底制备单层石墨烯的整个过程[36]
(a)首先在介电层(石英)上蒸发铜层;(b)经过化学气相沉积过程;
(c)金属蚀刻过程;(d)在基底上留下单层石墨烯。

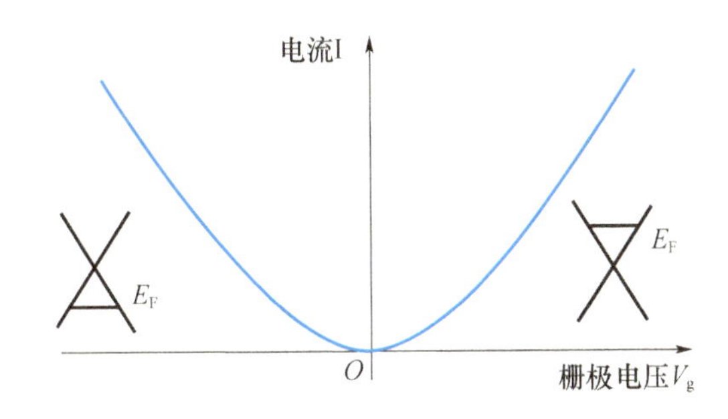


图4.16 恒定偏压与$I-V_g$曲线的关系,单层石墨烯作为通道材料

双层石墨烯增加了一层,显示出与单层石墨烯完全不同的能带结构[40]。双层石墨烯的A-B堆叠也显示了零带隙,这可能会被不对称性打破。通过化学掺杂外延石墨烯层,发现了带隙,随后Zhang等在2009年[30]也报道了栅极的可调性,发现连续可调性带隙可达250meV。

这为我们提供了可行的思路,即利用石墨烯可以改变背栅极,从而控制载流子的强度和带隙;电场也可以通过与金属完全不同的石墨烯薄膜,目的是控制氧离子在电阻式开关层的迁移。

#### 4.4.1.4 捕获氧离子的能力

许多RRAM是基于氧离子迁移形成丝极所引起的氧空位;另外,高K绝缘体也主要使用金属氧化物。所有这些材料都可以在内部移动氧离子。

Ito等[41]报道了石墨烯可以很好地吸收氧离子。石墨烯薄膜上有四种不同氧原子排列模型,它们的覆盖范围各不相同,分别为50%($C_2O$)、25%($C_8O_2$)、16.7%($C_6O$)和12.5%($C_8O$)。

石墨烯能够捕获氧气,而氧气可以在石墨烯上快速移动,并最终与石墨烯形成适中的共价键。氧与石墨烯结合是可逆过程,也就是说在电场作用下,氧也可以脱离石墨烯。

上述讨论表明由于石墨烯具有很好的柔韧性且适合大规模生产,还有栅极可调谐能力和吸附氧离子的能力，因此可以作为电极。在这里，我们将介绍一些用石墨烯作为电极的 RRAM 结构，每个器件在某些方面都表现出良好的性能。

### 4.4.2 基于石墨烯的鳍式结构可变电阻式存储器[42]

在该器件中，还原氧化石墨烯被用作底部电极，由于引入了激光划线石墨烯（LSG），因此该器件显示了鳍式结构[42]。4.4.2.4 节介绍该器件的电学性能。

#### 4.4.2.1 鳍式结构的优势

FinFET 是延续摩尔定律的主流方法。鳍式结构的优势在于它能够改善对栅极通道的控制，但是很少有研究报道基于鳍式结构的电阻存储器。对于 RRAM，鳍式结构还可以使有效接触面积增大，从而降低工作电压[43]，减小器件的尺寸。简化的鳍式结构如图 4.17所示。

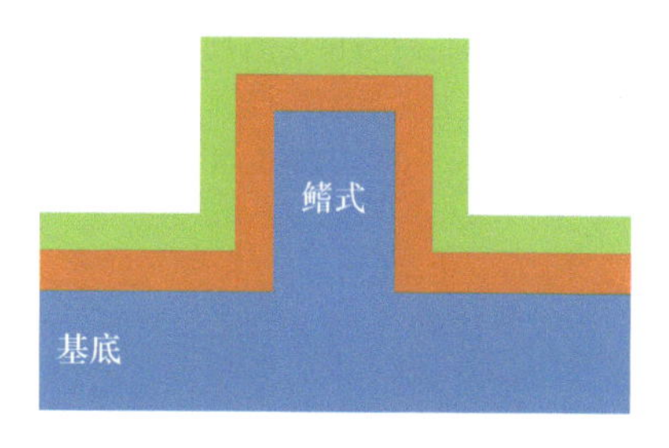


图 4.17 简化的鳍式结构

#### 4.4.2.2 激光划线石墨烯——形成鳍式结构的方法

采用化学方法可以获得大面积、低成本的氧化石墨烯薄膜。为了获得精确的石墨烯图案，内置激光划线功能的 DVD 刻录机可以用来加热氧化石墨烯，这称为还原氧化石墨烯图案。LSG 的优势是可以用一步激光直接划线法生长和划线石墨烯材料，不同器件结构的形状可以印在同一基底上，还可作为石墨烯材料制备 - 器件设计 - 晶片上集成处理平台。主要方法如图 4.18 所示。根据图 4.18，我们可以推断出被激光照射的区域显示了鳍式结构。以下还有一些关于 LSG 的关键信息。

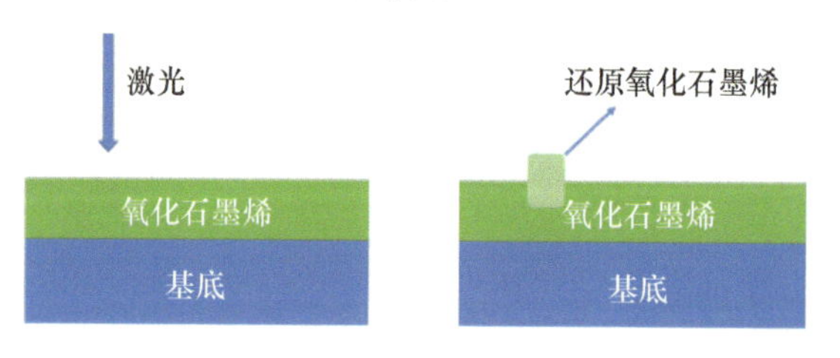


图 4.18 LSG 的主要过程（左（右）图显示了 LSG 前（后）的结构）

（1）激光辐照后，还原氧化石墨烯呈现蓬松结构。由于激光脉冲的热冲击，反应与传统的方法有很大的不同[44]；激光辐照使氧官能团氧化成氧气，氧气的暴露过程将冲击石墨烯层，这显示了更快的过程，可以在 25min 内诱导 100cm$^2$ 的还原氧化石墨烯，这使得石墨烯可能成为电极。

（2）实验中，可以通过激光脉冲的次数来控制还原氧化石墨烯的电导率。划线时间越长，还原程度越高，电阻越低。电阻的可控性也显示了石墨烯作为电极的优势。

(3)图案的精度取决于激光光斑的半径。我们使用的激光光斑半径约为10μm,因为在还原氧化石墨烯的蓬松结构中,实际线宽约为20μm。由于激光脉冲的可移动性,其显示了处理远距离图像的能力,这也使得石墨烯可作为电极。

#### 4.4.2.3 器件制造工艺

图4.19显示了制备的LSG-RRAM的结构。首先通过电纺将氧化石墨烯薄膜加到柔性基底上,厚度约为1 μm。LSG制备完成后,再制备约10 μm的还原氧化石墨烯。然后,用热蒸发或原子层沉积(ALD)10nm $HfO_x$。最后,采用固化银浆或低温溅射形成顶部电极,这可以避免还原氧化石墨烯进一步氧化。整个过程如图4.19(a)~(d)所示。

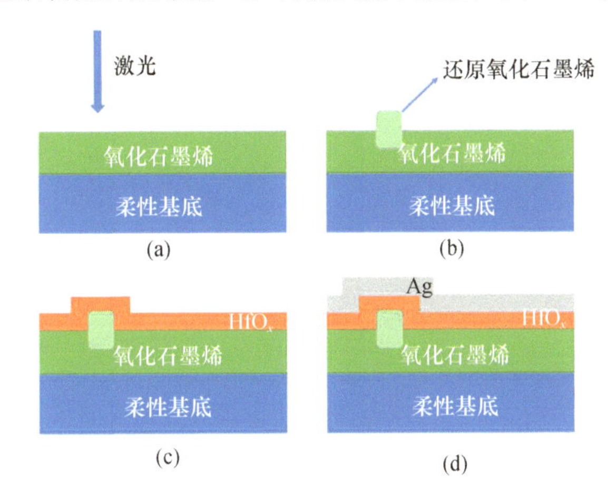


图4.19 LSG-RRAM的形貌和制备方法[42]

(a)该氧化石墨烯薄膜在该柔性基底上分布良好;通过CMOS技术,可用主流基底取代该柔性基底。激光聚焦在氧化石墨烯薄膜上。(b)在激光聚焦后,氧化石墨烯还原为还原氧化石墨烯。由于其蓬松的结构,现实了鳍结构。(c)由ALD沉积10nm$HfO_x$。(d)由于还原氧化石墨烯的温度敏感性,银在低温下溅射。

#### 4.4.2.4 电学性能

在顶部电极(银)应用直流扫描,且将底部电极(rGO)接地。在传统的RRAM中,成形电压比设置电压高得多,这确实是困扰我们的问题,因为如果我们应用它,我们必须设计一个额外的电路或应用过量的特定脉冲,这会使整个电路更加复杂,但是在图4.20的所示的LSG-RRAM中,我们发现成形电压几乎与第一次置位电压相同,甚至比第一次置位电压低,我们可以将此现象定义为“自由成形”[22]并可以从中受益,上述内容已证明此点。此外,图4.20显示建立了逐步置位过程,在4.4.2.5节将解释该机制。

此外,我们可以在不同顺应电流级别(100μA、500μA和1mA)操作该器件,这对应于一个HRS和三个不同的LRS,这意味着该器件可以存储2bit,如图4.21所示。我们使用的顺应电流越高,电阻开关窗口越大和置位/复位电压越高,这是因为导丝的半径更大,如图4.20所示。此外,HRS和LRS的分布均匀性好,器件在室温下保持时间超过$10^4$ s(2.78h)。

#### 4.4.2.5 器件机制

由于银离子和氧空位都能形成丝极,为了更好地理解上述现象,我们制备了一些对照样品,以此揭示该器件的工作原理,如Pt/$HfO_x$/rGO、Ag/$HfO_x$/ITO等。

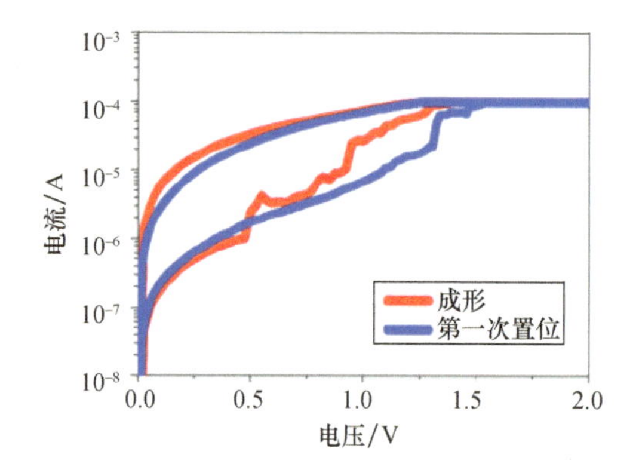


图 4.20　成形过程和第一次置位的 $I-V$ 曲线的比较[42]

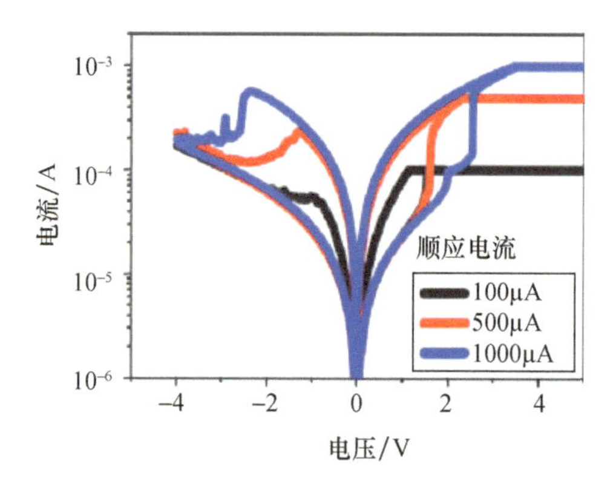


图 4.21　LSG－RRAM 中的多位存储能力[42]

假设丝极包含银离子，由于电子的散射，丝极电导将与温度成正比[45]。假设丝极由氧空位形成，根据先前的研究，可以发现电导几乎相同[46]。根据这些假设，图 4.22 显示了温度和电阻的关系，主要体现在以下三点。

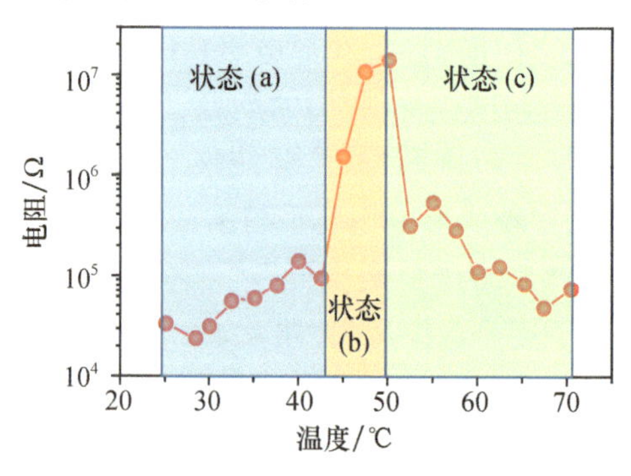


图 4.22　温度与电阻的关系[45]（图像转载自文献[42]）

（1）状态（a）符合我们上述假设，因此可以考虑由银离子组成的丝极。

（2）由于较薄丝极表面能较高，如图 4.23 所示，因此丝极会溶解，从而导致状态（b）的电导较高。

（3）由于高温会将银原子转移到银离子和电子中，因此丝极会再次出现并导致状态（c）的电阻下降。

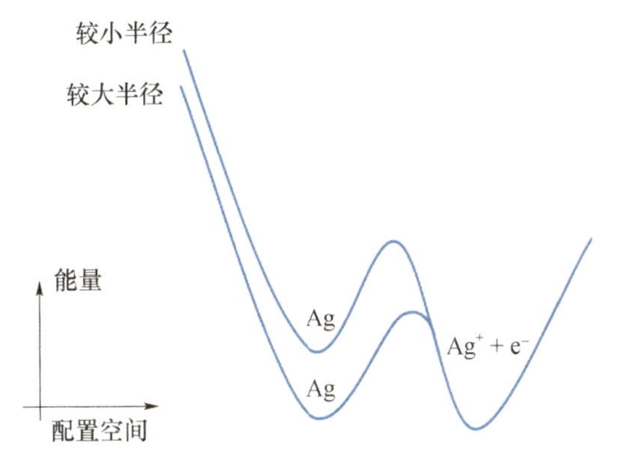


图 4.23 银和银离子的能带结构

为了进一步改善银离子组成的丝极，Pt/$HfO_x$/rGO 的成形电压在 2V 左右，比 Ag/$HfO_x$/ITO 和 Ag/$HfO_x$/rGO(约 0.5V)高许多，如图 4.24(a)所示。这些都证明了 LSG - RRAM 是阳离子基的 RRAM，可以显示双极开关曲线，而可以通过电阻开关层的阳离子迁移和隧穿电流模型来解释逐步置位曲线。

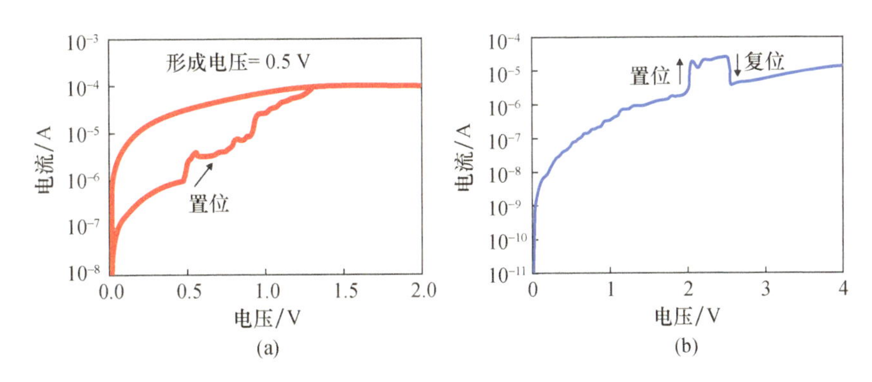


图 4.24 不同顶部电极的比较[42]

(a)银作为顶部电极；(b)铂作为顶部电极。

#### 4.4.2.6 前景展望

在这种石墨烯基的鳍式结构 RRAM 器件中，其不仅显示了多位存储能力，而且显示了成形自由、灵活、传输自由的特性。同时它也证明了大规模生产的成本效益和可行性。以上结果表明，用石墨烯作为 LSG 是一种很有前途的方法，可以生产出能应用于实际的更多电路和系统。

### 4.4.3 栅控双层石墨烯电极可变电阻式存储器

在这种栅控双层石墨烯(BLG)电极可变电阻式存储器(RRAM)中[47]，BLG 与金作为 RRAM 的底部电极。由于背栅极的可调性，BLG 的带隙将打开，从而产生一些特殊的功能，这将在下面讨论。

#### 4.4.3.1 使用栅控 RRAM 的原因

目前，控制 RRAM 的主流结构是 1S1R 结构[48]，这是指一个选择器和一个寄存器，如图 4.25 所示。选择器用于控制是否选择存储器，寄存器用于存储信息。另外，相关人员普遍认为RRAM器件是一种NVM，仅有两个终端。但由于引入了额外的选择器，因此1S1R结构带来了复杂性，并扩大了阵列的尺寸。单层石墨烯[40]和BLG的栅极可调性吸引我们利用这一特性，因此双终端RRAM将被转移为三端或多端RRAM，从而能够利用背栅极代替选择器。

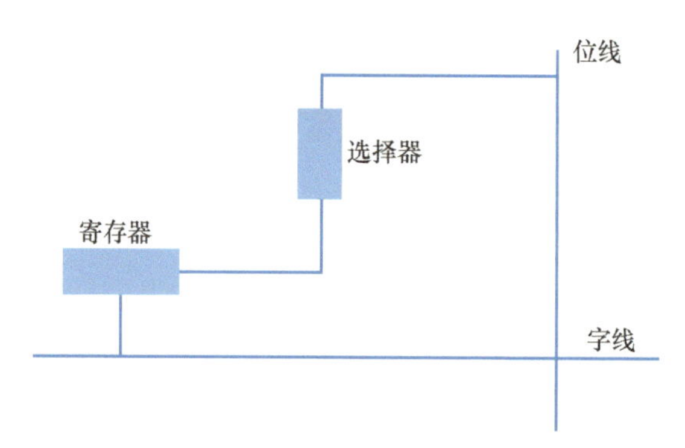


图4.25 简化1S1R结构

#### 4.4.3.2 器件制造工艺

图4.26(c)显示了栅控电阻开关存储器(GC-RRAM)的示意图[47]。采用化学气相沉积(CVD)在基底上生长出具有A-B叠层且无旋转角的BLG，将硅作为背栅极，290nm的$SiO_2$为绝缘层。在生长了BLG后，分别用三种电子束模式定义石墨烯、金电极和铝电极。最后一步是将样品放入纯氧气中24h左右，在5nm$HfO_x$周围氧化。整个制备过程如图4.26(a)~(c)所示。它的形态显示了有四个可用电极，这远远超过了传统的双端器件。此外，通过自然氧化铝便于制备电阻式开关层，这吸引了不少的工程师将其用于更多场合。

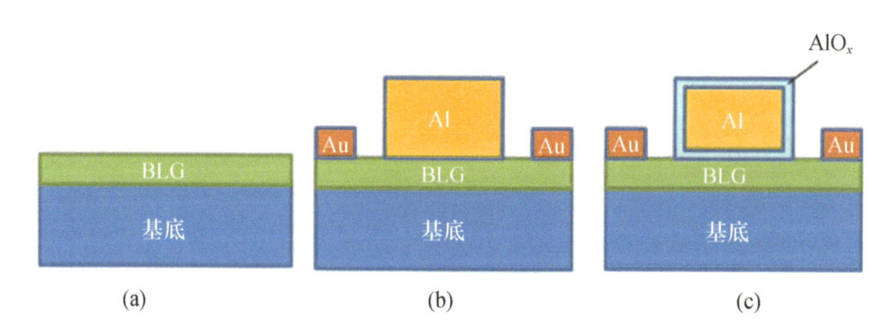


图4.26 GC-RRAM器件的示意图

(a)用CVD方法在基底上生长双层石墨烯；(b)由电子束模式定义该电极；(c)形成天然氧化层。

#### 4.4.3.3 电学性能

为了研究GC-RRAM器件的电学性能，首先证明背栅极的可调谐性。通过改变背栅偏压来测量与上栅电压相关的漏极源电阻；测试结构如图4.27(a)所示，结果如图4.27(b)所示。结果表明，不同的背栅偏差会导致不同的开关比，而背栅偏压的降低会导致较大的开关比。每条曲线的最高点是BLG的狄拉克点。上述实验结果表明，由背栅偏压打开带隙。从另一个角度来看，应该用恒定背栅偏压和上栅偏压来测量$I_d-V_d$曲线。如果发现了非线性，也可以证明此结果。

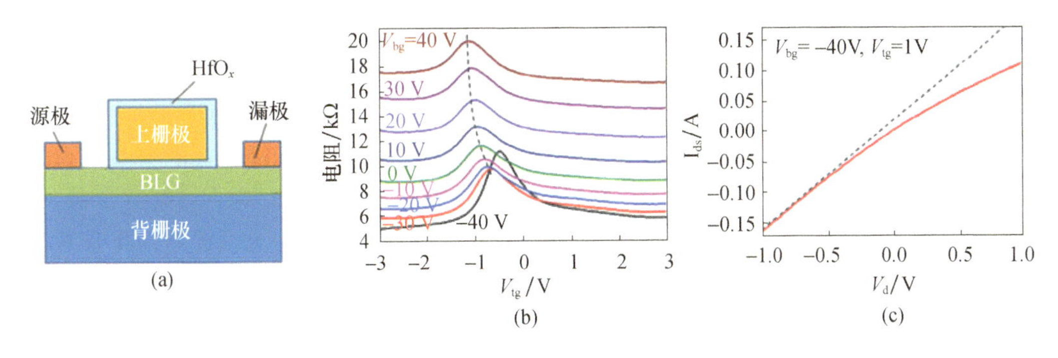


图 4.27 测试测量[47]

(a) GC－RRAM 器件的测试结构；(b) $R_{ds}$ 与 $V_{tg}$ 的关系；

(c) 带背栅偏压和上栅偏压的 $I_{ds}-V_d$ 曲线(虚线显示线性)。

然后，我们通过此器件测试 RRAM 模型。该结构如图 4.28(b) 所示；铝作为上电极，$AlO_x$ 作为开关层，BLG 作为下电极。与传统双端 RRAM 器件相比，增加了背栅极。当采用零背栅偏压时，该器件的性能基本与传统的 RRAM 一致。但随着背栅偏压的增大和相同顺应性电流增大，置位窗口变大，这就意味着置位电压更高。此外，当背栅偏压为 －10V 时，置位窗口消失；另外，当恒定背栅偏压为 －35V 时，伴随正负直流扫描循环，当开始正直流扫描时，器件立即转向 LR。这个“预置”现象引起了我们的兴趣，我们将在 4.4.3.4 节解释这个机制。

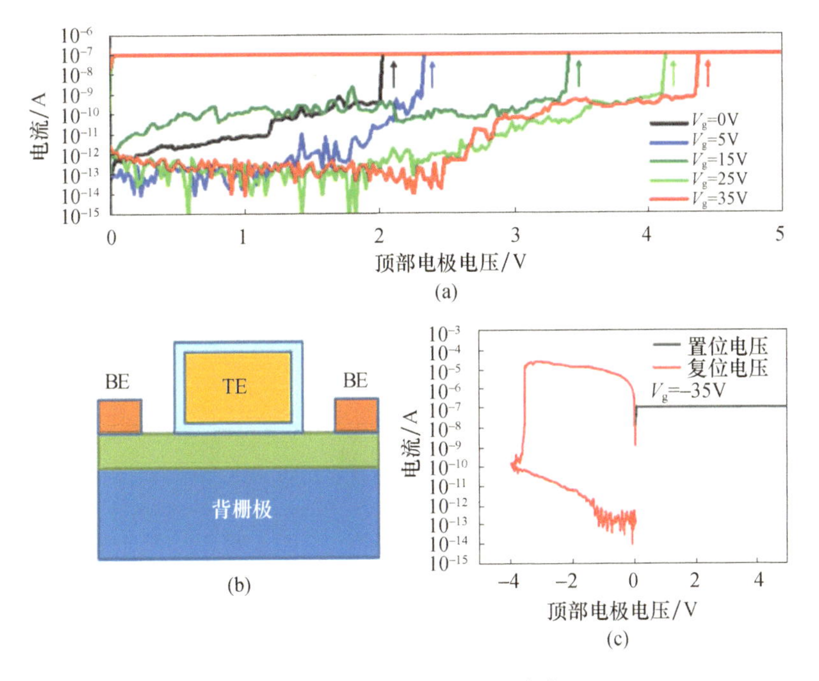


图 4.28 RRAM 测试结果[47]

(a) 可控置位窗口；(b) 该器件的形态；(c) 在给定背栅偏压下的 $I-V$ 曲线( －35V)。

#### 4.4.3.4 器件机制

当在背栅极施加电压时，从背栅极发出的电力线可以穿透 BLG 进入 $AlO_x$，并调节

$AlO_x$ 层的有效氧离子量，进而控制开关特性[47]。背栅极在电阻式存储器中扮演两个主要角色：一是改变形成氧空位所需的能障，然后控制氧离子从氧化物中释放的困难；另一种作用是将氧离子驱动到顶部或底部电极上。当施加负栅极电压时，电阻式存储器处于"氧离子聚集状态"，如图 4.29(a)所示；由于 BLG 的带隙被打开，来自背栅极的电场可以穿透 BLG 进入阻隔材料，负电荷驱使氧离子进入顶部电极，从而将氧离子与氧空位分离。因此，在较低的置位电压下形成导丝；栅极电场甚至可以直接诱导在大负栅电压下形成导丝，这意味着"预置"状态。采用正栅电压时，工作原理如图 4.29(b)所示，其中电阻存储处于"氧离子耗尽状态"，电场穿透 BLG，并吸附氧离子，从而减少有效氧离子的数量。因此，需要较高的设置电压来激发足够的氧离子形成导丝。

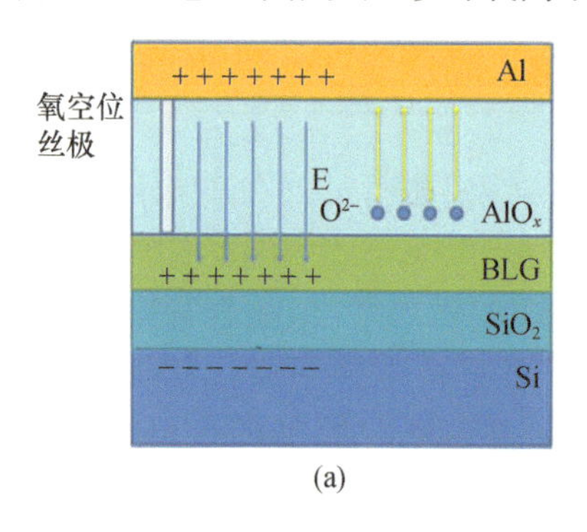

(a)

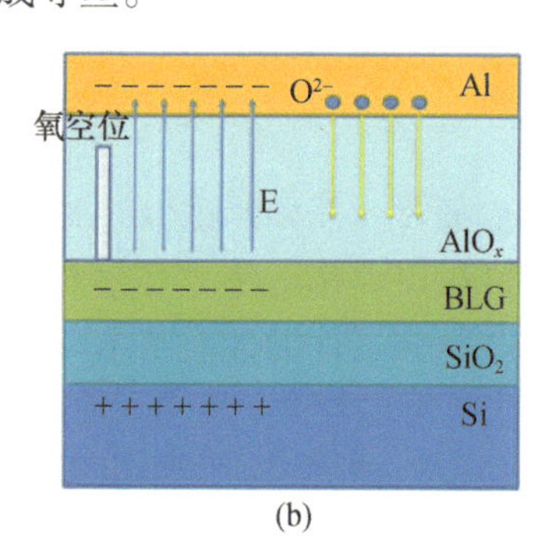

(b)

图 4.29 不同的背栅偏压极性的不同状态
(a)氧离子耗尽状态；(b)氧离子聚集状态。

#### 4.4.3.5 前景展望

数据安全是存储应用的重要组成部分。对于传统的电阻式存储器，任何人都可以直接读取和写入信息。窗口可调栅控电阻式存储器可以提供额外的控制，以便设置保护和隐藏信息。例如，当栅极电压为 35V 时，电阻存储器处于写入保护模式，这需要较高的电压来进行置位，因此它不能直接写入数据。当栅极电压为 -35V 时，器件处于读取保护状态，如果试图在低电压读取数据，则存储器中已经存在的信息被擦除。同时，该器件还可以作为选择器替代 1S1R 结构的功能。当栅极处于防写状态时，单元无法写入数据，从而避免了"半选"现象。

## 4.5 从可变电阻式存储器到突触器件

在前面的部分中，我们展示了石墨烯的一些特性，如大规模生产、栅极调谐能力和捕获氧离子的能力。从传统半导体工业的角度我们对上述特征进行了考量以适应主流技术，最重要的是没有讨论石墨烯的固有特性，例如半金属特性、单层石墨烯和 BLG 的低载流子密度、极高载流子迁移率和扭曲 BLG 等。

在本节中，我们将基于几个电阻开关式存储器，进一步探索人工突触器件，我们将讨论上述石墨烯的固有特性以及在模拟生物突触器件中应用的要点。

对于神经形态的应用，由于复位过程中阻力的逐渐减少很大程度上可以模仿"遗忘"过程，因此 RRAM 显示出作为人工突触的很大潜力。在前几节中介绍了石墨烯在 RRAM

器件中作为插入层或电极,现在基于上述研究介绍突触器件中的石墨烯。

传统 RRAM 是一种基于绝缘层软击穿的 MIM 夹层结构,它决定了电阻开关行为;另一方面,传统金属氧化物半导体场效应管(MOSFET)是一种基于反向掺杂金属半导体层的金属绝缘体半导体(MIS)三明治式结构,这是场效应晶体管(FET)的主要原理。MIM 结构和 MIS 结构的区别仅仅是介质层下面的材料,如图 4.30 所示,但是如果有一种材料可以显示半导体和金属之间不同的导电能力,则可以显示出 MOSFET 和 RRAM 的两种功能或其他一些功能,或者对我们没有很大的吸引力。BLG 由于其栅调带隙和本征零带隙,如上所述其在一定程度上满足了这一现象。在本节中,我们将更加关注 BLG 和 BLG 基突触设备,并展示一些独特的功能。

图 4.30 RRAM 结构与 MOSFET 结构的比较

(a) RRAM 结构;(b) MOSFET 结构。

## 4.5.1 基于栅控双层石墨烯的双模人工突触器件[26]

到目前为止,已经证明一些基于 RRAM 结构的人造突触只能实现兴奋性突触[49]。抑制性突触的缺乏严重制约了人工突触器件的发展。此外,传统的 RRAM 器件由于突然置位过程而表现出有限的状态,这不能有效地模拟生物“学习”过程。在该器件中,我们创造性地利用了 BLG 的半金属特性,并将其作为 RRAM 器件的底部电极,由此发现该器件可以在 RRAM 模式和 FET 模式两种不同的模式下工作。此外,可以抑制突触,并实现 166 个以上的位态,这在传统的 RRAM 器件中非常不可思议。

### 4.5.1.1 抑制性突触器件:模仿“学习”过程的方法

正如前面提到的,随着输入脉冲的突触后电流(PSC)逐渐增大而实现“学习”过程。由于带隙距离与隧穿电流成反比,随着间隙距离的减小,会产生较高的电场,从而促进丝极的形成;基于氧空位的 RRAM 的突然置位是一个基本问题,如图 4.31(a)所示。大多数基于氧空位的 RRAM 人工突触器件只能在逐渐复位区域工作,从而只具有抑制能力。因此,“学习”和“遗忘”过程中的多态状态对于神经形态计算模拟生物突触非常必要[50]。当一组输入脉冲被应用到顶部电极时,这些脉冲中的电导会突然增加,如图 4.31(b)所示。

在 $Al/AlO_x/BLG$ 的 RRAM 器件中,我们提出了 RRAM 或 FET 双模式[26]。在 RRAM 模式中,通过氧空位形成丝极来运行器件;在 FET 模式中,在输入脉冲中产生逐渐氧空位,而在 BLG 中的载流子将被空位捕获,从而使 PSC 变化。不同的电极用于不同的模式,如图 4.32(a)和(b)所示。

当在 RRAM 模式下运行器件时,在丝极形成过程后 PSC 流过 $AlO_x$,从而 $Al/AlO_x/$石墨烯结构实现了兴奋性突触。背栅极(基底)、漏极和源极都可以接地,并通过栅极施加脉冲信号。在 RRAM 模式下,通过泄漏电流对 PSC 进行监测。在运行 FET 模式时,逐步生成了氧空位引起的陷阱中心,这会在 BLG 中抑制 PSC。与 RRAM 模式不同的是漏极在恒定电压下有偏差,通过漏极到源极的电流来测量 PSC。

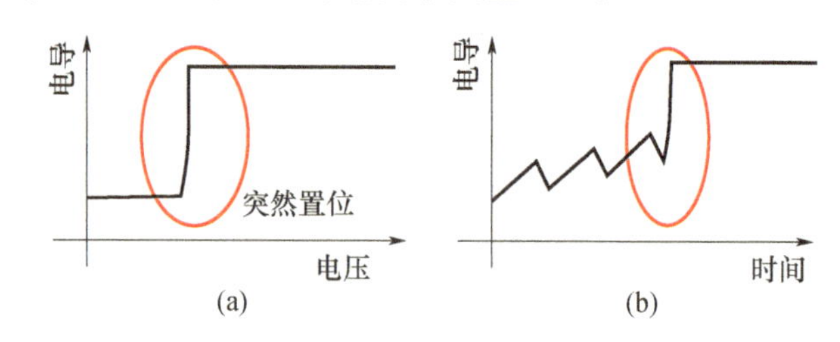


图 4.31　基于氧空位的 RRAM 的突然置位过程

(a)在置位过程中的 $I-V$ 曲线;(b)施加一组脉冲时,电导和时间的关系。

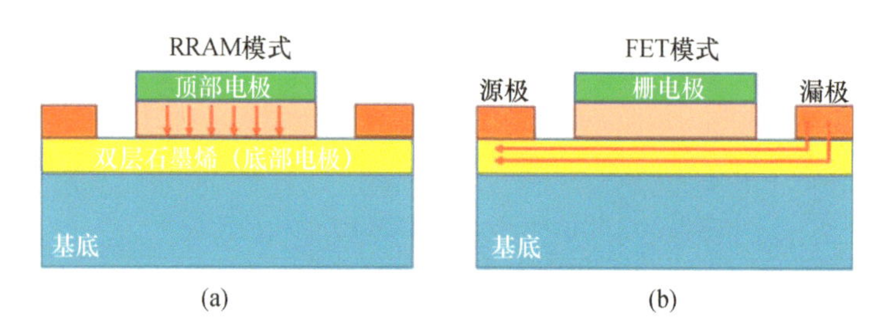


图 4.32　器件的两种模式

注:图中带箭头的线条代表 PSC 的方向。

#### 4.5.1.2　器件工艺

首先,通过 CVD 方法生成相区尺寸大小约为 10 μm 的单晶 BLG。在 BLG 生长过程中,首先生成一个约 50 μm 的 SLG,然后通过中心缺陷生成第二个 SLG。BLG 显示了 A－B 堆叠,且没有扭转角。使用三个电子束光刻步骤图刻石墨烯,并定义了栅极电极(Al)、源极和漏极。最后将样品放入纯氧气体中 24h,自约束效应导致 $AlO_x$ 的厚度约为 5nm,透射电子显微镜证实了此点。整个简化的制造过程如图 4.26 所示。

#### 4.5.1.3　电学性能和机理

1. RRAM 模式

图 4.33 显示了第一成形曲线与第一次置位曲线的比较。成形电压约为 3.7V,比第一次置位电压高(约 2.0V),因为在成形过程中形成了整个丝极,且在下一次复位/置位过程中存在部分溶解/成形。由于这种模式与传统的 RRAM 非常相似,因此也会发生突然置位。为了拥有可以模仿生物突触模拟功能的多态,不同的顺应电流可以限制丝极的半径。0～1.2V 的直流扫描可以防止突然置位过程,但经过 5 次直流扫描循环后,最终达到顺应电流,这表明传统的直流扫描 RRAM 只能达到六个状态。从其他文献中我们可以发现,如果使用一组脉冲代替直流扫描来测量该器件,使用 RRAM 模式,中间状态数可以达到 20 个左右,而使用 PCM 模式中间状态数可以达到 100 个左右,这也表示在 PCM 模式下中间状态数更多。

总之,由于“抑制”现象,传统 RRAM 模式下的中间状态无法满足人工突触的需求,特别是增强过程。

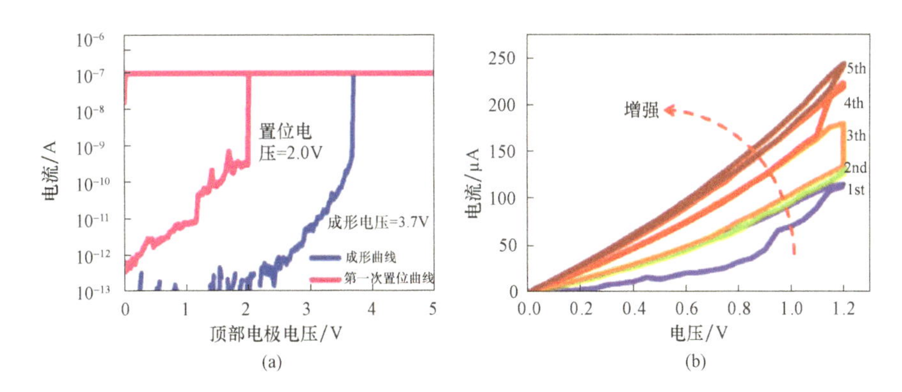


图 4.33 RRAM 模式下的电学特性[26]

(a)成形曲线与第一次置位曲线的 $I-V$ 曲线比较;

(b)0~1.2V 直流扫描的逐渐增强过程。

2. FET 模式

为了更好地理解这种差异,并在突触器件中引入足够的电位状态,我们提出了 FET 模式,即由顶部脉冲线性诱导陷阱中心,这是增强行为所要求的。在 FET 构型中测量了传递曲线。我们测量了从漏极到源极的电流和从栅极到源极的泄漏电流。在图 4.34 中标注了迟滞窗口,无论在漏极电流还是泄漏电流中,都会发生迟滞窗口,这有力地证明了 $AlO_x$ 在前向扫描中的电子陷阱和反向扫描中的脱陷。

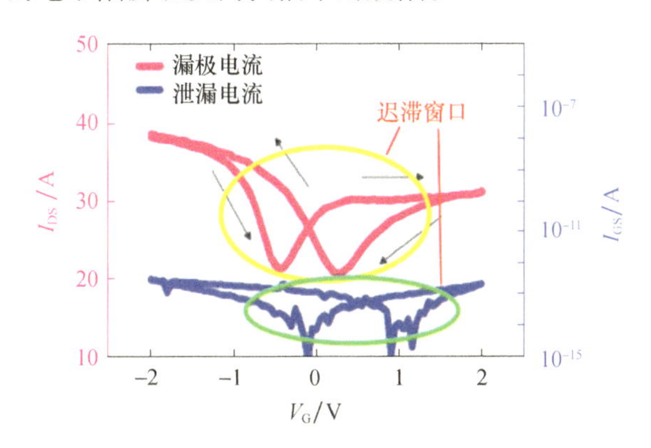


图 4.34 FET 模式下的传输曲线[26]

根据电子陷阱和脱陷的上述结论,我们可以推断出,如果在栅极处施加可以视为正扫描的正脉冲,则石墨烯中的电子会在 $AlO_x$ 层被捕获,这是由于垂直电场的作用,从而导致漏极电流的减小,反之,如果施加负脉冲,则相反电场会引起脱陷过程,从而达到较高的电流水平。陷阱脱陷过程如图 4.35(a)和(b)所示。

由于迟滞特性和陷阱/脱陷过程,在栅极应用正脉冲串以寻找电流响应。在图 4.36(a)中,我们可以推断出三个步骤,分别对应于偏差前、偏差期间和偏差后。

(1)在脉冲施加到栅极之前,且漏极或源极电极在初始 BLG 中处于恒定偏压时,由于电子的零有效质量,大多数载流子都是电子。

(2)当在铝电极上施加 2V 脉冲串时,形成电场,并在 $AlO_x$ 层的底部留下氧空位。同时,它也诱导更多的电子通过 BLG,这可以看作是电流的脉冲,且空位会捕获更多的电子。

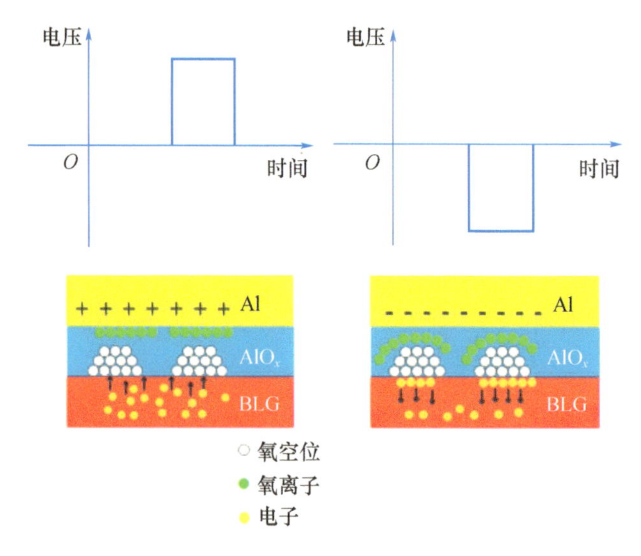


图 4.35 正负脉冲的简化过程

(a)通过正脉冲,分别分离氧空位和离子,而 BLG 内的电子将被空位捕获;

(b)通过负脉冲,氧空位和离子重新聚集,从而导致电子的脱陷过程。

(3)施加脉冲串之后,被捕获的电子不能立即释放,这导致通过的电子更少,电流比初始状态更小。负脉冲串的结果与正脉冲串的结果相反,这里不再详细描述。

实验结束后,与负脉冲相关的增强状态可以达到 60 多个,如图 4.36(b)左图所示,比上述 RRAM 模式的 20 个状态要多。我们也观察到较少的抑制状态与较快的抑制过程。增强过程与捕获态的热激活电子发射有关,这需要更多的能量和更长的脉冲积累时间。FET 模式可以解决抑制操作问题。经过进一步的研究,我们发现 2V 脉冲的持续时间达到 1.5s 后 PSC 才饱和。这表明,当输入脉冲串持续时间在 10ms 左右时,其增强状态可以达到 150 个。脉冲持续时间越长,PSC 越大,两者间的线性关系约为 99.7%。

同时还测量了渐变增强的脉冲调制。在 FET 模式下,将 -1V、30ms 脉冲串应用到栅极上,可获得 166 个增强态。在另一个扫描中也证明了可重复性。PCM - RRAM 比 RRAM 有更多的增强态,能达到 100 个,而 FET 模式比 PCM - RRAM 有更多增强态。

在 FET 模式中,测试了带抑制突触行为的 STDP 行为,如图 4.36(c)所示。对于突触应用,保留多达几百秒就足以证明这种长期行为。在我们的工作中,也进行了保留试验,显示了高达 300s 的保留时间,这可以满足突触应用的要求。

#### 4.5.1.4 前景展望

在该器件中,可以找到超过 166 个增强状态,解决了 RRAM 模式下的传统人工突触器件的瓶颈。在单个器件中可以实现兴奋性和抑制性突触,这增加了 RRAM 取代 SRAM 的可能性。石墨烯由于零效电子质量和半金属特性而被用作通道材料和底部电极,可以广泛应用在 RRAM 上。

### 4.5.2 具有可调节塑性的石墨烯动态突触

上述讨论显示了在制备的器件中,突触器件表现出一种几乎固定的可塑性,这不会因外部环境或两个终端的其他偏差而改变;我们称这种现象为静态可塑性,它无法在活体神经元系统中达到复杂的行为[51]。因此,我们提出了一种利用石墨烯的方法,因为石墨烯的栅极可调谐性可以达到具有可调节塑性的动态突触[25]。

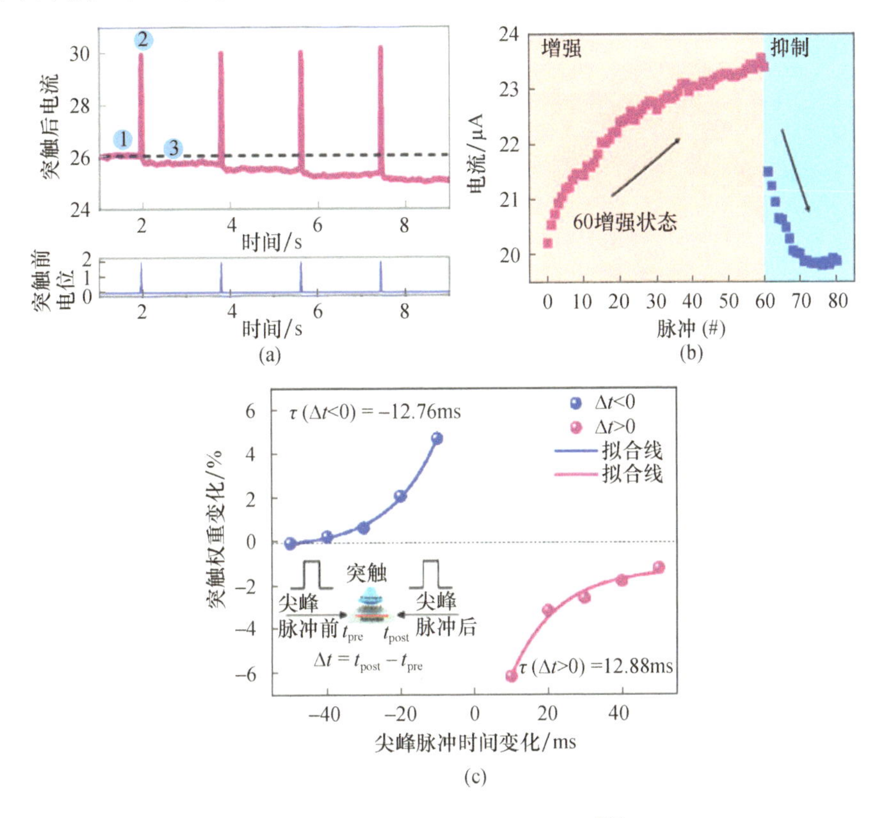


图 4.36　FET 模式下进一步研究[26]

(a)在铝电极上施加一个间隔约为 2s 的正脉冲串,上部分显示电流响应,随着脉冲的增加,电流响应显著减小;(b)在栅极上施加 60 个负脉冲及 20 个正脉冲;电流在 60 个负脉冲下逐渐增加,且不饱和,这显示增强状态可超过 60 个;(c)STDP 曲线显示生物突触行为。

#### 4.5.2.1　可调节塑性

目前,图像识别技术越来越受到人们的重视。可调节塑性能降低电路设计的复杂性。例如,如果由偏差控制可塑性,我们可以使用偏差来调整突触权重,而不是从一个状态的长脉冲串到另一个状态,这将显著地缩短响应时间。这不仅为理解神经网络原理提供了一条新的途径,也为神经计算和人工突触设备的创新提供了动力,它可以在更高的维度上模仿生物学,并可能导致计算电路的新革命。

在一个时间点的神经活动可以及时改变细胞或突触,使它们在随后的一轮活动改变后显示 LTP 或 LTD 的能力[51]。我们可以把背栅极作为神经活动来激发突触行为,这与其他双端突触器件是完全不同的。

在生物系统中,神经元的活动可以调节神经递质的激活,从而导致 PSC 和突触权重的变化,并最终导致调节随后的长期电位[25]。在我们的器件中,背栅偏压能引起 BLG 中电子的倒易运动,并模拟神经元的活动,顶栅对应于突触前,漏极电流可视为流过后神经元的 PSC。图 4.37(a)和(b)显示了在我们的工作中[25],生物突触与人工石墨烯突触的可调节塑性的比较。

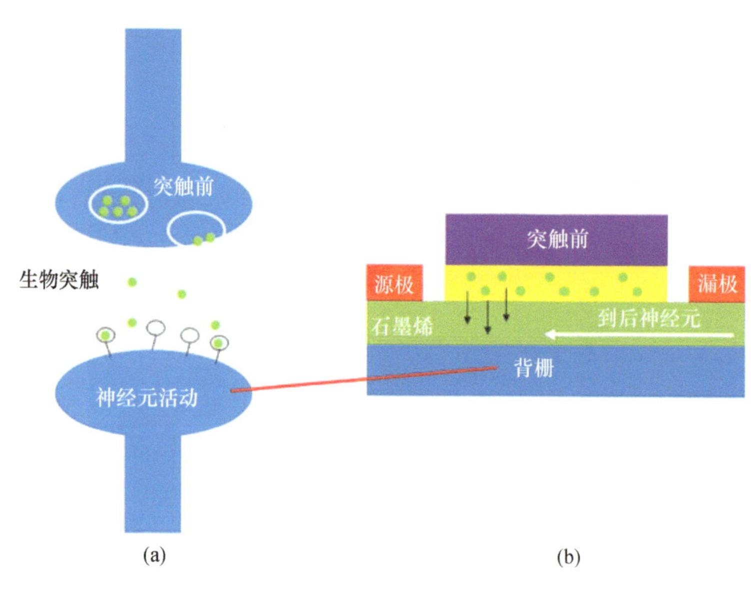


图 4.37 模拟生物突触的石墨烯突触器件示意图
(a)生物突触;(b)石墨烯突触器件的形态。

#### 4.5.2.2 器件结构与制造工业

石墨烯动态突触(GDS)的结构如下(图 4.38(b)显示了器件的横向尺寸;图 4.38(a)显示了生物突触的结构)。在 GDS 中,我们引入了一个附加的底栅;背栅在实现可调节塑性方面起着关键的作用[25]。用 CVD 法生长的石墨烯被转移到以 300nm$SiO_2$ 为底栅的高掺杂硅基底上。一个铝电极和两个金电极通过电子束放置在石墨烯的顶部,作为 1μm 宽的顶栅,图 4.38 标记了每个部分的源极和漏极电极、器件结构和材料。

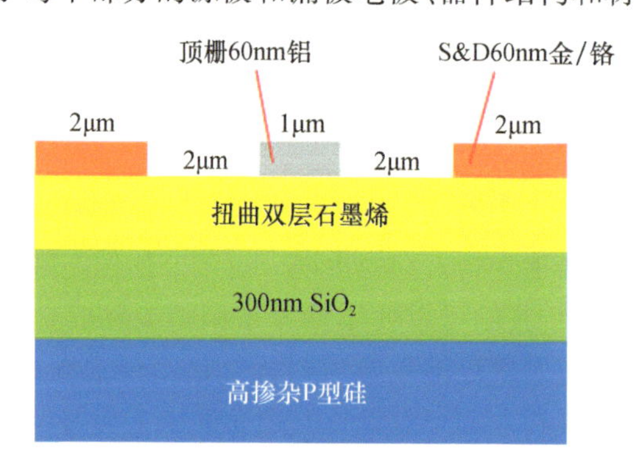


图 4.38 器件的横向尺寸

石墨烯附近的铝层被氧化为 $AlO_x$ 介质层,$AlO_x$ 厚度为 5nm,铝与氧的元素比例约为 2∶1。在顶栅施加的输入脉冲改变漏极电流以实现塑性。在底栅上连续施加电压会影响石墨烯载流子的传输特性,并改变其可塑性,从而实现动态突触。为了实现可塑性和动态突触,我们使用了扭曲 BLG。

扭曲的 BLG 层的角度为 30°,然后通过电子束到达顶栅铝电极。($AlO_x$ 天然层位于扭曲 BLG 与 24h 自然氧化形成的铝层之间。)

其他种类的石墨烯也被应用在相同的结构中。例如,在单层石墨烯中,部分电荷会被栅极的缺陷所捕获，削弱对载体的控制。在与 SLG 不同的 BLG 中，两个独立的层分别通过两个栅极发挥作用。因此，可以实现正负扫描的延展性。

与 A－B 堆叠的石墨烯相比，旋转堆叠结构[52]确保了没有带隙会减少电流的影响，并去除了器件的突触行为。由于载流子浓度高，三层石墨烯可以降低栅极的控制能力。

#### 4.5.2.3 迟滞现象及成因

在连续背栅电压($V_{bg}$)和稳态漏极电压(0.1V)的作用下，当 $V_{tg}$ 扫描时，漏极电流表现出明显的迟滞现象，如图4.39(a)和(b)所示。

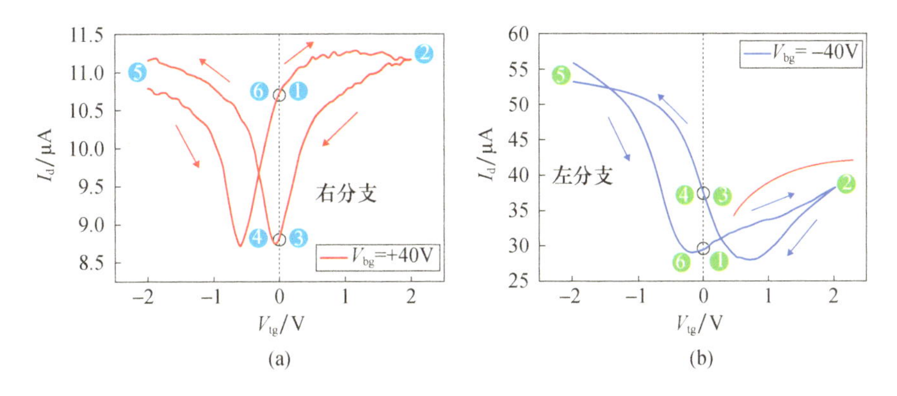


图4.39　器件的迟滞曲线[25]

顶栅的电压扫描在－2～2V之间，源极端接地，漏极偏压为0.1V，

(a)和(b)显示了背栅偏压分别为40V和－40V，分别发生右支和左支。

在这里，迟滞曲线在不同侧的两个部分分别为左分支和右分支。箭头表示 $I_d$ 随 $V_{tg}$ 扫描而变化的方向。

这种迟滞有两种可能性[25]：一种是铝自然氧化层的电荷捕获效应；另一种是铝与 BLG 之间的栅极电容效应。

为了了解迟滞现象产生的原因，我们将确定捕获机理和电容效应。捕获过程比脱捕过程更容易，因为捕获状态的热激活电子发射比脱捕过程需要更多的能量，这具有电场和能量的双重作用。

从另一方面看，当迟滞由电荷捕获引起(图4.40)，第一个负电压导致的空穴被 $AlO_x$ 捕获，并导致狄拉克点的向下运动。同样，正压力导致狄拉克点向上移动。这与 GDS 所得到的迟滞曲线一致，这将在下文得到证明。

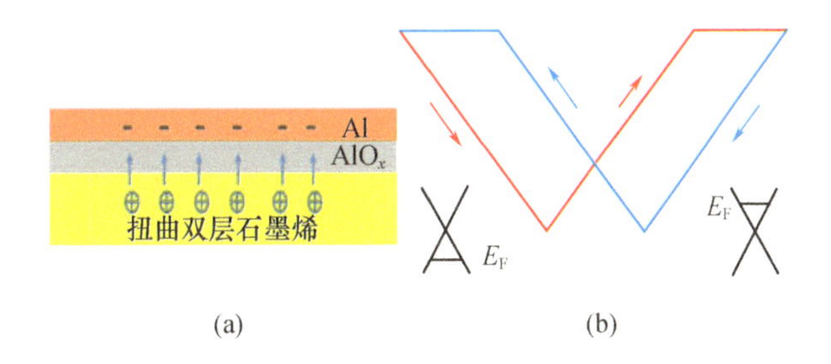


图4.40　由载流子捕获引起的迟滞曲线

(a)负栅电压导致由电场捕获的空穴；(b)由载流子捕获引起的迟滞窗口及方向。

插入图显示了不同极性电压下不同费米能级的变化。

然而,由于栅极电容效应引起的迟滞,第一负电压会将介质层中的负电荷驱动到石墨烯层中,导致石墨烯层中出现更多的空穴,进而导致狄拉克点向上运动。分析如图4.41所示。

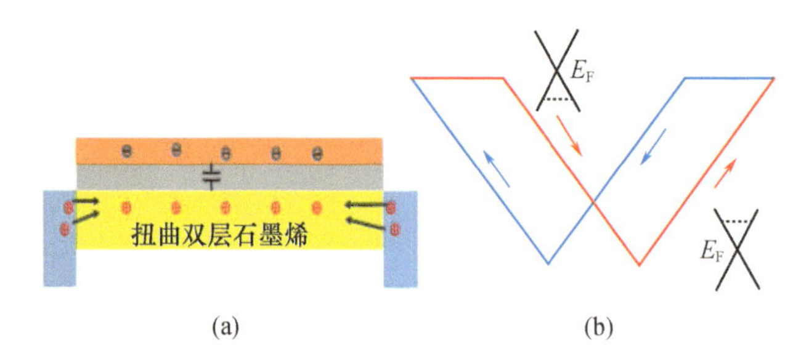


图4.41 由栅极电容效应引起的迟滞曲线

(a)负栅电压导致空穴移动到由电容效应引起的扭曲双层石墨烯;

(b)由电容效应引起的迟滞窗口及方向。插入图显示了不同极性电压下不同费米能级的变化。

#### 4.5.2.4 使用扭曲BLG的原因

当背栅偏压为-40V和40V时,发现单层石墨烯的特性是只有一个左分支[25],这表明只模拟了激发态,这主要是由于40V偏压下$SiO_2$层的杂质导致缺少右分支。然而,在扭曲的BLG中,底层会掩盖$SiO_2$层的杂质,这样顶层就容易受到上栅极电压的控制。A-B堆叠的石墨烯,仅具有左分支的性质,在A-B-A堆叠的石墨烯中也是如此,三层石墨烯的迟滞性较差。

#### 4.5.2.5 电学性能

当在顶部电极上施加电压脉冲时,载流子增加,石墨烯的载流子捕获和释放过程变得更容易,导致泄漏电流突然增加[25]。由于脉冲可以是非常快的扫描电压过程,所以应用前后的载流子的类型和密度可以根据迟滞曲线上的对应点反映出来。

因此,可以明显看出电流$I_d$的值和方向的变化,而且载流子传输也会受到影响,这也表现为$y$轴电流的变化。例如,由40V和-40V的$V_{bg}$造成的电流变化也是实现可调节突触塑性的重要因素。

如上所述,对应于铝电极的顶部栅极被视为突触前,BLG通道中的漏极电流则对应于突触后电流[25]。在铝电极上施加幅度为±2V、持续时间为10ms、间隔为4.3s的脉冲串。在漏极端上施加0.1V的恒定偏压。在背栅极上分别施加40V、20V、-20V和-40V恒定偏压。结果如图4.42所示。

首先,我们着重于背栅极的相同偏压,由此可以看到GDS的突触后电流在负脉冲作用下逐渐变化,在正脉冲作用下逐渐恢复到初始状态。结果表明,GDS器件实现了静态塑性。

随着$V_{bg}$条件的变化,也可以模拟可控塑性。每个脉冲后突触后电流也随$V_{bg}$变化,趋势如图4.42所示。对于相同极性$V_{bg}$的变化,突触后电流越大,突触后电流变化越大。

初看在不同极性的$V_{bg}$作用下,突触后电流的变化几乎相同,但注意到$y$轴的单位电流不同,事实上,在负电压作用下突触后电流的变化要比正压大得多。由于石墨烯更容易被p型掺杂(例如,氧掺杂),石墨烯在正电压下的电导率更接近狄拉克点,因此石墨烯在负电压下的变化较大,在负电压下突触后电流变化值相对较小。

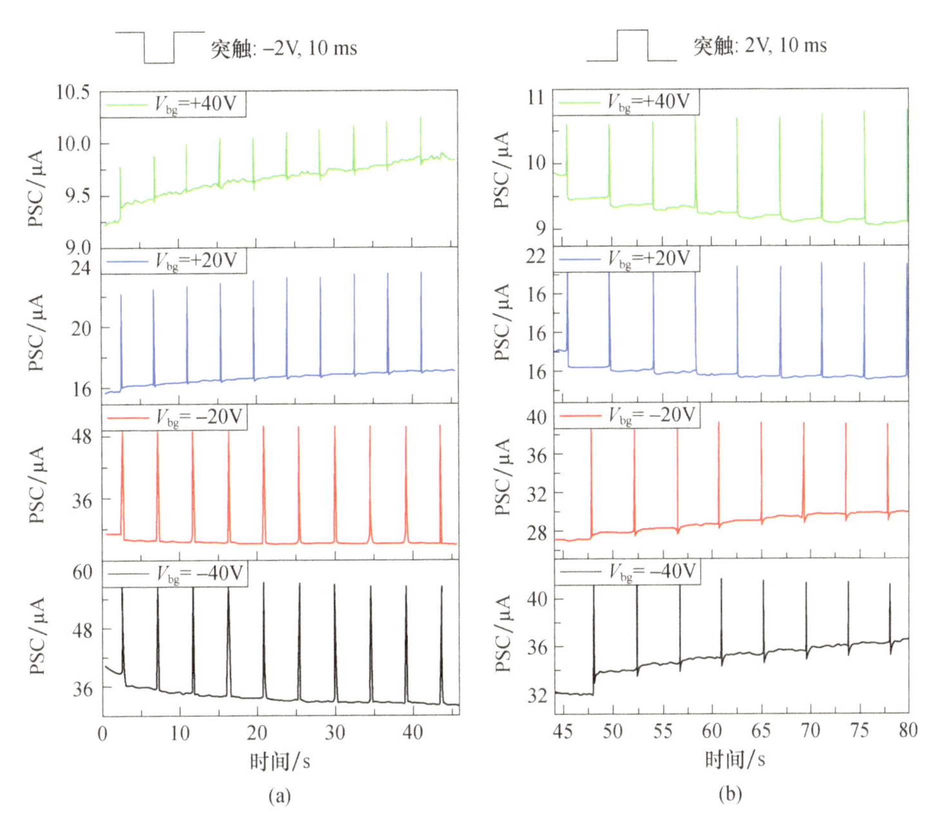


图 4.42 (a)和(b)中的测试结果分别对应于顶部栅极的 −2V 偏压和 2V 偏压,这与抑制性突触和兴奋性突触有关[25]

通过控制 $V_{bg}$的大小和极性来调节突触行为的现象,这模拟了突触的兴奋性和抑制性状态,并实现了调节突触的可塑性。类似的过程发生在生物突触中,作为突触前神经元和突触后神经元之间的连接。突触前神经元的信号,通常表达为尖峰脉冲,可以通过突触传递到突触后神经元,并转化为突触后电流。同一脉冲的突触后电流值取决于突触前活动。这种现象是突触可塑性的具体表现。

在这里,脉冲施加的顶部电极可以相当于突触前神经,并且漏极电流被认为是突触后电流。此外,底部电极利用背栅极电压来改变石墨烯的电荷传输,提供模拟动态突触的控制。

为了更好地定义背栅电压不同极性的突触可塑性,图 4.42 还测试了一系列长脉冲效应;当 $V_{bg}$ =40V 时,突触后电流随正脉冲下降而随负脉冲增加,这与生物学行为中的抑制性突触状态一致;在 $V_{bg}$ = −40V 时,突触后电流随着正脉冲的增加而降低。在石墨烯动态突触器件中,随着负脉冲的减小,并在石墨烯动态突触装置中,单个脉冲持续时间特征时间内测试了生物突触动作的激发态,突触后电流值的变化可持续约 300s,不同顶部电压脉冲的持续时间几乎相同。在顶部电极上施加单个 2V 脉冲,漏极电流持续监测 300s,电流呈指数函数,与 STDP 非常相似。关于所有这些现象见图 4.43。

为了进一步说明这一现象,绘制了石墨烯动态突触器件在 $V_{bg}$为 −20V 和 20V 下的 STDP 函数,图 4.44 显示了生物 STDP 模型中拟合的指数函数。结果表明突触强度的变化基于突触输入和输出信号的时间函数。这能清楚反映突触类型。在第二和第四象限，$V_{bg}$为20V，对应于抑制性突触。然而，当$V_{bg}$为−20V偏压时，STDP函数在第一象限和第三象限，对应于兴奋性突触。互补STDP图表明，在相同的输入形式下，GDS具有不同的极性和相反的输出行为，这意味着GDS的行为可以通过改变$V_{bg}$符号来改变。

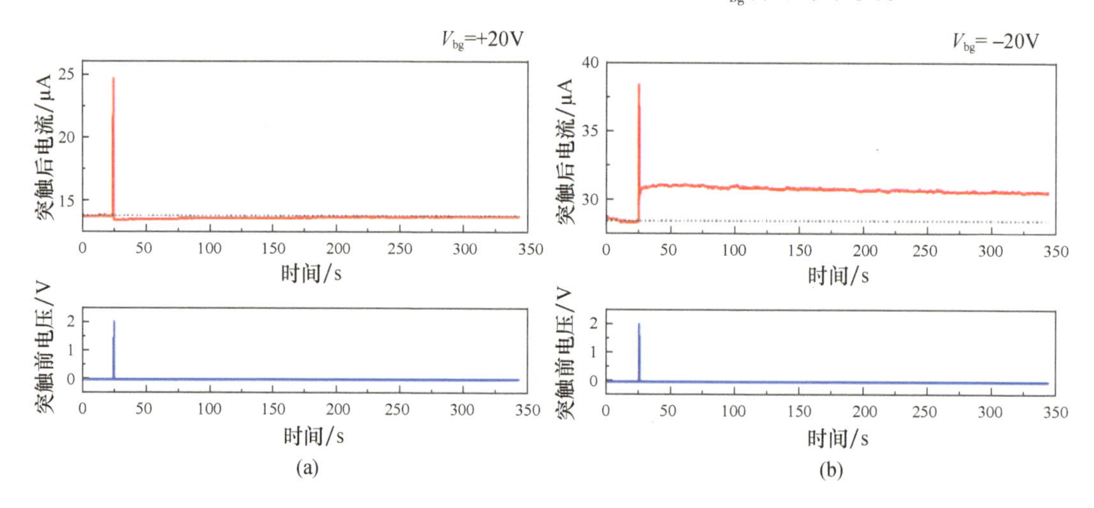


图4.43 (a)抑制性和(b)兴奋性突触的长期特性测量中的输入和输出信号[25]

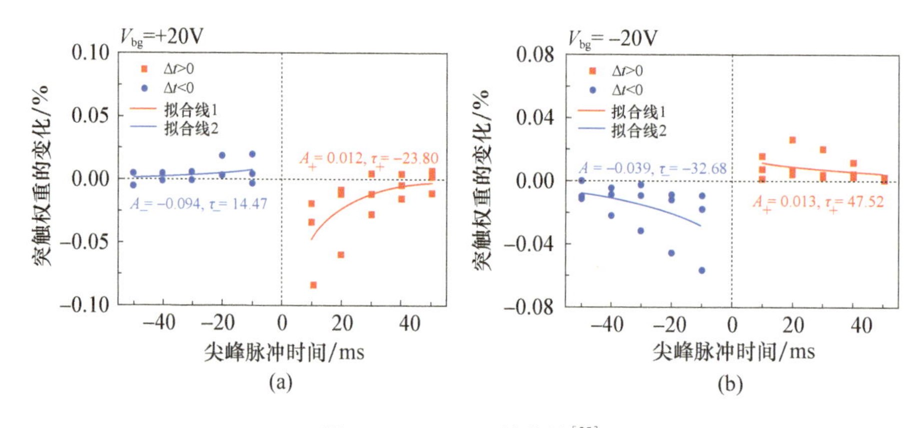


图4.44 STDP函数曲线[25]

(a)当$V_{bg}$=20V时，为抑制性突触；(b)当$V_{bg}$=−20V时，为兴奋性突触。

由于石墨烯动态突触器的突触权重可以通过输入脉冲的振幅来调节，因此采用时分复用方法来测量STDP行为。在此基础上，设计了一种输入信号方案。峰值时间的差异被转换为不同的脉冲振幅，如图4.45所示。

#### 4.5.2.6 前景展望

由于石墨烯动态突触器件可以实现广泛的可调节塑性，因此可以实现突触完整性。突触的发展包括形成、成熟、去除和再生等四个过程。对于石墨烯动态突触器件，可塑性的变化是突触功能的必要标志。例如，从测试结果来看，当$V_{bg}$=9.5V时，石墨烯动态突触的突触后电流不会随着输入脉冲而改变。这意味着这两个神经元之间没有接触。当$V_{bg}$从9.5V变化至40V时，两个神经元均可形成抑制性突触。当$V_{bg}$由40V到20V时，形成成熟的突触。抑制性突触或兴奋性突触都取决于$V_{bg}$值。

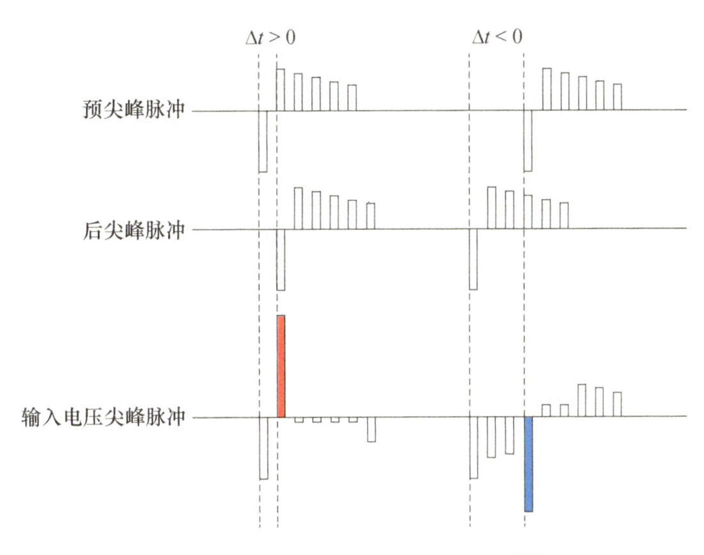


图 4.45 STDP 测量的输入电压图[25]

以上讨论表明,石墨烯突触器能很好地模拟生物突触,具有实现动态可塑性的能力。通过增加背栅终端,且其实施很简单,因此可以只在一个器件上实现神经元活动,这极大地降低了电路设计的复杂性,且极大地降低了仿生电路设计者的工作强度。

## 4.6 展望

为了从数百万个图像中学习和识别数千个对象,神经启发的机器学习算法(例如,基于层次神经网络的深度学习算法)在各种智能任务中取得了巨大的成功。当今最流行和最成功的深度学习算法之一是卷积神经网络[53],其基于多个卷积层、ReLU 层和池层,还有一个完全连接的层。完全连接的层实质上执行向量矩阵乘法。然而,深度学习通常需要大量的计算资源来训练和推断。对于传统的硬件基础来说,这仍然是一个巨大的挑战。采用 SRAM 阵列 CMOS 设计作为加权矩阵,存在二进制位存储、连续读写等局限性。为了获得更快的加速度和更高的密度,一种很有希望的方法是使用横条阵列结构来实现完全的并行写/读;此外,横条阵列可以很容易地实现倍增,这在很大程度上减少了芯片面积,且由一个电阻突触器件实现每一个交叉点。

以卷积神经网络中首次进行的边缘检测为例,我们介绍了电阻记忆的应用:

如果有一张照片,我们想利用计算机找出图像中的物体,首先要做的就是检测图像的边缘,例如垂直边缘和水平边缘。为了更好理解我们使用最简单的图像,如图 4.46(a)所示,将图像分成 6×6 个方块,其中最暗的图像由数字 0 表示,最亮的图像由数字 10 表示,如图 4.46(b)所示。如图 4.46(c)所示,用 3×3 矩阵作为卷积核,将代表初始图像的 6×6 矩阵卷积为 4×4 矩阵,并按上述规则将 4×4 矩阵转化为图像,如图 4.47 所示。产生的图像中间亮,两侧暗,对应边缘的图像。容易发现 3×3 矩阵是一个垂直卷积核,其对垂直边缘很敏感。

对于电阻式开关存储器,与图 4.49 类似的横条阵列,由于倍增器的减少,可以大大减少芯片面积。显然,为了实现数字 0,图 4.26 中的栅控器件需要额外的 MOSFET 来执行是否选择的功能。BLG 可以调节载流子，消除了对先前需要的开关晶体管的需求，预计这将大大减少芯片面积。同时，可以发现电阻存储器的状态越有效，滤波器的值就越大。

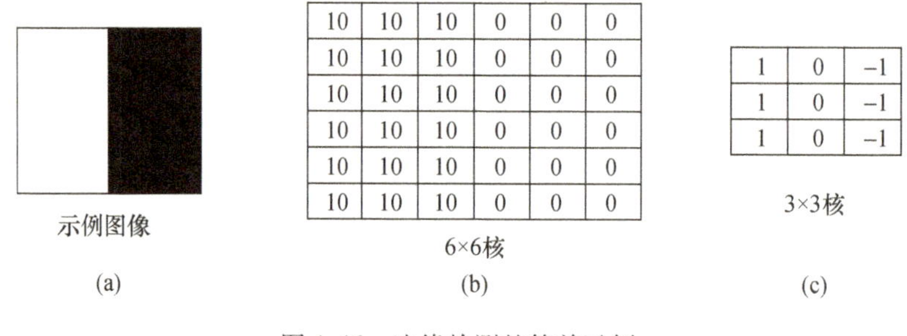


图 4.46　边缘检测的简单示例

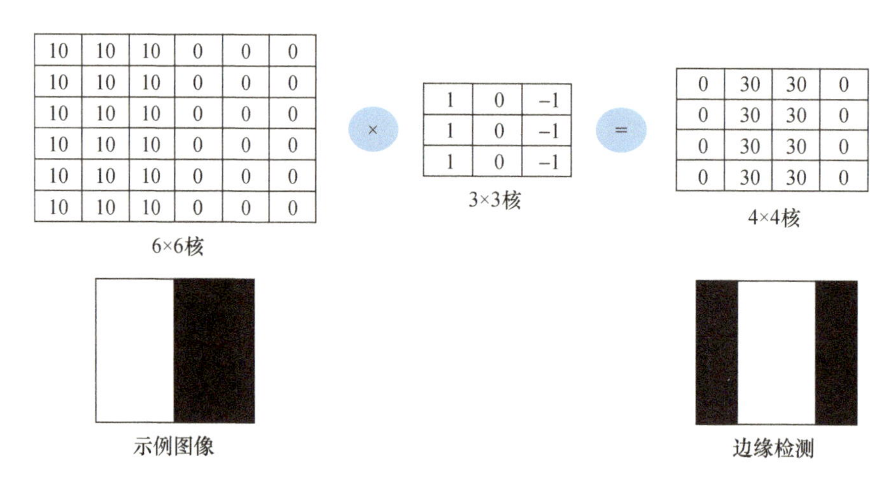


图 4.47　图像识别的边缘检测过程

我们选择最简单的单层感知器来说明突触设备[54]：

简单感知器包括线性组合器和硬限幅器(即 sgn 函数可以判断值的极性)。线性组合器具有 $m$ 个输入及 $m$ 个输入权值和偏压。这个过程如图 4.48 所示，可以将其映射到图 4.49中的交叉阵列中。

事实上，简单的感知器模型仍然是 MLP 模型的结构，但是它通过使用监督学习来达到学习目的，从而增强了模式划分步骤的能力。它们之间的区别在于神经元之间连接权值的变化。简单感知器的连接权值为变量，因此简单感知器具有学习特性。

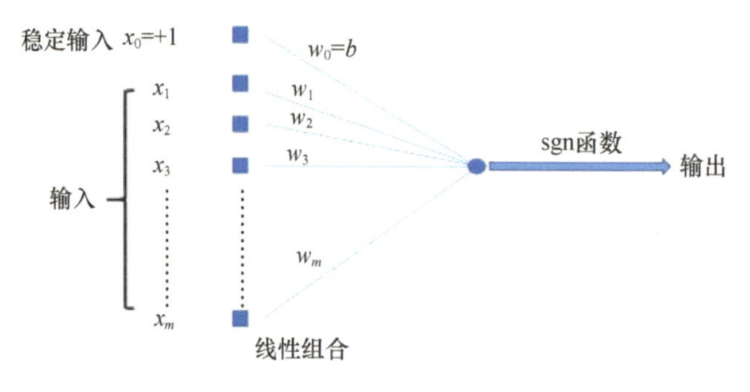


图 4.48　简单感知器的原理

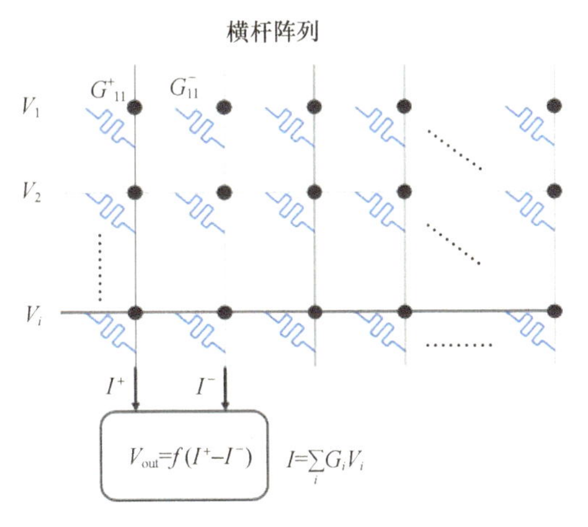


图 4.49 感知器的横杆阵列
（G + 和 G - 显示了仅有兴奋性突触器件的缺陷）

简单感知器的整个过程可以简化如下：

首先，我们应该输入每个突触器件的目标电导（$G_{目标}$）和每个器件的最大允许误差（$Error_{最大}$）。

其次，对目标器件施加读取电压 $V_{读数}$，记录电流电导 $G$。

再次，模拟了 $G$ 和 $G_{目标}$之间的减法。

如果 $Abs(G - G_{目标})/G_{目标} < Error_{最大}$，这意味着达到了所需的状态，整个过程就结束了。

此外，如果 $Abs(G - G_{目标})/G_{目标} > Error_{最大}$，应该检查设备的置位进程（$G_{目标} > G$）或复位进程（$G_{目标} < G$），然后更新写入时间和写入电压。

2017 年，Yu 等演示了一种铁电器件[23]，它能很好地模拟晶体管中的模拟突触。在该研究中，可以达到两层多层感知器、实现基本图像识别，并降低基本图像识别的功耗。此外，模拟 FeFET 突触的多位元极大地提高了器件的性能。

通过上述讨论和图 4.50，我们可以很容易地发现，突触设备更多的潜在状态将减少最大的误差值，目标电导将更可控和更准确。特别是使用 BLG 作为通道，可以极大地改善传统突触设备的状态；同时，该器件可以在两种模式下使用，首先模拟抑制性突触，这在很大程度上减少了这些器件的数量，如图 4.49 所示。

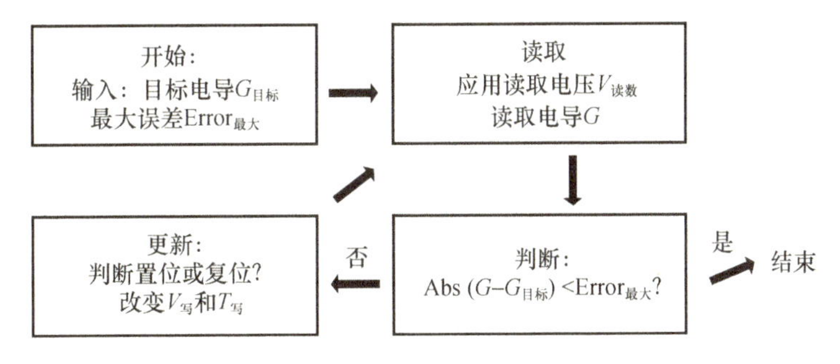


图 4.50 简单单层感知器的整个过程

随着石墨烯产量的增加，中国建成了世界上第一条和第二条真正大规模、低成本、高质量的石墨烯生产线。此外，2018 年石墨烯在中国的单价降低到每克0.1 美元，虽然仍然比硅昂贵得多，但是其在集成电路中有望成为硅的替代品。

## 4.7 小结

在本章中，我们首先描述了在过去的几年中，物理缩减的过程逐渐放缓，并介绍了基于仿生学的神经形态计算的优越性。然后，我们描述了实现突触设备的两种方法（RRAM 和晶体管）。此后介绍了石墨烯的基本特性及其电学性能。接下来，介绍了几种基于石墨烯的 RRAM 器件和突触器件。对于基于石墨烯的电阻性存储器，在电极和金属氧化物界面插入一层石墨烯可以有效地降低功耗；电阻性存储器使用石墨烯作为底层电极也可以使存储器灵活并具有独特的栅极调谐；基于单一石墨烯的器件可以同时在电阻性存储器模式和晶体管模式下工作，其比其他传统的电子突触显示出更多的电位状态，并且可以在兴奋性突触或抑制性突触之间切换；使用独特的双极传输石墨烯，可以连续调节石墨烯突触的权重，并模拟生物突触的整个发展过程。最后，我们讨论了 RRAM 器件的算法植入，以及突触器件最简单的单层感知器网络，并强调了基于石墨烯的 RRAM 和突触器件在更多神经形态应用中的巨大潜力。

## 参考文献


[1] Schaller, R. R., Moore's law: Past, present and future. *IEEES*, 34, 52, 1997.

[2] Kim, N. S., Austin, T., Baauw, D., Leakage current: Moore's law meets static power. *Computer*, 36, 68, 2003.

[3] Mistry, K., Allen, C., Auth, C., A 45nm logic technology with high - k + metal gate transistors, strained silicon, 9 Cu interconnect layers, 193nm dry patterning, and 100% Pb - free packaging. *IEEE Trans. Electron Devices Meet.*, p. 247, 2007.

[4] Hisamoto, D., Lee, W. - C., Kedzierski, J., FinFET - a self - aligned double - gate MOSFET scalable to 20nm. *IEEE Trans. Electron Devices*, 47, 2320, 2000.

[5] Laitinen, M., Fayad, M., Ward, R. P., The problem with scalability. *Commun. ACM*, 43, 105, 2000.

[6] Yang, J. J. and Xia, Q., Organic electronics: Battery - like artificial synapses. *Nat. Mater.*, 16, 396, 2017.

[7] Russell, S. J. and Norvig, P., *Artificial Intelligence: A Modern Approach*, Pearson Education Limited, Malaysia, 2016.

[8] Schmahmann, J. D., Pandya, D. N., Wang, R., Association fibre pathways of the brain: Parallel observations from diffusion spectrum imaging and autoradiography. *Brain*, 130, 630, 2007.

[9] Raina, R., Madhavan, A., Ng, A. Y., Large - scale deep unsupervised learning using graphics processors. *Proceedings of the 26th Annual International Conference on Machine Learning*, p. 873, 2009.

[10] Furber, S., Large - scale neuromorphic computing systems. *J. Neural Eng.*, 13, 051001, 2016.

[11] Abadi, M., Barham, P., Chen, J., Tensorflow: A system for large - scale machine learning. *OSDI*, 16, 265 - 283, 2016.

[12] Merolla, P. A., Arthur, J. V., Alvarez - Icaza, R., Artificial brains. A million spiking - neuron integrated circuit with a scalable communication network and interface. *Science*, 345, 668, 2014.

[13] Akopyan, F., Sawada, J., Cassidy, A., Truenorth: Design and tool flow of a 65 mw 1 million neuron pro-

grammable neurosynaptic chip. *IEEE Trans. Comput. Aided Des. Integr. Circuits Sys.* ,34,1537,2015.

[14] Huttenlocher,P. R. ,Synaptic density in human frontal cortex – developmental changes and effects of aging. *Brain Res.* ,163,195,1979.

[15] Letzkus,J. J. ,Kampa,B. M. ,Stuart,G. J. ,Learning rules for spike timing – dependent plasticity depend on dendritic synapse location. *J. Neurosci.* ,26,10420,2006.

[16] Kandel,E. R. ,Schwartz,J. H. ,Jessell,T. M. *et al.* ,*Principles of Neural Science*,pp. 1227 – 1246,McGraw – Hill,New York,2000.

[17] Song,S. ,Miller,K. D. ,Abbott,L. F. ,Competitive Hebbian learning through spike – timing – dependent synaptic plasticity. *Nat. Neurosci.* ,3,919,2000.

[18] Ohno,T. ,Hasegawa,T. ,Tsuruoka,T. ,Short – term plasticity and long – term potentiation mimicked in single inorganic synapses. *Nat. Mater.* ,10,591,2011.

[19] Park,B. ,Kang,B. ,Bu,S. ,Lanthanum – substituted bismuth titanate for use in non – volatile memories. *Nature*,401,682,1999.

[20] Wong,H. – S. P. ,Raoux,S. ,Kim,S. ,Phase change memory. *Proc. IEEE*,98,2201,2010.

[21] Valov,I. and Kozicki,M. N. ,Cation – based resistance change memory. *J. Phys. D:Appl. Phys.* ,46,074005,2013.

[22] Wong,H. – S. P. ,Lee,H. – Y. ,Yu,S. ,Metal – oxide RRAM. *Proc. IEEE*,100,1951,2012.

[23] Jerry,M. ,Chen,P. – Y. ,Zhang,J. ,Ferroelectric FET analog synapse for acceleration of deep neural network training. *IEEE Trans. Electron Devices Meet.* ,pp. 6. 2. 1 – 6. 2. 4,2017.

[24] Yu,S. ,Li,Z. ,Chen,P. – Y. ,Binary neural network with 16 Mb RRAM macro chip for classification and online training. *IEEE Trans. Electron Devices Meet.* ,pp. 16. 2. 1 – 16. 2. 4,2016.

[25] Tian,H. ,Mi,W. ,Wang,X. – F. ,Graphene dynamic synapse with modulatable plasticity. *NanoLett.* ,15,8013,2015.

[26] Tian,H. ,Mi,W. ,Zhao,H. ,A novel artificial synapse with dual modes using bilayer graphene as the bottom electrode. *Nanoscale*,9,9275,2017.

[27] Chen,P. Y. ,Lin,B. ,Wang,I. T. ,Mitigating effects of non – ideal synaptic device characteristics foron – chip learning. *IEEE/ACM International Conference on Computer – Aided Design*,p. 194,2015.

[28] Tian,H. ,Zhao,L. ,Wang,X. ,Extremely low operating current resistive memory based on exfoliated 2D perovskite single crystals for neuromorphic computing. *ACS Nano*,11,12247,2017.

[29] Geim,A. K. and Novoselov,K. S. ,The rise of graphene. *Nat. Mater.* ,6,183,2007.

[30] Zhang,Y. ,Tang,T. T. ,Girit,C. ,Direct observation of a widely tunable bandgap in bilayer graphene. *Nature*,459,820,2009.

[31] Tian,H. ,Chen,H. – Y. ,Gao,B. ,Monitoring oxygen movement by Raman spectroscopy of resistive random access memory with a graphene – inserted electrode. *Nano Lett.* ,13,651,2013.

[32] Das,A. ,Pisana,S. ,Chakraborty,B. ,Monitoring dopants by Raman scattering in an electro – chemically top – gated graphene transistor. *Nat. Nanotechnol.* ,3,210,2008.

[33] Lee,C. ,Wei,X. ,Kysar,J. W. ,Measurement of the elastic properties and intrinsic strength of monolayer graphene. *Science*,321,385,2008.

[34] Frank,I. W. ,Tanenbaum,D. M. ,van der Zande,A. M. ,Mechanical properties of suspended graphene sheets. *J. Vac. Sci. Technol.* ,*B:Nanotechnol. Microelectron.* :*Mater.* ,*Process.* ,*Meas.* ,*Phenom.* ,25,2558,2007.

[35] Li,X. ,Cai,W. ,An,J. ,Large – area synthesis of high – quality and uniform graphene films on copper foils. *Science*,324,1312,2009.

[36] Ismach,A. ,Druzgalski,C. ,Penwell,S. ,Direct chemical vapor deposition of graphene on dielectric surfaces[J]. *Nano Lett.* ,10,1542 - 1548,2010.

[37] Reina,A. ,Jia,X. ,Ho,J. ,Large area,few - layer graphene films on arbitrary substrates by chemical vapor deposition. *Nano Lett.* ,9,30,2008.

[38] Kim,K. S. ,Zhao,Y. ,Jang,H. ,Large - scale pattern growth of graphene films for stretchable transparent electrodes. *Nature*,457,706,2009.

[39] Chiu,H. - Y. ,Perebeinos,V. ,Lin,Y. - M. ,Controllable p - n junction formation in monolayer graphene using electrostatic substrate engineering. *Nano Lett.* ,10,4634,2010.

[40] Tian,H. ,Yang,Y. ,Li,C. ,A flexible,transparent and ultrathin single - layer graphene earphone. *RSC Adv.* ,5,17366,2015.

[41] Ito,J. ,Nakamura,J. ,Natori,A. ,Semiconducting nature of the oxygen - adsorbed graphene sheet. *J. Appl. Phys.* ,103,113712,2008.

[42] Tian,H. ,Chen,H. - Y. ,Ren,T. - L. ,Cost - effective,transfer - free,flexible resistive random access memory using laser - scribed reduced graphene oxide patterning technology. *Nano Lett.* ,14,3214,2014.

[43] Pan,H. W. ,Huang,K. P. ,Chen,S. Y. ,1 Kbit FinFET dielectric(FIND)RRAM in pure 16nm FinFET CMOS logic process. *IEEE Trans. Electron Devices Meet.* ,pp. 10. 5. 1 - 10. 5. 4,2015.

[44] Eda,G. ,Fanchini,G. ,Chhowalla,M. ,Large - area ultrathin films of reduced graphene oxide as a transparent and flexible electronic material. *Nat. Nanotechnol.* ,3,270,2008.

[45] Hong,A. J. ,Song,E. B. ,Yu,H. S. ,Graphene flash memory. *ACS Nano*,5,7812,2011.

[46] Miao,F. ,Strachan,J. P. ,Yang,J. J. ,Anatomy of a nanoscale conduction channel reveals the mechanism of a high - performance memristor. *Adv. Mater.* ,23,5633,2011.

[47] Tian,H. ,Zhao,H. ,Wang,X. F. ,In situ tuning of switching window in a gate - controlled bilayer graphene - electrode resistive memory device. *Adv. Mater.* ,27,7767,2015.

[48] Chen,P. - Y. and Yu,S. ,Compact modeling of RRAM devices and its applications in 1T1R and 1S1R array design. *IEEE Trans. Electron Devices*,62,4022,2015.

[49] Yu,S. ,Wu,Y. ,Jeyasingh,R. ,An electronic synapse device based on metal oxide resistive switching memory for neuromorphic computation. *IEEE Trans. Electron Devices*,58,2729,2011.

[50] Gao,B. ,Kang,J. ,Zhou,Z. ,Metal oxide resistive random access memory based synaptic devices for brain - inspired computing. *Jpn. J. Appl. Phys.* ,55,04EA06,2016.

[51] De,R. M. ,Klauser,P. ,Garcia,P. M. ,Spine dynamics and synapse remodeling during LTP and memory processes. *Prog. Brain Res.* ,169,199,2008.

[52] Yan,Z. ,Peng,Z. ,Sun,Z. ,Growth of bilayer graphene on insulating substrates. *ACS Nano*,5,8187,2011.

[53] Krizhevsky,A. ,Sutskever,I. ,Hinton,G. E. ,ImageNet classification with deep convolutional neural networks. *International Conference on Neural Information Processing Systems*,p. 1097,2012.

[54] Yang,J. J. ,Strukov,D. B. ,Stewart,D. R. ,Memristive devices for computing. *Nat. Nanotechnol.* ,8,13,2013.

# 第5章 石墨烯基植入物

V. O. Fasiku[1,2], S. J. Owonubi[3], E. Mukwevho[1], B. A. Aderibigbe[4], Y. Lemmer[5], Revaprasadu Neerish[3], E. R. Sadiku[6]

[1]南非姆马巴托西北大学马菲肯校区生物化学系

[2]南非德班夸祖鲁·纳塔尔大学药学系

[3]南非夸祖鲁·纳塔尔,夸德兰格兹瓦祖鲁兰德大学化学系

[4]南非东开普省福特哈尔大学化学系

[5]南非材料科学与制造研究院聚合物与复合材料

[6]南非比勒陀利亚茨瓦尼科技大学纳米工程研究院(INER)化学冶金与材料工程系

**摘　要**　多年来,人们已经将许多不同的材料例如钛(Ti)及其合金应用于生物医学领域。这种材料的常见应用是将其用作植入物。然而,研究人员基于二维单原子厚的碳同素异形体(也称为石墨烯)制备并发展了许多石墨烯基材料。自2004年从石墨中发现并分离石墨烯以来,需要使用植入物治疗的健康领域得到了极大的改善。世界范围内在生物医学领域,特别是在科学和工程领域,人们对这种多用途材料产生了极大关注和赞赏。本章将讨论一些石墨烯基材料的例子,包括还原氧化石墨烯和氧化石墨。尽管石墨烯基材料具有其独特的性能,但它们仍然与其他材料具有某些共同的特征。由于不同石墨烯基材料具有这些特性,因此它们可以作为植入物在生物医学领域中发挥作用,以对抗各种疾病的挑战。本章从石墨烯基材料的结构、合成、性能、优缺点以及其作为植入物在生物医学中的应用等方面阐述了石墨烯基材料。

**关键词**　植入物,还原氧化石墨烯,氧化石墨烯,碳同素异形体

## 5.1 概述

在生物医学领域,研究人员对植入材料的研究已经进行了多年,从而发现了一些合适的材料,其中一种材料是石墨烯和石墨烯基材料(GBM)。自从发现石墨烯以来,石墨烯及其衍生物的性质研究就受到了研究人员的广泛关注并引起了大家的兴趣[1-10]。研究性能的目标是使其能在许多生物医学应用中成为更好的植入物[11]。2004年,科学家发现了碳中最年轻的同素异形体——石墨烯,虽然早在50多年前就有理论证据发现石墨中存在石墨烯[12],然而,从原理上看不可能分离出单个二维薄片。曼彻斯特大学的两名科学家Andre Geim和Kostya Novoselov,成功地从多层石墨中分离出二维石墨烯薄片,在克服

了黏合石墨晶体中堆叠石墨烯薄片的强大力(范德瓦耳斯力)后,发现这些薄片独立且高度稳定[13-14]。在成功发现这种材料优异的性能后,研究人员在2010年获得了诺贝尔奖[15]。尽管在2002年发现了石墨烯,但最近才发现并探索了石墨烯作为广泛应用材料的能力[16]。

石墨烯为蜂窝状结构,由一原子厚度石墨层的六边形环组成[8,14-15,17-18]。然而,很难断开石墨烯结构间存在的键合;这也是其具有耐久性和强大抗拉能力(初始长度的20%~25%)的原因[19]。石墨烯的性能使它成为一种有趣的材料,这主要是因为其键合构型和独特的二维结构[11,20-21]。石墨烯和石墨烯基材料的优异性能使其可以作为植入物的优秀候选,比如其抗渗性[6]、高强度、低重量[22]、几乎透明(因为它吸收了约2.3%的白光,因此肉眼可见)[4-5]、高化学反应性、生物相容性和杰出的热学、电学[5,20,23-25]和表面特性[26-29]。这些特性说明了使用石墨烯和石墨烯基材料的优点。由于石墨烯可以与DNA、酶、蛋白质或多肽等生物分子物理相互作用,因此相关人员广泛探索了石墨烯在生物医学中的应用[30-32]。与多年来使用的材料相比,使用石墨烯基材料作为植入物的主要优点是其在人体内更耐用并对人体的危害也更小[11,33]。此外,石墨烯及其衍生物中还具有抗菌特性,能够增强植入物的生物相容性。石墨烯的一个非常令人兴奋的性能是其拥有大的比表面积[18,20-21,34]。这使得每个碳原子都可能暴露在两个表面上。因此,可以获得纳米材料的最大表面积,从而为生物功能化提供了一个平台[18,35-36]。研究人员发现石墨烯的光学性质,如饱和紫外/可见吸收和表面增强拉曼散射等可以有效应用于生物成像和生物传感领域中[37]。利用石墨烯的电化学和荧光性能,可以设计出具有更好的生物医学应用性能的石墨烯基材料。而且,石墨烯具有有利于生物分子研究的形状、大小、形态、厚度和氧化程度[38]。石墨烯的比表面积为2630$m^2/g$[39],刚度为1TPa,抗拉强度为130GPa[1,22]。大的比表面积可以锚定大量的分子[26,40]。C—C键合的长度约为0.14nm,平面间距为0.34nm;石墨烯碳原子之间的距离使其成为准固网,因此其具有抗渗性[11,41]。石墨烯的刚度有助于其适用于骨骼和神经组织工程[42-47]。在350℃的温度下,石墨烯容易燃烧,而且其边缘通常具有很强的化学反应性[48]。要使用石墨烯,首先必须从石墨中将其提取出来;然而,这只能产生少量石墨烯。因此,为了大量生产石墨烯,我们采用了化学气相沉积(CVD)方法[49-52]。该方法是合成石墨烯最广泛使用的方法,因为这种方法产生了兼具柔性和疏水性的石墨烯薄膜。用于合成石墨烯的其他方法见表5.1[53-54]。

合成石墨烯的不同技术可以形成不同层数和/或化学基团的石墨烯基材料[55]。此外,石墨烯被认为是许多碳同素异形体的主要构成材料,如碳纳米管、富勒烯、石墨等[22,28]。可以在石墨烯中进行碳改性,以获得新材料,即碳同素异形体[56]。石墨烯薄片的化学和/或物理改性可以形成石墨烯相关材料,如单层和多层石墨烯(MLG)、氧化石墨烯和还原氧化石墨烯。每种石墨烯基材料都有其独特的可调谐特性[33]。石墨烯和石墨烯基材料已经成为在生物医学领域中非常重要的纳米材料,也成为了量子行为的模型系统。石墨烯基材料是在生物医学应用中的首选材料,非常有用且有效,因为石墨烯基材料的支柱上附着了强大的基团[38]。这些材料广泛应用于成像、组织工程、生物电子学[57-58]、生物分子分析、生物标记物的发现、光热疗法[59]和药物/基因传递等领域[33,60-67]。这种多用途的新材料为其他领域的科学家开辟了新的研究领域[68-69],它在

21世纪的生物医学领域有很大的改变潜力。本章将讨论石墨烯基材料的结构、合成、性能以及在生物医学中的一些应用。此外，还会简要描述使用石墨烯基材料作为植入物的生物可降解性和相关的危险因素。

表5.1 合成石墨烯的各种方法

| 合成方法 | 所得石墨烯的性质及方法的优点 |
| --- | --- |
| CVD法 | ·以铜为催化剂获得单层石墨烯；<br>·优质石墨烯；<br>·廉价实用方法获得多层石墨烯；<br>·能够大规模生产 |
| 湿化学方法 | ·与剥离和外延生长方法相比，用途更广泛；<br>·易于大规模生产；<br>·由于部分合成石墨烯，石墨烯的电学、光学和力学性能可能发生改变 |
| 机械剥离法 | ·石墨烯具有优良的电学和结构质量；<br>·这是最简单的方法，虽然它形成了不均匀的石墨烯薄膜；<br>·这是最早使用且最简单的方法 |
| 外延生长法 | ·获得了多层石墨烯；<br>·能够控制形成的层数；<br>·通过这种方法获得的石墨烯在生物医学中的应用有限；<br>·用这种方法合成的石墨烯很难实现功能化；<br>·通过这种方法获得的石墨烯很难使其功能化 |

## 5.2 石墨烯基材料

与石墨烯有关的材料通常被称为石墨烯基材料。可以根据材料拥有的石墨烯层数(单层或多层)或它们的化学改性(还原氧化石墨烯或氧化石墨烯)进行分类[55]。近年来，由于石墨烯基材料独特的二维碳几何性质，其引起了越来越多的关注。这种材料具有优良的物理化学性质，使其能够应用于各种领域，包括生物医学[70]。多年来，研究人员利用涂层、水凝胶混合、湿法/干法纺丝以及三维打印等方法，开发出了各种二维或三维等不同石墨烯基结构物。他们还通过将石墨烯基材料与其他生物材料结合来提高其性能[33]。

### 5.2.1 合成方法与性质

可用各种方法合成不同形式的石墨烯：比如“自上而下”和“自下而上”的方法。“自上而下”的方法包括石墨的机械剥离法，也被称为“透明胶带”或去皮法[55]。通过这种技术，用胶带从石墨晶体中分离出微米尺寸的石墨烯薄片[9,22,50]。另一种“自上而下”的方法是化学剥离石墨。这涉及使用硫酸或硝酸等强酸氧化石墨，并将氧原子插入单个石墨烯薄片之间，从而引起分离[55]。另一种合成石墨烯基材料的技术是“自下而上”方法。可以对合成和制备石墨烯基材料的各种方法进行控制，因此可以赋予石墨烯材料适用于各种应用的特定理想性能[71]。

#### 5.2.1.1 氧化石墨烯

氧化石墨烯是具有高含氧量的单层石墨烯基材料，这是石墨烯的高度氧化形式，可以通过氧化和剥落石墨并氧化进行广泛的基面改性获得氧化石墨烯[55,72]。化学剥离石墨导致氧化石墨烯薄片悬浮，通过进一步过滤和分离以获得氧化石墨烯片[8,73]。氧化石墨烯是一种两亲性化合物，通过表面功能化，可以很容易地在水溶液、生理介质和其他有机溶剂中扩散[74]。当氧化石墨烯在水中分散时，就会变成负电荷，可以用 zeta 电位测量法测量氧化石墨烯的表面电荷来证明这一点。悬浮液中的氧化石墨烯具有稳定性，这主要归因于负电荷与环境之间的静电排斥。此外，氧化石墨烯还包括共价键结合含氧官能团，主要是羟基和环氧化合物。除了在氧化石墨烯基础平面和边缘发现的这些官能团外，羰基、羧基官能团可能填充边缘[51]。因此，氧化石墨烯是 $sp^2/sp^3$ 杂化碳原子的组合[35,75]。由于氧化石墨烯表面存在缺陷，并且有氧化造成的能量缺口，因此氧化石墨烯具有被破坏的电性，如导电能力[35,76]。这种表面缺陷也会产生化学反应的位点，从而使氧化石墨烯分解为更小的部分。这导致了纳米片的形成，其性质与原始材料不同[35,77]。然而，在边缘和平面上存在多个氧化官能团有助于其生理溶解度和稳定性。由于在合成过程中没有任何催化剂，因此氧化石墨烯具有更高的生物相容性，也不会引起氧化应激[24,35]。此外，由于表面存在氧化官能团，有机分子和无机分子与氧化石墨烯相互作用的可能性很大。这些分子通过共价键、非共价键（$\pi-\pi$ 或疏水性）和/或离子相互作用与氧化石墨烯键合[18,24,35,78]。氧化石墨烯与多个分子相互作用的能力为其应用于各种生物领域打开了大门[24]。尽管水能够通过氧化石墨烯薄膜，但并不会产生有害气体，研究人员发现其在生物医学领域有很大的相关性，例如基因/药物传递和基底改性[3,30,34,79-81]。

#### 5.2.1.2 还原氧化石墨烯

采用不同的方法通过降低氧化石墨烯的氧含量，可得到石墨烯基材料。还原氧化石墨烯可能会将 $sp^3$ 碳转化为 $sp^2$ 碳[82-83]。这可以使用化学、光化学、热学、光热、微波或微生物/细菌方法[72,84-87]。通过还原氧化石墨烯获得还原氧化石墨烯是一个非常关键的过程，因为这在很大程度上影响了还原氧化石墨烯的质量和接近原始石墨烯的结构[88]。通过化学方法能大规模生产还原氧化石墨烯；但由于表面积和电导率的影响，还原氧化石墨烯的产率较低。最常用的化学方法是将水合肼（$N_2H_4 \cdot H_2O$）作为还原剂。但其他还原剂如二甲基肼[89]、对苯二酚[90]和 $NaBH_4$[82,91-92]也可被用于制备还原氧化石墨烯。在1000℃或更高的温度下，热还原的氧化石墨烯会产生与原始石墨烯相似的大比表面积的还原氧化石墨烯。尽管高温加热获得还原氧化石墨烯方法较为简单，但加热将破坏石墨烯片层结构从而影响其机械强度和质量。因此，与其他石墨烯基材料相比，该方法并不能得到广泛应用[84]。除此之外，通过去除含氧官能团，合成的还原氧化石墨烯可以进一步还原为石墨烯类薄片[3,10]。在一项研究中，在100℃下使用联氨处理氧化石墨烯24h可产生还原氧化石墨烯[93]。得到的还原氧化石墨烯的表面氧含量较低，从而使其在水（疏水性）中的稳定性较差。在另一项研究中，使用抗坏血酸而不是肼作为还原剂，该研究发现，用抗坏血酸获得的还原氧化石墨烯比肼衍生的还原氧化石墨烯具有更好的生物相容性[85,94-95]。因此可以认为，用抗坏血酸作为还原剂得到的还原氧化石墨烯更适合于生物医学的应用。当将还原氧化石墨烯应用于组织工程中时，它需要良好的电学性能，才能实现细胞对细胞的传导信号[33]。在过去，合成还原氧化石墨烯的其他方法包括：

(1)在熔炉中高温加热氧化石墨烯；

(2)将氧化石墨烯暴露在强烈的脉冲光线下,例如氙气闪光管产生的光线；

(3)线性扫描伏安法；

(4)将氧化石墨烯暴露在氢等离子体中几秒；

(5)加热含有氧化石墨烯和尿素等还原剂的溶液。

除了上述的还原氧化石墨烯合成方法外,研究人员提出了其他一些新的还原方法,包括光催化法[87,96-97]、生物分子辅助法[98-99]、植物萃取法[100]、超临界流体法[101]和电化学法[102]。然而,这些方法都属于化学、热学或电化学手段。其中一些方法可以生产类似于原始石墨烯的高质量还原氧化石墨烯,但这些方法可能费时且复杂。采用电化学方法大规模生产还原氧化石墨烯,并可以生产出高质量的还原氧化石墨烯。在这一方法中,使用氧化石墨烯涂层不同的基底(氧化锡和玻璃),并将电极放置在基底的两端,从而形成通过氧化石墨烯的电路。对磷酸钠缓冲液中的氧化石墨烯使用线性扫描伏安法。我们观察到氧化石墨烯还原开始于0.6V,在0.87V时达到最大还原[103]。在其他实验中使用了电化学技术,表明所得到的还原氧化石墨烯的碳氧比和电导率都高于其他材料,例如银。这种方法的另一个优点在于它不使用有害化学物质,因此无须处理任何有毒废物[104]。然而,这种技术的缺点是无法规模化生产,这是由于其难在电极上大量沉积氧化石墨烯。有趣的是,一旦通过其中一种方法成功合成了还原氧化石墨烯,就可以将其功能化以应用于不同的场合。

#### 5.2.1.3 石墨烯纳米材料

石墨烯纳米材料通常被认为是二维结构的石墨烯基材料,厚度或横向尺寸小于100nm。例如石墨烯纳米薄片、石墨烯纳米片和石墨烯纳米带(GNR)[72]。石墨烯纳米带是一维碳晶,是石墨烯的薄带。根据边缘的结构,石墨烯纳米带可以为锯齿石墨烯纳米带或扶手椅石墨烯纳米带。它们具有不同的电子状态,即金属或半导体,这取决于条带的宽度。因此,它们可以特别适用于不同的场合。石墨烯纳米材料是要求良好导电性复合材料的理想选择。虽然它们不是碳材料的主要部分,但其可以自由悬浮,也可以与基底结合[72]。除了上述石墨烯基材料之外,石墨烯基材料还包括少层石墨烯(FLG)或多层石墨烯(MLG)。这类石墨烯基材料包含2~10层石墨烯;可以计算并定义其层数,它们具有堆叠石墨烯层,其横向尺寸可延展[53]。它们可以是薄片式、独立薄膜式或与涂层结合的基底[72]。最初,FLG被认为是单层石墨烯合成过程中的副产品;然而,后来人们认为其是一种具有商业价值的材料[53]。近年来,FLG已达到了较高的生物医学应用水平。此外,石墨烯量子点(GQD)是另一套功能化石墨烯结构,具有纳米尺寸的量子现象。与其他石墨烯基材料一样,它们在光致发光条件下的光学特性也引起了研究人员的极大兴趣。这些石墨烯基材料可以与多种生物分子结合。例如,它们的形态和内在特性使它们能够在生物传感器分析转导的检测限、灵敏度、选择性、重复性和生物相容性等方面发挥作用[71]。

### 5.2.2 石墨烯基材料的应用

石墨烯基材料是最近引入生物医学领域的新型材料的典型例子。它们具有很好的性能/特征,因此它们能有效应用于生物医学领域。由于制备和合成这些材料的方法不同,它们的性质也不同,特别是物理化学性质不同。大多数关于石墨烯基材料应用的研究都集中于氧化石墨烯和还原氧化石墨烯；因此需要增加研究范围[70]。石墨烯基材料广泛应用于机械工程、电学工程、电子学(微电子)、海水淡化、组织工程、癌症治疗、涂料、生物传感器、药物递送和基因传递的纳米载体、肿瘤细胞成像和光疗设备[3,18,64,81,105-106]、植入物、金属探测和去除，以及核废料处理[72,107]等领域。然而，这里只研究和讨论石墨烯基材料在植入物中的潜在应用。

## 5.2.3 植入物

人们普遍认为生物医学植入物是为了改善病人的健康状况而直接插入人体的任何物质、结构或器件。它们有助于提高生物结构的质量或功能，或支持受损的生物结构[108]。植入物的使用始于20世纪中期，目的是开发生物相容材料(对宿主几乎没有毒性作用)。使用的主要材料是不锈钢和钴合金，它们应具有类似于替换组织的性质[109]。随着时间的推移，研究人员开始关注并开发能够与人体的生物环境相互作用的其他材料[11]。他们发现了新的材料，如金属；然而，它们并不具有生物活性，因此需要在将它们用于生物医学前进行涂层。用于涂层的材料有陶瓷(羟基磷灰石)和生物活性玻璃。目前，人们认为能作为植入物的分子水平新材料，应能引起特定的细胞反应[11,109]。同时，研究人员对这些材料生物活性以及生物降解性进行了细致的研究，从而促进了生物可吸收材料的发展。常用的主要材料是钛及钛合金[110]。然而，由于钛缺乏生物活性，有必要发现其他更适合移植应用的材料。此外，钛合金具有很多局限性，如不能与天然骨的力学行为相匹配、耐磨性差、断裂韧性差等阻碍了钛合金的长期临床应用[11]。因此需要开发能应用的其他材料，比如已经证明石墨烯基材料的可用性。研究人员已经证明石墨烯及其衍生物确实是适合用作植入物的优良候选材料[111]。

### 5.2.3.1 骨科植入物

多年来，人们对能够积极改善细胞附着、增殖和分化的材料和技术越来越感兴趣。这些材料可用于大面积骨缺损的重建和快速愈合。石墨烯及其衍生物具有显著的性能，已用于生物医学应用。研究发现，它们具有诱导和维持干细胞生长和分化为不同神经细胞系的能力。此外，由于石墨烯基材料具有机械强度和蛋白质吸附能力，因此它可以增强并促进人体间充质干细胞(MSC)的成骨分化[55,112-113]。因此，石墨烯基材料是支架和植入器件的理想候选材料，可以促进细胞增殖和分化[111,114]。石墨烯基材料具有的这些能力以及其生物相容性和低细胞毒性，使其能有效应用于骨组织工程。此外，一些研究已经证明氧化石墨烯的固有抗菌特性可以预防植入物引起的感染[115-116]。有趣的是，在没有生长因子(例如BMP-2)的情况下，石墨烯基材料仍然可以加速细胞的分化[117]。这可能是因为通过生物分子中的芳香环的π-π堆叠，石墨烯基材料可以增加局部地塞米松浓度[40,118]。在骨再生中使用石墨烯基材料的另一个优点在于可以增强骨传导性，这可以通过生物矿化和细胞成骨分化来实现。典型的例子如，加入氧化石墨烯薄片和石墨烯的碳酸钙(生物矿物)混合物，用以促进生物矿化[119]。此外，通过实验，在矿化氧化石墨烯或石墨烯磷酸钙复合材料上生长成骨细胞，发现存活率高和形状被拉长[33]。在一项研究中，将石墨烯水凝胶膜植入大鼠体内，观察到这种材料通过成骨分化诱导骨再生。这是由于石墨烯基材料具有良好的机械强度和粗糙表面形貌[120]。因此，石墨烯基材料的高弹性模量大约在1~24 TPa，这可以导致自发性成骨分化[121]。蛋白质基材料的形貌越无序，它们所提供的环境就越有利于蛋白质的吸附,进而促进细胞的生长。与传统的水凝胶体系相比,通过非共价相互作用获得的多孔石墨烯水凝胶更适合植入应用。这是因为它们有更大的机械强度,同时保持了机械的灵活性[120]。在一些实验中,将石墨烯基材料与骨骼中无机部分含量最丰富的成分羟基磷灰石(HAP:$Ca_2(PO_4)_6(OH)_2$)相结合[119,122-123]。研究人员已经报道了新生骨的形成和细胞成骨分化的增强。此外,氧化石墨烯/石墨烯-HAP 复合材料提供了一个类似体内的环境,从而使成骨细胞具有较高存活率以及拉长的形状。通过对氧化石墨烯表面进行改性,可以增强氧化石墨烯上的仿生矿化。功能基团如含有硫酸盐的基团,可以刺激 $Ca^{2+}$ 结合,从而形成矿化 HAP 的成核点[124]。在一个实验中,由高硫酸化单位组成的天然多糖(卡拉胶)在氧化石墨烯表面功能化。研究人员比较了在天然多糖-GO 和氧化石墨烯上的 MC3T3-E1 细胞的生长情况。与氧化石墨烯相比,生长在天然多糖-GO 上的细胞具有更高的细胞活力和增殖能力。与氧化石墨烯相比,在天然多糖-GO 上生长细胞的 ALP 的细胞活性有显著提高。另外,研究人员还报道了羟基磷灰石矿化明显、细胞附着增强,且刺激了骨矿化活性[33]。在另一项研究中,在石墨烯-羟基磷灰石纳米复合水凝胶和还原氧化石墨烯上培养小鼠的骨髓充质干细胞。与还原氧化石墨烯相比,纳米复合水凝胶具有较高的细胞活性和拉长的细胞形态。这表明石墨烯-HAP 纳米复合材料的细胞亲和力增强。本研究发现的结果可归因于石墨烯和羟基磷灰石纳米粒子可以通过胶体化学合成技术自组装和形成三维纳米复合水凝胶[125]。对这些材料进行水热处理会导致氧化石墨烯纳米片的增厚,而 $\pi-\pi$ 相互作用会引起材料相互吸引(石墨烯和羟基磷灰石纳米粒子)。此外,在柠檬酸盐稳定的羟基磷灰石纳米粒子中的柠檬酸盐离子会导致氧化石墨烯到还原氧化石墨烯的还原,形成一个类似石墨的外壳[126-127]。这种外壳可作为透析膜,帮助去除多余的离子,同时在石墨烯容器上沉积不稳定的羟基磷灰石纳米粒子。一旦三维石墨烯网络包裹住羟基磷灰石纳米粒子,就形成了均匀的石墨烯-羟基磷灰石凝胶并可以投入使用。同样,通过氢键和静电作用,还原氧化石墨烯片和羟基磷灰石微粒可以互相附着[123,128]。羟基磷灰石微粒表面的钙离子可以被固定在还原氧化石墨烯薄片表面的羟基和羧基上。这可能是由于带正电荷的钙离子与带负电荷的羧基和羟基之间的静电相互作用。然而,这些材料的结合(还原氧化石墨烯薄片和羟基磷灰石微粒)也可能是由于羟基磷灰石微粒中存在的羟基和还原氧化石墨烯薄片中含氧基团之间的诱导氢键作用。其他一些研究表明,还原氧化石墨烯纳米复合材料对 MC3T3-E1 细胞具有增强细胞活性的作用。其中一项研究的结果表明,与羟基磷灰石微粒相比,还原氧化石墨烯薄片和羟基磷灰石微粒纳米复合材料具有更高的细胞活性。同时,在还原氧化石墨烯/羟基磷灰石纳米复合材料上培养的细胞群中,成骨细胞的自发成骨分化(MC3T3-E1)也得到增强。此外,体外评估显示还原氧化石墨烯/羟基磷灰石纳米复合培养细胞中钙沉积显著增加、骨桥蛋白和骨钙素水平也较高[123]。当在体内将还原氧化石墨烯/羟基磷灰石纳米复合材料植入损伤的巨大骨模型时,观察到炎症反应减少,并刺激了新骨的形成[128]。此外,将石墨烯基材料与锶和钙硅酸盐结合,以研究它们对成骨分化的影响。在氧化石墨烯和还原氧化石墨烯的网络基体中嵌入锶粒子,然后从支架复合物中连续释放锶离子可以刺激细胞增殖和成骨分化[129]。同样地,与硅酸钙陶瓷相比,在 $CaSiO_3$ 基体中加入还原氧化石墨烯能更多刺激人体成骨细胞的碱性磷酸酶活性和细胞增殖[33]。

#### 5.2.3.2 牙体种植

牙齿结构的不均一性和动态性的解剖结构使其治疗和管理难度较大。牙齿组织由牙髓复合体、牙骨质、牙周韧带、牙釉质和牙槽骨组成，牙齿在受伤或患病时，其自我修复能力有限[130]。牙骨质和牙本质尽管生长速度很慢，但可以再生；在牙骨质中，牙髓可以部分再生，而牙釉质组织完全不能再生[131]。然而，在过去的十年里，许多研究人员都着重去克服这些问题[132-138]。他们解决这些问题的其中一个方法是使用聚合物和纳米材料等制成的支架[139-143]。近年来，石墨烯基材料已成为应用于牙科的纳米材料之一[33]，研究人员进行了一些研究去评估石墨烯基材料对牙科细胞的影响。Rosa 和其同事在牙髓干细胞（DPSC）的研究中，比较了氧化石墨烯支架和玻璃基底对细胞增殖和分化的影响[144]。他们发现附着在玻璃和氧化石墨烯表面上的细胞（DPSC）的增殖速度没有显著差异。然而，与玻璃基底相比，在氧化石墨烯处理的细胞中发现所有基因（Msh 同源盒 1[MSX-1]、配对盒 9[PAX-9]、RUNX2、COLI、牙本质酸性磷酸蛋白 1[DMP-1]和牙本质磷酸蛋白[DSPP]）具有更高水平的 mRNA 表达。研究结果表明，氧化石墨烯基底具有增强牙源性基因表达的潜力，为石墨烯基材料的应用开辟了新的机遇。在另一个类似的实验中，研究了在不使用任何化学诱导物的情况下石墨烯基材料诱导 DPSC 成牙或成骨分化的潜力[145]。该实验结果表明，与玻璃基底相比，石墨烯基材料对 RUNX2 和 OCN 基因和蛋白表达的影响更显著。由此可以看出石墨烯基材料可以诱导 DPSC 牙源性分化，但程度不及对 DPSC 的成骨分化。其他一些研究也调查了石墨烯基材料对另一个牙细胞即牙周膜干细胞（PDLSC）的影响。这些细胞负责维持牙周组织（环绕和支撑牙齿的结构）。在对这些细胞进行的一项有限研究中，评估了氧化石墨烯、丝素蛋白（SF）以及氧化石墨烯与丝素蛋白结合（GO + SF）的影响[79]。研究人员研究了细胞的黏附、增殖、存活率和 MSC 标记的表达。他们在实验中提取了健康的臼齿，并在不同的基底（氧化石墨烯、丝素蛋白和氧化石墨烯+丝素蛋白）和作为对照样品的塑料基底上将其培养 10 天。肌动蛋白细胞骨架的免疫荧光染色显示，在氧化石墨烯基底上附着的细胞最多，而 MTT 法显示，与丝素蛋白和氧化石墨烯+丝素蛋白基底相比，氧化石墨烯基底上细胞的增殖速度最快。此外，研究发现氧化石墨烯与丝素蛋白的结合提高了丝素蛋白薄膜的性能。因此，氧化石墨烯可以作为涂层丝素蛋白的更好选择。此外，这些研究人员还研究了丝素蛋白和氧化石墨烯（联合）促进牙周膜干细胞分化的能力[146]。他们的研究结果表明，使用低用量氧化石墨烯和高用量丝素蛋白处理的细胞在增殖速度和分化方面均有较好的改善。他们还指出，当只用氧化石墨烯以及用 1:3 比例的还原氧化石墨烯和还原丝素蛋白（rSF）处理的细胞时，显示了最快的增殖速率。此外，他们还进一步分析了细胞的基因表达，以评估这些支架对牙周膜干细胞分化成骨/成牙骨质细胞样细胞的影响[147]。在这个实验中，没有在介质里使用化学诱导剂。研究人员发现，氧化石墨烯+丝素蛋白复合材料，尤其是它们的还原状态（rGO、rSF 和 rGO-rSF）诱导了早期成骨细胞/成牙骨质细胞标志物（BMP2、RUNX2、ALP、COLI）的过度表达。另一方面，他们观察到在所有的基底中成骨细胞标记成骨细胞特异基因（OSX）和骨钙素（OCN）下调。此外还发现由于使用石墨烯基材料，种植体骨整合也得到了改善。钛（Ti）是一种具有可靠性、机械强度、生物相容性和可预测性的材料，已经应用到了牙齿修复的牙体种植领域[148-149]。然而，由于其惰性，可能会促进纤维组织的生长，从而导致植入失败，相关人员已经开始了对其表面改性的研究。一些研究报道了将石墨烯基材料应用于牙体种植的优点。人们已经发现石墨烯基材料在牙科领域可以作为优秀的植入物涂层。Zhou 等[150]所做的一项研究揭示了将石墨烯基材料应用到牙科植入物中的优点。他们研究并比较了具有钛酸钠(Na - Ti)基底的氧化石墨烯 - 钛支架上的牙周膜干细胞形态、增殖和成骨分化潜能。研究发现:与 Na - Ti 基底上生长的细胞相比,涂层氧化石墨烯的钛支架上生长的细胞增殖速率更高,且 ALP 活性也更高。此外,在涂层氧化石墨烯的钛支架上生长的细胞中,成骨相关标记(COLI、ALP、唾液蛋白[BSP]、RUNX2 和 OCN)的基因表达水平升高。RUNX2、BSP 和 OCN 的蛋白质水平表达增强与氧化石墨烯的存在有关。研究表明,氧化石墨烯是一种很有前景的牙科材料,尤其是用于钛植入物。另一组研究人员还通过不同方法用合成糖皮质激素对氧化石墨烯 - 钛植入物进行功能化,以改善干细胞成骨分化[148,151]。在用于钛植入物功能化和涂层的两种方法中都发现,用氧化石墨烯 - 钛植入物可以提高生物相容性、细胞增殖和细胞成骨细胞分化。此外,相关人员已经发现在植入物中加入生物活性蛋白如 BMP 可以增强骨整合[152-153]。因此,La 等评估了氧化石墨烯涂层在钛基底上传递 BMP - 2(最有效的骨诱导蛋白之一)和干细胞招募蛋白(P 物质)的效率。体外评估结果表明,钛与钛 - 氧化石墨烯释放的 SP 差异不显著。但是 BMP - 2 在钛基底上于 24h 内释放,而从钛 - 氧化石墨烯基底上释放周期为 2 周。La 等进一步进行了体内研究,研究了在掺杂植入物后蛋白质的生物活性。他们将 Ti - BMP - 2、Ti - SP - BMP - 2 和 Ti - GO - SP - BMP - 2 分别植入小鼠胼胝体。Ti - GO - SP - BMP - 2 与其他组相比可以形成最多的骨骼。因此,这表明氧化石墨烯可以保留诱发剂和骨诱导蛋白生物活性[154-155]。研究人员发现石墨烯基材料的抗菌性能也有利于植入物的应用。通过用氧化石墨烯和抗菌物质涂层使钛功能化证明了这一点。在其中一个实验中,盐酸米诺环素被加入到氧化石墨烯涂层中,以增强抗菌活性。他们测试了该植入物对需氧或兼性厌氧菌(金黄色葡萄球菌)、兼性厌氧菌(大肠杆菌)和厌氧菌(变形链球菌)的抗菌性。他们发现氧化石墨烯与盐酸米诺环素协同促进细菌灭亡[156]。同样地,Jin 等研究了氧化石墨烯 - 银涂层的钛对变形链球菌和牙龈卟啉单胞菌的抗菌活性。他们发现氧化石墨烯 - 银涂层的钛植入物具有显著疗效,并指出纳米复合材料可能有助于避免与植入物相关的感染[157]。

#### 5.2.3.3 植入型给药系统

关于植入型给药系统的研究日益增多,这是因为需要一种更安全的方法将药物传递到体内的目标部位。这些研究包括在体内和体外评估不同石墨烯基材料植入型给药系统。如阿霉素(DOX)和姜黄素等治疗剂由于内在的特性,已经被加载到石墨烯基材料中。可用于药物传递的主要特性包括大比表面积和 $sp^2$ 杂化[158],因为这些特性能促进装载更多的药物。在植入型给药系统应用中,备受关注的一种石墨烯基材料是氧化石墨烯。用 Hummer's 技术对石墨进行强氧化,由此合成了纳米载体(氧化石墨烯),这被认为是一种理想的药物和基因传递材料。通常,适合此应用的氧化石墨烯纳米载体的厚度为 1 ~ 2nm,由大小约为几纳米到几百纳米的 1 ~ 3 层组成[35,60,159-160]。活性 COOH 和 OH 官能团在氧化石墨烯表面上的功能允许其与聚合物[161]、生物分子(生物靶向配体)[60]、DNA[162]、蛋白质[163-165]、量子点[166]、$Fe_3O_4$ 纳米粒子[167]和其他分子[168]结合。因此,在各种生物医学领域都能发现氧化石墨烯。

Liu 等[81]仔细研究了石墨烯基材料上存在的羟基、羧基和环氧等官能团和大比表面积的优点。他们发现这些因素可以在靶向给药过程中固定住药物分子。这表明氧化石墨烯这样的石墨烯基材料是成功给药的潜在候选。其他的研究也证明了氧化石墨烯及其衍生物可以作为植入型给药系统，它们还能作为增强细胞毒性的光热治疗剂[169]。通过一个实验证明了此发现，在该实验中将抗癌药物 SN38 和阿霉素加载到纳米氧化石墨烯中[170-171]。在该实验中，将以氨基封端的六臂聚乙二醇分子与纳米级氧化石墨烯（NGO）相连，然后采用简单的非共价吸附法，通过 π-π 堆叠作用在 NGO-PEG 复合材料上加载抗癌药物。使用 NGO-PEG 纳米载体将药物分别传递到 HCT-116 和 CPT-11 细胞。Liu 等发现，加载 SN38 的 NGO-PEG 对 HCT-116 细胞具有高度的细胞毒性，但比 CPT-11 细胞更有效。此外，Lu 等[172]在由氧化石墨烯和适配体组成的混合药物载体上加载盐酸丁他滨（药物）。通过合成纳米氧化石墨烯可定点靶向肿瘤细胞。在合成过程中可以调整浓度和 pH 值，从而改变氧化石墨烯的载药能力[173]。然而，研究发现，与单药物装载的纳米氧化石墨烯相比，双重药物装载纳米氧化石墨烯具有更高的细胞毒性[174]。在这些研究人员进行的另一项研究评估中，他们利用简易酰胺化技术通过共价结合将聚乙烯亚胺附着到氧化石墨烯[174]。药物混合后被传递到目标细胞。结果表明，该药物抗癌性能提高，这是由于发生了协同作用。Bcl2-siRNA 和 DNA 合成均被抑制[175]。Weaver 和其研究小组也报道了，通过氧化石墨烯的电学性能可以控制药物[176]。本研究将药物地塞米松装入石墨烯基材料-聚合物支架中，通过调节电压刺激，以线性方式释放药物。另一项研究报道了，为靶向给药将利妥昔单抗（CD20 +抗体）与 NGO-PEG 共轭[60]。研究人员发现药物释放与 pH 值有关，这表明了 pH 值控制药物释放。其他的研究表明，可以通过 pH 值控制的方式释放装载在石墨烯基材料上的药物，Shen 和 Depan 等对此进行了相关研究[65,177-178]。Pan 等[179]还设计了一种由聚（*N*-异丙基丙烯酰胺）和石墨烯薄片组成的热反应植入型给药系统。研究人员自发现使用多种药物会对癌症等多种疾病产生耐药性以来，只有少数人在多种药物中使用石墨烯基材料[180-181]。在对石墨烯基材料的一项研究中，将氧化石墨烯用于两种化学药物的靶向传递[178]。在该研究中，将含有叶酸和 $SO_3H$ 基团的氧化石墨烯装载到阿霉素和喜树碱（CPT）。通过 π-π 堆叠作用以可控方式进行。在成功装载这些药物后，对 MCF-7 人乳腺癌细胞进行了检测。结果发现，与单一药物治疗组相比，使用氧化石墨烯-叶酸-阿霉素-喜树碱治疗的细胞具有更加精准的靶向性。同时，使用两种药物治疗对细胞的毒性也更高。最近在另一项研究中，Rana 和其小组[182]评估了使用壳聚糖接枝的氧化石墨烯来传递抗炎症药物布洛芬。他们发现通过调整 pH 值，可以控制药物的释放。除了这些不同的研究外，Yang 等[183]还研究了石墨烯基材料对强 SK3 人乳腺癌细胞的增强抗癌作用。他们设计了氧化石墨烯-$Fe_3O_4$ 纳米粒子混合材料制成的磁性和生物双重靶向药物载体。展开的体外评价结果表明，这种药物载体具有定向细胞靶向性，而体内研究致力于展示氧化石墨烯-$Fe_3O_4$ 纳米粒子混合材料的磁场导向和生物靶向性。

#### 5.2.3.4 植入型生物传感器

简而言之，生物传感器是以分析为目的的设备或系统。Clark 和 Lyons[184]发明了第一代用于监测血液中化学成分和血液中生物分子定量记录的生物传感器。由此生物传感器在医疗和生物医学中的应用变得非常重要。生物传感器已用于分析[185-187]、疾病诊断[188-192]和食品安全[193]等方面。生物传感器由生物部分和电学部分组成[38,194-195]。生物部分相互作用从而识别分析物,然后通过电学部分进而产生信号。生物部分包括组织、酶、核酸、抗体和微生物。生物传感器的主要功能在于瞄准目标样品中的生物分子。在设计生物传感器时,需要注意加入适合生物分子的受体具有重要意义。此外,传感器应具有超敏性,可以重复进行可靠的实时测量[71]。为了获得强而精确的信号,对适用于分析物的化学结合或生物分子使用标记技术。然而,这个过程涉及使用荧光染料、化学发光分子、光致发光纳米粒子和量子点[196-204]。另外,免标签技术可以避免标记过程中的干扰,并提供关于目标分子的直接信息。大多数癌症诊断和药物开发应用使用免标签技术,因为这些应用需要高度敏感的生物传感器[191,205-207]。

石墨烯基材料之所以被用作生物传感器,主要是因为它们具有良好的电子、电学和荧光性能[57,208]。这些性能使设计的工具和器件能够用于监测和诊断急性和慢性疾病[70]。然而,在氧化石墨烯、还原氧化石墨烯、石墨烯量子点等石墨烯基材料作为生物传感器应用于生物医学领域之前,往往会考虑某些因素,包括静电力、电荷-生物分子的 π-π 相互作用和电荷交换。此外,还考虑了在石墨烯基材料表面固定分子受体时的缺陷、无序和化学功能化等影响[71]。研究表明,石墨烯基材料上存在的官能团使得它们能够可靠地捕获分子,并且能够分析它们与目标的特定生物分子的相互作用。氧化石墨烯生成羟基、羰基、羧基和环氧官能团,这些官能团都富含氧。因此,它们具有表面电荷,便于特定的相互作用[209-212]。在生物传感分析中最常用的官能团是羧基和环氧官能团。这是因为它们能有效固定生物分子[213-215]。羰基被认为可以调节石墨烯基中碳碳键缺陷[210]。石墨烯基材料拥有的各种性能促使不同生物传感器应运而生。

(1)基于石墨烯基材料有效的荧光猝灭性能,设计了基于荧光能量共振转移(FRET)的生物传感器[216-217]。

(2)由于石墨烯生物分子具有可控自组装能力,设计了用于检测 DNA 和其他分子的高灵敏度生物传感器[218-221]。

(3)基于石墨烯基材料独特的电子性能,设计了 FET 生物传感器[222]。

(4)基于石墨烯基材料基体检测分子的能力,还设计了基体辅助激光解吸/电离飞行时间质谱仪[223-224]。

此外,石墨烯基材料具有较大的比表面积、优异的电导率以及通过化学或物理相互作用加载广泛生物分子的能力,从而通过电化学原理发展了新的生物传感器[225-226]。不同研究小组研究了石墨烯衍生物在生物传感和检测凝血酶、ATP、寡核苷酸、氨基酸和多巴胺等方面的潜在应用[216-217,223,225]。在生物传感器中尤其是在光学系统中应用石墨烯基材料和 DNA 混合物越来越受到人们的重视。这是因为石墨烯基材料不仅能作为有效的荧光化合物猝灭剂,而且对游离和束缚功能化的 DNA 有不同的亲和性[227]。Fathalipour 等报道了还原氧化石墨烯基生物传感器的应用[228],其设计的纳米复合材料除了具有抑菌效果外,还具有优良的电催化活性。结果表明,该核酸的功能化末端能够有效地固定在石墨烯基材料上。在过去的几年中,氧化石墨烯上的细菌[229]、真菌[230]、毒素[231]和蛋白质[232]已经成为检测的目标。但除此之外,在石墨烯和 $sp^2$ 结合碳原子的表面上也很容易发现生物分子和小分子。石墨烯基生物传感器也被用于细胞探测、监测和检测。用适配体-FAM 氧化石墨烯纳米片检测 JB6 C1 41-5a 小鼠上皮细胞中的三磷酸腺嘌呤分子[217]。通过将适配体-FAM/氧化石墨烯纳米片与荧光显微镜结合,观察到生长的 JB6

细胞。此外，在另一个实验中，用石墨烯场效应晶体管检测了神经内分泌 PC12 大鼠肾上腺髓质细胞中的激素儿茶酚胺分子[222]。此外，在一项研究中发现，除了活细胞外，石墨烯基生物传感器还可以检测前列腺癌的循环肿瘤细胞[38]。Gu 等还发现，氧化石墨烯改性光寻址电位传感器可以用作分子分析的装置[233]。除了这些实验，人们还研究了关于石墨烯、氧化石墨烯和还原氧化石墨烯基生物传感器与目标分子的相互作用[57,207,234-235]。一些研究人员已经仔细研究了早先所有不同类型的石墨烯基材料生物传感器[18,35,236-239]，以及使用这些器件的限制。根据荧光共振能量转移（FRET）原理，氧化石墨烯基生物传感技术面临一些挑战，包括不能调制氧化石墨烯的电学性能、不可复制、不可靠、成本高、灵敏度低和定向性差，而石墨烯量子点的缺点在于弱荧光强度（量子产率约 10%）和宽发射带（带宽超过 100nm）。因此，为了提高石墨烯量子点的荧光量子产率和改善其他重要特性，必须更加重视石墨烯量子点的设计，应注意更好地控制尺寸和尺寸分布，也应处理好它们的表面缺陷和功能化，以便为生物医学应用开发更好的生物传感器[177]。

### 5.2.4 生物降解与消除

一般来说，生物降解是指通过生物手段分解物质。从理论上讲，石墨烯基材料由于石墨烯薄片的薄性质更容易降解。然而，胶体稳定性不佳等因素仍是石墨烯基材料需要解决的挑战，这将决定它们的可降解性。少数研究人员发现石墨烯基材料可以在人体系统中生物降解。也就是说，将其注入人体后，它们能够在体内进行代谢或转化。最近的研究在小鼠肺、肝脏、脾脏和肾脏等组织中发现不同结构的石墨烯基材料的生物降解与时间有关[70]。作者在一份报告中指出，3 个月后，在小鼠的脾脏中观察到氧化石墨烯最大程度降解，这是因为巨噬细胞的吞噬作用[240]。同样在另一项研究中，作者发现三个月后在小鼠的肝脏、脾脏和肺中存在氧化石墨烯和氧化石墨烯－聚乙二醇（GO－PEG），但含量很低。因此，随着时间的推移，石墨烯基材料将从器官中消失[241]。目前很少报道石墨烯基材料在体内的代谢/降解。同样地，还没有充分研究和理解在体内形成的产品及其安全性[242]。因此，有必要对石墨烯基材料代谢这一课题进行更多的研究。

迄今为止，消除石墨烯基材料的主要方法是通过肾。约 40nm 的微小氧化石墨烯薄片石墨烯量子点可以穿过肾小球过滤屏障[243-247]。但是，相关人员观察到在用药后的 24h 内清除了石墨烯基材料。然而，最近另一项研究的作者发现，较大的石墨烯基材料薄片可以穿过肾小球过滤屏障[248]。这是由于薄而灵活的功能化石墨烯薄片穿过薄膜时滑动或折叠所致。此外，研究人员发现在使用葡聚糖功能化氧化石墨烯后，通过粪便途径消除了石墨烯基材料[249-250]。另外，当口服不同功能化的氧化石墨烯衍生物时，发现通过排便完全将其排泄，而且消化道没有吸收[251]。此外，也有报告显示在给药后，从颅内纵隔淋巴结[42]和肝胆[252,253]清除了石墨烯基材料。这些报告表明可以从人体中消除石墨烯基材料，因此可视作安全。

### 5.2.5 毒性

研究表明，石墨烯基材料与蛋白质、细胞和其他生物分子相互作用的关键在于其形状、大小、官能团密度和转移电荷的能力。因此，在将石墨烯基材料应用于各种生物医学领域之前，必须认真考虑、研究和理解石墨烯基材料的毒性和毒性机理[254]。一般来说，细胞内活性氧的产生与石墨烯和石墨烯基材料的毒性机制有关。这又导致蛋白质或/和DNA损伤,并通过细胞凋亡或坏死途径导致细胞死亡[255-257]。科学家已经报道了石墨烯介导的活性氧(ROS)的两种主要机制。第一是氧化石墨烯与电子传递系统的干扰,导致过渡生成$H_2O_2$和羟基自由基,第二是激活MAPK(JNK、ERK)和TGF-β信号通路,这又导致Bcl-2蛋白的激活,从而激活线粒体诱导细胞凋亡[255]。在石墨烯基材料毒性的第一个机制中,通过$H_2O_2$和羟基自由基氧化心磷脂,然后从线粒体内膜将血蛋白释放并转移到细胞质。因此,当半胱氨酸蛋白酶9和钙激活半胱氨酸蛋白酶3和7时(从内质网释放),细胞就会死亡,这是由于释放了细胞色素C复合物[256]。除了氧化石墨烯引起活性氧诱导的细胞死亡外,氧化石墨烯还能通过炎症途径诱导toll样受体的激活和自噬[258]。一些研究人员已经报告了石墨烯基材料的毒性。还有一些研究人员已经完成了各种体外研究[115,258-273];同样,一些研究人员也进行了体内研究[42,246-247,251,274-282]。除了这些研究,其他研究人员评估了石墨烯基材料的抗菌和环境毒性[267,283-287]。图5.1展示了调查和研究石墨烯基材料毒性和健康效应的各种方法。然而,为了明确石墨烯基材料对健康的影响,在这些领域仍需要进行更多的研究。

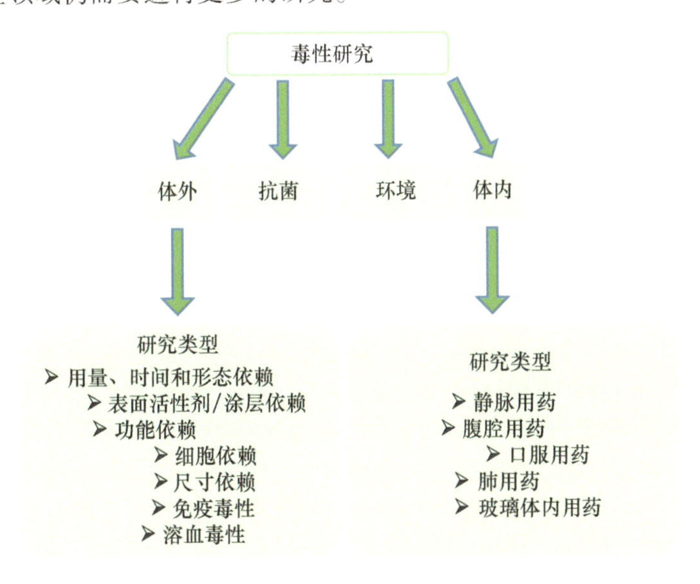


图5.1 对石墨烯基材料进行的各种毒理学研究

## 5.3 小结

石墨烯是一种具有出色性能的碳同素异形体,可以用多种合成方法生成石墨烯基材料。研究人员发现了石墨烯基材料的这些优异性能,从而使它们在生物医学等不同领域得到了广泛的应用。由于其应用领域的逐步扩大,鼓励并激发了相关人员的兴趣。它们已成为解决影响全球数百万人各种医疗问题的潜在材料。在生物医学领域中,石墨烯基材料可以作为基因和药物递送、生物成像和生物传感器植入物,这些应用极大地利用了石墨烯基材料的有趣特性。不同机构的研究人员已经证明,石墨烯基材料具有较好的性能和有效性。如果充分掌握了石墨烯材料的综合知识和更深入理解其作用原理,则石墨烯材料能掀起生物医学领域的改革。就石墨烯基材料可持续性而言，其对环境的负面影响较小。在石墨烯基材料的几个应用中，它们能够节约资源。因此，它们对地球污染的环境和健康问题几乎没有影响。然而，仍然没有太多人关注它们在体外和体内的毒性，因为目前关于它们的安全性还存有争论。尽管在不同的生物医学应用中使用这些材料已经取得了成功，但仍可进行更多的研究，以发现这些材料尚未开发的好处或其他方面。

## 参考文献


[1] Lee, C., Wei, X., Kysar, J. W., Hone, J., Measurement of the elastic properties and intrinsic strength of monolayer graphene. *Science*, 321, 385 - 388, 2008.

[2] Khare, R., Mielke, S. L., Paci, J. T., Zhang, S., Ballarini, R., Schatz, G. C., Belytschko, T., Coupled quantum mechanical/molecular mechanical modeling of the fracture of defective carbon nanotubes and graphene sheets. *Phys. Rev. B*, 75, 075412, 2007.

[3] Loh, K. P., Bao, Q., Ang, P. K., Yang, J., The chemistry of graphene. *J. Mater. Chem.*, 20, 2277 - 2289, 2010.

[4] Nair, R. R., Blake, P., Grigorenko, A. N., Novoselov, K. S., Booth, T. J., Stauber, T., Peres, N. M., Geim, A. K., Fine structure constant defines visual transparency of graphene. *Science*, 320, 1308 - 1308, 2008.

[5] Neto, A. C., Guinea, F., Peres, N. M., Novoselov, K. S., Geim, A. K., The electronic properties of graphene. *Rev. Mod. Phys.*, 81, 109, 2009.

[6] Bunch, J. S., Verbridge, S. S., Alden, J. S., Van Der Zande, A. M., Parpia, J. M., Craighead, H. G., Mceuen, P. L., Impermeable atomic membranes from graphene sheets. *Nano Lett.*, 8, 2458 - 2462, 2008.

[7] Liu, F., Ming, P., Li, J., *Ab initio* calculation of ideal strength and phonon instability of graphene under tension. *Phys. Rev. B*, 76, 064120, 2007.

[8] Novoselov, K. S., Geim, A. K., Morozov, S. V., Jiang, D., Zhang, Y., Dubonos, S. V., Grigorieva, I. V., Firsov, A. A., Electric field effect in atomically thin carbon films. *Science*, 306, 666 - 669, 2004.

[9] Ivanovskii, A. L., Graphene - based and graphene - like materials. *Russ. Chem. Rev.*, 81, 571, 2012.

[10] Pei, S. and Cheng, H. M., The reduction of graphene oxide. *Carbon*, 50, 3210 - 3228, 2012.

[11] Perebo, A. and Nick, J., Applications of graphene in orthopedic implants. *University of PittsburghSwanson School of Engineering*, 2017.

[12] Slonczewski, J. and Weiss, P., Band structure of graphite. *Phys. Rev.*, 109, 272, 1958.

[13] Novoselov, K., Jiang, D., Schedin, F., Booth, T., Khotkevich, V., Morozov, S., Geim, A., Twodimensional atomic crystals. *Proc. Natl. Acad. Sci. U. S. A.*, 102, 10451 - 10453, 2005.

[14] Geim, A. K., Graphene: Status and prospects. *Science*, 324, 1530 - 1534, 2009.

[15] Sanchez, V. C., Jachak, A., Hurt, R. H., Kane, A. B., Biological interactions of graphene - family nanomaterials: An interdisciplinary review. *Chem. Res. Toxicol.*, 25, 15 - 34, 2011.

[16] Jain, A., Jaiswal, S., Vikey, A., Bagulkar, B., Bhat, A., Graphene—An emerging star in the field of nanotechnology. *Int. J. Appl. Res.*, 2(5), 1082 - 1085, 2016.

[17] Cooper, D. R., D'anjou, B., Ghattamaneni, N., Harack, B., Hilke, M., Horth, A., Majlis, N., Massicotte, M., Vandsburger, L., Whiteway, E., Experimental review of graphene. *ISRN Condens. Matter Phys.*, 2012, 56, 2012. Article ID 501686, http://dx.doi.org/10.5402/2012/501686.

[18] Feng, L. and Liu, Z., Graphene in biomedicine: Opportunities and challenges. *Nanomedicine*, 6, 317 - 324, 2011.

[19] Wilson, M., Electrons in atomically thin carbon sheets behave like massless particles. *Phys. Today*, 59, 21, 2006.

[20] Zhu, Y., Murali, S., Cai, W., Li, X., Suk, J. W., Potts, J. R., Ruoff, R. S., Graphene and graphene oxide: Synthesis, properties, and applications. *Adv. Mater.*, 22, 3906 – 3924, 2010.

[21] Calizo, I., Bejenari, I., Rahman, M., Liu, G., Balandin, A. A., Ultraviolet Raman microscopy of single and multilayer graphene. *J. Appl. Phys.*, 106, 043509, 2009.

[22] Geim, A. K. and Novoselov, K. S., The rise of graphene. *Nat. Mater.*, 6, 183, 2007.

[23] Pan, Y., Sahoo, N. G., Li, L., The application of graphene oxide in drug delivery. *Expert Opin. Drug Delivery*, 9, 1365 – 1376, 2012.

[24] Feng, L. and Liu, Z., Graphene in biomedicine: Opportunities and challenges. *Nanomedicine*, 6, 2, 317 – 324, 2011.

[25] Park, S. Y., Park, J., Sim, S. H., Sung, M. G., Kim, K. S., Hong, B. H., Hong, S., Enhanced differentiation of human neural stem cells into neurons on graphene. *Adv. Mater.*, 23, 36, H263 – H267, 2011.

[26] Zhang, L., Zhang, F., Yang, X., Long, G., Wu, Y., Zhang, T., Leng, K., Huang, Y., Ma, Y., Yu, A., Porous 3D graphene – based bulk materials with exceptional high surface area and excellent conductivity for supercapacitors. *Sci. Rep.*, 3, 1408, 2013.

[27] Balandin, A. A., Ghosh, S., Bao, W., Calizo, I., Teweldebrhan, D., Miao, F., Lau, C. N., Superior thermal conductivity of single – layer graphene. *Nano Lett.*, 8, 902 – 907, 2008.

[28] Ferrari, A. C., Meyer, J., Scardaci, V., Casiraghi, C., Lazzeri, M., Mauri, F., Piscanec, S., Jiang, D., Novoselov, K., Roth, S., Raman spectrum of graphene and graphene layers. *Phys. Rev. Lett.*, 97, 187401, 2006.

[29] Bendali, A., Hess, L. H., Seifert, M., Forster, V., Stephan, A. F., Garrido, J. A., Picaud, S., Purified neurons can survive on peptide – free graphene layers. *Adv. Healthc. Mater.*, 2, 929 – 933, 2013.

[30] Chung, C., Kim, Y. K., Shin, D., Ryoo, S. R., Hong, B. H., Min, D. H., Biomedical applications of graphene and graphene oxide. *Acc. Chem. Res.*, 46, 2211 – 2224, 2013.

[31] Liu, Z., Liu, B., Ding, J., Liu, J., Fluorescent sensors using DNA – functionalized graphene oxide. *Anal. Bioanal. Chem.*, 406, 6885 – 6902, 2014.

[32] Weaver, C. L. and Cui, X. T., Directed neural stem cell differentiation with a functionalized graphene oxide nanocomposite. *Adv. Healthc. Mater.*, 4, 1408 – 1416, 2015.

[33] Shin, S. R., Li, Y. C., Jang, H. L., Khoshakhlagh, P., Akbari, M., Nasajpour, A., Zhang, Y. S., Tamayol, A., Khademhosseini, A., Graphene – based materials for tissue engineering. *Adv. DrugDelivery Rev.*, 105, 255 – 274, 2016.

[34] Suk, J. W., Piner, R. D., An, J., Ruoff, R. S., Mechanical properties of monolayer graphene oxide. *ACS Nano*, 4, 6557 – 6564, 2010.

[35] Loh, K. P., Bao, Q., Eda, G., Chhowalla, M., Graphene oxide as a chemically tunable platform for optical applications. *Nat. Chem.*, 2, 1015, 2010.

[36] Novoselov, K. S., Fal, V., Colombo, L., Gellert, P., Schwab, M., Kim, K., A roadmap for graphene. *Nature*, 490, 192, 2012.

[37] Qian, J., Wang, D., Cai, F. H., Xi, W., Peng, L., Zhu, Z. F., He, H., Hu, M. L., He, S., Observation of multiphoton – induced fluorescence from graphene oxide nanoparticles and applications in *invivo* functional bioimaging. *Angew. Chem. Int. Ed.*, 51, 10570 – 10575, 2012.

[38] Foo, M. E. and Gopinath, S. C., Feasibility of graphene in biomedical applications. *Biomed. Pharmacother.*, 94, 354 – 361, 2017.

[39] Biswas, C. and Lee, Y. H., Graphene versus carbon nanotubes in electronic devices. *Adv. Funct. Mater.*, 21, 3806 – 3826, 2011.

[40] Lee, W. C., Lim, C. H. Y., Shi, H., Tang, L. A., Wang, Y., Lim, C. T., Loh, K. P., Origin of enhanced stem cell growth and differentiation on graphene and graphene oxide. *ACS Nano*, 5, 7334 – 7341, 2011.

[41] Heyrovska, R., Atomic structures of graphene, benzene and methane with bond lengths assums of the single, double and resonance bond radii of carbon. *arXiv preprint arXiv*: 0804. 4086, 2008.

[42] Schinwald, A., Murphy, F. A., Jones, A., Macnee, W., Donaldson, K., Graphene – based nanoplatelets: A new risk to the respiratory system as a consequence of their unusual aerodynamic properties. *ACS Nano*, 6, 736 – 746, 2012.

[43] Yang, X., Qiu, L., Cheng, C., Wu, Y., Ma, Z. F., Li, D., Ordered gelation of chemically converted graphene for next – generation electroconductive hydrogel films. *Angew. Chem. Int. Ed.*, 50, 7325 – 7328, 2011.

[44] Zhang, L., Wang, Z., Xu, C., Li, Y., Gao, J., Wang, W., Liu, Y., High strength graphene oxide/polyvinyl alcohol composite hydrogels. *J. Mater. Chem.*, 21, 10399 – 10406, 2011.

[45] Shen, J., Yan, B., Li, T., Long, Y., Li, N., Ye, M., Mechanical, thermal and swelling properties of poly (acrylic acid) – graphene oxide composite hydrogels. *Soft Matter*, 8, 1831 – 1836, 2012.

[46] Cha, C., Shin, S. R., Gao, X., Annabi, N., Dokmeci, M. R., Tang, X. S., Khademhosseini, A., Controlling mechanical properties of cell – laden hydrogels by covalent incorporation of graphene oxide. *Small*, 10, 514 – 523, 2014.

[47] Shin, S. R., Aghaei – Ghareh – Bolagh, B., Dang, T. T., Topkaya, S. N., Gao, X., Yang, S. Y., Jung, S. M., Oh, J. H., Dokmeci, M. R., Tang, X. S., Cell – laden microengineered and mechanicallytunable hybrid hydrogels of gelatin and graphene oxide. *Adv. Mater.*, 25, 6385 – 6391, 2013.

[48] Eftekhari, A. and Jafarkhani, P., Curly graphene with specious interlayers displaying superior capacity for hydrogen storage. *J. Phys. Chem. C*, 117, 25845 – 25851, 2013.

[49] Miao, C., Zheng, C., Liang, O., Xie, Y. H., Chemical vapor deposition of graphene, in: *Physicsand Applications of Graphene – Experiments*, InTech, London, UK, 2011.

[50] Kim, S. M., Kim, J. H., Kim, K. S., Hwangbo, Y., Yoon, J. H., Lee, E. K., Ryu, J., Lee, H. J., Cho, S., Lee, S. M., Synthesis of CVD – graphene on rapidly heated copper foils. *Nanoscale*, 6, 4728 – 4734, 2014.

[51] Park, S. and Ruoff, R. S., Chemical methods for the production ofgraphenes. *Nat. Nanotechnol.*, 4, 217, 2009.

[52] Shang, N. G., Papakonstantinou, P., Mcmullan, M., Chu, M., Stamboulis, A., Potenza, A., Dhesi, S. S., Marchetto, H., Catalyst – free efficient growth, orientation and biosensing properties of multilayer graphene nanoflake films with sharp edge planes. *Adv. Funct. Mater.*, 18, 3506 – 3514, 2008.

[53] Pattnaik, S., Swain, K., Lin, Z., Graphene and graphene – based nanocomposites: Biomedical applications and biosafety. *J. Mater. Chem. B*, 4, 7813 – 7831, 2016.

[54] Liu, N., Luo, F., Wu, H., Liu, Y., Zhang, C., Chen, J., One – step ionic – liquid – assisted electrochemical synthesis of ionic – liquid – functionalized graphene sheets directly from graphite. *Adv. Funct. Mater.*, 18, 1518 – 1525, 2008.

[55] Dubey, N., Bentini, R., Islam, I., Cao, T., Castro – Neto, A. H., Rosa, V., Graphene: A versatile carbon – based material for bone tissue engineering. *Stem Cells Int.*, 2015, 12, 2015. Article ID804213, http://dx.doi.org/10.1155/2015/804213.

[56] Hirsch, A., The era of carbon allotropes. *Nat. Mater.*, 9, 868, 2010.

[57] Bitounis, D., Ali – Boucetta, H., Hong, B. H., Min, D. H., Kostarelos, K., Prospects and challenges of

graphene in biomedical applications. *Adv. Mater.* ,25,2258 - 2268,2013.

[58] Shao,Y. ,Wang,J. ,Wu,H. ,Liu,J. ,Aksay,I. A. ,Lin,Y. ,Graphene based electrochemical sensors and biosensors:A review. *Electroanalysis*,22,1027 - 1036,2010.

[59] Yang,Y. ,Asiri,A. M. ,Tang,Z. ,Du,D. ,Lin,Y. ,Graphene based materials for biomedical applications. *Mater. Today*,16,365 - 373,2013.

[60] Sun,X. ,Liu,Z. ,Welsher,K. ,Robinson,J. T. ,Goodwin,A. ,Zaric,S. ,Dai,H. ,Nano - grapheneoxide for cellular imaging and drug delivery. *Nano Res.* ,1,203 - 212,2008.

[61] Wang,C. ,Li,J. ,Amatore,C. ,Chen,Y. ,Jiang,H. ,Wang,X. M. ,Gold nanoclusters and graphene nanocomposites for drug delivery and imaging of cancer cells. *Angew. Chem. Int. Ed.* , 50, 11644 - 11648,2011.

[62] Paul,A. ,Hasan,A. ,Kindi,H. A. ,Gaharwar,A. K. ,Rao,V. T. ,Nikkhah,M. ,Shin,S. R. ,Krafft,D. ,Dokmeci,M. R. ,Shum - Tim,D. ,Injectable graphene oxide/hydrogel - based angiogenic gene delivery system for vasculogenesis and cardiac repair. *ACS Nano*,8,8050 - 8062,2014.

[63] Nurunnabi,M. ,Parvez,K. ,Nafiujjaman,M. ,Revuri,V. ,Khan,H. A. ,Feng,X. ,Lee,Y. K. ,Bioapplication of graphene oxide derivatives:Drug/gene delivery,imaging,polymeric modification,toxicology,therapeutics and challenges. *RSC Adv.* ,5,42141 - 42161,2015.

[64] Aderibigbe,B. A. ,Owonubi,S. J. ,Jayaramudu,J. ,Sadiku,E. R. ,Ray,S. S. ,Targeted drug delivery potential of hydrogel biocomposites containing partially and thermally reduced graphene oxide and natural polymers prepared via green process. *Colloid Polym. Sci.* ,293,2,409 - 420,2015.

[65] Depan,D. ,Shah,J. ,Misra,R. ,Controlled release of drug from folate - decorated and graphene mediated drug delivery system:Synthesis,loading efficiency,and drug release response. *Mater. Sci. Eng.* ,*C*,31,1305 - 1312,2011.

[66] Jung,H. S. ,Lee,M. Y. ,Kong,W. H. ,Do,I. H. ,Hahn,S. K. ,Nano graphene oxide - hyaluronic acid conjugate for target specific cancer drug delivery. *RSC Adv.* ,4,14197 - 14200,2014.

[67] Hu,S. H. ,Chen,Y. W. ,Hung,W. T. ,Chen,I. W. ,Chen,S. Y. ,Quantum - dot - tagged reduced graphene oxide nanocomposites for bright fluorescence bioimaging and photothermal therapy monitored*in situ*. *Adv. Mater.* ,24,1748 - 1754,2012.

[68] Bouzid,T. ,Sinitskii,A. ,Lim,J. Y. ,Graphene platform for neural regenerative medicine. *NeuralRegener. Res.* ,11,894,2016.

[69] Chen,Y. ,Star,A. ,Vidal,S. ,Sweet carbon nanostructures:Carbohydrate conjugates with carbon nanotubes and graphene and their applications. *Chem. Soc. Rev.* ,42,4532 - 4542,2013.

[70] Jasim,D. ,*Graphene oxide derivatives for biomedical applications*,Thesis,University of Manchester,2016.

[71] Suvarnaphaet,P. and Pechprasarn,S. ,Graphene - based materials for biosensors:A review. *Sensors*,17,2161,2017.

[72] Bharech,S. and Kumar,R. ,A review on the properties and applications of graphene. *J. Mater. Sci. Mech. Eng.* ,10,70 - 73,2015.

[73] Casiraghi,C. ,Hartschuh,A. ,Lidorikis,E. ,Qian,H. ,Harutyunyan,H. ,Gokus,T. ,Novoselov,K. ,Ferrari,A. ,Rayleigh imaging of graphene and graphene layers. *Nano Lett.* ,7,2711 - 2717,2007.

[74] Georgakilas,V. ,Otyepka,M. ,Bourlinos,A. B. ,Chandra,V. ,Kim,N. ,Kemp,K. C. ,Hobza,P. ,Zboril,R. ,Kim,K. S. ,Functionalization of graphene:Covalent and non - covalent approaches,derivatives and applications. *Chem. Rev.* ,112,6156 - 6214,2012.

[75] Rourke,J. P. ,Pandey,P. A. ,Moore,J. J. ,Bates,M. ,Kinloch,I. A. ,Young,R. J. ,Wilson,N. R. ,Thereal graphene oxide revealed:Stripping the oxidative debris from the graphene - like sheets. *Angew. Chem.* ,

123,3231 - 3235,2011.

[76] Wilson,N. R. ,Pandey,P. A. ,Beanland,R. ,Young,R. J. ,Kinloch,I. A. ,Gong,L. ,Liu,Z. ,Suenaga,K. ,Rourke,J. P. ,York,S. J. ,Graphene oxide:Structural analysis and application as a highly transparent support for electron microscopy. *ACS Nano*,3,2547 - 2556,2009.

[77] Li,J. L. ,Kudin,K. N. ,Mcallister,M. J. ,Prud'homme,R. K. ,Aksay,I. A. ,Car,R. ,Oxygen - driven unzipping of graphitic materials. *Phys. Rev. Lett.* ,96,176101,2006.

[78] Servant,A. ,Bianco,A. ,Prato,M. ,Kostarelos,K. ,Graphene for multi - functional synthetic biology:The last 'zeitgeist' in nanomedicine. *Bioorg. Med. Chem. Lett.* ,24,1638 - 1649,2014.

[79] Rodriguez - Lozano,F. ,Garcia - Bernal,D. ,Aznar - Cervantes,S. ,Ros - Roca,M. ,Alguero,M. ,Atucha,N. ,Lozano - Garcia,A. ,Moraleda,J. ,Cenis,J. ,Effects of composite films of silk fibroinand graphene oxide on the proliferation,cell viability and mesenchymal phenotype of periodontal ligament stem cells. *J. Mater. Sci. - Mater. Med.* ,25,2731 - 2741,2014.

[80] Elkhenany,H. ,Amelse,L. ,Lafont,A. ,Bourdo,S. ,Caldwell,M. ,Neilsen,N. ,Dervishi,E. ,Derek,O. ,Biris,A. S. ,Anderson,D. ,Graphene supports*in vitro* proliferation and osteogenic differentiation of goat adult mesenchymal stem cells:Potential for bone tissue engineering. *J. Appl. Toxicol.* ,35,367 - 374,2015.

[81] Liu,J. ,Cui,L. ,Losic,D. ,Graphene and graphene oxide as new nanocarriers for drug delivery applications. *Acta Biomater.* ,9,9243 - 9257,2013.

[82] Gao,W. ,Alemany,L. B. ,Ci,L. ,Ajayan,P. M. ,New insights into the structure and reduction of graphite oxide. *Nat. Chem.* ,1,403 - 408,2009.

[83] Li,D. ,Muller,M. B. ,Gilje,S. ,Kaner,R. B. ,Wallace,G. G. ,Processable aqueous dispersions of graphene nanosheets. *Nat. Nanotechnol.* ,3,101,2008.

[84] Bianco,A. ,Cheng,H. M. ,Enoki,T. ,Gogotsi,Y. ,Hurt,R. H. ,Koratkar,N. ,Kyotani,T. ,Monthioux,M. ,Park,C. R. ,Tascon,J. M. D. ,and Zhang,J. ,All in the graphene family - A recommended nomenclature for two - dimensional carbon materials. *Carbon*,65,1 - 6,2013.

[85] Schniepp,H. ,Li,J. ,Mcallister,M. ,Sai,H. ,Herrera - Alonso,M. ,Adamson,D. ,Prud'homme,R. ,Car,R. ,Saville,D. ,Aksay,I. ,Functionalized single graphene sheets derived from splitting graphite oxide. *J. Phys. Chem. B*,110,17,8535 - 8539,2006.

[86] Stankovich,S. ,Dikin,D. A. ,Piner,R. D. ,Kohlhaas,K. A. ,Kleinhammes,A. ,Jia,Y. ,Wu,Y. ,Nguyen,S. T. ,Ruoff,R. S. ,Synthesis of graphene - based nanosheets via chemical reduction of exfoliated graphite oxide. *Carbon*,45,1558 - 1565,2007.

[87] Williams,G. ,Seger,B. ,Kamat,P. V. ,TiO2 - graphene nanocomposites. UV - assisted photocatalytic reduction of graphene oxide. *ACS Nano*,2,1487 - 1491,2008.

[88] Chuang,C. H. ,Wang,Y. F. ,Shao,Y. C. ,Yeh,Y. C. ,Wang,D. Y. ,Chen,C. W. ,Chiou,J. ,Ray,S. C. ,Pong,W. ,Zhang,L. ,The effect of thermal reduction on the photoluminescence and electronic structures of graphene oxides. *Sci. Rep.* ,4,4525,2014.

[89] Stankovich,S. ,Dikin,D. A. ,Dommett,G. H. ,Kohlhaas,K. M. ,Zimney,E. J. ,Stach,E. A. ,Piner,R. D. ,Nguyen,S. T. ,Ruoff,R. S. ,Graphene - based composite materials. *Nature*,442,282,2006.

[90] Wang,L. ,Ye,Y. ,Lu,X. ,Wu,Y. ,Sun,L. ,Tan,H. ,Xu,F. ,Song,Y. ,Prussian blue nanocubes onnitrobenzene - functionalized reduced graphene oxide and its application for H2O2 biosensing. *Electrochim. Acta*,114,223 - 232,2013.

[91] Wang,G. ,Yang,J. ,Park,J. ,Gou,X. ,Wang,B. ,Liu,H. ,Yao,J. ,Facile synthesis and characterization of graphene nanosheets. *J. Phys. Chem. C*,112,8192 - 8195,2008.

[92] Si,Y. and Samulski,E. T. ,Synthesis of water soluble graphene. *Nano Lett.* ,8,1679 - 1682,2008.

[93] Park, S., An, J., Jung, I., Piner, R. D., An, S. J., Li, X., Velamakanni, A., Ruoff, R. S., Colloidal suspensions of highly reduced graphene oxide in a wide variety of organic solvents. *Nano Lett.*, 9, 1593 - 1597, 2009.

[94] Zhang, J., Yang, H., Shen, G., Cheng, P., Zhang, J., Guo, S., Reduction of graphene oxide viaL - ascorbic acid. *Chem. Commun.*, 46, 1112 - 1114, 2010.

[95] Kanayama, I., Miyaji, H., Takita, H., Nishida, E., Tsuji, M., Fugetsu, B., Sun, L., Inoue, K., Ibara, A., Akasaka, T., Comparative study of bioactivity of collagen scaffolds coated with graphene oxide and reduced graphene oxide. *Int. J. Nanomed.*, 9, 3363, 2014.

[96] Jang, H. S., Yun, J. M., Kim, D. Y., Park, D. W., Na, S. I., Kim, S. S., Moderately reduced graphene oxide as transparent counter electrodes for dye - sensitized solar cells. *Electrochim. Acta*, 81, 301 - 307, 2012.

[97] Liu, X., Pan, L., Zhao, Q., Zhu, G., Chen, T., Lu, T., Sun, Z., Sun, C., UV - assisted photocatalytic synthesis of ZnO - reduced graphene oxide composites with enhanced photocatalytic activity inreduction of Cr (VI). *Chem. Eng. J.*, 183, 238 - 243, 2012.

[98] Choobtashani, M. and Akhavan, O., Visible light - induced photocatalytic reduction of graphene oxide by tungsten oxide thin films. *Appl. Surf. Sci.*, 276, 628 - 634, 2013.

[99] Xing, Z., Chu, Q., Ren, X., Tian, J., Asiri, A. M., Alamry, K. A., Al - Youbi, A. O., Sun, X., Biomolecule - assisted synthesis of nickel sulfides/reduced graphene oxide nanocomposites as electrode materials for supercapacitors. *Electrochem. Commun.*, 32, 9 - 13, 2013.

[100] Sheng, Z., Song, L., Zheng, J., Hu, D., He, M., Zheng, M., Gao, G., Gong, P., Zhang, P., Ma, Y., Protein - assisted fabrication of nano - reduced graphene oxide for combined *in vivo* photoacoustic imaging and photothermal therapy. *Biomaterials*, 34, 5236 - 5243, 2013.

[101] Akhavan, O., Ghaderi, E., Abouei, E., Hatamie, S., Ghasemi, E., Accelerated differentiation of neural-stem cells into neurons on ginseng - reduced graphene oxide sheets. *Carbon*, 66, 395 - 406, 2014.

[102] Kong, C. Y., Song, W. L., Meziani, M. J., Tackett, K. N., II, Cao, L., Farr, A. J., Anderson, A., Sun, Y. P., Supercritical fluid conversion of graphene oxides. *J. Supercrit. Fluids*, 61, 206 - 211, 2012.

[103] Ramesha, G. K. and Sampath, S., Electrochemical reduction of oriented graphene oxide films: An *in situ*Raman spectroelectrochemical study. *J. Phys. Chem. C*, 113, 7985 - 7989, 2009.

[104] Zhou, M., Wang, Y., Zhai, Y., Zhai, J., Ren, W., Wang, F., Dong, S., Controlled synthesis of large - area and patterned electrochemically reduced graphene oxide films. *Chem. Eur. J.*, 15, 6116 - 6120, 2009.

[105] Song, Y., Wei, W., Qu, X., Colorimetric biosensing using smart materials. *Adv. Mater.*, 23, 4215 - 4236, 2011.

[106] Kostarelos, K. and Novoselov, K. S., Exploring the interface of graphene and biology. *Science*, 344, 261 - 263, 2014.

[107] Singh, Z., Applications and toxicity of graphene family nanomaterials and their composites. *Nanotechnol. Sci. Appl.*, 9, 15, 2016.

[108] Wong, J. Y., Bronzino, J. D., Wong, J. Y., Peterson, D. R., *Biomaterials: Principles and Practices. 1stEdition*. CRC Press, United States, 2012.

[109] Murugan, N., Chozhanathmisra, M., Sathishkumar, S., Karthikeyan, P., Rajavel, R., Novelgraphene - based reinforced hydroxyapatite composite coatings on titanium with enhancedanti - bacterial, anti - corrosive and biocompatible properties for improved orthopedic applications. *Int. J. Pharm. Chem. Biol. Sci.*, 6, 4, 432 - 442, 2016.

[110] Zhao,C. ,Lu,X. ,Zanden,C. ,Liu,J. ,The promising application of graphene oxide as coatingmaterials in orthopedic implants:Preparation,characterization and cell behavior. *Biomed. Mater.* ,10,015019,2015.

[111] Shadjou,N. and Hasanzadeh,M. ,Graphene and its nanostructure derivatives for use in bone tissue engineering:Recent advances. *J. Biomed. Mater. Res. Part A*,104,1250 - 1275,2016.

[112] Venkatesan,J. ,Pallela,R. ,Kim,S. K. ,Applications of carbon nanomaterials in bone tissue engineering. *J. Biomed. Nanotechnol.* ,10,3105 - 3123,2014.

[113] Engler,A. J. ,Sen,S. ,Sweeney,H. L. ,Discher,D. E. ,Matrix elasticity directs stem cell lineage specification. *Cell*,126,677 - 689,2006.

[114] Shi,X. ,Chang,H. ,Chen,S. ,Lai,C. ,Khademhosseini,A. ,Wu,H. ,Regulating cellular behavior on few - layer reduced graphene oxide films with well - controlled reduction states. *Adv. Funct. Mater.* ,22, 751 - 759,2012.

[115] Chang,Y. ,Yang,S. T. ,Liu,J. H. ,Dong,E. ,Wang,Y. ,Cao,A. ,Liu,Y. ,Wang,H. ,*In vitro* toxicity evaluation of graphene oxide on A549 cells. *Toxicol. Lett.* ,200,201 - 210,2011.

[116] Ruiz,O. N. ,Fernando,K. S. ,Wang,B. ,Brown,N. A. ,Luo,P. G. ,Mcnamara,N. D. ,Vangsness,M. , Sun,Y. P. ,Bunker,C. E. ,Graphene oxide:A nonspecific enhancer of cellular growth. *ACS Nano*,5, 8100 - 8107,2011.

[117] Nayak,T. R. ,Andersen,H. ,Makam,V. S. ,Khaw,C. ,Bae,S. ,Xu,X. ,Ee,P. L. R. ,Ahn,J. H. ,Hong, B. H. ,Pastorin,G. ,Graphene for controlled and accelerated osteogenic differentiation of human mesenchymal stem cells. *ACS Nano*,5,4670 - 4678,2011.

[118] Anghileri,E. ,Marconi,S. ,Pignatelli,A. ,Cifelli,P. ,Galie,M. ,Sbarbati,A. ,Krampera,M. ,Belluzzi, O. ,Bonetti,B. ,Neuronal differentiation potential of human adipose - derived mesenchymal stem cells. *Stem Cells Dev.* ,17,909 - 916,2008.

[119] Kim,S. ,Ku,S. H. ,Lim,S. Y. ,Kim,J. H. ,Park,C. B. ,Graphene - biomineral hybrid materials. *Adv. Mater.* ,23,2009 - 2014,2011.

[120] Lu,J. ,He,Y. S. ,Cheng,C. ,Wang,Y. ,Qiu,L. ,Li,D. ,Zou,D. ,Self - supporting graphene hydrogel film as an experimental platform to evaluate the potential of graphene for bone regeneration. *Adv. Funct. Mater.* ,23,3494 - 3502,2013.

[121] Xie,H. ,Cao,T. ,Gomes,J. V. ,Neto,A. N. H. C. ,Rosa,V. ,Two and three - dimensional graphene substrates to magnify osteogenic differentiation of periodontal ligament stem cells. *Carbon*,93,266 - 275, 2015.

[122] Lee,J. H. ,Shin,Y. C. ,Lee,S. M. ,Jin,O. S. ,Kang,S. H. ,Hong,S. W. ,Jeong,C. M. ,Huh,J. B. , HAN,D. W. ,Enhanced osteogenesis by reduced graphene oxide/hydroxyapatite nanocomposites. *Sci. Rep.* ,5,18833,2015.

[123] Lee,J. H. ,Shin,Y. C. ,Jin,O. S. ,Kang,S. H. ,Hwang,Y. S. ,Park,J. C. ,Hong,S. W. ,Han,D. W. , Reduced graphene oxide - coated hydroxyapatite composites stimulate spontaneous osteogenic differentiation of human mesenchymal stem cells. *Nanoscale*,7,11642 - 11651,2015.

[124] Liu,H. ,Cheng,J. ,Chen,F. ,Hou,F. ,Bai,D. ,Xi,P. ,Zeng,Z. ,Biomimetic and cell - mediated mineralization of hydroxyapatite by carrageenan functionalized graphene oxide. *ACS Appl. Mater. Interfaces*,6, 3132 - 3140,2014.

[125] Xie,X. ,Hu,K. ,Fang,D. ,Shang,L. ,Tran,S. D. ,Cerruti,M. ,Graphene and hydroxyapatite self - assemble into homogeneous,free standing nanocomposite hydrogels for bone tissue engineering. *Nanoscale*, 7,7992 - 8002,2015.

[126] Liang,J. ,Liu,Y. ,Guo,L. ,Li,L. ,Facile one - step synthesis of a 3D macroscopic $SnO_2$ - graphene aer-

ogel and its application as a superior anode material for Li – ion batteries. *RSC Adv.* ,3,11489 – 11492, 2013.

[127] Cong,H. P. ,Ren,X. C. ,Wang,P. ,Yu,S. H. ,Macroscopic multifunctional graphene – based hydrogels and aerogels by a metal ion induced self – assembly process. *ACS Nano*,6,2693 – 2703,2012.

[128] Lee,J. ,Choi,W. I. ,Tae,G. ,Kim,Y. H. ,Kang,S. S. ,Kim,S. E. ,Kim,S. H. ,Jung,Y. ,Kim,S. H. , Enhanced regeneration of the ligament – bone interface using a poly(1 – lactide – co – – caprolactone) scaffold with local delivery of cells/BMP – 2 using a heparin – based hydrogel. *Acta Biomater.* ,7,244 – 257,2011.

[129] Kumar,S. and Chatterjee,K. ,Strontium eluting graphene hybrid nanoparticles augment osteogenesis in a 3D tissue scaffold. *Nanoscale*,7,2023 – 2033,2015.

[130] Gardin,C. ,Ricci,S. ,Ferroni,L. ,Dental stem cells(DSCs):Classification and properties,in:Zavan B. , Bressan E. (eds.) *Dental Stem Cells:Regenerative Potential. Stem Cell Biology andRegenerative Medicine.* Humana Press,Cham. New York,United States,2016.

[131] Malhotra,N. and Mala,K. ,Regenerative endodontics as a tissue engineering approach:Past,current and future. *Aust. Endod. J.* ,38,137 – 148,2012.

[132] Cordeiro,M. M. ,Dong,Z. ,Kaneko,T. ,Zhang,Z. ,Miyazawa,M. ,Shi,S. ,Smith,A. J. ,Nor,J. E. , Dental pulp tissue engineering with stem cells from exfoliated deciduous teeth. *J. Endod.* ,34,962 – 969, 2008.

[133] Nakahara,T. ,Nakamura,T. ,Kobayashi,E. ,Kuremoto,K. I. ,Matsuno,T. ,Tabata,Y. ,Eto,K. ,Shimizu,Y. ,*In situ* tissue engineering of periodontal tissues by seeding with periodontal ligament – derived cells. *Tissue Eng.* ,10,537 – 544,2004.

[134] Hu,B. ,Nadiri,A. ,Kuchler – Bopp,S. ,Perrin – Schmitt,F. ,Peters,H. ,Lesot,H. ,Tissue engineering of tooth crown,root,and periodontium. *Tissue Eng.* ,12,2069 – 2075,2006.

[135] Sakai,V. ,Zhang,Z. ,Dong,Z. ,Neiva,K. ,Machado,M. ,Shi,S. ,Santos,C. ,Nor,J. ,SHED differentiate into functional odontoblasts and endothelium. *J. Dent. Res.* ,89,791 – 796,2010.

[136] Chen,H. ,Tang,Z. ,Liu,J. ,Sun,K. ,Chang,S. R. ,Peters,M. C. ,Mansfield,J. F. ,Czajka – Jakubowska,A. ,Clarkson,B. H. ,Acellular synthesis of a human enamel – like microstructure. *Adv. Mater.* ,18, 1846 – 1851,2006.

[137] Duailibi,M. T. ,Duailibi,S. E. ,Young,C. S. ,Bartlett,J. D. ,Vacanti,J. P. ,Yelick,P. C. ,Bioengineered teeth from cultured rat tooth bud cells. *J. Dent. Res.* ,83,523 – 528,2004.

[138] Ikeda,E. ,Morita,R. ,Nakao,K. ,Ishida,K. ,Nakamura,T. ,Takano – Yamamoto,T. ,Ogawa,M. ,Mizuno,M. ,Kasugai,S. ,Tsuji,T. ,Fully functional bioengineered tooth replacement as anorgan replacement therapy. *Proc. Natl. Acad. Sci.* ,106,13475 – 13480,2009.

[139] Sumita,Y. ,Honda,M. J. ,Ohara,T. ,Tsuchiya,S. ,Sagara,H. ,Kagami,H. ,Ueda,M. ,Performance of collagen sponge as a 3 – D scaffold for tooth – tissue engineering. *Biomaterials*,27,3238 – 3248,2006.

[140] Kuo,T. F. ,Huang,A. T. ,Chang,H. H. ,Lin,F. H. ,Chen,S. T. ,Chen,R. S. ,Chou,C. H. ,Lin,H. C. , Chiang,H. ,Chen,M. H. ,Regeneration of dentin – pulp complex with cementum and periodontal ligament formation using dental bud cells in gelatin – chondroitin – hyaluronan tri – copolymer scaffold in swine. *J. Biomed. Mater. Res. Part A*,86,1062 – 1068,2008.

[141] Kirkham,J. ,Firth,A. ,Vernals,D. ,Boden,N. ,Robinson,C. ,Shore,R. ,Brookes,S. ,Aggeli,A. ,Self – assembling peptide scaffolds promote enamel remineralization. *J. Dent. Res.* ,86,426 – 430,2007.

[142] Xu,W. P. ,Zhang,W. ,Asrican,R. ,Kim,H. J. ,Kaplan,D. L. ,Yelick,P. C. ,Accurately shaped tooth bud cell – derived mineralized tissue formation on silk scaffolds. *Tissue Eng. Part A*,14,549 – 557,2008.

[143] Nishida, E., Miyaji, H., Kato, A., Takita, H., Iwanaga, T., Momose, T., Ogawa, K., Murakami, S., Sugaya, T., Kawanami, M., Graphene oxide scaffold accelerates cellular proliferative response and alveolar bone healing of tooth extraction socket. *Int. J. Nanomed.*, 11, 2265, 2016.

[144] Rosa, V., Xie, H., Dubey, N., Madanagopal, T. T., Rajan, S. S., Morin, J. L. P., Islam, I., Neto, A. H. C., Graphene oxide – based substrate: Physical and surface characterization, cytocompatibility and differentiation potential of dental pulp stem cells. *Dent. Mater.*, 32, 1019 – 1025, 2016.

[145] Xie, H., Chua, M., Islam, I., Bentini, R., Cao, T., Viana – Gomes, J. C., Neto, A. H. C., Rosa, V., CVD – grown monolayer graphene induces osteogenic but not odontoblastic differentiation of dental pulp stem cells. *Dent. Mater.*, 33, 13 – 21, 2017.

[146] Vera – Sanchez, M., Aznar – Cervantes, S., Jover, E., Garcia – Bernal, D., Onate – Sanchez, R. E., Hernandez – Romero, D., Moraleda, J. M., Collado – Gonzalez, M., Rodriguez – Lozano, F. J., Cenis, J. L., Silk – fibroin and graphene oxide composites promote human periodontal ligament stemcell spontaneous differentiation into osteo/cementoblast – like cells. *Stem Cells Dev.*, 25, 1742 – 1754, 2016.

[147] Torii, D., Tsutsui, T., Watanabe, N., Konishi, K., Bone morphogenetic protein 7 inducescementogenic differentiation of human periodontal ligament – derived mesenchymal stem cells. *Odontology*, 104, 1 – 9, 2016.

[148] Ren, N., Li, J., Qiu, J., Yan, M., Liu, H., Ji, D., Huang, J., Yu, J., Liu, H., Growth and accelerated differentiation of mesenchymal stem cells on graphene – oxide – coated titanate with dexamethasone on surface of titanium implants. *Dent. Mater.*, 33, 525 – 535, 2017.

[149] Zita – Gomes, R., De Vasconcelos, M. R., Lopes Guerra, I. M., De Almeida, R. A. B., De Campos Felino, A. C., Implant stability in the posterior maxilla: A controlled clinical trial. *Biomed Res. Int.*, 2017, Article ID 6825213.

[150] Zhou, Q., Yang, P., Li, X., Liu, H., Ge, S., Bioactivity of periodontal ligament stem cells on sodium titanate coated with graphene oxide. *Sci. Rep.*, 6, 19343, 2016.

[151] Jung, H. S., Lee, T., Kwon, I. K., Kim, H. S., Hahn, S. K., Lee, C. S., Surface modification of multipass caliber – rolled Ti alloy with dexamethasone – loaded graphene for dental applications. *ACSAppl. Mater. Interfaces*, 7, 9598 – 9607, 2015.

[152] Kim, S. E., Song, S. H., Yun, Y. P., Choi, B. J., Kwon, I. K., Bae, M. S., Moon, H. J., Kwon, Y. D., Theeffect of immobilization of heparin and bone morphogenic protein – 2(BMP – 2) to titanium surfaces on inflammation and osteoblast function. *Biomaterials*, 32, 366 – 373, 2011.

[153] Bae, S. E., Choi, J., Joung, Y. K., Park, K., Han, D. K., Controlled release of bone morphogenetic protein(BMP) – 2 from nanocomplex incorporated on hydroxyapatite – formed titanium surface. *J. Controlled Release*, 160, 676 – 684, 2012.

[154] Hong, H. S., Lee, J., Lee, E., Kwon, Y. S., Lee, E., Ahn, W., Jiang, M. H., Kim, J. C., Son, Y., A newrole of substance P as an injury – inducible messenger for mobilization of CD29 + stromal – likecells. *Nat. Med.*, 15, 425, 2009.

[155] La, W. G., Jin, M., Park, S., Yoon, H. H., Jeong, G. J., Bhang, S. H., Park, H., Char, K., Kim, B. S., Delivery of bone morphogenetic protein – 2 and substance P using graphene oxide for bone regeneration. *Int. J. Nanomed.*, 9, 107, 2014.

[156] Qian, W., Qiu, J., Su, J., Liu, X., Minocycline hydrochloride loaded on titanium by graphene oxide: An excellent antibacterial platform with the synergistic effect of contact – killing andrelease – killing. *Biomater. Sci.*, 6, 2, 304 – 313, 2018.

[157] Jin, J., Zhang, L., Shi, M., Zhang, Y., Wang, Q., Ti – GO – Ag nanocomposite: The effect of content lev-

el on the antimicrobial activity and cytotoxicity. *Int. J. Nanomed.* ,12,4209,2017.
[158] Liu, C. W. , Xiong, F. , Jia, H. Z. , Wang, X. L. , Cheng, H. , Sun, Y. H. , Zhang, X. Z. , Zhuo, R. X. , Feng, J. , Graphene – based anticancer nanosystem and its biosafety evaluation using a zebrafish model. *Biomacromolecules*, 14, 358 – 366, 2013.
[159] Humers, W. and Offeman, R. , Preparation of graphitic oxide. *J. Am. Chem. Soc.* ,80,1339,1958.
[160] Kovtyukhova, N. I. , Ollivier, P. J. , Martin, B. R. , Mallouk, T. E. , Chizhik, S. A. , Buzaneva, E. V. , Gorchinskiy, A. D. , Layer – by – layer assembly of ultrathin composite films from micron – sizedgraphite oxide sheets and polycations. *Chem. Mater.* ,11,771 – 778,1999.
[161] Shan, C. , Yang, H. , Han, D. , Zhang, Q. , Ivaska, A. , Niu, L. , Water – soluble graphene covalently functionalized by biocompatible poly – l – lysine. *Langmuir*,25,12030 – 12033,2009.
[162] Lei, H. , Mi, L. , Zhou, X. , Chen, J. , Hu, J. , Guo, S. , Zhang, Y. , Adsorption of double – stranded DNA to graphene oxide preventing enzymatic digestion. *Nanoscale*,3,3888 – 3892,2011.
[163] Lee, D. Y. , Khatun, Z. , Lee, J. H. , Lee, Y. K. , In, I. , Blood compatible graphene/heparin conjugate through noncovalent chemistry. *Biomacromolecules*,12,336 – 341,2011.
[164] Zhang, F. , Zheng, B. , Zhang, J. , Huang, X. , Liu, H. , Guo, S. , Zhang, J. , Horseradish peroxidase immobilized on graphene oxide: Physical properties and applications in phenolic compound removal. *J. Phys. Chem. C*,114,8469 – 8473,2010.
[165] Zhang, J. , Zhang, F. , Yang, H. , Huang, X. , Liu, H. , Zhang, J. , Guo, S. , Graphene oxide as a matrix for enzyme immobilization. *Langmuir*,26,6083 – 6085,2010.
[166] Dong, H. , Gao, W. , Yan, F. , Ji, H. , Ju, H. , Fluorescence resonance energy transfer between quantum dots and graphene oxide for sensing biomolecules. *Anal. Chem.* ,82,5511 – 5517,2010.
[167] Chen, W. , Yi, P. , Zhang, Y. , Zhang, L. , Deng, Z. , Zhang, Z. , Composites of aminodextran – coated $Fe_3O_4$ nanoparticles and graphene oxide for cellular magnetic resonance imaging. *ACS Appl. Mater. Interfaces*,3,4085 – 4091,2011.
[168] Shen, J. , Shi, M. , Li, N. , Yan, B. , Ma, H. , Hu, Y. , Ye, M. , Facile synthesis and application of Ag – chemically converted graphene nanocomposite. *Nano Res.* ,3,339 – 349,2010.
[169] Alibolandi, M. , Mohammadi, M. , Taghdisi, S. M. , Ramezani, M. , Abnous, K. , Fabrication of aptamer decorated dextran coated nano – graphene oxide for targeted drug delivery. *Carbohydr. Polym.* ,155, 218 – 229,2017.
[170] Wang, G. , Shen, X. , Wang, B. , Yao, J. , Park, J. , Synthesis and characterisation of hydrophilic and organophilic graphene nanosheets. *Carbon*,47,1359 – 1364,2009.
[171] Liu, Z. , Robinson, J. T. , Sun, X. , Dai, H. , PEGylated nanographene oxide for delivery of waterinsoluble cancer drugs. *J. Am. Chem. Soc.* ,130,10876 – 10877,2008.
[172] Lu, Y. , Wu, P. , Yin, Y. , Zhang, H. , Cai, C. , Aptamer – functionalized graphene oxide for highly efficient loading and cancer cell – specific delivery of antitumor drug. *J. Mater. Chem. B*, 2, 3849 – 3859,2014.
[173] Sun, X. , Zhang, Y. , Zhang, X. , Yu, J. , Li, Y. , Yang, X. , Dai, Z. , Li, M. , The clinical evaluation of Iressa first – line treatment of senium advanced – stage non – small cell lung cancer. *Chin. Ger. J. Clin. Oncol.* ,7,203 – 206,2008.
[174] Zhang, L. and Dong, J. A. , SOI – MEMS – based single axis active probe for cellular force sensing and cell manipulation. *ASME* 2010 *International Mechanical Engineering Congress and Exposition*, American Society of Mechanical Engineers, pp. 537 – 542,2010.
[175] Zhang, L. , Lu, Z. , Zhao, Q. , Huang, J. , Shen, H. , Zhang, Z. , Enhanced chemotherapy efficacy by se-

quential delivery of siRNA and anticancer drugs using PEI - grafted graphene oxide. *Small*,7,460 - 464, 2011.

[176] Weaver,C. L. ,Larosa,J. M. ,Luo,X. ,Cui,X. T. ,Electrically controlled drug delivery from graphene oxide nanocomposite films. *ACS Nano*,8,1834 - 1843,2014.

[177] Shen,H. ,Zhang,L. ,Liu,M. ,Zhang,Z. ,Biomedical applications of graphene. *Theranostics*,2(3),283 - 294,2012.

[178] Zhang,L. ,Xia,J. ,Zhao,Q. ,Liu,L. ,Zhang,Z. ,Functional graphene oxide as a nanocarrier for controlled loading and targeted delivery of mixed anticancer drugs. *Small*,6,537 - 544,2010.

[179] Pan,Y. ,Bao,H. ,Sahoo,N. G. ,Wu,T. ,Li,L. ,Water - soluble poly(N - isopropylacrylamide) - graphene sheets synthesized via click chemistry for drug delivery. *Adv. Funct. Mater.* , 21, 2754 - 2763,2011.

[180] Andersson,M. ,Madsen,E. L. ,Overgaard,M. ,Rose,C. ,Dombernowsky,P. ,Mouridsen,H. ,Doxorubicin versus methotrexate both combined with cyclophosphamide,5 - fluorouracil and tamoxifen in postmenopausal patients with advanced breast cancer—A randomised studywith more than 10 years follow - up from the Danish Breast Cancer Cooperative Group. *Eur. J. Cancer*,35,39 - 46,1999.

[181] Gavrilov,V. ,Steiner,M. ,Shany,S. ,The combined treatment of 1,25 - dihydroxyvitamin D3 and a non - steroid anti - inflammatory drug is highly effective in suppressing prostate cancer cell line(LNCaP) growth. *Anticancer Res.* ,25,3425 - 3429,2005.

[182] Rana,V. K. ,Choi,M. C. ,Kong,J. Y. ,Kim,G. Y. ,Kim,M. J. ,Kim,S. H. ,Mishra,S. ,Singh,R. P. , Ha,C. S. ,Synthesis and drug - delivery behavior of chitosan - functionalized graphene oxide hybrid nanosheets. *Macromol. Mater. Eng.* ,296,131 - 140,2011.

[183] Yang,X. ,Wang,Y. ,Huang,X. ,Ma,Y. ,Huang,Y. ,Yang,R. ,Duan,H. ,Chen,Y. ,Multifunctionalized graphene oxide based anticancer drug - carrier with dual - targeting function and pH - sensitivity. *J. Mater. Chem.* ,21,3448 - 3454,2011.

[184] Clark,L. C. and Lyons,C. ,Electrode systems for continuous monitoring in cardiovascular surgery. *Ann. N. Y. Acad. Sci.* ,102,29 - 45,1962.

[185] Esteves - Villanueva,J. O. ,Trzeciakiewicz,H. ,Martic,S. ,A protein - based electrochemical biosensor for detection of tau protein,a neurodegenerative disease biomarker. *Analyst*,139,2823 - 2831,2014.

[186] Sin,M. L. ,Mach,K. E. ,Wong,P. K. ,Liao,J. C. ,Advances and challenges in biosensor - based diagnosis of infectious diseases. *Expert Rev. Mol. Diagn.* ,14,225 - 244,2014.

[187] Song,H. S. ,Kwon,O. S. ,Kim,J. H. ,Conde,J. ,Artzi,N. ,3D hydrogel scaffold doped with 2D graphene materials for biosensors and bioelectronics. *Biosens. Bioelectron.* ,89,187 - 200,2017.

[188] Syahir,A. ,Usui,K. ,Tomizaki,K. Y. ,Kajikawa,K. ,Mihara,H. ,Label and label - free detection techniques for protein microarrays. *Microarrays*,4,228 - 244,2015.

[189] Kim,J. ,Kim,M. ,Lee,M. S. ,Kim,K. ,Ji,S. ,Kim,Y. T. ,Park,J. ,Na,K. ,Bae,K. H. ,Kim,H. K. , Wearable smart sensor systems integrated on soft contact lenses for wireless ocular diagnostics. *Nat. Commun.* ,8,14997,2017.

[190] Shan,C. ,Yang,H. ,Song,J. ,Han,D. ,Ivaska,A. ,Niu,L. ,Direct electrochemistry of glucoseoxidase and biosensing for glucose based on graphene. *Anal. Chem.* ,81,2378 - 2382,2009.

[191] Wang,J. ,Glucose biosensors:40 years of advances and challenges. *Electroanalysis*,13,983,2001.

[192] Lee,H. ,Choi,T. K. ,Lee,Y. B. ,Cho,H. R. ,Ghaffari,R. ,Wang,L. ,Choi,H. J. ,Chung,T. D. ,Lu, N. ,Hyeon,T. ,A graphene - based electrochemical device with thermoresponsive microneedles for diabetes monitoring and therapy. *Nat. Nanotechnol.* ,11,566,2016.

[193] Alocilja, E. C. and Radke, S. M., Market analysis of biosensors for food safety. *Biosens. Bioelectron.*, 18, 841 - 846, 2003.

[194] Touhami, A., Biosensors and nanobiosensors: Design and applications. *Nanomedicine*, 15, 374 - 403, 2014.

[195] Turner, A. P., Biosensors: Sense and sensibility. *Chem. Soc. Rev.*, 42, 3184 - 3196, 2013.

[196] Hernaez, M., Zamarreno, C. R., Melendi - Espina, S., Bird, L. R., Mayes, A. G., Arregui, F. J., Optical fibre sensors using graphene - based materials: A review. *Sensors*, 17, 155, 2017.

[197] Feng, L., Zhao, A., Ren, J., Qu, X., Lighting up left - handed Z - DNA: Photoluminescent carbon dots induce DNA B to Z transition and perform DNA logic operations. *Nucleic Acids Res.*, 41, 7987 - 7996, 2013.

[198] Wang, W., Cheng, L., Liu, W., Biological applications of carbon dots. *Sci. China Chem.*, 57, 522 - 539, 2014.

[199] Vilela, P., El - Sagheer, A., Millar, T. M., Brown, T., Muskens, O. L., Kanaras, A. G., Graphene oxide - upconversion nanoparticle based optical sensors for targeted detection of mRNA biomarkers present in Alzheimer's disease and prostate cancer. *ACS Sens.*, 2, 52 - 56, 2016.

[200] Wang, B., Akiba, U., Anzai, J. I., Recent progress in nanomaterial - based electrochemical biosensors for cancer biomarkers: A review. *Molecules*, 22, 1048, 2017.

[201] Chen, L., Yang, G., Wu, P., Cai, C., Real - time fluorescence assay of alkaline phosphatase in living cells using boron - doped graphene quantum dots as fluorophores. *Biosens. Bioelectron.*, 96, 294 - 299, 2017.

[202] Li, Y., Sun, L., Qian, J., Long, L., Li, H., Liu, Q., Cai, J., Wang, K., Fluorescent "on - off - on" switching sensor based on CdTe quantum dots coupled with multiwalled carbon nanotubes and graphene oxide nanoribbons for simultaneous monitoring of dual foreign DNAs in transgenic soybean. *Biosens. Bioelectron.*, 92, 26 - 32, 2017.

[203] Shi, J., Lyu, J., Tian, F., Yang, M., A fluorescence turn - on biosensor based on graphene quantumdots (GQDs) and molybdenum disulfide ($MoS_2$) nanosheets for epithelial cell adhesion molecule (EpCAM) detection. *Biosens. Bioelectron.*, 93, 182 - 188, 2017.

[204] Suvarnaphaet, P., Tiwary, C. S., Wetcharungsri, J., Porntheeraphat, S., Hoonsawat, R., Ajayan, P. M., Tang, I. M., Asanithi, P., Blue photoluminescent carbon nanodots from limeade. *Mater. Sci. Eng.*, *C*, 69, 914 - 921, 2016.

[205] Zhang, G., Nanotechnology - based biosensors in drug delivery. *Nanotechnol. Drug Delivery*, Springer, New York, NY, 163 - 189, 2009.

[206] Chen, C. L., Mahjoubfar, A., Tai, L. C., Blaby, I. K., Huang, A., Niazi, K. R., Jalali, B., Deep learning in label - free cell classification. *Sci. Rep.*, 6, 21471, 2016.

[207] Li, D., Zhang, W., Yu, X., Wang, Z., Su, Z., Wei, G., When biomolecules meet graphene: From molecular level interactions to material design and applications. *Nanoscale*, 8, 19491 - 19509, 2016.

[208] Krishna, K. V., Menard - Moyon, C., Verma, S., Bianco, A., Graphene - based nanomaterials for nanobiotechnology and biomedical applications. *Nanomedicine*, 8, 1669 - 1688, 2013.

[209] Lakshmipriya, T., Horiguchi, Y., Nagasaki, Y., Co - immobilized poly (ethylene glycol) - blockpolyaminespromote sensitivity and restrict biofouling on gold sensor surface for detectingfactor IX in human plasma. *Analyst*, 139, 3977 - 3985, 2014.

[210] Bagri, A., Grantab, R., Medhekar, N., Shenoy, V., Stability and formation mechanisms of carbonyl - and hydroxyl - decorated holes in graphene oxide. *J. Phys. Chem. C*, 114, 12053 - 12061, 2010.

[211] Peng, S., Liu, C., Fan, X., Surface modification of graphene oxide by carboxyl - group: Preparation, char-

acterization, and application for proteins immobilization. *Integr. Ferroelectr.* ,163,42 – 53,2015.

[212] Wijewardena, U. K. , Brown, S. E. , Wang, X. Q. , Epoxy – carbonyl conformation of graphene oxides. *J. Phys. Chem. C*,120,22739 – 22743,2016.

[213] Gopinath, S. C. , Perumal, V. , Kumaresan, R. , Lakshmipriya, T. , Rajintraprasad, H. , Rao, B. S. , Arshad, M. M. , Chen, Y. , Kotani, N. , Hashim, U. , Nanogapped impedimetric immunosensor for the detection of 16 kDa heat shock protein against Mycobacterium tuberculosis. *Microchim. Acta*, 183, 2697 – 2703,2016.

[214] Wang, Q. , Zhou, Z. , Zhai, Y. , Zhang, L. , Hong, W. , Zhang, Z. , Dong, S. , Label – free aptamer biosensor for thrombin detection based on functionalized graphene nanocomposites. *Talanta*, 141, 247 – 252,2015.

[215] Cheen, O. C. , Gopinath, S. C. , Perumal, V. , Arshad, M. M. , Lakshmipriya, T. , Chen, Y. , Haarindraprasad, R. , Rao, B. S. , Hashim, U. , Pandian, K. , Aptamer – based impedimetric determination of the human blood clotting factor IX in serum using an interdigitated electrode modified with a ZnO nanolayer. *Microchim. Acta*,184,117 – 125,2017.

[216] Chang, H. , Tang, L. , Wang, Y. , Jiang, J. , Li, J. , Graphene fluorescence resonance energy transfer aptasensor for the thrombin detection. *Anal. Chem.* ,82,2341 – 2346,2010.

[217] Wang, Y. , Li, Z. , Hu, D. , Lin, C. T. , Li, J. , Lin, Y. , Aptamer/graphene oxide nanocomplex for *in situ* molecular probing in living cells. *J. Am. Chem. Soc.* ,132,9274 – 9276,2010.

[218] Tang, L. , Wang, Y. , Liu, Y. , Li, J. , DNA – directed self – assembly of graphene oxide with applications to ultrasensitive oligonucleotide assay. *ACS Nano*,5,3817 – 3822,2011.

[219] Zeng, Q. , Cheng, J. , Tang, L. , Liu, X. , Liu, Y. , Li, J. , Jiang, J. , Self – assembled graphene – enzyme hierarchical nanostructures for electrochemical biosensing. *Adv. Funct. Mater.* ,20,3366 – 3372,2010.

[220] Zhang, Q. , Wu, S. , Zhang, L. , Lu, J. , Verproot, F. , Liu, Y. , Xing, Z. , Li, J. , Song, X. M. , Fabrication of polymeric ionic liquid/graphene nanocomposite for glucose oxidase immobilization anddirect electrochemistry. *Biosens. Bioelectron.* ,26,2632 – 2637,2011.

[221] Wang, Y. , Zhang, S. , Du, D. , Shao, Y. , Li, Z. , Wang, J. , Engelhard, M. H. , Li, J. , Lin, Y. , Self assembly of acetylcholinesterase on a gold nanoparticles – graphene nanosheet hybrid for organophosphate pesticide detection using polyelectrolyte as a linker. *J. Mater. Chem.* ,21,5319 – 5325,2011.

[222] He, Q. , Sudibya, H. G. , Yin, Z. , Wu, S. , Li, H. , Boey, F. , Huang, W. , Chen, P. , Zhang, H. , Centimeter – long and large – scale micropatterns of reduced graphene oxide films: Fabricationand sensing applications. *ACS Nano*,4,3201 – 3208,2010.

[223] Dong, X. , Cheng, J. , Li, J. , Wang, Y. , Graphene as a novel matrix for the analysis of small molecules by MALDI – TOF MS. *Anal. Chem.* ,82,6208 – 6214,2010.

[224] Zhang, J. , Dong, X. , Cheng, J. , Li, J. , Wang, Y. , Efficient analysis of non – polar environmental contaminants by MALDI – TOF MS with graphene as matrix. *J. Am. Soc. Mass Spectrom.* , 22, 1294 – 1298,2011.

[225] Wang, Y. , Li, Y. , Tang, L. , Lu, J. , Li, J. , Application of graphene – modified electrode for selective detection of dopamine. *Electrochem. Commun.* ,11,889 – 892,2009.

[226] Wan, Y. , Wang, Y. , Wu, J. , Zhang, D. , Graphene oxide sheet – mediated silver enhancement for application to electrochemical biosensors. *Anal. Chem.* ,83,648 – 653,2010.

[227] Manochehry, S. , Liu, M. , Chang, D. , Li, Y. , Optical biosensors utilizing graphene and functional DNA molecules. *J. Mater. Res.* ,32,2973 – 2983,2017.

[228] Fathalipour, S. , Pourbeyram, S. , Sharafian, A. , Tanomand, A. , Azam, P. , Biomolecule – assisted synthe-

sis of Ag/reduced graphene oxide nanocomposite with excellent electrocatalytic and antibacterial performance. *Mater. Sci. Eng.* ,*C*,75,742 – 751,2017.

[229] Jain,P. ,Das,S. ,Chakma,B. ,Goswami,P. ,Aptamer – graphene oxide for highly sensitive dual electrochemical detection of Plasmodium lactate dehydrogenase. *Anal. Biochem.* ,514,32 – 37,2016.

[230] Lu,Z. ,Chen,X. ,Wang,Y. ,Zheng,X. ,Li,C. M. ,Aptamer based fluorescence recovery assay for aflatoxin B1 using a quencher system composed of quantum dots and graphene oxide. *Microchim. Acta*,182, 571 – 578,2015.

[231] Gu,H. ,Duan,N. ,Wu,S. ,Hao,L. ,Xia,Y. ,Ma,X. ,Wang,Z. ,Graphene oxide – assisted nonimmobilized SELEX of okdaic acid aptamer and the analytical application of aptasensor. *Sci. Rep.* ,6,21665, 2016.

[232] Deng,N. ,Jiang,B. ,Chen,Y. ,Liang,Z. ,Zhang,L. ,Liang,Y. ,Yang,K. ,Zhang,Y. ,Aptamerconjugated gold functionalized graphene oxide nanocomposites for human – thrombin specific recognition. *J. Chromatogr. A*,1427,16 – 21,2016.

[233] Gu,Y. ,Ju,C. ,Li,Y. ,Shang,Z. ,Wu,Y. ,Jia,Y. ,Niu,Y. ,Detection of circulating tumor cells inprostate cancer based on carboxylated graphene oxide modified light addressablepotentiometric sensor. *Biosens. Bioelectron.* ,66,24 – 31,2015.

[234] Justino,C. I. ,Gomes,A. R. ,Freitas,A. C. ,Duarte,A. C. ,Rocha – Santos,T. A. ,Graphene based sensors and biosensors. *TrAC,Trends Anal. Chem.* ,91,53 – 66,2017.

[235] Carbone,M. ,Gorton,L. ,Antiochia,R. ,An overview of the latest graphene – based sensors for glucose detection:The effects of graphene defects. *Electroanalysis*,27,16 – 31,2015.

[236] Chen,D. ,Tang,L. ,Li,J. ,Graphene – based materials in electrochemistry. *Chem. Soc. Rev.* ,39,3157 – 3180,2010.

[237] Guo,S. and Dong,S. ,Graphene nanosheet:Synthesis,molecular engineering,thin film,hybrids,and energy and analytical applications. *Chem. Soc. Rev.* ,40,2644 – 2672,2011.

[238] Jiang,H. ,Chemical preparation of graphene – based nanomaterials and their applications in chemical and biological sensors. *Small*,7,2413 – 2427,2011.

[239] Wang,Y. ,Li,Z. ,Wang,J. ,Li,J. ,Lin,Y. ,Graphene and graphene oxide:Biofunctionalization and applications in biotechnology. *Trends Biotechnol.* ,29,205 – 212,2011.

[240] Girish,C. M. ,Sasidharan,A. ,Gowd,G. S. ,Nair,S. ,Koyakutty,M. ,Confocal Raman imaging study showing macrophage mediated biodegradation of graphene *in vivo*. *Adv. Healthc. Mater.* ,2,1489 – 1500,2013.

[241] Li,B. ,Zhang,X. Y. ,Yang,J. Z. ,Zhang,Y. J. ,Li,W. X. ,Fan,C. H. ,Huang,Q. ,Influence of polyethylene glycol coating on biodistribution and toxicity of nanoscale graphene oxide in mice after intravenous injection. *Int. J. Nanomed.* ,9,4697,2014.

[242] Bai,H. ,Jiang,W. ,Kotchey,G. P. ,Saidi,W. A. ,Bythell,B. J. ,Jarvis,J. M. ,Marshall,A. G. ,Robinson,R. A. ,Star,A. ,Insight into the mechanism of graphene oxide degradation via the photo – Fenton reaction. *J. Phys. Chem. C*,118,10519 – 10529,2014.

[243] Yang,K. ,Wan,J. ,Zhang,S. ,Zhang,Y. ,Lee,S. T. ,Liu,Z. ,*In vivo* pharmacokinetics,long – termbiodistribution,and toxicology of PEGylated graphene in mice. *ACS Nano*,5,516 – 522,2010.

[244] Nurunnabi,M. ,Khatun,Z. ,Huh,K. M. ,Park,S. Y. ,Lee,D. Y. ,Cho,K. J. ,Lee,Y. K. ,*In vivo* biodistribution and toxicology of carboxylated graphene quantum dots. *ACS Nano*,7,6858 – 6867,2013.

[245] Chong,Y. ,Ma,Y. ,Shen,H. ,Tu,X. ,Zhou,X. ,Xu,J. ,Dai,J. ,Fan,S. ,Zhang,Z. ,The *in vitro* and *in vivo* toxicity of graphene quantum dots. *Biomaterials*,35,5041 – 5048,2014.

[246] Zhang, X. , Yin, J. , Peng, C. , Hu, W. , Zhu, Z. , Li, W. , Fan, C. , Huang, Q. , Distribution and biocompatibility studies of graphene oxide in mice after intravenous administration. *Carbon*, 49, 986 - 995, 2011.

[247] Li, B. , Yang, J. , Huang, Q. , Zhang, Y. , Peng, C. , Zhang, Y. , He, Y. , Shi, J. , Li, W. , Hu, J. , Biodistribution and pulmonary toxicity of intratracheally instilled graphene oxide in mice. *NPG Asia Mater.* , 5, 44, 2013.

[248] Jasim, D. A. , Menard - Moyon, C. , Begin, D. , Bianco, A. , Kostarelos, K. , Tissue distribution and urinary excretion of intravenously administered chemically functionalized grapheneoxide sheets. *Chem. Sci.* , 6, 3952 - 3964, 2015.

[249] Zhang, S. , Yang, K. , Feng, L. , Liu, Z. , *In vitro* and *in vivo* behaviors of dextran functionalized graphene. *Carbon*, 49, 4040 - 4049, 2011.

[250] Kanakia, S. , Toussaint, J. D. , Chowdhury, S. M. , Tembulkar, T. , Lee, S. , Jiang, Y. P. , Lin, R. Z. , Shroyer, K. R. , Moore, W. , Sitharaman, B. , Dose ranging, expanded acute toxicity and safety pharmacology studies for intravenously administered functionalized graphene nanoparticleformulations. *Biomaterials*, 35, 7022 - 7031, 2014.

[251] Yang, K. , Gong, H. , Shi, X. , Wan, J. , Zhang, Y. , Liu, Z. , *In vivo* biodistribution and toxicology of functionalized nano - graphene oxide in mice after oral and intraperitoneal administration. *Biomaterials*, 34, 2787 - 2795, 2013.

[252] Hong, H. , Zhang, Y. , Engle, J. W. , Nayak, T. R. , Theuer, C. P. , Nickles, R. J. , Barnhart, T. E. , Cai, W. , *In vivo* targeting and positron emission tomography imaging of tumor vasculature with 66Ga - labeled nano - graphene. *Biomaterials*, 33, 4147 - 4156, 2012.

[253] Hong, H. , Yang, K. , Zhang, Y. , Engle, J. W. , Feng, L. , Yang, Y. , Nayak, T. R. , Goel, S. , Bean, J. , Theuer, C. P. , *In vivo* targeting and imaging of tumor vasculature with radiolabeled, antibodyconjugated nanographene. *ACS Nano*, 6, 2361 - 2370, 2012.

[254] Lalwani, G. , D'agati, M. , Khan, A. M. , Sitharaman, B. , Toxicology of graphene - based nanomaterials. *Adv. Drug Delivery Rev.* , 105, 109 - 144, 2016.

[255] Li, Y. , Liu, Y. , Fu, Y. , Wei, T. , Le Guyader, L. , Gao, G. , Liu, R. S. , Chang, Y. Z. , Chen, C. , The triggering of apoptosis in macrophages by pristine graphene through the MAPK and TGF - beta signaling pathways. *Biomaterials*, 33, 402 - 411, 2012.

[256] Zhang, W. , Wang, C. , Li, Z. , Lu, Z. , Li, Y. , Yin, J. J. , Zhou, Y. T. , Gao, X. , Fang, Y. , Nie, G. , Unraveling stress - induced toxicity properties of graphene oxide and the underlying mechanism. *Adv. Mater.* , 24, 5391 - 5397, 2012.

[257] Ma, Y. , Shen, H. , Tu, X. , Zhang, Z. , Assessing*in vivo* toxicity of graphene materials: Current methods and future outlook. *Nanomedicine*, 9, 1565 - 1580, 2014.

[258] Chen, G. Y. , Yang, H. J. , Lu, C. H. , Chao, Y. C. , Hwang, S. M. , Chen, C. L. , Lo, K. W. , Sung, L. Y. , Luo, W. Y. , Tuan, H. Y. , Simultaneous induction of autophagy and toll - like receptor signaling pathways by graphene oxide. *Biomaterials*, 33, 6559 - 6569, 2012.

[259] Zhi, X. , Fang, H. , Bao, C. , Shen, G. , Zhang, J. , Wang, K. , Guo, S. , Wan, T. , Cui, D. , The immunotoxicity of graphene oxides and the effect of PVP - coating. *Biomaterials*, 34, 5254 - 5261, 2013.

[260] Tkach, A. V. , Yanamala, N. , Stanley, S. , Shurin, M. R. , Shurin, G. V. , Kisin, E. R. , Murray, A. R. , Pareso, S. , Khaliullin, T. , Kotchey, G. P. , Graphene oxide, but not fullerenes, targets immunoproteasomes and suppresses antigen presentation by dendritic cells. *Small*, 9, 1686 - 1690, 2013.

[261] Singh, S. K. , Singh, M. K. , Kulkarni, P. P. , Sonkar, V. K. , Gracio, J. J. , Dash, D. , Amine - modified graphene: Thrombo - protective safer alternative to graphene oxide for biomedicalapplications. *ACS Nano*,

6,2731 - 2740,2012.

[262] Singh,S. K. ,Singh,M. K. ,Nayak,M. K. ,Kumari,S. ,Shrivastava,S. ,Gracio,J. J. ,Dash,D. ,Thrombus inducing property of atomically thin graphene oxide sheets. *ACS Nano*,5,4987 - 4996,2011.

[263] Wojtoniszak,M. ,Chen,X. ,Kalenczuk,R. J. ,Wajda,A. ,Łapczuk,J. ,Kurzewski,M. ,Drozdzik,M. ,Chu,P. K. ,Borowiak - Palen,E. ,Synthesis,dispersion,and cytocompatibility of graphene oxide and reduced graphene oxide. *Colloids Surf.* ,*B*,89,79 - 85,2012.

[264] Hu,W. ,Peng,C. ,Lv,M. ,Li,X. ,Zhang,Y. ,Chen,N. ,Fan,C. ,Huang,Q. ,Protein coronamediated mitigation of cytotoxicity of graphene oxide. *ACS Nano*,5,3693 - 3700,2011.

[265] Mu,Q. ,Su,G. ,Li,L. ,Gilbertson,B. O. ,Yu,L. H. ,Zhang,Q. ,Sun,Y. P. ,Yan,B. ,Size - dependent cell uptake of protein protein - coated graphene oxide nanosheets. *ACS Appl. Mater. Interfaces*,4,2259 - 2266,2012.

[266] Zhang,Y. ,Ali,S. F. ,Dervishi,E. ,Xu,Y. ,Li,Z. ,Casciano,D. ,Biris,A. S. ,Cytotoxicity effects of graphene and single - wall carbon nanotubes in neural phaeochromocytoma - derived PC12 cells. *ACS Nano*,4,3181 - 3186,2010.

[267] Mullick,C. ,Dasgupta,S. ,Mcelroy,A. E. ,Sitharaman,B. ,Structural disruption increases toxicity of graphene nanoribbons. *J. Appl. Toxicol.* ,34,1235 - 1246,2014.

[268] Yuan,J. ,Gao,H. ,Sui,J. ,Duan,H. ,Chen,W. N. ,Ching,C. B. ,Cytotoxicity evaluation of oxidized single - walled carbon nanotubes and graphene oxide on human hepatoma HepG2 cells:An iTRAQ - coupled 2D LC - MS/MS proteome analysis. *Toxicol. Sci.* ,126,149 - 161,2011.

[269] Talukdar,Y. ,Rashkow,J. T. ,Lalwani,G. ,Kanakia,S. ,Sitharaman,B. ,The effects of graphene nanostructures on mesenchymal stem cells. *Biomaterials*,35,4863 - 4877,2014.

[270] Das,S. ,Singh,S. ,Singh,V. ,Joung,D. ,Dowding,J. M. ,Reid,D. ,Anderson,J. ,Zhai,L. ,Khondaker,S. I. ,Self,W. T. ,Oxygenated functional group density on graphene oxide:Its effect on cell toxicity. *Part. Part. Syst. Char.* ,30,148 - 157,2013.

[271] Teo,W. Z. ,Chng,E. L. K. ,Sofer,Z. ,Pumera,M. ,Cytotoxicity of halogenated graphenes. *Nanoscale*,6,1173 - 1180,2014.

[272] Sawosz,E. ,Jaworski,S. ,Kutwin,M. ,Vadalasetty,K. P. ,Grodzik,M. ,Wierzbicki,M. ,Kurantowicz,N. ,Strojny,B. ,Hotowy,A. ,Lipińska,L. ,Graphene functionalized with arginine decreases the development of glioblastoma multiforme tumor in a gene - dependent manner. *Int. J. Mol. Sci.* ,16,25214 - 25233,2015.

[273] Yue,H. ,Wei,W. ,Yue,Z. ,Wang,B. ,Luo,N. ,Gao,Y. ,Ma,D. ,Ma,G. ,Su,Z. ,The role of the lateral dimension of graphene oxide in the regulation of cellular responses. *Biomaterials*,33,4013 - 4021,2012.

[274] Sasidharan,A. ,Swaroop,S. ,Koduri,C. K. ,Girish,C. M. ,Chandran,P. ,Panchakarla,L. ,Somasundaram,V. H. ,Gowd,G. S. ,Nair,S. ,Koyakutty,M. ,Comparative *in vivo* toxicity,organ biodistribution and immune response of pristine,carboxylated and PEGylated few - layer graphene sheets in Swiss albino mice:A three month study. *Carbon*,95,511 - 524,2015.

[275] Liu,J. H. ,Yang,S. T. ,Wang,H. ,Chang,Y. ,Cao,A. ,Liu,Y. ,Effect of size and dose on the biodistribution of graphene oxide in mice. *Nanomedicine*,7,1801 - 1812,2012.

[276] Sahu,A. ,Choi,W. I. ,Tae,G. ,A stimuli - sensitive injectable graphene oxide composite hydrogel. *Chem. Commun.* ,48,5820 - 5822,2012.

[277] Strojny,B. ,Kurantowicz,N. ,Sawosz,E. ,Grodzik,M. ,Jaworski,S. ,Kutwin,M. ,Wierzbicki,M. ,Hotowy,A. ,Lipińska,L. ,Chwalibog,A. ,Long term influence of carbon nanoparticles on health and liver status in rats. *PloS One*,10,0144821,2015.

[278] Fu,C. ,Liu,T. ,Li,L. ,Liu,H. ,Liang,Q. ,Meng,X. ,Effects of graphene oxide on the development of offspring mice in lactation period. *Biomaterials*,40,23 – 31,2015.

[279] Zhang,D. ,Zhang,Z. ,Liu,Y. ,Chu,M. ,Yang,C. ,Li,W. ,Shao,Y. ,Yue,Y. ,Xu,R. ,The shortand long – term effects of orally administered high – dose reduced graphene oxide nanosheets on mouse behaviors. *Biomaterials*,68,100 – 113,2015.

[280] Wu,Q. ,Yin,L. ,Li,X. ,Tang,M. ,Zhang,T. ,Wang,D. ,Contributions of altered permeability of intestinal barrier and defecation behavior to toxicity formation from graphene oxide in nematode *Caenorhabditis elegans*. *Nanoscale*,5,9934 – 9943,2013.

[281] Duch,M. C. ,Budinger,G. S. ,Liang,Y. T. ,Soberanes,S. ,Urich,D. ,Chiarella,S. E. ,Campochiaro,L. A. ,Gonzalez,A. ,Chandel,N. S. ,Hersam,M. C. ,Minimizing oxidation and stable nanoscale dispersion improves the biocompatibility of graphene in the lung. *Nano Lett.* ,11,5201 – 5207,2011.

[282] Yan,L. ,Wang,Y. ,Xu,X. ,Zeng,C. ,Hou,J. ,Lin,M. ,Xu,J. ,Sun,F. ,Huang,X. ,Dai,L. ,Can graphene oxide cause damage to eyesight? *Chem. Res. Toxicol.* ,25,1265 – 1270,2012.

[283] Sawangphruk,M. ,Srimuk,P. ,Chiochan,P. ,Sangsri,T. ,Siwayaprahm,P. ,Synthesis and antifungal activity of reduced graphene oxide nanosheets. *Carbon*,50,5156 – 5161,2012.

[284] Santos,C. M. ,Mangadlao,J. ,Ahmed,F. ,Leon,A. ,Advincula,R. C. ,Rodrigues,D. F. ,Graphene nanocomposite for biomedical applications:Fabrication,antimicrobial and cytotoxic investigations. *Nanotechnology*,23,395101,2012.

[285] Carpio,I. E. M. ,Santos,C. M. ,Wei,X. ,Rodrigues,D. F. ,Toxicity of a polymer – graphene oxide composite against bacterial planktonic cells,biofilms,and mammalian cells. *Nanoscale*,4,4746 – 4756,2012.

[286] Begum,P. ,Ikhtiari,R. ,Fugetsu,B. ,Graphene phytotoxicity in the seedling stage of cabbage,tomato,red spinach,and lettuce. *Carbon*,49,3907 – 3919,2011.

[287] Ahmed,F. and Rodrigues,D. F. ,Investigation of acute effects of graphene oxide on wastewater microbial community:A case study. *J. Hazard. Mater.* ,256,33 – 39,2013.

# 第6章 基于二硫化钼和二硫化钨可饱和吸收体的超短脉冲光纤激光器

Sulaiman Wadi Harun[1], Anas Abdul Latiff[2], Harith Ahmad[3]

[1]马来西亚吉隆坡,马来亚大学工程学院电子工程系光电学工程实验室

[2]马来西亚马六甲榴莲东甲,马六甲马来西亚技术大学电子与计算机工程学院

[3]马来西亚吉隆坡,马来亚大学光电学研究中心

**摘　要**　本章实验介绍了基于新型二硫化钨($WS_2$)和二硫化钼($MoS_2$)可饱和吸收体(SA)的被动锁模掺铒光纤激光器(EDFL)。以2.4m长的掺铒光纤(EDF)为增益介质,激光腔总长为204m,反常光纤色散为$-4.44ps^2$。基于$WS_2$SA的激光器,当波长为1562nm且三次谐波重复频率为3.48MHz时,可成功获得稳定的2.43ps的孤子脉冲。当泵送功率为249.6mW时,获得2.0nJ最大脉冲能量,当阈值泵送功率为184mW时,实现了锁模脉冲。此外,当泵送功率为105~140mW时,所制备的$MoS_2$SA还可以稳定地在锁模状态下工作。$MoS_2$基EDFL的工作波长为1566nm,基频为1.16MHz,脉冲宽度为468ns。与基于$WS_2$的激光器相比,这种激光器产生的脉冲能量较高,为9.13nJ。结果表明,$WS_2$和$MoS_2$ SA制备简单、插入损耗低且成本低,是适合超快光子应用的超快饱和吸收装置。这些过渡金属硫化物(TMD)材料的超快非线性特性有利于各种应用。

**关键词**　掺铒光纤,可饱和吸收体,锁模技术

## 6.1 概述

近年来,过渡金属硫化物(TMD)由于具有互补的电学性能、能产生短脉冲的特性和制备光电器件的能力,成为光电子领域的主要研究热点[1]。TMD为层状材料,具备金属、半导体性能,甚至超导性能。然而,大块TMD存在间接带隙。因此,研究人员必须进一步研究能够将从间接带隙转移到直接间隙的单层结构材料。一般来说,TMD层状结构由堆叠X-M-X板组成,其中X代表辉铜矿,M代表过渡金属元素。受到单层中和弱平面外范德瓦耳斯力的影响,这些元素以六角形的序列紧密结合在一起,而层间通过强共价键结合[2]。研究人员通过过渡金属硫化物这些特征可以制造紧凑、灵活和效率高的新型光子器件。

研究人员发现在较高的输入强度下，单层二硫化钨（$WS_2$）的非线性吸收特性由可饱和吸收体转变为反向饱和吸收体。$WS_2$ 的相反对称性断裂导致载流子迁移率高和轨道耦合性强，这种特点使 $WS_2$ 能广泛应用于光子器件，如材料制备、频率梳光谱和高功率激光器[3]。该结构与二硫化钼（$MoS_2$）和其他一些二硫系元素相似[4]。由于 $MoS_2$ 纳米片具有显著的饱和吸收特性，因此最近研究人员将其开发为被动 Q 开关、锁模器和光学限幅器[5]。Zhang 等[6]报道了基于 $MoS_2$ 的可饱和吸收体生产被动锁模掺镱光纤激光器（YDFL）。

$WS_2$ 和 $MoS_2$ 半导体的带隙有一些相似之处，带隙范围覆盖可见光到近红外。它们的单层结构具有很好的输运性质，直接带隙为 1.65 eV[7]。考虑到 $WS_2$ 和 $MoS_2$ 的半导体性质，当光子能量大于间隙能量的光激发这些元素时，电子将从价带转移到导带。最后的状态将被完全占据，并且在强烈的刺激下表现出饱和吸收特性，这促进带有 S 缺陷的 TMD 被用作宽饱和吸收体[8]。

目前，利用化学气相沉积（CVD）技术和机械剥落 TMD 薄片制备多层 TMD 材料有许多卓越的技术[9]。然而，这些技术不仅费用高，而且用可扩展方法生产材料需要很大的面积。为了克服这些问题，相关人员使用液体剥离方法制备材料，这种技术效率高且花费少。然而，很少有研究报道制备被动 Q－开关光纤激光器的这两种材料。

本章介绍了使用基于滴涂法的更简便的技术，基于少层 $WS_2$ 和 $MoS_2$ 制备掺铒光纤激光器（EDFL），以实现两种被动锁模。通过反复将 $WS_2$ 或 $MoS_2$ 溶液滴入光纤套圈的末端而形成可饱和吸收体，并将干燥的可饱和吸收体装置放入环形激光腔。与制备锥形纤维和复合膜相比，这种制备方法更加简便，同时还可以控制插入损耗。

## 6.2 光纤激光器的简介

光纤的最终目标是实现光传输。在任何情况下，它们出色的光引导性可使其应用到不同领域中，例如，激光和光放大器（Shahi 报道[10]）。1964 年，研究人员发明了作为激光增益介质的第一个光纤，此后不久出现了主激光器。该激光器利用掺杂光纤作为激光添加介质，并能在拍波和持续波（CW）下运行。光纤激光器是由一些半导体增大介质和抑制光纤制成的。例如，可使用不常见的地球粒子，如铒、钕和镱等，制备宽工作波长范围为 0.4～4μm 的光纤激光器。可以泵送光纤增益介质的激光器二极管，被作为能精确测定辐射的泵。研究人员可以设计各类激光器，例如直线、环形、8 字形结构等类型的激光器。制造光纤激光器最简单的方法是在开放增加介质的每端加入高反射镜，例如圆反射镜、光纤 Bragg 光栅（FBG）、覆盖介质或波分多路复用（WDM）耦合器[10]。

与体激光器相比，光纤激光器具有许多优点，引起了相关人员极大的研究兴趣。研究人员将其简化以用于运行、控制和运输。当使用绞线制成光纤激光装置时，其表现出了强大的功能。事实上并不难将其加入别的装置，也不需要任何特别的安排或耦合。此外，用双包层钢绞线制成的光纤激光器成本更低，并且有潜力获得高达几千瓦的高输出功率与惊人的轴质量[11]，这是由于其表面与体积比例大、运行温度适中，并且能控制影响，因此可以与光和热保持安全距离。光纤激光器的轴向模式分离距离较小（2～100MHz 光学长度为 3～150m）[12]。此外，光纤激光器也受到各种问题带来的不利影响，例如硬度、功率变化、温度混乱–属极化发展以及非线性影响,这些问题可能会限制光纤激光器的运用。由于丝极较长,临界散射将带来不利影响[13]。

掺杂光纤的增益介质是光纤激光器振荡器的主要元件。在激光中加入的掺杂光纤束通常可以提供具有高拾取能力的宽拾取光谱。通过这种方法,激光器可以立即实现宽波长调谐和超短脉冲。铒(Er)是常用的稀有稀土金属。$Er^{3+}$粒子可以在很宽的波长范围内(约1.55μm)实现拾取,这在光学对应中相当大。因此,在20世纪中期很多研究人员专注于研究掺铒光纤(EDF)。1985年,研究人员制造出了EDF的主体结构,并且在1987年期间展示了增强的掺铒光纤和激光,制造方法得到进一步发展[14-15]。

$Er^{3+}$离子(光泵浦)的主要吸收带在980nm和1480nm处,与商用半导体激光二极管接近。在激光器中,将铒作为半三级框架[16]。通常,EDF在超快光纤激光器中具有重要的应用价值,因为光纤的拾取范围很广,并且在1.55μm的光纤散射特性非常特殊。奇数散射帮助孤子激发模栓光纤激光器。光纤的非典型散射和非线性比较稳定,促进了自相容孤子持续强烈地拍频,从而能灵活应对孤子脉冲管理中的扰动效应和问题。长消除精英光纤交换最理想的部分是显著的孤子拍频。掺铒光纤放大器(EDFA)最常用的激光跃迁是$^4I_{13/2}$→$^4I_{15/2}$。这一移动与1530~1600nm处的局域波长相当。同时,有两种常用的激光运动来泵浦动态介质。第一种是波长在980nm左右的泵浦激光器,这与$^4I_{15/2}$→$^4I_{11/2}$跃迁一致。第二种是波长约为1480nm的带内泵浦激光器,这与$^4I_{15/2}$→$^4I_{13/2}$跃迁一致。$^2H_{11/2}$和$^4I_{13/2}$能级之间的展开过程呈现快速的非辐射衰变。因此,EDFA可以作为半三级框架。最基本的$Er^{3+}$是一个不常见的地球粒子,它与镧系元素地位相当。这种粒子可以被认为是填充4f电子外壳的一种物质。由于光学无关的外部电子外壳将4f外壳与宿主网格分离,所以活力水平间的联系在一定程度上与宿主横截面没有太大关联。发生在4f态之间的电子运动说明了观察到的$Er^{3+}$的红外(IR)和显著的光谱。

除了直接光纤激光器,布里渊和拉曼散射等非弹性和非线性效应可以用来制造非线性光纤激光器,如布里渊和拉曼光纤激光器(BFL和RFL)。由于可以实现泵浦激光器,这些激光器能在任何工作波长上工作。在BFL振荡闭环系统中,为了使布里渊放大器过度补偿腔损耗,增益介质必须大于一,因此只能通过特定泵浦控制,即受激布里渊散射(SBS)边缘功率控制发生的BFL振荡[10]。本章介绍了利用EDF作为附加介质并将新型纳米材料作为无源饱和吸收体来改善锁模光纤激光器。

## 6.3 锁模光纤激光器

被动锁模光纤激光器可以产生从皮秒到飞秒的时间尺度的脉冲,并应用到许多领域,包括光学频率测量、光学传感、工业材料加工和生成太赫兹波[17]。被动锁模技术因其灵活、体积小、简单等优点而受到广泛关注[18]。在这之前,非线性极化旋转(NPR)[19]和半导体可饱和吸收镜(SESAM)是常用的器件,因为它们有助于快速调幅[20]。然而,NPR具有庞大的结构且对环境敏感[21]。至于SESAM,它成本高、效益低、调谐范围窄,且制作和封装复杂[22]。碳纳米管(CNT)作为可饱和吸收体在锁模光纤激光器中得到了广泛的应用,这是由于其具有优异的性能,包括制造方便、超快恢复速度和便于集成到光纤腔中[23]。但研究人员对高性能可饱和吸收体的兴趣转移到了低维纳米材料上,这是由于其优异的光学和电学性能。近年来，石墨烯由于其饱和阈值低、超快饱和恢复速度和无关超宽波长的饱和吸收范围，而被开发成为一种新型的可饱和吸收体[22]。因此，大多数研究人员对石墨烯材料表现出了浓厚兴趣，希望将其用于开发被动锁模脉冲激光器。尽管如此，石墨烯仍然存在缺点，比如很难产生光带隙[24]和弱调制深度[20]。目前，研究人员正在研究和测试将石墨烯以外的其他二维纳米材料作为可饱和吸收体，如拓扑绝缘体(TI)、黑磷和过渡金属硫化物。

锁模技术需要从光纤激光器获得超短脉冲。当纵模锁定在一个固定的关系中，通过其他点上的结构干涉和破坏干涉，产生相干性形成光脉冲，从而获得锁模激光器。图6.1显示了三个纵波，它们以结构性方式干涉产生具有重复脉冲性质的总场振幅和强度输出，并且激光为锁模模式。当更多的模式被锁定在一起时，会产生更窄的脉冲宽度。当单个脉冲在环形腔中循环时，纵模叠加在一个周期 $T$ 内产生脉冲，方程式为

$$T=\frac{nL}{c} \tag{6.1}$$

式中：$n$ 为折射率；$c$ 为光速；$L$ 为腔体的长度。

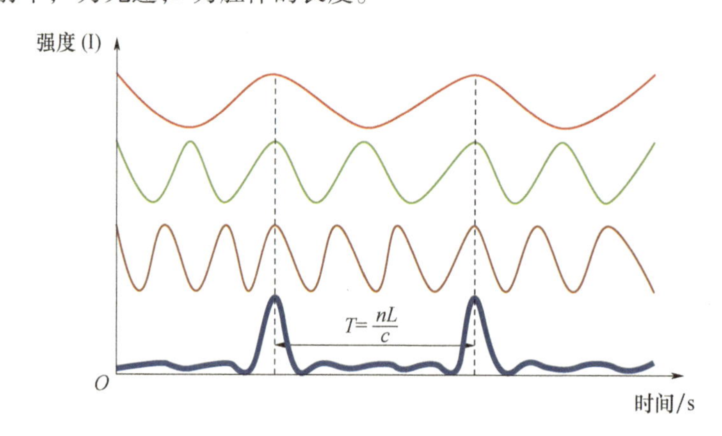


图6.1　导致重复脉冲产生的三种纵向模式的叠加

由于锁模激光器超短脉冲产生分散、自相位调制(SPM)、交叉相位调制(XPM)等问题，锁模激光器的腔排列比Q－开关激光器更复杂。通过确定激光器的腔长，得到了产生的脉冲串的重复频率，对于有环形腔的激光器，其关系式为[25]

$$\Delta f=\frac{1}{T}=\frac{c}{nL} \tag{6.2}$$

通常，锁模激光器的重复频率在兆赫范围内，脉冲宽度从毫微秒到飞秒不等。可以通过主动和被动两种方法实现锁模光纤激光器。主动锁模需要在周期中调制谐振器损耗或往返相位变化[26]。实际上，如图6.2所示，可以通过外部调制器来实现主动锁模。主动锁模激光器的主要缺点是设置很复杂，而且非常庞大。

被动锁模技术不需要外部源产生脉冲。被动锁模利用腔中的光引起一些腔内元素的变化，然后其本身就会产生腔内光线的变化。通常通过使用被动可饱和吸收体[27]来实现被动锁模，如SESAM、SWCNT、石墨烯和氧化石墨烯。被动锁模光纤激光器能够产生比主动锁模技术更短的脉冲。这是由于使用了可饱和吸收体，可饱和吸收体可以比电子调制器更快调制腔损耗。脉冲越短，损耗调制就越快，只要吸收体有足够短的恢复时间。

图6.3显示了使用SESAM的被动锁模激光器的示意图。在本章中,将重点讨论利用二维材料作为饱和吸收体来展示Q-开关和锁模光纤激光器。

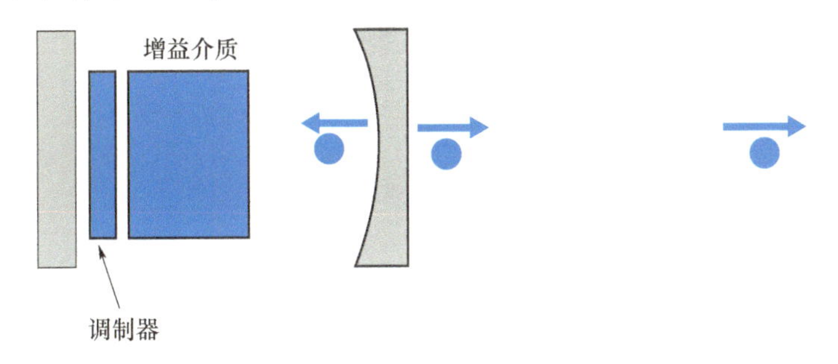


图6.2 主动锁模激光器的示意图设置

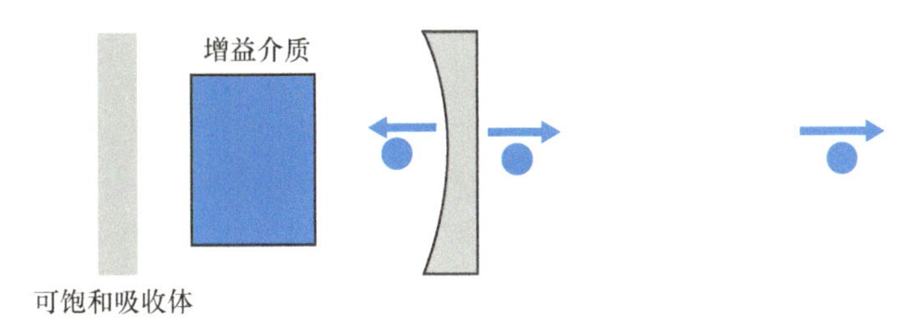


图6.3 被动锁模激光器的示意图设置

可饱和吸收体:

可饱和吸收体的特点是具有较高光强损耗的器件或光学材料。它在不同程度上吸收光,吸光的程度取决于入射光的光强度和对低强度光的高吸收度,以及最终的饱和吸收导致的对高强度光的低吸收度。饱和吸收过程考虑了可饱和吸收体的能带结构,这与双能级体系相似,由价带的能级 $E_v$ 和导带的能级 $E_c$ 组成。可饱和吸收体的工作机理如图6.4所示。当可饱和吸收体进入激光腔时,具有高和低强度的光将通过可饱和吸收体。当光经过可饱和吸收体后,低强度光中的高比例光子将被 $E_v$ 中的电子吸收,并促进这些电子激发到可饱和吸收体的 $E_c$ 中。在强光入射的情况下,光子的吸光度会降低,因为低强光中光子激发的 $E_c$ 中的电子被占据。

由于高强度光通过可饱和吸收体且损耗小,因此每次往返都会产生一种强度相关的衰减,反之亦然。光脉冲强度较低的元件会产生有效的滤波或遗漏,而脉冲强度较高的元件则能够穿过可饱和吸收体。由于这种与光强度相关的透明度以及由此产生的高强度对比度,导致可饱和吸收体泄漏[28],因此光开始在脉冲状态下运行。

基本上,由于强度相关的非线性光学性能,可饱和吸收体中光的吸收随着输入光的增加而降低。理论上,当足够的光子能量将载流子从价带激发到导带时,可饱和吸收体中的光被吸收[29]。当光子能量达到峰值时,在将能量从高能级到低能级耗尽前,光子往往处于饱和模式。通常,当强光通过吸收体时产生脉冲,如图6.5所示。

低强度的光将被吸收体吸收和抑制。需要掌握可饱和吸收体中三个关键的重要参数:饱和强度(吸收体饱和的脉冲能量或强度)、动态响应(恢复的速度)和波长范围(吸收位置)。

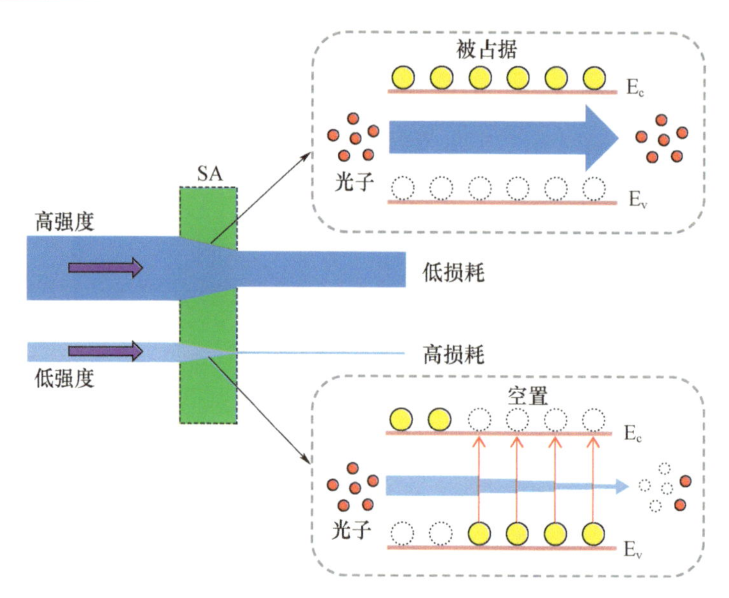


图 6.4 可饱和吸收体的工作机理示意图

SA、$E_c$ 和 $E_v$ 并分别表示可饱和吸收体、导带的能级和价带能级。

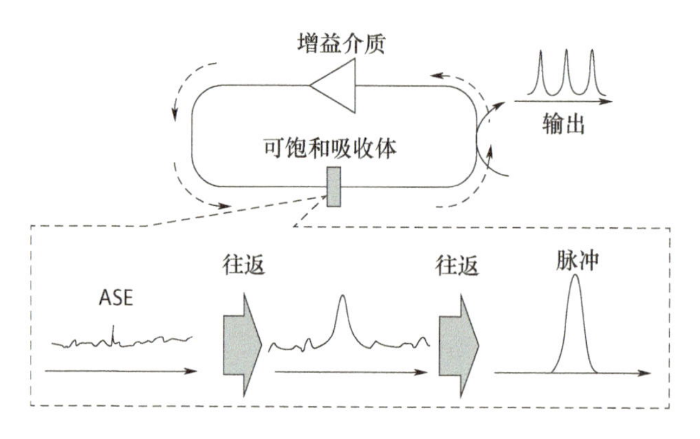


图 6.5 用可饱和吸收体生成脉冲以抑制噪声

## 6.4 过渡金属硫化物

随着二维材料后石墨烯时代的进一步发展,研究人员发现了一类叫做过渡金属硫化物(TMD)的材料可作为潜在的下一代二维材料。在 TMD 的 60 个化合物中,其中三分之二被认为具有层状结构。一般来说,TMD 是 $MX_2$ 式结构的材料,如图 6.6 所示。M 是指第四组元素,即过渡金属元素(钛、铪、锆和铷),或第五组(钨、钼、铬和镨),X 是第六组硫基族(硒、硫、氧、碲和钋)。这些材料具有 X-M-X 的层状结构。TMD 的准二维层通过弱范德瓦耳斯力结合在一起。图 6.7 显示了由金属原子平面隔开的两个六角形平面的辉铜矿原子的位置[8]。

将 TMD 剥离成单晶胞厚度的二维层,从而形成了面外相互作用弱、面内键强的层状材料[31]。TMD 具有高光学非线性、强光致发光、优良的动态超快载流子等优异的光电性能。在可见光和近红外波长内,它们还表现出间接到直接带隙的跃迁以及强光学吸收[32]。TMD 半导体单层的直接带隙使 TMD 在光电子学的许多应用中优于石墨烯。特别是基于钨和钼的 TMD 最近由于其半导体性能而引起了人们的兴趣,而且 TMD 在可见光和近红外(NIR)范围内也存在带隙[33]。

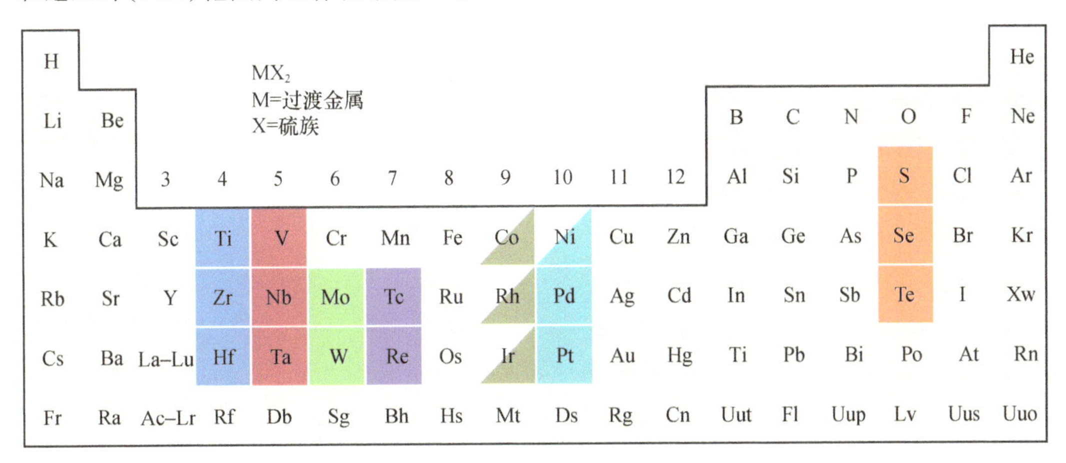


图 6.6 过渡金属和硫族元素的组合[30]

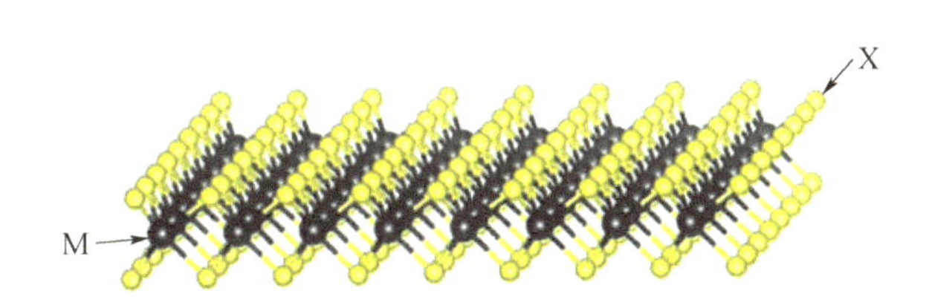


图 6.7 过渡金属硫化物 $MX_2$ 的三维视图[31]

## 6.4.1 二硫化钨

二硫化钨($WS_2$)由于其显著的非线性光学特性,引起了人们的极大兴趣。图 6.8 所示的 $WS_2$ 单层由附着在两层硫之间的六角形钨层组成。由于量子约束和表面效应,$WS_2$ 能带隙很大程度上取决于层的数量[34]。利用化学气相沉积(CVD)、机械剥离和溶液加工技术(如超声辅助液相剥离(UALPE))制备单层或多层 $WS_2$。特别是在没有 CVD 需要的相关高温和复杂转移条件的情况下,UALPE 方法允许在环境条件下大量生产化学原始单层和多层 $WS_2$ 片[33]。除此之外,二维 $WS_2$ 的制备方法还包括液相剥离(LPE)、微机械剥离和化学气相沉积[35]。在这些方法中,LPE 方法允许大规模制造晶圆尺寸薄膜和涂层。

## 6.4.2 二硫化钼

二硫化钼($MoS_2$)由于它们的传输和光学特性,引起了人们的极大关注。在图 6.9 中,$MoS_2$ 是一个层状二维六方晶格结构,在此结构中钼原子被附着在两层硫原子之间,具有光学性质和厚度相关的电子性质。通过确定其晶格的独特对称性[36],少层 $MoS_2$ 表现出良好的方向相关二阶光学非线性,这与石墨烯不同,石墨烯具有非常弱的二阶非线性[37]。相关人员研究了许多类型的方法以生成少层 $MoS_2$。在 2013 年相关人员基于开放孔径 $z$ 轴扫描技术发现,$MoS_2$ 纳米片显示出比石墨烯更好的饱和吸收性[36]。此外,采用水热剥离法合成了1.06μm处饱和强度为15.9MW/$m^2$、调制深度为9.3%的少层$MoS_2$。通过引入合适的缺陷，采用脉冲激光沉积技术制备了宽能带少层$MoS_2$饱和吸收体[8]。

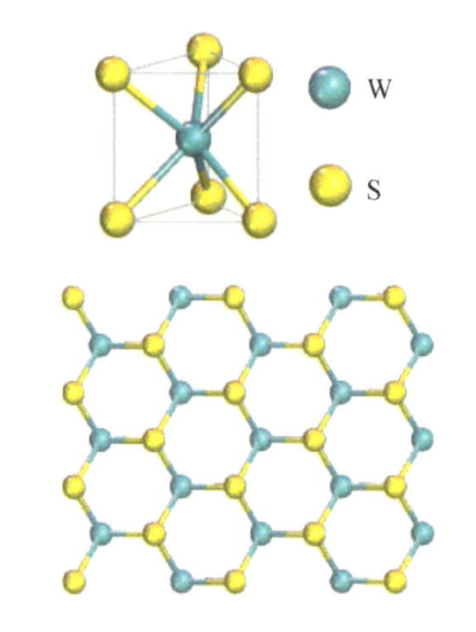


图6.8 $WS_2$的二维和三维原子结构

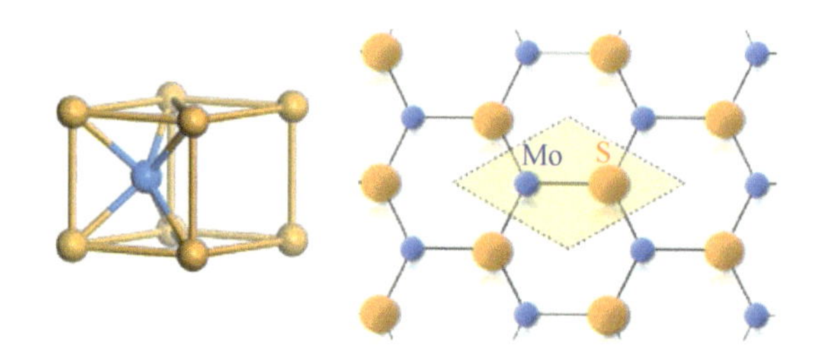


图6.9 $MoS_2$的二维和三维原子结构[38]

## 6.5 可饱和吸收体的表征与制备

在实验中使用了原始$WS_2$和$MoS_2$片的溶液，通过液体剥离方法获得此溶液。在此实验中，分散$WS_2$片的配方是将乙醇、水和$WS_2$溶液混合在一起，得到的$WS_2$片的纯度超过99%。用大功率超声清洁器处理初始分散物120min。在超声作用后，分散剂可以沉淀几个小时。以3000r/min将分散物离心30min，以便去除大聚集体，然后收集上清液。溶剂中$WS_2$和$MoS_2$纳米片的浓度分别为26mg/L和18mg/L。将溶液滴到纤维套圈上，然后用空气干燥器使其干燥，反复进行这个步骤，直到它们形成$WS_2$和$MoS_2$薄膜层。当滴下的溶液足够在激光腔中作为可饱和吸收体时，停止这个过程。虽然这种方法非常简单，而且易于操作，但它可以替代以前使用的方法。通过$WS_2$和$MoS_2$片的溶液制作过程如图6.10所示。

图6.11(a)显示了$WS_2$薄膜的扫描电子显微镜(SEM)图像。如图6.11(a)所示，$WS_2$材料的横向尺寸在50～150nm范围内。图6.11(b)显示了沉积$WS_2$纳米片的拉曼光谱。拉曼光谱中在514nm处使用的激光为氩(Ar)激光器。拉曼光谱上350.8$cm^{-1}$和420.7$cm^{-1}$处的特征带对应于$WS_2$平面内($E_{2g}$)和平面外($A_{1g}$)振动模式。图6.12(a)和(b)分别显示了在光纤套圈末端形成的$MoS_2$薄膜的SEM图像和所产生的拉曼光谱。薄膜的横向尺寸测量范围为100～400nm，如图6.12(a)所示。拉曼光谱在383$cm^{-1}$和

407cm$^{-1}$处表现出两个峰值，分别表现对应 $E_{2g}^1$ 和 $A_{1g}$ 模式。

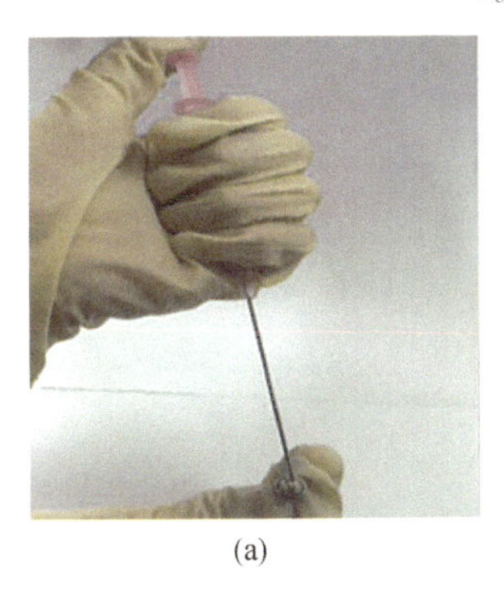

(a)

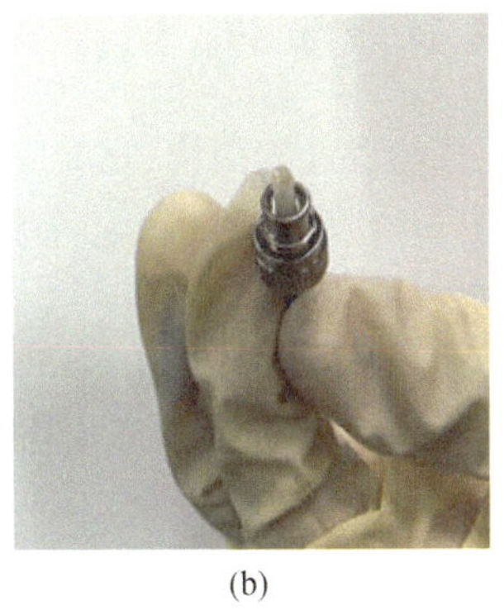

(b)

图 6.10　通过 $WS_2$ 和 $MoS_2$ 片的溶液制备可饱和吸收体

(a)用滴管将可饱和吸收体溶液滴落在纤维套圈上；(b)在室温下干燥。

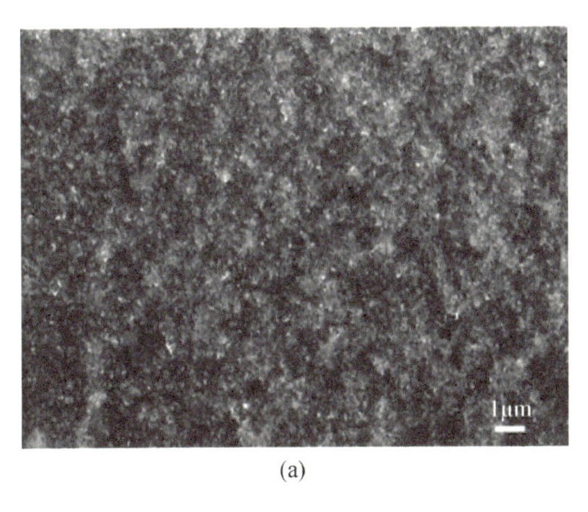


(a)

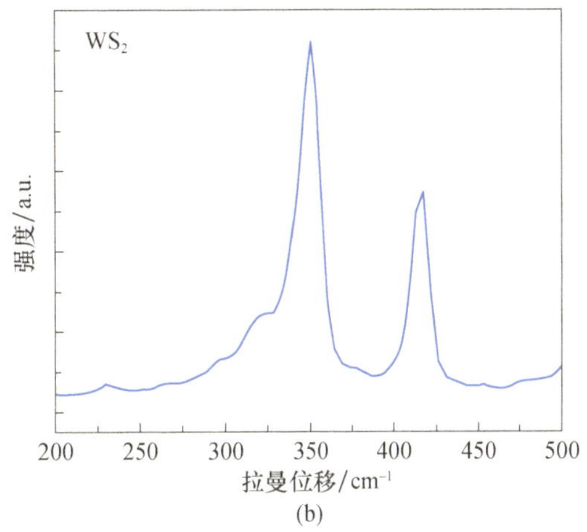


(b)

图 6.11　将溶液滴在套圈末端表面形成的 $WS_2$ 薄膜的特性

(a)SEM 图像；(b)拉曼光谱。

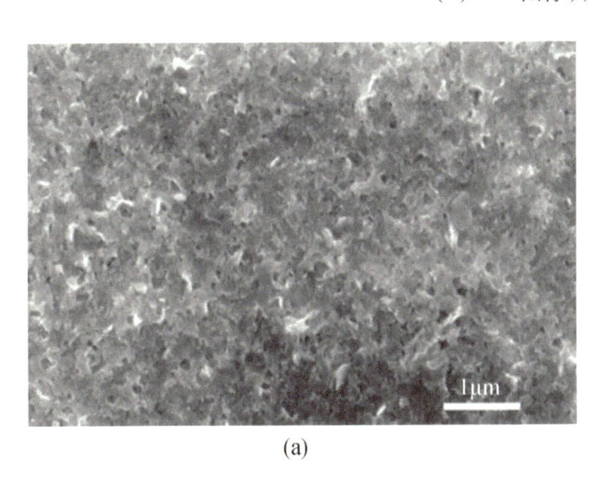


(a)

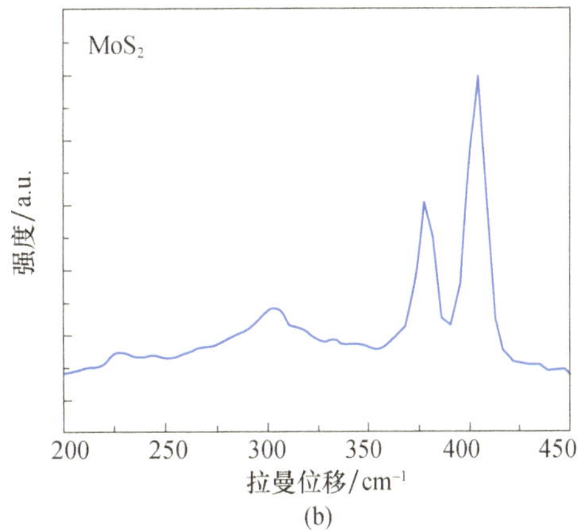


(b)

图 6.12　将溶液滴在套圈末端表面形成的 $MoS_2$ 薄膜的特性

(a)SEM 图像；(b)拉曼光谱。

## 6.6 光纤激光器的结构

图6.13给出了激光装置的结构，它的腔由2.4m的EDF、偏振无关隔离器、波长分路复用器（WDM）、可饱和吸收体和90∶10耦合器组成。掺铒光纤浓度为2000mg/L，1550nm处的吸收率为24 dB/m，数值孔径为0.24。隔离器防止在腔内后向光传播。通过使用一个350MHz示波器和一个1.3GHz的InGaAs光电探测器，并通过光谱分析仪和射频频谱分析仪（RFSA）同时监测到从耦合器输出10%的激光。

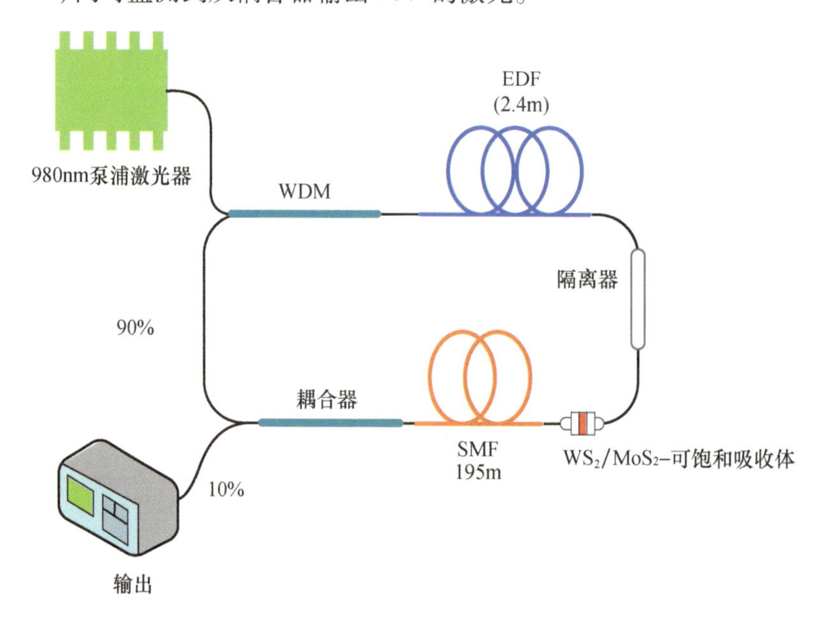


图6.13 基于$WS_2$（或$MoS_2$）可饱和吸收体的被动锁模EDFL结构

将195m的标准单模光纤（SMF）加入腔内，定制总群速度色散（GVD）、增大非线性效应，并实现锁模输出脉冲。环形腔全长204m，由2.4m的EDF和201.6m的SMF组成，群速度色散（GVD）分别为$27.6ps^2/km$和$-21.7ps^2/km$。腔体在$-4.44ps^2$的反常光纤色散中运行，因此在光纤激光器中容易产生孤子谱。采用自相关器记录锁模激光器的脉冲宽度。通过光学频谱分析仪（横河，AQ6370B）测量光谱、脉冲信息和激光功率，其分辨率为0.02nm，含有一个350MHz的示波器（GWINSTEK：GDS-3352）、1.3 GHz的光电探测器（Thorlabs，DET10D/M）以及光学功率计。通过射频频谱分析仪测量射频（RF）频谱。

## 6.7 基于二硫化钨可饱和吸收体的超短激光器的性能

首先，二硫化钨（$WS_2$）可饱和吸收体在EDFL腔中产生被动锁模。利用可饱和吸收体实现了$WS_2$纳米材料与激光腔中传播光的非线性相互作用。由此通过反复将$WS_2$溶液滴在纤维套圈上得到可饱和吸收体。将干燥的可饱和吸收体放置在环形激光腔中，以此产生锁模脉冲。基于平衡双探测器测量系统，采用功率相关传输技术对$WS_2$可饱和吸收体的非线性饱和吸收进行测量。研究人员采用一台稳定的自产被动锁模光纤激光器作为输入脉冲源,该光纤激光器的重复频率为26MHz,1560nm处的脉冲宽度为600fs。当逐渐降低衰减值的时候,记录这两个探测器的输出功率。图6.14显示了在不同输入强度下绘制的传输图及其曲线拟合。通过方程 $T = A\exp[\Delta T/(1 + I/I_{sat})$,调整功率相关的透射率 $T$,其中 $A$ 为归一化常数,$\Delta T$ 为绝对调制深度,$I$ 为入射强度,$I_{sat}$ 为饱和强度。基于图6.14,得到6.0%的饱和吸收度和0.18 $MW/cm^2$ 的饱和强度。结果表明,所开发的 $WS_2$ 可饱和吸收体适合锁模应用。

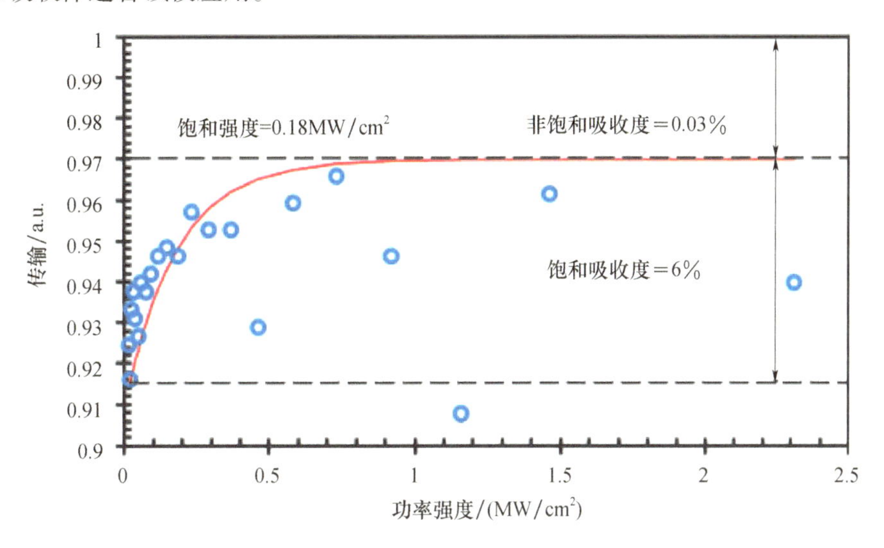


图6.14 $WS_2$ 可饱和吸收体的非线性饱和吸收剖面

随着加入SMF,环腔内GVD与非线性效应的平衡产生了锁模脉冲。当泵浦功率达到184mW时,开始了稳定的自启动锁模脉冲。图6.15(a)显示了最大泵浦功率为249.6mW时的输出谱,这显示了边带处的孤子脉冲,表明环形腔中存在反常色散和非线性。在环形腔中色散与非线性的相互关系能有效产生孤子脉冲。为了保持孤子脉冲的稳定性,可以由偏振态启动稳定的锁模脉冲,这意味着由于不需要PC来管理偏振,所以锁模脉冲与偏振无关。该激光器在1562nm处运行,0.5nm处的带宽为3dB。图6.15(b)显示了泵浦功率为249.6mW时的示波器轨迹,显示了稳定的锁模脉冲。脉冲串均匀,每个包络谱的振幅不明显,重复频率为3.48MHz,对应于基本重复频率的第三谐波。在本实验中,由于长腔和 $WS_2$ 可饱和吸收体引起的高非线性效应,光纤激光器趋向于在第三谐波锁模或多脉冲状态下工作。除此之外,在图6.15(c)中,基峰与基座延伸的信噪比(SNR)约为57dB,显示了脉冲的稳定性。这说明 $WS_2$ 可饱和吸收体在EDFL环形腔中能很好地作为模式锁定器。

图6.16说明了脉冲能量和输出功率相对于泵功率的变化趋势。脉冲能量和输出功率随泵浦功率的增大而增大。当泵浦功率达到249.6mW时,可获得7.0mW的最大输出功率和2.0nJ的脉冲能量。斜率效率为2.51%,但由于可饱和吸收体的高插入损耗,斜率效率较低。采用自相关器记录锁模EDFL的脉冲宽度。图6.17显示了当泵浦功率为249.6mW时的自相关轨迹。通过 $sech^2$ 拟合,得出半峰全宽(FWHM)处的脉冲持续时间约为2.43ps。自相关曲线显示实验数据与 $sech^2$ 拟合结果较好吻合。

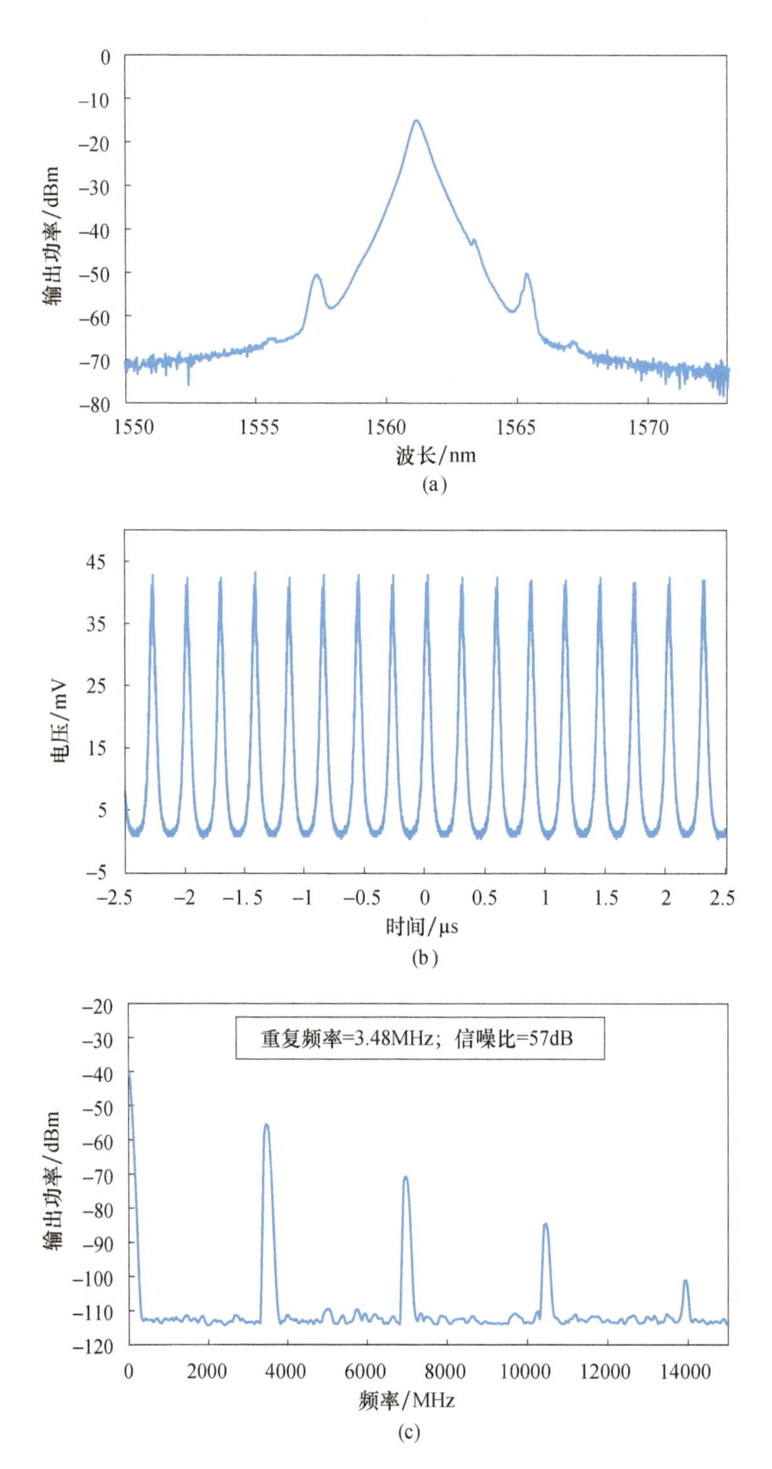


图 6.15 当泵浦功率为 249.6 mW 时，基于 $WS_2$ 锁模 EDFL 的光谱和时间特性

(a)输出光谱；(b)示波器轨迹；(c)射频频谱。1dBm = 33.3mW

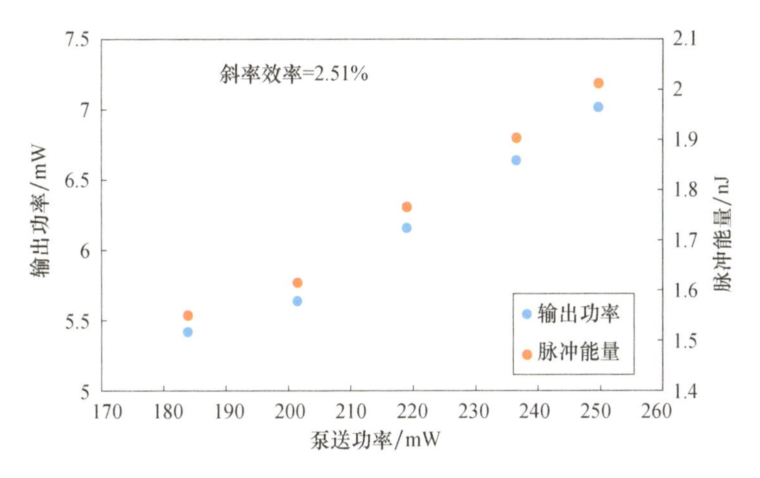


图6.16　输出功率和单脉冲能量与泵浦功率的关系

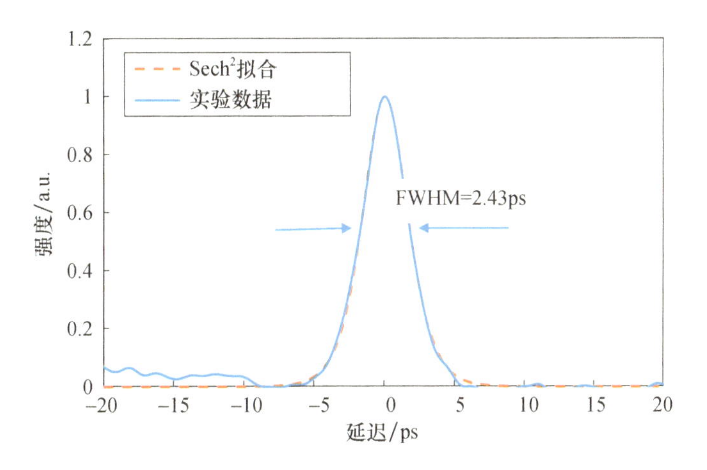


图6.17　孤子锁模 EDFL 自相关轨迹的 $sech^2$ 拟合曲线

## 6.8 基于二硫化钼可饱和吸收体的超短激光器的性能

为了基于 $MoS_2$ 可饱和吸收体产生激光性能，将 $MoS_2$ 可饱和吸收体放置在 EDF 环形激光腔(图6.13)中，以取代 $WS_2$ 可饱和吸收体。如上所述，将光纤连接器与干净的套圈结合，然后将 $MoS_2$ 溶液反复滴入纤维套圈的表面，以此获得可饱和吸收体。然后，如6.7节所述，基于相同的技术测量 $MoS_2$ 可饱和吸收体非线性饱和吸收。图6.18显示了非线性传输曲线，饱和吸收度和饱和强度分别为3%和0.35MW/$cm^2$。

图6.13显示了加入制备的可饱和吸收体后的锁模 EDFL 结构。它通过980nm 的 LD 泵浦，启动了980nm/1550nm 的波分复用光耦合器。对于增益介质，将2.4m 长的 EDF 连接到偏振无关的隔离器。将 $MoS_2$ 可饱和吸收体放置在隔离器和10:90输出耦合器之间。当最大泵浦功率为250mW 时，产生锁模脉冲。整个腔长约为204m，在1550nm 处的吸收 EDF 为24dB/m。获得的重复频率约为1.16MHz。将泵浦功率提高可以诱导被动锁模效应，而当泵浦功率为105～140mW 时，成功地获得了锁模脉冲。当泵浦功率进一步增加到140mW 时，观察到脉冲串消失。使用示波器、光电探测器、光谱分析仪和电频谱分析仪记录输出脉冲。

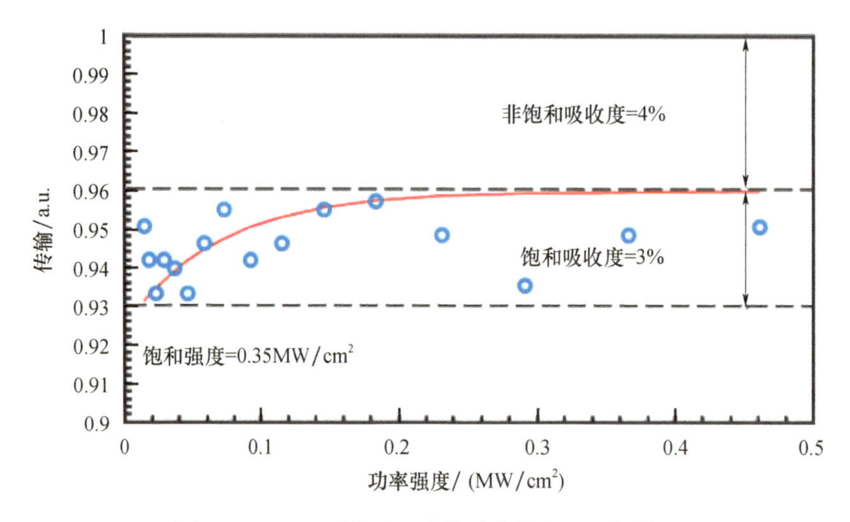


图 6.18 $MoS_2$ 可饱和吸收体非线性饱和吸收剖面

腔体与上述 $WS_2$ 基 EDFL 基本相同，光纤色散异常为 $-4.44ps^2$。因此，有望在光纤激光器中生成一个孤子。在泵送功率为 140mW 时，锁模激光器的输出光谱如图 6.19 所示。光谱中心波长为 1566nm，3dB 带宽输出脉冲为 0.74nm。图 6.19 还显示了形成的弱凯利边带，并在孤子机制中证明了所操作的输出脉冲。图 6.20(a) 显示了从示波器轨迹获得的输出脉冲。重复频率为 1.16MHz，符合 0.86 μs 的腔往返时间。图 6.20(b) 显示了脉冲串的单个脉冲包络，这表明脉冲宽度在 468nm 左右。测量了 1.16MHz 的基频和 35 dB 信噪比(SNR)输出脉冲的电频谱，如图 6.21 所示。

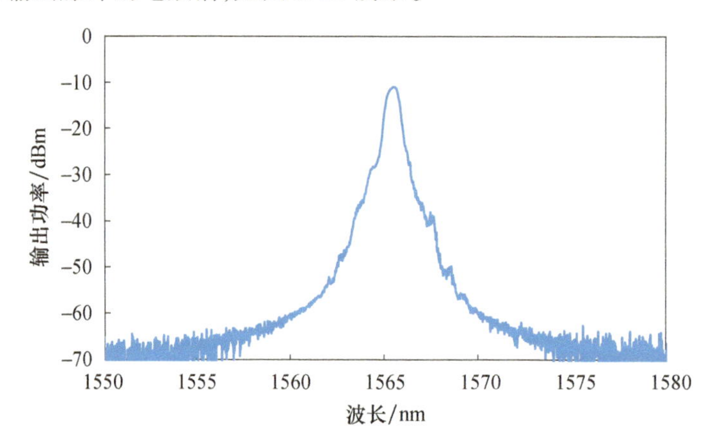


图 6.19 当泵浦功率为 140mW 时，基于 $MoS_2$ 锁模 EDFL 的光谱

在图 6.22 中，测量了泵浦功率从 105mW 提高到 140mW 时的输出功率和脉冲能量性能。当泵浦功率为 140mW 时，激光腔的最大平均功率和脉冲能量分别为 9.17mW 和 9.13nJ。锁模 EDFL 在泵浦功率为 105 ~ 140mW 的范围内运行。然而，当输入功率高于 140mW 时，锁模脉冲发生畸变和不稳定，脉冲随着泵浦功率的增大而消失。当达到 140mW 的最大泵浦功率时，观察到在不改变实验条件的情况下，锁模脉冲在稳定状态下工作数小时。基于实验观测结果发现，$MoS_2$ 纳米片具有非线性饱和吸收特性，可作为超快光纤激光器的锁模。

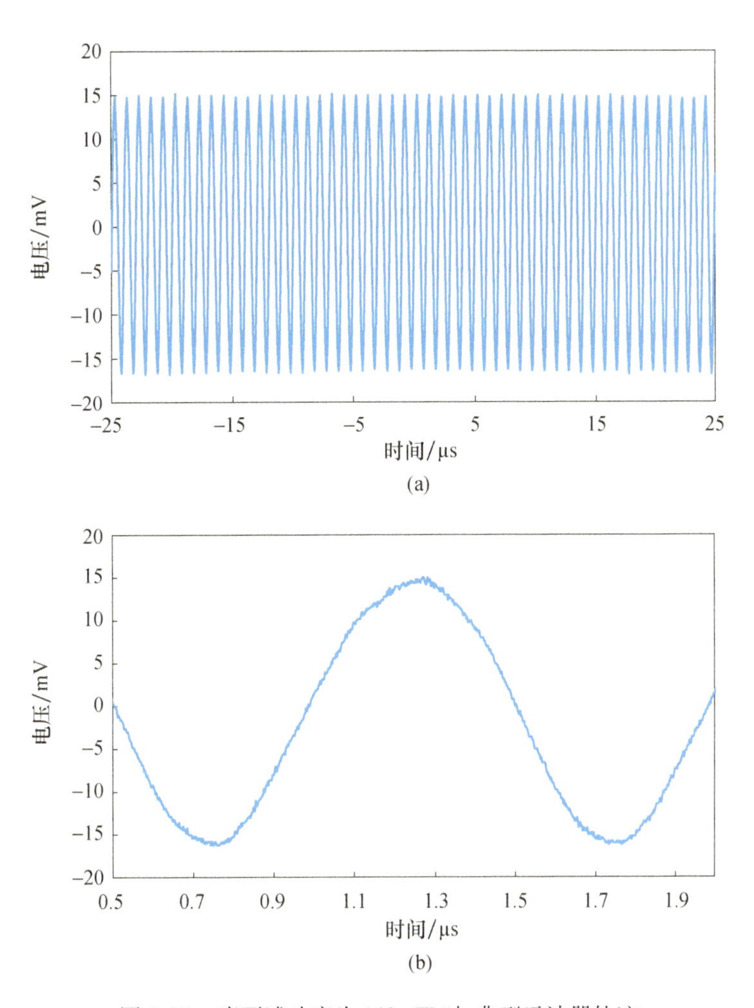


图 6.20　当泵浦功率为 140mW 时，典型示波器轨迹
(a)脉冲串；(b)单脉冲包络。

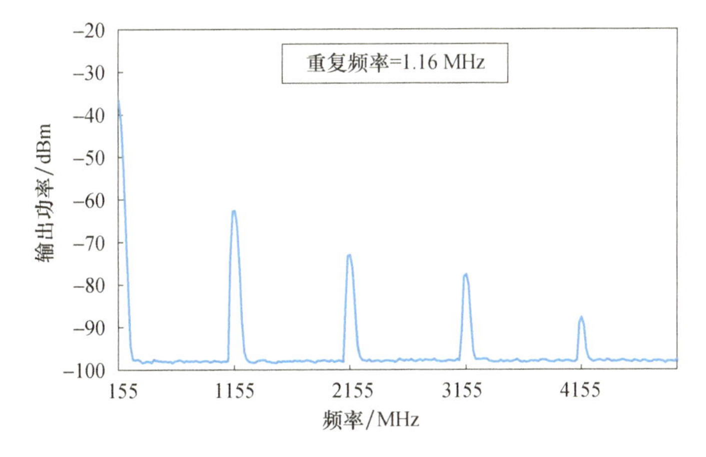


图 6.21　泵浦功率为 140mW 时，基于 $MoS_2$ 激光器的射频频谱

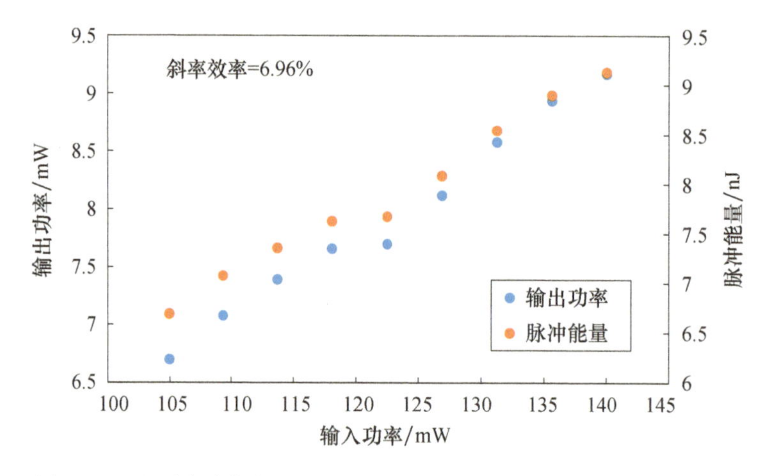


图6.22 当泵浦功率在105～140mW范围内时的输出功率和脉冲能量

## 6.9 小结

通过实验展示了基于新开发的 $WS_2$ 和 $MoS_2$ 可饱和吸收体制备的被动锁模 EDFL。以2.4m长的 EDF 为增益介质，在 $-4.44ps^2$ 的反常光纤色散条件下，运行204m的腔长。基于 $WS_2$ 可饱和吸收体，当波长为1562nm且三次谐波重复率为3.48MHz时，成功获得了稳定的2.43ps的孤子脉冲。当泵浦功率为249.6mW时，获得2.0 nJ最大脉冲能量，当阈值泵浦功率为184mW时，实现了锁模脉冲。此外，当泵浦功率为105～140mW时，所制备的 $MoS_2$ 可饱和吸收体还可以稳定地在锁模状态下工作。$MoS_2$ 基 EDFL 的工作波长为1566nm，基频为1.16MHz，脉冲宽度为468ns。与 $WS_2$ 基激光器相比，这种激光器产生的脉冲能量较高，为9.13 nJ。结果表明，$WS_2$ 和 $MoS_2$ 可饱和吸收体制备简单、插入损耗低且成本低，是用于超快光子应用的超快饱和吸收装置。这些 TMD 材料的超快非线性特性有利于各种应用。

## 参考文献

[1] Kassani, S. H, Khazaeinezhad, R., Jeong, H, Nazari, T., Yeom, D. – L, Oh, K., All – fiberEr – doped Q – switched laser based on tungsten disulfide saturable absorber. *Opt. Mater. Express*, 5, 373 – 379, 2015.

[2] Jariwala, D., Sangwan, V. K., Lauhon, L. J., Marks, T. J., Hersam, M. C., Emerging device applications for semiconducting two – dimensional transition metal dichalcogenides. *ACS Nano*, 8, 1102 – 1120, 2014.

[3] Mao, D., Wang, Y., Ma, C., Han, L., Jiang, B., Gan, X. *et al*, WS2 mode – locked ultrafast fiber laser. *Sci. Rep.*, 5, 7965, 2015.

[4] Elías, A. L., Perea – Lopez, N., Castro – Beltran, A., Berkdemir, A., Lv, R., Feng, S. *et al*, Controlled synthesis and transfer of large – area $WS_2$ sheets: From single layer to few layers. *ACS Nano*, 7, 5235 – 5242, 2013.

[5] Yan, P., Liu, A., Chen, Y., Wang, J, Ruan, S., Chen, H. *et al*, Passively mode – locked fiber laser by a cell – type $WS_2$ nanosheets saturable absorber. *Sci. Rep*, 5, 12587, 2015.

[6] Zhang, H., Lu, S., Zheng, J, Du, J., Wen, S., Tang, D. *et al*, Molybdenum disulfide($MoS_2$) as a broadband saturable absorber for ultra - fast photonics. *Opt. Express*, 22, 7249 - 7260, 2014.

[7] Eichfeld, S. M., Hossain, L, Lin, Y. C., Piasecki, A. F., Kupp, B., Birdwell, A. G. *et al*, Highly scalable, atomically thin $WSe_2$ grown via metal - organic chemical vapor deposition. *ACSNano*, 9, 2080 - 2087, 2015.

[8] Wang, S., Yu, H, Zhang, H., Wang, A., Zhao, M., Chen, Y. *et al*, Broadband few - layer $MoS_2$ saturable absorbers. *Adv. Mater*, 26, 3538 - 3544, 2014.

[9] Coleman, J. N, Lotya, M., O'Neill, A., Bergin, S. D., King, PJ, Khan, U. *et al*, Two - dimensional nanosheets produced by liquid exfoliation of layered materials. *Science*, 331, 568 - 571, 2011.

[10] Shahi, S., *Nonlinear fiber lasers using Bismuth based Erbium doper fiber amplifier*, University of Malaya, Kuala Lumpur, Malaysia, 2010.

[11] Canning, J., Fibre lasers and related technologies. *Opt. Lasers Eng.*, 44, 647 - 676, 2006.

[12] Drever, R., Hall, J. L., Kowalski, F, Hough, J., Ford, G, Munley, A. *et al*, Laser phase and frequency stabilization using an optical resonator. *Appl. Phys. B*, 31, 97 - 105, 1983.

[13] Keiser, G., *Optical Fiber Communications*, Wiley Online Library, 2003, htps://doi. org/10. 1002/0471219282. eot 158.

[14] Poole, S., Payne, D. N., Fermann, M. E., Fabrication of low - loss optical fibres containing rare - earth ions. *Electron. Lett*, 21, 737 - 738, 1985.

[15] Mears, R. J, Reekie, L, Jauncey, I., Payne, D. N, Low - noise erbium - doped fibreamplifier operating at 1.54μm. *Electron. Lett*, 23, 1026 - 1028, 1987.

[16] Okhotnikov, O., Kuzmin, V., Salcedo, J., General intracavity method for laser transition characterization by relaxation oscillations spectral analysis. *IEEE Photonics Technol. Lett*, 6, 362 - 364, 1994.

[17] Keller, U., Recent developments in compact ultrafast lasers. *Nature*, 424, 831, 2003.

[18] Chen, H., Chen, S. - P., Jiang, Z. - F, Hou, J., Versatile long cavity widely tunable pulsed Yb - doped fiber laser with up to 27655th harmonic mode locking order. *Opt. Express*, 23, 1308 - 1318, 2015.

[19] Wu, J, Tang, D., Zhao, L, Chan, C., Soliton polarization dynamics in fiber lasers passively mode - locked by the nonlinear polarization rotation technique. *Phys. Rev. E*, 74, 046605, 2006.

[20] Yan, P., Liu, A., Chen, Y., Chen, H., Ruan, S., Guo, C. et al, Microfiber - based WS, - film saturable absorber for ultra - fast photonics. *Opt. Mater. Express*, 5, 479 - 489, 2015.

[21] Luo, Z., Li, Y., Huang, Y., Zhong, M., Wan, x., Graphene mode - locked and Q - switched 2 - μmTm/Ho codoped fiber lasers using 1212 - nm high - efficient pumping. *Opt. Eng*, 55, 081310 - 081310, 2016.

[22] He - Ping, L., Han - Ding, X., Ze - Gao, W., Xiao - Xia, Z., Yuan - Fu, C., Shang - Jian, Z. *et al*, A compact graphene Q - switched erbium - doped fiber laser using optical circulator and tunable fiber Bragg grating. *Chin. Phys. B*, 23, 024209, 2013.

[23] Kieu, K. and Wise, F., Soliton thulium - doped fiber laser with carbon nanotube saturable absorber. *IEEE Photonics Technol. Lett*, 21, 128 - 130, 2009.

[24] Zhang, Y., Tang, T. - T., Girit, C, Hao, Z., Martin, M. C., Zettl, A. et al, Direct observation of a widely tunable bandgap in bilayer graphene. *Nature*, 459, 820 - 823, 2009.

[25] Nelson, L., Jones, D., Tamura, K., Haus, H., Ippen, E., Ultrashort - pulse fiber ring lasers. *Appl. Phys. B*, 65, 277 - 294, 1997.

[26] Everett, P. N., Mode - locking and chirping system for lasers. *Google Patents*, 1982.

[27] Ippen, E. P., Principles of passive mode locking. *Appl. Phys. B*, 58, 159 - 170, 1994.

[28] Bao, Q., Zhang, H., Wang, Y., Ni, Z, Yan, Y, Shen, Z. X. *et al*, Atomic - layer graphene as a saturable absorber for ultrafast pulsed lasers. *Adv. Funct. Mater*, 19, 3077 - 3083, 2009.

[29] Haris, H, Anyi, C, Ali, N, Arof, H, Ahmad, F. , Nor, R. *et al*, Passively Q – switched erbium – doped fiber laser at L – band region by employing multi – walled carbon nanotubes as saturable absorber. J. Optoelectron. *Adv. Mater*, 8, 1025 – 1028, 2014.

[30] Novoselov, K. , Jiang, D. , Schedin, F, Booth, T, Khotkevich, V. , Morozov, S. *et al*, Two – dimensional atomic crystals. *Proc. Natl. Acad. Sci. U. S. A.* , 102, 10451 – 10453, 2005.

[31] Wang, Q. H, Kalantar – Zadeh, K. , Kis, A. , Coleman, J. N, Strano, M. S. , Electronics and opto – electronics of two – dimensional transition metal dichalcogenides. *Nat. Nanotechnol*, 7, 699, 2012.

[32] Zhang, M. , Howe, R. C. , Woodward, R. I. , Kelleher, EJ, Torrisi, F, Hu, G. *et al*, Solution processed MoS 2 – PV A composite for sub – bandgap mode – locking of a wideband tunable ultrafast Er: Fiber laser. *Nano Res.* , 8, 1522 – 1534, 2015.

[33] Zhang, M. , Hu, G. , Hu, G. , Howe, R. , Chen, L. , Zheng, Z. *et al*, Yb – and Er – doped fiber laser Q – switched with an optically uniform, broadband $WS_2$ saturable absorber. *Sci. Rep.* , 5, 17482, 2015.

[34] Zhu, Y. Q. Sekine, T, Li, Y. H. , Fay, M. W. , Zhao, Y. M. , Patrick Poa, C. *et al*, Shock – absorbingand failure mechanisms of $WS_2$ and $MoS_2$ nanoparticles with fullerene – like structures undershock wave pressure. *J. Am. Chem. Soc*, 127, 16263 – 16272, 2005.

[35] Chhowalla, M. , Shin, H. S. , Eda, G. , Li, L. – J. , Loh, K. P. , Zhang, H, The chemistry of two – dimensional layered transition metal dichalcogenide nanosheets. *Nat. Chem*, 5, 263, 2013.

[36] Wang, K. , Wang, J. , Fan, J. , Lotya, M. , O'Neill, A. , Fox, D. et al, Ultrafast saturable absorption of two – dimensional $MoS_2$ nanosheets. *ACS Nano*, 7, 9260 – 9267, 2013.

[37] Du, J. , Wang, Q. . Jiang, G. , Xu, C. , Zhao, C. , Xiang, Y. *et al*, Ytterbium – doped fiber laser passively mode locked by few – layer molybdenum disulfide( $MoS_2$ ) saturable absorber functioned with evanescent field interaction. *Sci. Rep.* , 4, 6346, 2014.

[38] Cao, T, Wang, G, Han, W. , Ye, H. , Zhu, C. , Shi, J. *et al*, Valley – selective circular dichroism of monolayer molybdenum disulphide. *Nat. Commun*, 3, 887, 2012.

# 第7章 石墨烯改性沥青

Xinxing Zhou
山西交通科学研究院黄土地区公路建设与养护技术交通行业重点实验室

**摘　要**　本章通过分子模拟和实验,研究了石墨烯对沥青黏结剂热力学性能的影响。用扫描电子显微镜观察了石墨烯的微观形貌。用差示扫描量热仪研究了热稳定性和玻璃化转变温度($T_g$)。模拟结果表明,石墨烯改性沥青(GMA)的 $T_g$ 有轻微变化,其热膨胀系数和导热系数随石墨烯的加入而增大。密度－温度法比能量－温度法更接近实验值 $T_g$,GMA 比沥青的 $T_g$ 降低。在 298 K 条件下,沥青和石墨烯改性沥青的杨氏模量分别为 9.2658GPa 和 25.7563GPa,这说明加入石墨烯后沥青的热力学性能有了较大的改善,有较大应用前景。

为研究石墨烯－沥青界面的键合、变形和破坏行为,采用第一性原理分子动力学模拟法研究了石墨烯改性沥青的电子结构和电学性能,包括态密度和能带结构。采用均匀应力法测量拉伸模拟,得到界面的应力响应,以此分析界面的力学行为。结果表明,石墨烯可以显著提高沥青的电学性能和力学性能。分子动力学模拟结果表明,石墨烯与沥青界面的破坏模式主要是黏附破坏,而不是内聚破坏。石墨烯和温度影响了界面破坏强度和最大变形,这与沥青黏结剂的黏弹性行为一致。此外,应力响应与通用试验机的拉脱强度试验吻合。

为了解石墨烯改性沥青和砂浆的自修复性能,本章采用动态剪切流变(DSR)和分子模拟技术研究了疲劳－修复－疲劳过程中的扩散系数、活化能、指数前因子和修复指数。DSR 结果显示,修复前扩散系数、活化能、指数前因子和修复指数均接近修复后的值。模拟结果大于 DSR 结果。由于石墨烯具有热传输特性,因此石墨烯的加入可以提高自愈性能。

**关键词**　石墨烯改性沥青,扫描电子显微镜,差示扫描量热仪,界面行为,自修复性能,动态剪切流变

## 7.1 概述

由于沥青具有良好的力学性能和黏结性能,在道路铺装中得到了广泛的应用,但也存在着许多限制。沥青路面最常见的破坏现象是车辙、热裂纹和疲劳裂纹。加固路面的一种方法是对沥青进行改性。相关人员研究了各种添加剂,包括纳米材料、聚乙烯、聚丙烯、

乙烯-醋酸乙烯、乙烯-丙烯酸丁酯、苯乙烯-丁二烯-苯乙烯和苯乙烯-异戊二烯-苯乙烯[1-8]。改性沥青广泛应用于道路施工领域，可以提高路面的性能[9]。在传统沥青中加入石墨烯[10-12]可使沥青混凝土获得优异的电学和热学性能，并且由于其优良的电热学性能，有望应用于导电沥青混凝土。导电沥青混凝土广泛应用于沥青路面、桥面和机场跑道上的融雪和除冰。

近年来，研究人员越来越关注纳米技术及其对改善沥青路面结构和性能的影响[13]。人们普遍认为纳米技术具有巨大的潜力，有利于各种不同的领域的发展，比如生产更结实、更轻的材料[14]。能广泛用于沥青改性的纳米材料有多种类型，如纳米钛、纳米二氧化硅、纳米黏土、碳纳米纤维等。如图7.1所示，石墨烯是由扩展碳网络或其化学类似物组成的二维薄片，是很有应用前景的导电材料[15]。

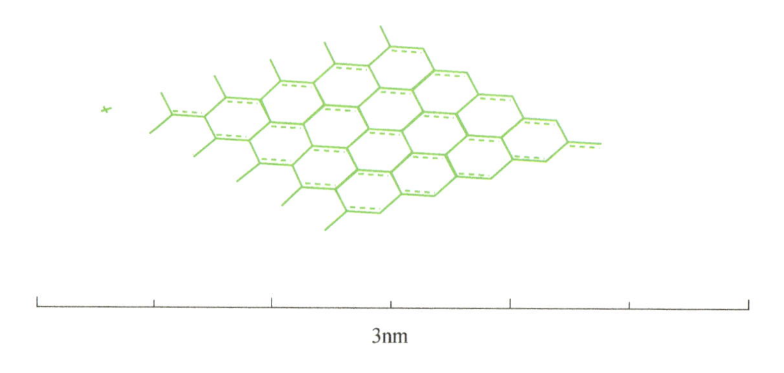


图7.1 石墨烯的分子结构

相关人员研究了石墨烯改性沥青的流变特性，结果表明石墨烯可以改善沥青的力学性能和抗热裂性能[16]。研究目标包括：

(1)石墨烯改性沥青及石墨烯-沥青的界面模型；

(2)石墨烯改性沥青的热力学性能；

(3)石墨烯-沥青的界面行为；

(4)石墨烯改性沥青的自愈性。

## 7.2 分子模拟与实验

### 7.2.1 石墨烯改性沥青与石墨烯-沥青的界面模型

沥青材料广泛用于道路铺路、屋面防水材料和其他防水材料[17-18]。此外，沥青材料也是已知的一种胶体，其中沥青质被稳定的极性树脂覆盖，并在油相中形成饱和分散的复杂胶束。沥青材料模型包括三种(沥青质、软沥青和树脂)或四种组分(沥青质、芳香族化合物、树脂和饱和化合物)。沥青质是黏性和极性最大的组分；软沥青是黏性和极性最小的组分；树脂的黏性和极性位于其他两个组分之间。三种组分的模型有：将$n$-二十二烷($n-C_{22}H_{46}$)作为饱和化合物代表，将1,7-二甲基萘作为环烷芳烃代表，将$C_{72}H_{98}S$作为沥青质代表。四种组分的模型包括沥青质(AAA-1、AAK-1、AAM-1)、极性芳香族化合物(喹啉丙烷、硫代异戊二酸、三甲基苯氧烷、吡啶丙烷、苯并噻吩)、环烷芳烃(多氢菲-环烷和二辛基-环己烷-环烷)、饱和化合物(角鲨烷和霍普烷)。在沥青材料黏合剂的三组分的模型中,分子聚集的时间和大小取决于分子间的弱相互作用力,包括芳烃和饱和化合物的极性。

沥青是一种复合化学混合物,有三种主要成分,即沥青质、饱和化合物和树脂。用Groenzin和Mullins模型的$C_{72}H_{98}S$表征沥青质;直链烷烃$C_{22}H_{46}$和1,7-二甲基萘($C_{12}H_{12}$)代表饱和化合物和树脂。沥青质、饱和化合物和树脂的结构式如图7.2所示。

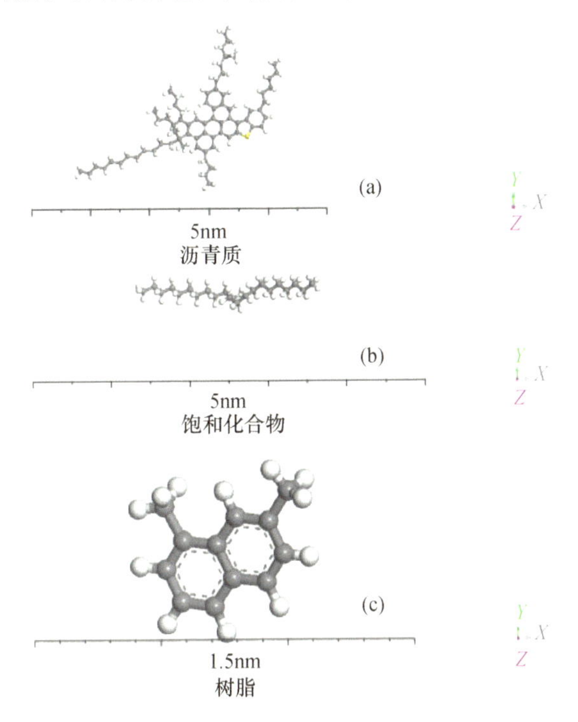


图7.2 (a)沥青质、(b)饱和化合物(c)树脂的结构式
(碳原子以灰色、硫原子以黄色和氢原子以白色显示)

本研究采用Zhou[19]提出的沥青模型。将通过剥离石墨制备的石墨烯作为构建模块。通过Materials Studio软件包[20]构建碳纳米管模块。构建的石墨烯改性沥青模型如下:由石墨烯和沥青组成的无定形单元。石墨烯改性沥青模型如图7.3所示。

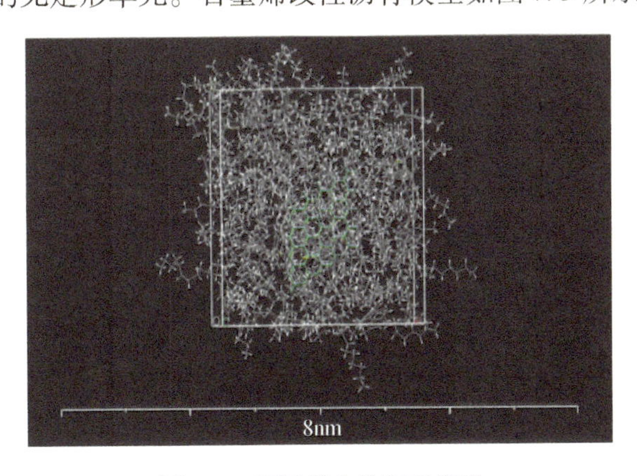


图7.3 石墨烯改性沥青模型

Bhasin 等[21]研究了两种取代沥青材料黏合剂的方法：第一种方法是使用代表不同类型沥青黏合剂的平均分子结构，图 7.4 显示了 8 种模型。第二种方法是使用三种不同类型的分子集合，每种分子代表一个通常存在于沥青材料黏合剂的成分物种（沥青质、环烷芳烃和饱和化合物），图 7.5(a) 显示了 Zhang 提出的由三个组分组成的三维沥青材料模型。Cong 等[22]采用的 E - d - M 模型和苯乙烯 - 丁二烯 - 苯乙烯（SBS）改性沥青材料模型如图 7.5(b) 所示。

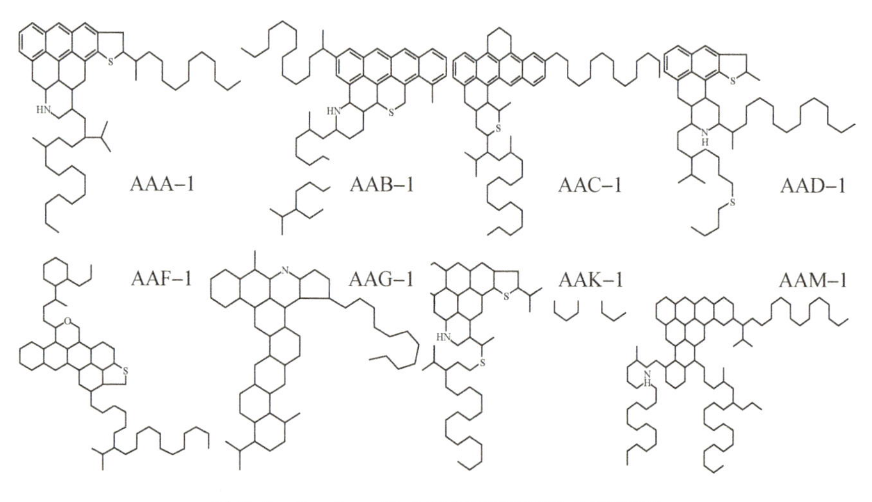


图 7.4 Jennings 的八种沥青材料黏合剂模型

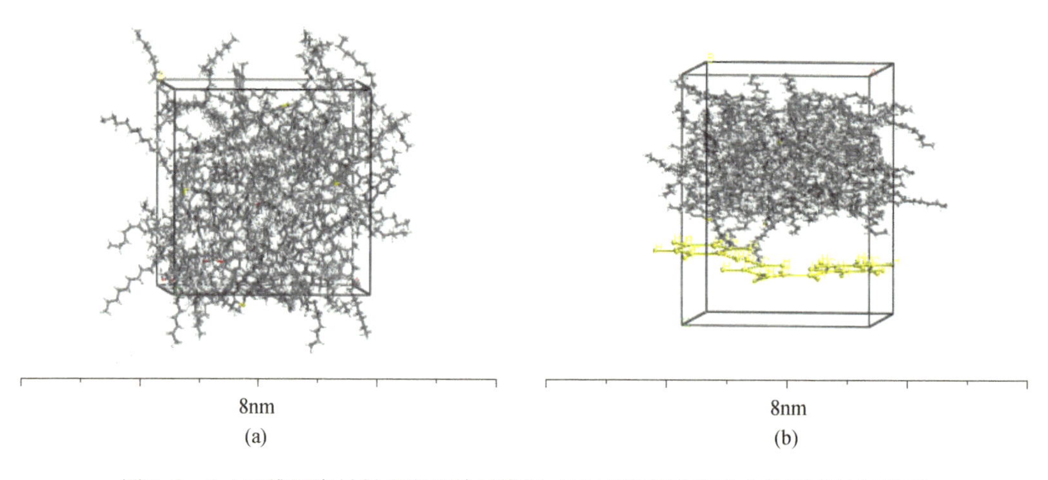


图 7.5 (a)三维沥青材料无定型单元模型；(b)三维线形 SBS 改性沥青材料模型

Li 报道了四组分沥青模型，分别为沥青质、极性芳烃、环烷芳烃和饱和化合物，如图 7.6所示。该模型与上述模型具有相同的特点，唯一不同点是沥青质。还有许多模型改变了芳烃和饱和化合物，使用一些小分子取代芳烃和饱和化合物，例如苯并喹啉、乙基 - 苯并噻吩和乙基四氢萘[10]。

此外，Zhou[23]还报道了另一种四组分沥青材料模型。如图 7.7 所示，用 $C_{76}H_{115}NO$ 代表沥青质；$C_{51}H_{82}$、$C_{56}H_{82}$ 和 $C_{60}H_{89}N$ 分别表示饱和化合物、芳烃和树脂。利用该模型模拟了疏水沥青材料的自修复过程。

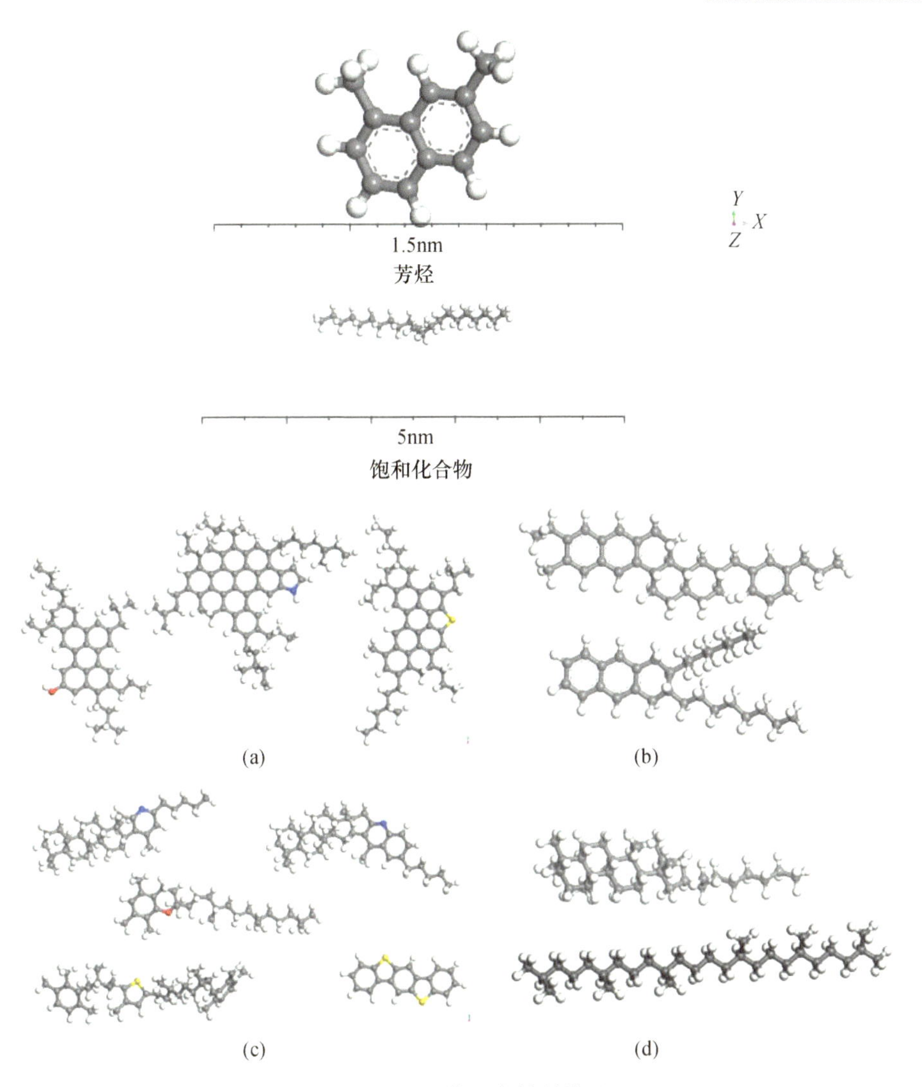


图 7.6　四组分沥青材料模型
(a)沥青质;(b)环烷芳烃;(c)极性芳烃;(d)饱和化合物。

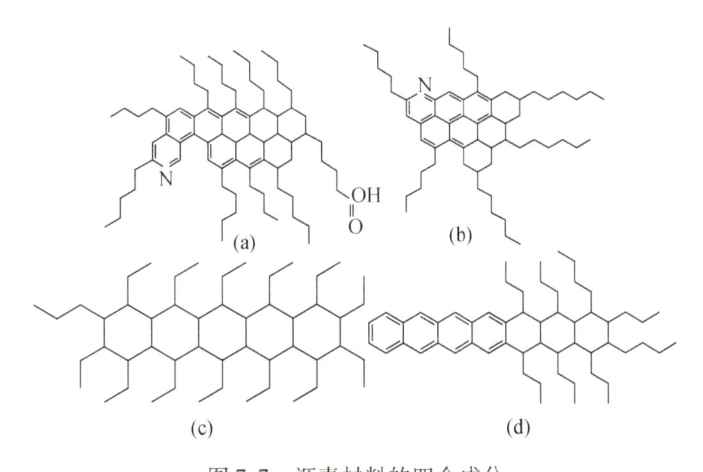


图 7.7　沥青材料的四个成分
(a)沥青质模型;(b)树脂模型;(c)饱和化合物模型;(d)芳烃模型。

分子动力学模拟是指使用基于统计力学的理论方法和计算技术，以此建模或模拟分子在不同条件下的行为。在分子模拟中，建立一个表示一种分子的模型，然后将分子内的原子分配到一个力场。对于沥青材料而言，主要成分有四种，即沥青质、饱和化合物、芳烃和树脂。本研究采用 Li 和 Greenfields 提出的沥青模型。将通过剥离石墨制备的石墨烯作为构建模块。使用 Materials Studio 软件包的层模块建立石墨烯－沥青的界面模型，界面厚度为 1nm。石墨烯与沥青界面结构示意图如图 7.8 所示。

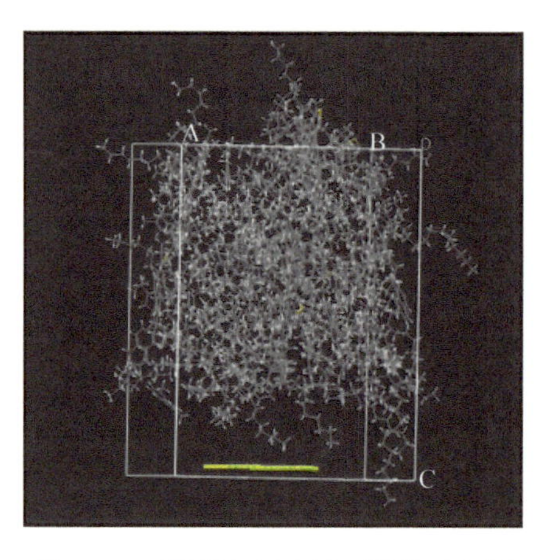


图 7.8 石墨烯与沥青界面结构示意图

### 7.2.2 石墨烯改性沥青的热力学性质

分子模拟可以有效描述材料在原子或分子水平上的行为，并表征材料的化学结构和工程性质之间的关系，还可以使用分子模拟法来模拟沥青的界面力学行为[24]和自修复性能[25]。研究人员利用分子模拟方法预测了聚合物改性沥青[19]和无机纳米材料改性沥青[26]的性能、沥青的水扩散行为[27]及聚合物或无机材料与沥青的溶解性[28]。这种方法为追踪石墨烯改性沥青的分子运动，并预测石墨烯改性沥青的热学和力学性能提供了一种新的方法。

本研究通过分子模拟与实验，对石墨烯改性沥青的热力学特性进行了比较研究。本研究采用 Zhou [19]提出的沥青模型。通过剥离石墨制备的石墨烯作为 Materials Studio 软件包[29]的构建模块。石墨烯或碳纳米管改性沥青模型构建如下：无定形单元由石墨烯或碳纳米管和沥青组成。石墨烯改性沥青模型和碳纳米管改性沥青模型如图 7.3 所示。

在所有分子模拟和求极小值过程中使用的力场是用于原子水平模拟研究的凝聚态优化的分子力场（COMPASS 力场）。这个力场是通过从头计算的方法计算各类分子的，如聚合物、最常见的有机物和小的无机分子等。为了模拟交叉连接过程和收集所需的数据，执行了以下流程。对于细胞结构和能量最小化，首次建立了由石墨烯或碳纳米管和沥青黏合剂组成的无定形单元模型，其初始密度为 1.2 $g/cm^3$。将所有模拟的压力设置在 101.325kPa（1.0atm）。本研究首次利用几何优化尝试弛豫，以此诱导系统能量。然后，设定 1.0 fs 时间步长和 100 ps 的模拟步长，利用等压等温系综（NPT），将其弛豫到平衡状态。最后，设定 1.0fs 的时间步长和 100ps 的模拟步长，利用正则系综（NVT），将其弛豫到平衡状态。模拟温度在 130～436K 之间，石墨烯质量分数在 3.2%～11.8% 之间。质量分数为3.2%、6.3%、9.1%和11.8%的石墨烯分别对应1/74 mol、1/37 mol、3/74 mol和2/37 mol的石墨烯。

#### 7.2.2.1 热膨胀系数计算

从这两个曲线的斜率得到了玻璃和橡胶材料的体积热膨胀系数($\alpha$),由以下方程定义:

$$\alpha = \frac{1}{V}\left(\frac{\partial V}{\partial T}\right)_P \tag{7.1}$$

$$\beta = \frac{1}{3}\alpha \tag{7.2}$$

式中:$V$、$P$和$T$分别为体积、压力和温度;$\beta$为与体积热膨胀系数相关的线性热膨胀系数。如表7.1所示,与沥青材料体系相比,石墨烯改性沥青具有较高的体积热膨胀系数$\alpha$和$\beta$。热学性质结果表明,石墨烯的加入能显著提高体积热膨胀系数$\alpha$和$\beta$。此外,石墨烯改性沥青的体积热膨胀系数$\alpha$和$\beta$均大于沥青,说明石墨烯改性沥青的热膨胀性提高。

表7.1 298K时,沥青材料和石墨烯改性沥青的体积热膨胀系数$\alpha$和$\beta$

| 系统 | $\alpha$ | $\beta/GPa^{-1}$ |
|---|---|---|
| 沥青材料 | 192.282 | 64.094 |
| 石墨烯改性沥青 | 775.866 | 258.622 |

#### 7.2.2.2 导热系数计算

利用热流自相关函数(HCACF)计算导热系数(TC)。采用速度Verlet算法在1fs的固定时间步长下,计算运动方程的积分。在这些系统中采用了周期边界条件,计算了不同温度下沥青、石墨烯改性沥青和CNsMA的导热系数值。基于HCACF的形状,Yang[30]提出了一种不同方法计算HCACF积分。他们提出的HCACF方程如下:

$$\langle J(j).J(0)\rangle = A_{ac,sh}e^{-t/\tau_{ac,sh}} + A_{ac,lg}e^{-t/\tau_{ac,lg}} \tag{7.3}$$

式中:下标ac、sh和lg分别为声学、短程和长程;$\tau_{ac,sh}$和$\tau_{ac,lg}$为时间常数;$A_{ac,sh}$和$A_{ac,lg}$为强度常数。因此,可以用下列公式计算导热系数:

$$\kappa = \frac{1}{Vk_B T^2}[A_{ac,sh} \times \tau_{ac,sh} + A_{ac,lg} \times \tau_{ac,lg}] = \kappa_{ac,sh} + \kappa_{ac,lg} \tag{7.4}$$

式中:$\kappa$、$V$、$T$和$k_B$分别为导热系数、体积、温度和玻耳兹曼常数。物理上可以解释$\tau_{ac,sh}$和$\tau_{ac,lg}$为两个相邻原子能量转移的半周期和平均声子-声子散射时间。

图7.9显示了沥青材料和石墨烯改性沥青的导热系数与温度的关系。用Excel软件处理这些数据。随着温度升高($T^{-1.5}$),三种沥青材料的拟合结果单调下降,所有相关系数($R^2$)均在0.98以上。在298K下,沥青材料和石墨烯改性沥青的导热系数分别为256W/(m·K)和348W/(m·K)。这说明导热系数与$T^{-1.5}$存在线性相关关系,石墨烯改性沥青的导热系数大于沥青的导热系数。在230~436K的温度范围内,沥青的导热系数变化显著,而在230~436K的温度范围内,沥青的导热系数变化较小。结果表明,在低温条件下石墨烯可以显著提高沥青的导热系数,而高温条件下沥青的导热系数略有提高。

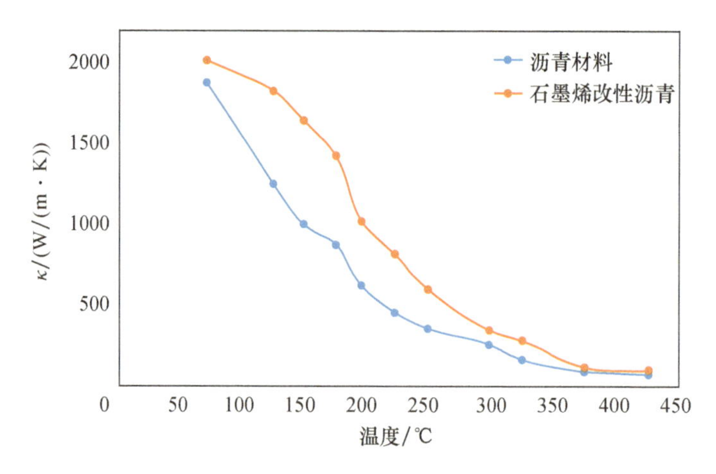


图7.9 沥青材料和石墨烯改性沥青的导热系数和温度的关系

#### 7.2.2.3 剪切模量计算

根据式(7.5)，通过 $c_p$ 和热膨胀系数 $\alpha$ 计算剪切模量 $G$。

$$G=\frac{\alpha E}{c_p\rho} \tag{7.5}$$

式中：$E$ 为二维体积模量；$c_p$ 为比热容；$p$ 为质量密度。

用分子模拟法计算了三种沥青材料系统的力学性质，见表7.2。沥青材料和石墨烯改性沥青的剪切模量($G$)为23.56GPa和42.27GPa。此外，石墨烯改性沥青的 $G$ 相对较大，体积模量($E$)和比热容($c_p$)存在相似规律。模拟结果表明，石墨烯的加入可以改善沥青材料系统的 $G$ 和 $E$。此外得到的结果与实验结果吻合。

表7.2 沥青系统的力学性能

| 系统 | $G$/GPa | $E$/GPa | $c_p$/(kcal/(mol·K)) |
|---|---|---|---|
| 沥青材料 | 23.56 | 12.86 | 93216.67 |
| 石墨烯改性沥青 | 42.27 | 32.14 | 201232.82 |

#### 7.2.2.4 弹性常数和模量计算

用恒应变最小化法测量两种改性沥青系统的弹性常数。使用胡克定律描述线弹性材料的应力－应变行为：

$$\boldsymbol{\sigma}_i=\boldsymbol{E}_{ij}\boldsymbol{\varepsilon}_j \tag{7.6}$$

式中：$i,j=1$、2、3；$\boldsymbol{\sigma}_i$ 和 $\boldsymbol{\varepsilon}_j$ 为应力和应变矢量；$\boldsymbol{E}_{ij}$ 为六维刚度矩阵。在计算中设定最大应变为0.003。应力分量的计算方法如下：

$$\sigma_{ij}=-\frac{1}{V}\sum_k\left[m^k(u_i^k u_j^k)+\frac{1}{2}\sum_{l\neq k}(r_i^{kl})f_j^{lk}\right] \tag{7.7}$$

式中：$V$ 为体积；$m^k$ 和 $u^k$ 为第 $k$ 个粒子的质量和速度；$r$ 为第 $k$ 个和第一个粒子之间的距离；$f$ 为第 $k$ 个粒子对第一个粒子施加的力。系数 $\lambda$ 和 $\mu$ 可用以下方法计算：

$$\lambda=\frac{1}{6}(C_{12}+C_{13}+C_{21}+C_{23}+C_{31}+C_{32})\approx\frac{1}{3}(C_{12}+C_{23}+C_{13}) \tag{7.8}$$

$$\mu=\frac{1}{3}(C_{44}+C_{55}+C_{66}) \tag{7.9}$$

$$\lambda + 2\mu = \frac{1}{3}(C_{11} + C_{22} + C_{33}) \tag{7.10}$$

其他弹性模量和性能可由上述系数计算：

$$K = \frac{\mu(3\lambda + 2\mu)}{\lambda + \mu} \tag{7.11}$$

$$E = \lambda + \frac{2}{3}\mu \tag{7.12}$$

$$G = \mu \tag{7.13}$$

$$\nu = \frac{\lambda}{2(\lambda + \mu)} \tag{7.14}$$

式中：$K$、$E$ 和 $G$ 分别为杨氏模量、体积模量和剪切模量；$\nu$ 为泊松比。

用体积模量与剪切模量之比（$E/G$）来估计材料的脆性或延展性。较高的 $E/G$ 值表示高延展性，而较低的 $E/G$ 值表示高脆性。区分延展性和脆性材料的临界值约为 1.75。得到的 $E/G$ 值表明石墨烯改性沥青为延展性材料。如表 7.3 所示，沥青材料和石墨烯改性沥青的 $E/G$ 值分别为 0.55 和 0.76。结果表明，石墨烯一般能提高延展性和力学性能。

表 7.3　两种沥青材料系统的力学性能

| 系统 | $E/G$ | $K$/GPa | $\nu$ |
|---|---|---|---|
| 沥青材料 | 0.55 | 9.27 | 0.28 |
| 石墨烯改性沥青 | 0.76 | 25.76 | 0.43 |

从表 7.3 可以看出，加入石墨烯后，改性沥青材料的力学性能随着石墨烯含量的增加而提高。结果表明，加入质量分数为 3.8% 的石墨烯后，石墨烯改性沥青材料比其他沥青的弹性模量更高。在改性沥青中多余的石墨烯仍然是聚集的颗粒。沥青材料和石墨烯改性沥青的泊松比分别为 0.28 和 0.43，这说明石墨烯和碳纳米管可以提高杨氏模量，降低内应力。

#### 7.2.2.5　玻璃化转变温度和热性能

盘锦北方沥青燃料有限公司生产了一种渗透性为 68 ×0.1mm 的沥青。根据 ASTM D36 – 76 标准，测定了软化点（46℃，用环球法测定）。根据 ASTM D113 标准测量，延展性在 10℃时为 135cm。中国科学院上海陶瓷研究所提供了石墨烯。石墨烯片厚度小于 1μm，石墨烯纯度为 99.9%。在 408K（135℃）条件下于沥青中加入石墨烯，以提高其热力学性能，然后以 2000r/min 的速度搅拌 1h。它们的成分和基本性质见表 7.4。

表 7.4　石墨烯改性沥青/碳纳米管改性沥青的基本性质

| 类型 | 渗透性/(0.1mm) | 软化点/℃ | 延展性/cm(10℃) |
|---|---|---|---|
| 3.2%（质量分数）石墨烯改性沥青 | 65 | 49 | 136 |
| 6.3%（质量分数）石墨烯改性沥青 | 61 | 52 | 147 |
| 9.1%（质量分数）石墨烯改性沥青 | 58 | 56 | >150 |
| 11.8%（质量分数）石墨烯改性沥青 | 55 | 60 | >150 |

用日立 S4800 扫描电子显微镜（SEM）研究了石墨烯和碳纳米管的形貌，将加速电压

设定为 20 kV，石墨烯的形貌如图 7.10 所示。在 SEM 测试样品中，石墨和碳纳米管被经喷金（Au）处理，并在样品板上用黏合剂将其黏合。

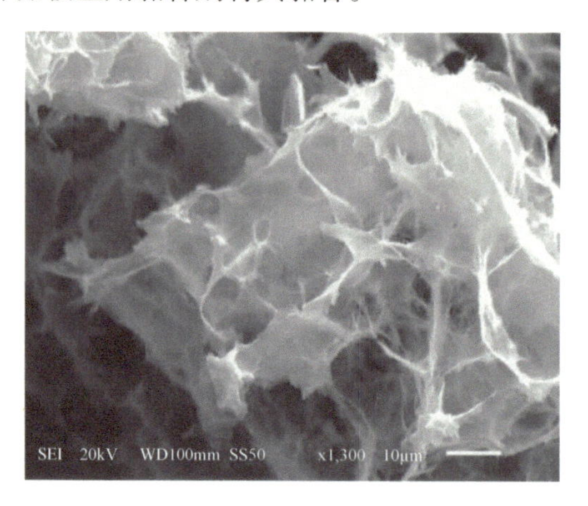


图 7.10 石墨烯的扫描电镜形貌

使用 Perkins - Elmer 差示扫描量热仪（DSC）分析仪进行热损失实验。将固体样品放置在铂样品皿上，在 $N_2$ 气氛中将其从 173K（ - 100℃）加热到 373K（100℃），加热速率为 5℃/min。

在图 7.11 中，沥青系统的 DSC 结果显示，沥青和石墨烯改性沥青的玻璃化转变温度（$T_g$）分别为 251K 和 276K。250K 后沥青的热流变化较大，石墨烯改性沥青的热流变化较小。石墨烯改性沥青 DSC 曲线的突变点温度大于沥青。这说明石墨烯可以改善沥青的高温性能。

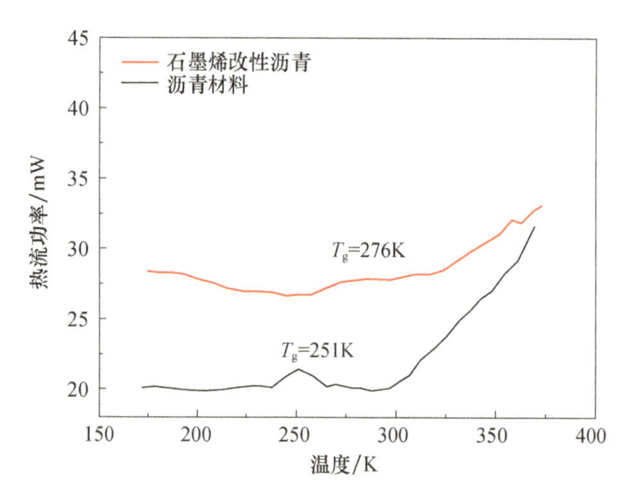


图 7.11 沥青和石墨烯改性沥青的 DSC 曲线

根据密度 - 温度曲线的不连续斜率估计了玻璃化转变温度（$T_g$）。同时还根据热性质的突变计算了 $T_g$，并与实验结果进行了比较。图 7.12 显示了随着温度的升高，沥青和石墨烯改性沥青的密度值。从改性沥青系统的密度 - 温度曲线中提取出 $T_g$ 的密度 - 温度曲线，范围在 130 ~ 436K 之间。密度 - 温度曲线斜率的突变决定了 $T_g$。沥青和石墨烯改性沥青的 $T_g$ 分别为 250K 和 272K。结果表明，石墨烯可以改善沥青的高温稳定性。此外，不同沥青系统的 $T_g$ 也有轻微的变化。石墨烯改性沥青的 $T_g$ 明显高于天然沥青。计算得出的 $T_g$ 值与实验值相吻合。

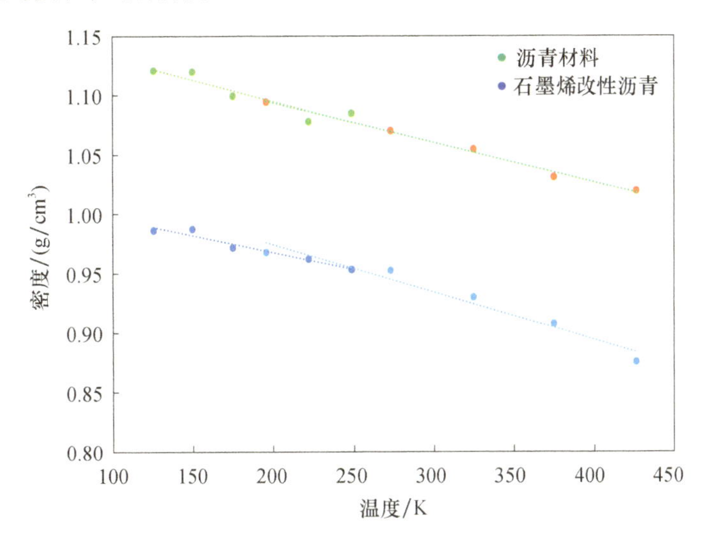


图 7.12　两种沥青的密度与温度的关系

通过热性质的突变点估算 $T_g$。与上述结果相似，曲线斜率的突变点确定了 $T_g$。能量产生突变时的温度决定了 $T_g$。图 7.13 显示了石墨烯改性沥青的热性质与温度的关系。沥青和石墨烯改性沥青的 $T_g$ 分别为 248K 和 272K，$T_g$ 实验值分别为 251K 和 276K。这与实验结果基本一致，且 $T_g$ 实验值与密度－温度法得到的 $T_g$ 值比较接近，石墨烯改性沥青具有较高的 $T_g$。

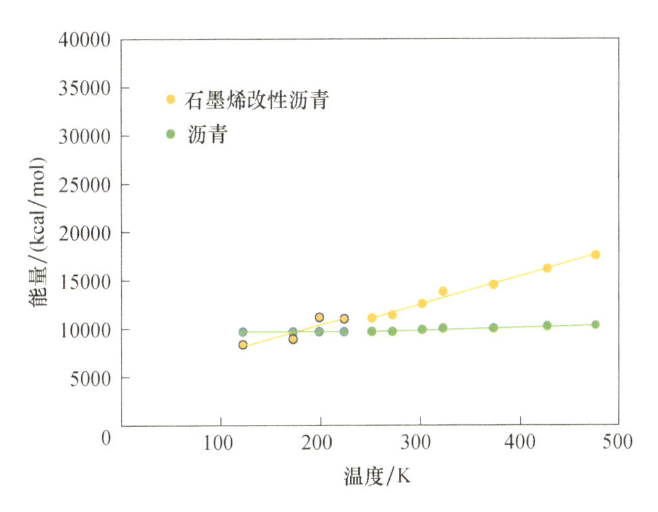


图 7.13　三种沥青的能量变化与温度的关系（1cal = 4.18J）

采用密度－温度法估算不同含量的改性材料的 $T_g$。如图 7.14 所示，随着石墨烯含量的增加，石墨烯改性沥青的 $T_g$ 增加。此外，石墨烯含量的增加会产生一个极限值，当石墨烯添加的质量分数为 6.3% 时，$T_g$ 达到极限值。这说明石墨烯可以改善沥青的 $T_g$ 和热性能。此外，过量的石墨烯也会诱导 $T_g$ 和热性质降低。

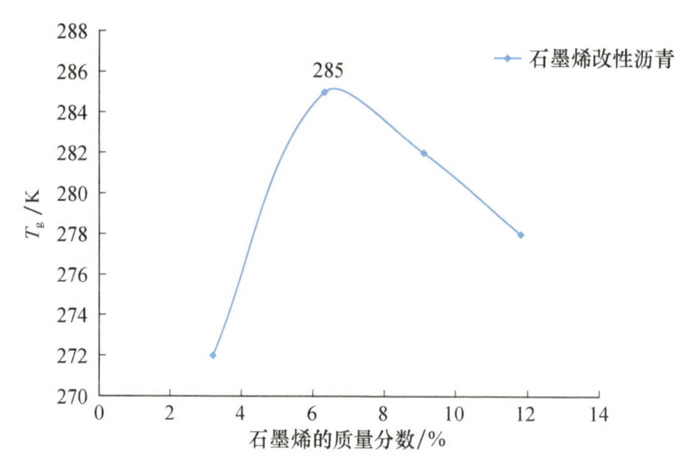


图7.14 石墨烯改性沥青的 $T_g$ 和石墨烯含量的关系

## 7.2.3 石墨烯-沥青的界面行为

### 7.2.3.1 界面力学行为

本节采用分子模拟的方法研究石墨烯-沥青材料界面的键合、变形和破坏行为。这里使用第一性原理分子动力模拟法研究了石墨烯改性沥青材料的电子结构和电学性能，包括态密度和能带结构。研究人员采用均匀应力法进行拉伸模拟，得到界面的应力响应，以此分析界面的力学行为。研究表明，石墨烯可以显著提高沥青的电学和力学性能。分子动力学模拟结果表明，石墨烯-沥青界面的破坏模式主要是黏附破坏，而不是内聚破坏。界面破坏强度和最大变形受石墨烯和温度影响，这与沥青材料黏合剂的黏弹性行为一致。此外，使用通用试验机发现应力响应与拉拔强度测试相吻合。

图7.15显示了在拉伸和界面破坏过程中石墨烯改性沥青的应力分离关系结果。施加的压力为0，温度控制在273K(0℃)。应力-位移关系可被描述为应力经历了初始线性增长，在0.2~0.3nm位移时，应力维持在峰值。随着外加压力的增加，导致石墨烯与沥青相互作用减少，从而使得应力急剧下降。界面应力最终降至很小或为零，表明石墨烯最终与沥青分离。应力-分离关系表明石墨烯与沥青界面的黏结强度减弱。

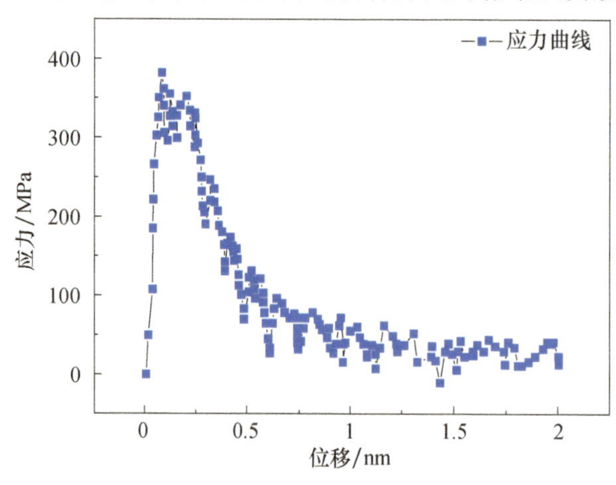


图7.15 拉伸模拟中的应力-位移关系

图7.16显示了用指数模型拟合的抗拉强度－位移曲线。界面强度由拟合的抗拉强度－位移曲线的峰值来定义。在压力为101.325kPa时，质量分数为3.2%、6.3%、9.1%和11.8%的石墨烯改性沥青界面强度分别为82.05MPa、75.25MPa、71.09MPa和67.78MPa。结果表明，与实验结果测得的界面抗拉强度相比，分子动力学模拟的预测结果要好于实验结果。质量分数为3.2%、6.3%、9.1%和11.8%的石墨烯改性沥青最大变形量分别为0.34nm、0.2nm、0.38nm和0.33nm。结果表明最大变形没有任何规则，预测值会减小至大约原来的1/8。这可能是由于分子动力学模拟中所施加的加载压力更小，原因是受到了计算时间和体积的限制。

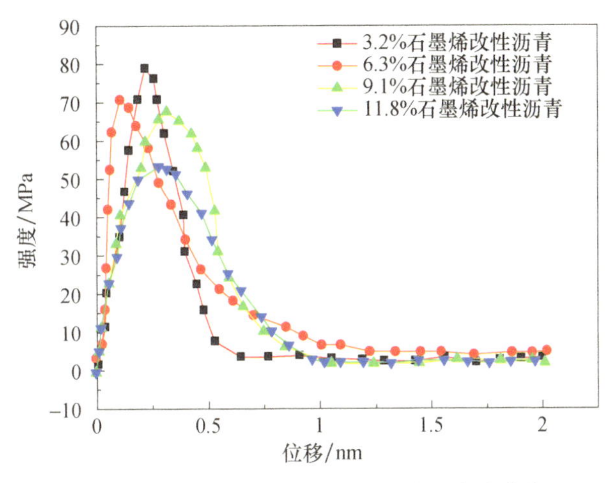

图7.16　用指数模型拟合抗拉强度－位移曲线

如图7.17所示，在0atm(1atm=101.325kPa)、1atm、2atm、4atm和8atm压力下，石墨烯改性沥青的界面强度分别为94MPa、85MPa、58MPa、47MPa和36MPa。这说明石墨烯改性沥青界面强度随加载压力的增大而减小，提高速度显著。在0atm、1atm、2atm、4atm和8atm压力下，石墨烯的最大变形分别为0.29nm、0.34nm、0.45nm、0.72nm和1.16nm，这表明石墨烯的最大变形随加载压力的增大而增大，这是由于施加的加载压力会抑制界面模型中石墨烯改性沥青的体积。石墨烯－沥青的界面不稳定，在常压下黏结强度较低。

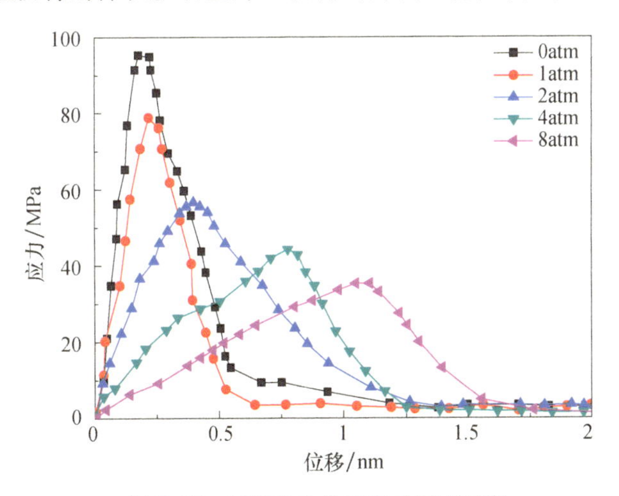

图7.17　石墨烯改性沥青的界面强度

采用 UTM 法测定了石墨烯改性沥青的低温拉伸性能。如图 7.18 所示，质量分数为 3.2%、6.3%、9.1% 和 11.8% 的石墨烯改性沥青最大变形力分别为 1.36N、1.21N、0.95N 和 0.43N。质量分数为 3.2%、6.3%、9.1% 和 11.8% 的石墨烯改性沥青抗拉强度分别为 0.46MPa、0.15MPa、0.17MPa 和 0.04MPa。结果表明，最大变形力随石墨烯含量增加而增大，而抗拉强度的变化主要与石墨烯含量的增加有关。抗拉强度的变化规律存在规则。同时，模拟结果和实验结果一致。

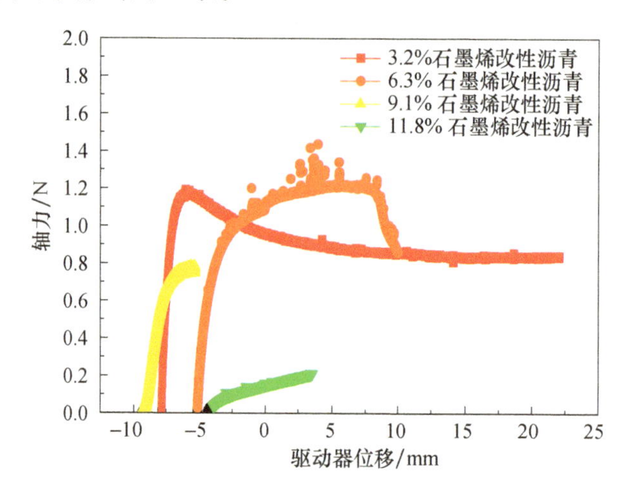


图 7.18　不同石墨烯含量下石墨烯改性沥青的应力 - 应变曲线（抗拉强度试验）

研究人员研究了五种加载压力对界面行为的影响。一般来说，在 0atm、1atm、2atm、4atm 和 8atm 的加载压力下，应力分别为 0 N、$9.8751\times10^{-11}$N、$1.9750\times10^{-10}$N、$3.9500\times10^{-10}$N、$7.9000\times10^{-10}$N，与沥青模型结构的初始长度有关。

加载压力对应力 - 应变曲线的影响如图 7.19 所示。不同的加载压力会影响界面的形状和应力 - 应变曲线，以及界面抗拉强度的峰值。这表明变形的界面在完全破坏之前且在较小的压力或应力水平下有较长的分离过程，而在较低的应变水平下变形的应力 - 应变曲线的形状更窄、更尖锐。因此，加载压力对峰值后破坏过程（塑性阶段）的影响比峰值前破坏阶段（线性弹性阶段）的影响更大。在较高的应力水平下，当石墨烯 - 沥青的界面应力达到峰值时，可以达到分离。对于较低的应力水平，这可以看作是纯粹的黏附破坏；当应力伴随着波动降低到一个小值时，实现了分离。一般情况下，施加的压力水平越低，得到的峰值应力值就越大。

如图 7.20 所示，回转半径随着石墨烯含量的增加而增大。特别是当石墨烯质量分数为 9.1% 时，沥青质的回转半径有明显的变化。加入石墨烯后，芳烃的回转半径略有变化。树脂的回转半径随石墨烯含量的增加而变化。

#### 7.2.3.2　界面能量计算

利用界面黏附能（$E_{界面}$）表征了石墨烯 - 沥青界面的黏附性能。为了更好地了解石墨烯改性沥青在不同压力下的黏附性能，用下式计算石墨烯改性沥青的 $E_{界面}$：

$$E_{界面}=(E_{沥青}+E_{表面}-E_{总}) \tag{7.15}$$

式中：$E_{沥青}$ 为沥青材料的总能量；$E_{表面}$ 为石墨烯的表面能；$E_{总}$ 为石墨烯改性沥青材料的总能量。

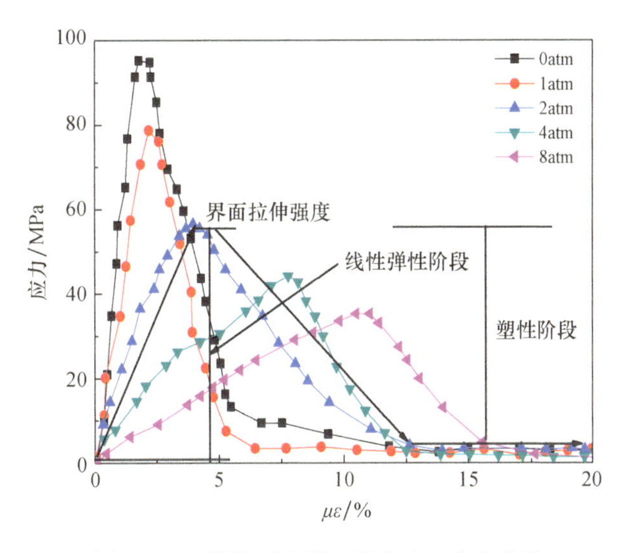


图 7.19 不同加载压力下的应力-应变曲线

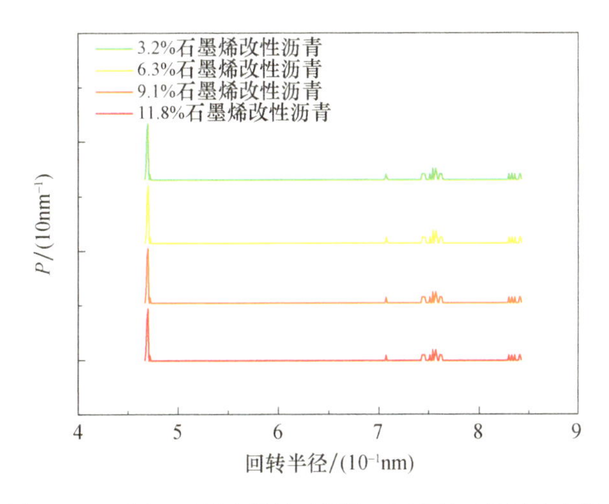


图 7.20 不同石墨烯含量的石墨烯-沥青界面的回转半径

界面黏附能的绝对值可以表征界面黏附的性质。如表 7.5 所示，质量分数为 3.2%、6.3%、9.1% 和 11.8% 石墨烯改性沥青的界面结合能分别约 -1352.54kcal/mol、-1518.45kcal/mol、-1916.56kcal/mol、-2213.18kcal/mol（1kcal = 4.186kJ）。结果表明，石墨烯-沥青界面的黏附性能随石墨烯含量的增加而提高。

表 7.5 石墨烯-沥青界面的界面黏附能 单位：kcal/mol

| 类型 | $E_{总}$ | $E_{表面}$ | $E_{沥青}$ | $E_{界面}$ |
|---|---|---|---|---|
| 3.8% 石墨烯改性沥青 | 10964.37 | 3939.24 | 5672.59 | -1352.54 |
| 7.3% 石墨烯改性沥青 | 12019.64 | 4714.94 | 5786.25 | -1518.45 |
| 10.6% 石墨烯改性沥青 | 18249.64 | 10463.65 | 5869.43 | -1916.56 |
| 13.6% 石墨烯改性沥青 | 19364.96 | 11173.13 | 5978.65 | -2213.18 |

#### 7.2.3.3 界面相互作用

石墨烯改性沥青的复合模量可以表征石墨烯-沥青的界面相互作用。石墨烯改性沥青复合模量越大，界面相互作用越大。如图7.21所示，在极限范围内，石墨烯改性沥青的复合模量随石墨烯含量和温度的增加而增加。这说明在极限范围内石墨烯改性沥青界面相互作用随石墨烯含量和温度增加而减小。所得到的结果与模拟结果一致。

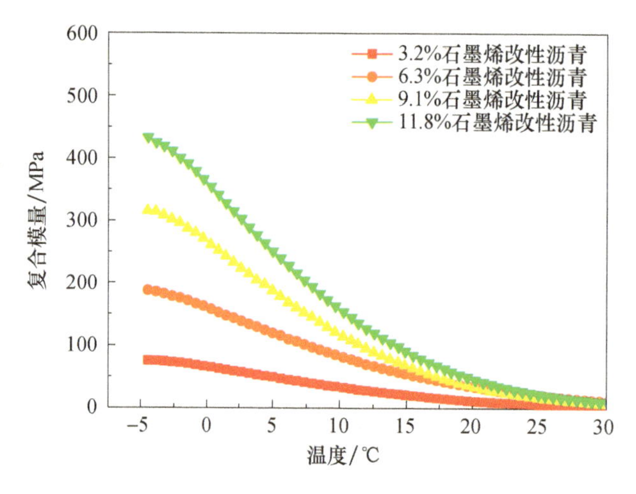


图7.21 低温下的扫描曲线

#### 7.2.3.4 界面破坏模型

质量分数为3.2%、6.3%、9.1%和11.8%石墨烯改性沥青的界面破坏机理不同。为了更好地理解石墨烯改性沥青的破坏机理，通过以下公式得到破坏能量（$\Delta E$）：

$$\Delta E = E_{界面} - E_{结合} \tag{7.16}$$

式中：$E_{界面}$为石墨烯改性沥青的界面结合能；$E_{结合}$为沥青黏合剂的结合能。$\Delta E$为正值表明，破坏机制为内聚破坏，负值表明破坏机制为黏附破坏。

本研究显示沥青的内聚能为14299.40 kcal/mol。质量分数为3.2%、6.3%、9.1%和11.8%的GMA的$\Delta E$值分别为-15651.94kcal/mol、-15817.85kcal/mol、-16215.96kcal/mol、-16512.58kcal/mol。这说明石墨烯改性沥青的破坏机制为黏附破坏；石墨烯改性沥青的破坏随石墨烯含量的增加而减小。

在这种情况下，石墨烯-沥青界面的破坏模型主要是黏附破坏，而不是内聚破坏。首先沥青被拉伸，然后在连通度较低的沥青网络区域产生微孔隙，这时石墨烯离开沥青层。这些微空隙随着石墨烯层的进一步分离而生长并联结。

我们研究了石墨烯改性沥青界面的界面行为，结果表明石墨烯-沥青界面的破坏模式主要是黏附破坏，而非内聚破坏。石墨烯-沥青界面的黏附性能随石墨烯含量的增加而降低。此外，沥青的弹性随石墨烯含量的增加而产生变化。实验结果表明，最大变形力随石墨烯含量的增加而增大，抗拉强度的变化也存在规律。此外，在限值范围内，石墨烯改性沥青的界面相互作用随石墨烯含量和温度的增加而减小。模拟结果和实验结果一致。

### 7.2.4 石墨烯改性沥青和砂浆的自修复性能

为了模拟石墨烯改性沥青的自修复机制，我们使用了一些分子模型（图7.7）：$C_{76}H_{115}NO$代表沥青质；$C_{51}H_{82}$、$C_{56}H_{82}$和$C_{60}H_{89}N$分别代表饱和化合物、芳烃和树脂。按层构建石墨烯改性沥青的自修复模型,如图7.22所示。采用等温-等压系综(NPT)和速度再定标方法得到了前100ps的最佳结构。然后,在60℃、80℃、100℃和120℃的条件下,用正则系综(NVT)运行100ps、150ps、200ps和250ps来评价自修复和扩散机制。

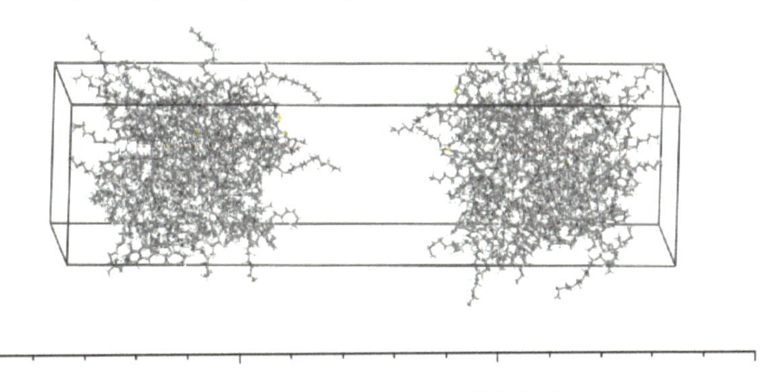

图7.22 石墨烯改性沥青自修复模型

#### 7.2.4.1 自修复的反应能垒

石墨烯改性沥青自修复反应能垒是化学反应的必要能量,反应能量越大,自修复过程越快。反应能垒定义如下。

$$\Delta G = -RT\ln(k_1/k_2) \tag{7.17}$$

式中:$R$为玻耳兹曼常数;$T$为温度;$k_1$和$k_2$为反应常数。

自修复反应能量是分子从正常状态转变为活跃状态时所消耗的能量。反应能量定义为

$$\Delta E = RT\ln(k/A) \tag{7.18}$$

式中:$k$为反应速率常数;$A$为阿伦尼乌斯常数。

我们必须要了解化学反应过程中的反应能垒。质量分数为0%石墨烯改性沥青、3.2%石墨烯改性沥青、6.3%石墨烯改性沥青、9.1%石墨烯改性沥青和11.8%石墨烯改性沥青用沥青表示。如图7.23所示,0%石墨烯改性沥青自修复反应能垒为376.44kcal/mol,反应能垒随硅氧烷含量的增加而降低。0%石墨烯改性沥青自修复反应能为38.01kcal/mol,它随石墨烯含量的增加而增加。这说明石墨烯改性沥青的自愈能力随石墨烯含量的增加而增强。

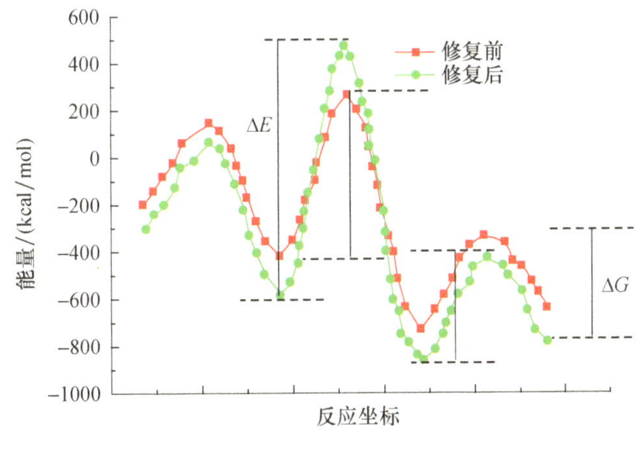


图7.23 沥青的反应能垒

#### 7.2.4.2 修复指数

自扩散系数可用来评价分子的运动和沥青材料内部结构的变化，并通过质心的均方位移（MSD）计算，即在同一类型所有分子以及多个时间起源上求平均值。根据爱因斯坦公式计算均方位移：

$$\mathrm{MSD} = |r(t) - r(0)|^2 \tag{7.19}$$

式中：$r(t)$为$t$时间的位移；$r(0)$为起始时间的位移。自扩散系数（$D$）定义为

$$D = \frac{1}{6T}\mathrm{MSD} \tag{7.20}$$

式中：$T$为原子或分子运动的总时间，通过上面的函数可计算$T$值。

根据式（7.21）与式（7.22）可计算指数前因子和活化能，而修复指数可以通过式（7.22）定义。

$$D = A\exp\left(-\frac{E_a}{RT}\right) \tag{7.21}$$

$$\mathrm{HI} = A\exp\left(-\frac{E_a}{RT}\right) \tag{7.22}$$

如表7.6所列，修复指数的模拟值接近实验值，修复指数随石墨烯含量增加而增大，而模拟值总是大于实验值。能推断出模拟系统的能量波动较大。结果表明，石墨烯可以提高沥青材料的修复指数，促进沥青的自修复性能。

表7.6 沥青（20℃）的修复指数

| 类型 | 模拟值 | 实验值 |
|---|---|---|
| 沥青材料 | 0.362 | 0.355 |
| 石墨烯改性沥青 | 0.425 | 0.412 |

#### 7.2.4.3 自修复性能

图7.24显示了石墨烯改性沥青的复合模量存在四个阶段：①稳定阶段；②缓慢衰减阶段；③剧烈衰减阶段；④离散阶段。复合模量曲线在自修复过程中主要受第①阶段和第②阶段的控制，随着石墨烯含量增加这两个阶段更显重要。第④阶段是离散阶段，沥青黏合剂失效，因此无须考虑。结果表明，石墨烯含量对疲劳寿命和自修复性能有显著影响。

复合模量曲线的拐点定义为重复剪切数（$N_{G*}$）。此外，$N_{G*}$被用来评估自修复性能。如图7.25所示，石墨烯改性沥青的$N_{G*}$在质量分数0%～11.8%石墨烯改性沥青范围内增大，超过此范围后随着石墨烯含量的增加而下降，石墨烯改性沥青的$N_{G*}$大于沥青本身。这说明石墨烯改性沥青的自修复性能随着石墨烯含量的增加而在一定程度上得到改善，然后略有下降。

#### 7.2.4.4 自修复时间

用Wool和O'connor模型计算总自修复时间。总自修复时间项被定义为式（7.23），即

$$\mathrm{HI}(T,t) = \mathrm{HI}_0 + K\exp\left(-\frac{E_a}{RT}\right)t^{0.25} \tag{7.23}$$

式中：$\mathrm{HI}(T,t)$为沥青的自修复率；$\mathrm{HI}_0$为瞬时修复率；$K$为修复常数；$E_a$为活性能；$R$为8.314J/（K·mol）；$T$为修复温度。在不同修复温度和修复时间下进行石墨烯改性沥青疲

劳试验。质量分数3.2%石墨烯改性沥青、6.3%石墨烯改性沥青、9.1%和11.8%石墨烯改性沥青模型的自修复率如下：

$$\mathrm{HI}(T,t) = -1.5 + 1.4048t^{0.25} \tag{7.24}$$

$$\mathrm{HI}(T,t) = -1.8 + 2.9020t^{0.25} \tag{7.25}$$

$$\mathrm{HI}(T,t) = -2.5 + 4.0956t^{0.25} \tag{7.26}$$

$$\mathrm{HI}(T,t) = -2.8 + 5.252.\ t^{0.25} \tag{7.27}$$

根据修复模型，我们可以知道石墨烯改性沥青的总自修复时间，分别为32min、52min、78min和85min。这表明石墨烯可以改善修复性能，并以此推断出总修复时间。

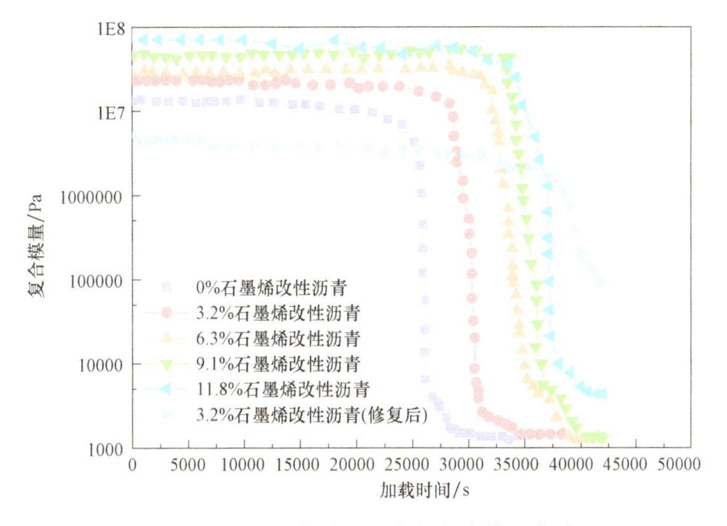


图7.24 石墨烯改性沥青的复合模量曲线

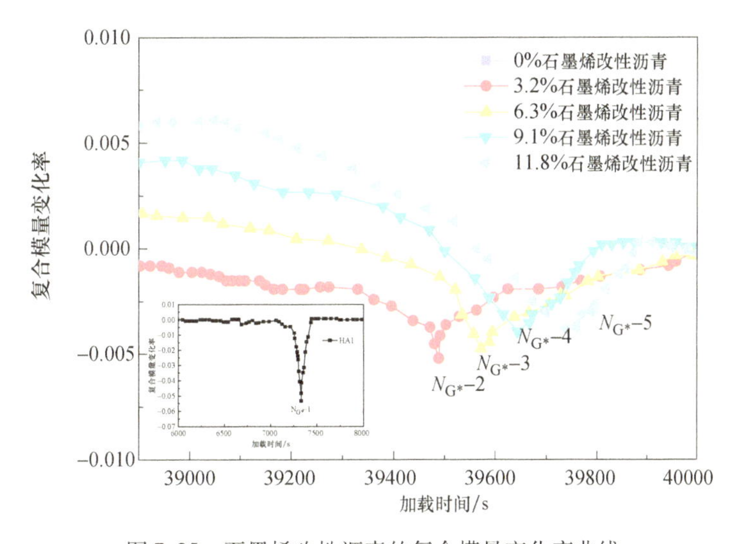


图7.25 石墨烯改性沥青的复合模量变化率曲线

## 7.3 小结

本章采用分子模拟和实验评估方法研究了沥青和石墨烯改性沥青的热力学性能。热性能计算表明，$T_g$与实验值吻合较好，密度－温度法得到的 $T_g$与实验 $T_g$（DSC 值）比较接近。石墨烯和碳纳米管的加入能显著改善 CTE $\alpha$ 和 $\beta$，TC 与 $T^{-1.5}$呈线性关系。最重要的是，石墨烯改性沥青的热性能优于沥青。石墨烯的最佳添加量为 6.3%（质量分数）。石墨烯还能改善沥青的热性能。力学性能结果表明，石墨烯的加入能提高沥青体系的 $G$、$E$、$K$ 和延展性。改性沥青中多余的石墨烯仍然是聚集的颗粒。

我们总结了石墨烯改性沥青界面行为，发现石墨烯－沥青界面的破坏模型主要是黏附破坏，而不是内聚破坏。石墨烯－沥青界面的黏附性能随石墨烯含量的增加而降低。此外，沥青的弹性随石墨烯含量的增加而变化。

本章通过动态剪切流变学和分子模拟研究了石墨烯改性沥青的自修复性能和机理。结果表明，新的石墨烯改性沥青模型是可靠的，能够很好地模拟沥青的自修复过程。随着石墨烯含量的增加和加热温度的提高，修复时间也随之增加。

## 参考文献

[1] Shafabakhsh, G., Mirabdolazimi, S. M., Sadeghnejad, M., Evaluation the effect of nano – $TiO_2$, on the rutting and fatigue behavior of asphalt mixtures. *Constr. Build. Mat.*, 54, 3, 566 – 571, 2014. http://dx.doi.org/10.1016/j.conbuildmat.2013.12.064.

[2] Polacco, G., Berlincioni, S., Biondi, D. *et al.*, Asphalt modification with different polyethylene based polymers. *Eur. Polym. J.*, 41, 12, 2831 – 2844, 2005.

[3] Giavarini, C., De Filippis, P., Santarelli, M. L. *et al.*, Production of stable polypropylene modified bitumens. *Fuel*, 75, 6, 681 – 686, 1996.

[4] Panda, M. and Mazumdar, M., Engineering properties of EVA – modified bitumen binder for paving mixes. *J. Mater. Civ. Eng.*, 11, 2, 131 – 137, 1999.

[5] Sengoz, B., Topal, A., Isikyakar, G., Morphology and image analysis of polymer modified bitumens. *Constr. Build. Mat.*, 23, 5, 1986 – 1992, 2009. http://dx.doi.org/10.1016/j.conbuildmat.2008.08.020.

[6] Zhao, X., Wang, S., Wang, Q. *et al.*, Rheological and structural evolution of SBS modified asphalts under natural weathering. *Fuel*, 184, 242 – 247, 2016.

[7] Chen, J. S., Liao, M. C., Tsai, H. H., Evaluation and optimization of the engineering properties of polymer – modified asphalt. *Pract. Fail. Anal.*, 2, 3, 75 – 83, 2002.

[8] Polacco, G., Muscente, A., Biondi, D., Santini, S., Effect of composition on the properties of SEBS modified asphalts. *Eur. Polym. J.*, 42, 5, 1113 – 1121, 2006.

[9] Yao, H., Dai, Q., You, Z., Chemo – physical analysis and molecular dynamics (MD) simulation of moisture susceptibility of nano hydrated lime modified asphalt mixtures. *Constr. Build. Mat.*, 101, 1, 536 – 547, 2015. http://dx.doi.org/10.1016/j.conbuildmat.2015.10.087.

[10] Sreeprasad, T. S., Gupta, S. S., Maliyekkal, S. M. *et al.*, Immobilized graphene – based composite from asphalt: Facile synthesis and application in water purification. *J. Hazard. Mater.*, 246 – 247, 4, 213 – 220, 2013.

[11] Amin, I., El – Badawy, S. M., Breakah, T. *et al.*, Laboratory evaluation of asphalt binder modified with carbon nanotubes for Egyptian climate. *Constr. Build. Mat.*, 121, 361 – 372, 2016. http://dx.doi.org/10.1016/j.conbuildmat.2016.05.168.

[12] Arabani, M. and Faramarzi, M., Characterization of CNTs – modified HMA's mechanical properties. *Con-*

str. Build. Mat. ,83,207 - 215,2015. http://dx. doi. org/10. 1016/j. conbuildmat. 2015. 03. 035.

[13] Jamshidi, A. , Hasan, M. R. M. , Yao, H. *et al.* , Characterization of the rate of change of rheological properties of nano - modified asphalt. *Constr. Build. Mat.* ,98,437 - 446,2015. http://dx. doi. org/10. 1016/j. conbuildmat. 2015. 08. 069.

[14] Bergmann, C. P. and Andrade, M. J. D. , *Nano Structured Materials for Engineering Applications*, Springer Berlin Heidelberg, Berlin, 2011.

[15] Baughman, R. H. , Zakhidov, A. A. , Heer, W. A. D. , Carbon nanotubes. *Science*, 297, 5582, 787 - 793, 2002.

[16] Kim, K. S. , Zhao, Y. , Jang, H. *et al.* , Large - scale pattern growth of graphene films for stretchable transparent electrodes. *Nature*, 457, 7230, 706 - 710, 2009.

[17] Polacco, G. , Stastna, J. , Biondi, D. *et al.* , Rheology of asphalts modified with glycidylmethacry - late functionalized polymers. *J. Colloid Interface Sci.* ,280,366 - 373,2004.

[18] Ouyang, C. , Wang, S. , Zhang, Y. *et al.* , Thermo - rheological properties and storage stability of SEBS/kaolinite clay compound modified asphalts. *Eur. Polym. J.* ,42,446 - 457,2006.

[19] Zhou, X. X. , Wu, S. P. , Liu, G. *et al.* , Molecular simulations and experimental evaluation on the curing of epoxy bitumen. *Mater. Struct.* ,49,241 - 247,2016.

[20] Xu, G. J. and Wang, H. , Study of cohesion and adhesion properties of asphalt concrete with molecular dynamics simulation. *Comput. Mater. Sci.* ,112,161 - 169,2016.

[21] Bhasin, A. , Bommavaram, R. , Greenfield, M. *et al.* , Use of molecular dynamics to investigate self - healing mechanisms in asphalt binders. *J. Mater. Civ. Eng.* ,23,485 - 492,2010.

[22] Cong, Y. F. , Liao, K. J. , Zhai, Y. C. , Application of molecular simulation for study of SBS modified asphalt. *J. Chem. Ind. Eng.* ,56,769 - 773,2005.

[23] Zhou, X. X. , Sun, B. , Wu, S. P. *et al.* , Evaluation on self - healing mechanism and hydrophobic performance of asphalt modified by siloxane and polyurethane. *J. Wuhan Univ. Technol. Mater. Sci. Ed.* ,33, 1,45 - 54,2017.

[24] Xu, G. and Wang, H. , Molecular dynamics study of interfacial mechanical behavior between asphalt binder and mineral aggregate. *Constr. Build. Mat.* ,121,246 - 254,2016. http://dx. doi. org/10. 1016/j. conbuildmat. 2016. 05. 167.

[25] Sun, D. , Lin, T. , Zhu, X. *et al.* , Indices for self - healing performance assessments based on molecular dynamics simulation of asphalt binders. *Comput. Mater. Sci.* ,114,86 - 93,2016. http://dx. doi. org/10. 1016/j. commatsci. 2015. 12. 017.

[26] Zhao, Z. , Wu, S. , Zhou, X. *et al.* , Molecular simulations of properties changes on nano - layereddouble hydroxides - modified bitumen. *Mater. Res. Innovations*, 19, S8, 556 - 560, 2016. http://dx. doi. org/10. 1179/1432891715Z. 0000000001748.

[27] Ding, Y. , Huang, B. , Xiang, S. *et al.* , Use of molecular dynamics to investigate diffusion between virgin and aged asphalt binders. *Fuel*, 174, 267 - 273, 2016. http://dx. doi. org/10. 1016/j. fuel. 2016. 02. 022.

[28] Zhou, X. , Wu, S. , Liu, Q. *et al.* , Effect of surface active agents on the rheological properties and solubility of layered double hydroxides—Modified asphalt. *Mater. Res. Innovations*, 19, s5, 978 - 982, 2015. http://dx. doi. org/10. 1179/1432891714Z. 0000000001233.

[29] Bale, S. , Liyanaarachchi, T. P. , Hung, F. R. , Molecular dynamics simulation of single - walled carbon nanotubes inside liquid crystals. *Mol. Simul.* ,42,1242 - 1248,2016.

[30] Yang, K. , Chen, Y. , Xie, Y. *et al.* , Effect of triangle vacancy on thermal transport in boron nitride nano - ribbons. *Solid State Commun.* ,151,6,460 - 464,2011.

# 第8章 用于脑靶向系统的石墨烯基材料

B. A. Aderibigbe[1], T. Naki[1], S. J. Owonubi[2]
[1]南非东开普郡福特哈尔大学化学系
[2]南非夸祖鲁－纳塔尔夸德兰格兹瓦祖鲁兰大学化学系

**摘　要**　石墨烯基生物材料是一种具有独特生物医学应用潜力的碳基材料。研究人员已经证明，石墨烯基生物材料可以与神经元或神经细胞相互作用，并维持这些重要细胞的完整性。它们在癫痫、帕金森病等神经系统疾病的感觉功能恢复方面具有巨大的潜力。石墨烯基材料具有独特的特性，例如大表面积体积比，且易于功能化，从而可以针对组织提供治疗药物，并能与生物环境良好相互作用，使它们能有效用于生物医学应用中。上述特性使它们有望运用于脑靶向领域。本章重点介绍了石墨烯基材料在脑靶向领域中的设计和治疗效果。

**关键词**　石墨烯基材料，脑靶向，神经障碍，药物递送，血脑屏障

## 8.1 概述

血脑屏障（BBB）是一个复杂的屏障，能够保护中枢神经系统（CNS）。然而，它也对神经性疾病的治疗起到了屏障的负面作用[1-2]。目前用于治疗神经障碍的传统疗法疗效很低，这说明需要开发能够穿透血脑屏障的疗法[2-3]。神经疾病影响大脑和中枢神经系统，分为神经炎症、肿瘤和神经退行性疾病[3]。神经退行性疾病的原因不明。然而，有几个危险因素易导致神经障碍。危险因素包括年龄、环境、遗传、生物、生活方式、社会经济和心理社会因素[3-6]。神经障碍包括阿尔茨海默症（AD）、中风、癫痫、脑癌、多发性硬化、帕金森病等。相关人员已经开发了可以渗透血脑屏障或绕过血脑屏障的不同生物材料，将其用于向大脑传递药物。一些研究人员已经研究了碳基生物材料，如石墨烯，将这种材料作为脑靶向设计的潜在材料。

石墨烯基生物材料由于其独特的物理化学性质，例如能够产生高载药能力的高比表面积、生物相容性和易于功能化，因而在药物递送系统的开发领域具有吸引力[7-9]。它们可以与神经元或神经细胞相互作用，并保持这些细胞的完整性，这表明它们是用于神经障碍疾病治疗和早期诊断系统的潜在生物材料[10]。本章将重点介绍石墨烯基系统在大脑和中枢神经系统的治疗效果。

## 8.2 石墨烯基生物材料

石墨烯是由 $sp^2$ 键合碳原子组成的二维生物材料。其特点是具有 $2630m^2/g$ 的大比表面积、良好力学强度、电导率和热导率,且易于功能化[11-13]。石墨烯基材料具有吸附多种芳烃的能力,使其成为装载药物的潜在材料。它的六原子碳环上的含氧基团能够有效改性官能基团,从而使其能够加入药物分子中[14]。石墨烯基材料的电导率为 $200000cm^2/(V \cdot s)$、热导率约为 $5000W/(m \cdot K)$、弹性模量为 1100GPa,并且具有良好的生物相容性和合理的价格[15]。常用于生物医学应用的石墨烯家族有两类:氧化石墨烯和还原氧化石墨烯(rGO)(图 8.1)。采用 Hummers 法制备氧化石墨烯,氧化石墨烯是亲水性的石墨烯。它独特的表面化学性是由于存在含氧基团。所用石墨的来源和制备过程中所采用的合成方法显著影响有机官能团的 $sp^3/sp^2$ 性质。上述因素也影响了氧化石墨烯的化学反应性和宏观性质[15-16]。氧化石墨烯可通过化学功能化进行改性,从而产生疏水性官能团,使其被广泛用于药物递送系统[17-19]。氧化石墨烯的纳米尺寸、生物相容性和易于功能化的性质表明,其是潜在的支架,可用于向脑部输送药物。

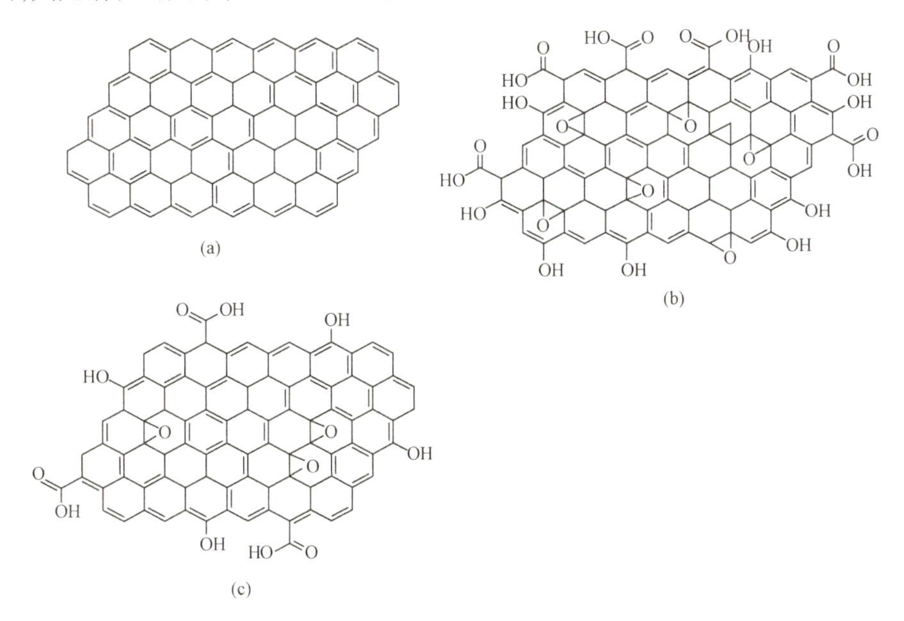


图 8.1 (a)石墨烯;(b)氧化石墨烯;(c)还原氧化石墨烯

## 8.3 针对脑部的药物递送

血脑屏障起到屏障的作用,可以保护大脑免受外来物质和入侵生物体的侵害。它也抑制药物从血液循环到大脑的输送。许多治疗方法不能穿透血脑屏障,血液 - 脑脊液(CSF)屏障到大脑的特定区域。为了克服血脑屏障,纳米载流子被开发用于向脑部传递药物。将治疗药物递送到脑实质有几种途径。然而,最广为人知的途径是血液 CSF 循环[20]。大脑中阻碍药物递送到脑实质的三个屏障是血脑屏障、血液 - CSF 屏障和室管膜[20-21]。然而，血脑屏障被认为是阻止药物从血液进入大脑的最重要的屏障[20-21]。血脑屏障由脑部毛细血管内皮细胞形成。然而，包膜细胞、星形胶质细胞和神经细胞等对血脑屏障的功能有重要意义[21]。脑部毛细血管内皮细胞有其独特的特征，如紧密连接，这可以阻碍水溶性分子从血液循环到大脑的细胞旁输送[20]。生物活性物质从血液到脑部的转细胞输送有限，这是由于高代谢活性、低膜泡运输和缺乏膜孔[20]。脑部毛细血管内皮细胞周围的星形胶质细胞，以及直接受到脑部毛细血管内皮细胞支配的神经末梢可以诱导和维持血脑屏障的功能[20]。血脑屏障对药物分子的低穿透性是由于它的生物学特性，包括以下几方面：缺乏膜孔和有少量的胞饮小泡；内皮细胞中线粒体体积大[21-22]；存在紧密连接，可以形成细胞与细胞的紧密连接，这通过外膜细胞和星形胶质细胞与脑内皮细胞的相互作用来维持[21,23]；转运体的表达如 GLUT1 葡萄糖载体、p-糖蛋白（P-gp）、多药耐药相关蛋白等，阻止许多药物分子进入脑部[20-21]；星形胶质细胞、外膜细胞、血管周围巨噬细胞、神经元等协同诱导和上调血脑屏障特性[21-24]；缺乏淋巴管引流，这可以很好地保护神经元的功能[25]；具有由局部微胶质细胞加强的良好免疫屏障[21,26]。

跨血脑屏障的药物运输路线：

据报道，血脑屏障的保护机制随着血脑屏障完整性的改变而减少[20]。研究人员在阿尔茨海默症、艾滋病（HIV）、癫痫、缺血等疾病中发现了上述观察结果[20,27-29]。药物输送到神经性疾病的脑部会影响治疗效果。血脑屏障的渗透性可以通过选定的输送途径介导，如细胞旁输送，这可通过紧密连接和跨细胞输送途径介导，比如吸附介导内吞作用或受体介导内吞作用[20-21]。

1. 脑病状态下的细胞旁输送途径

紧密连接可以调节大脑的稳态，也可以保护大脑的微环境。然而，大脑的炎症状态可能会破坏紧密连接。紧密连接的破坏促进了细胞旁转运。在炎症条件下，氧化应激的形成导致闭合蛋白表达下调[30]。炎症过程中释放的细胞因子也会破坏紧密连接[31]。炎症介质引起细胞内自由钙水平的增加，这也可能会引起紧密连接的破坏[32]。研究人员发现断血会导致缺血发生，然后灌注大脑的一部分，这破坏了紧密连接[33]。据报道，由病毒或细菌等微生物引起的传染病会破坏紧密连接，从而增强了血脑屏障的渗透性[34-35]。在艾滋病、脑膜炎等情况下也观察到了这个现象[36-37]。在用 AD 诱导的小鼠体内研究表明，血脑屏障的渗透性增强，从而增加了抗淀粉样蛋白 β 抗体向大脑的输送[38]。在外周炎症性疾病中，血脑屏障的完整性由于循环细胞因子水平的增加而受到破坏[20-21]。

2. 脑病状态下的跨细胞输送途径

通过受体介导的内吞作用或吸附介导的内吞作用，可以将治疗药物跨细胞输送到病变的大脑中[20]。在受体介导的内吞过程中，输送大分子。它们还可以充当输送药物到大脑的载体蛋白。靶受体的表达受疾病和治疗进展的影响。然而，重要的是，在使用这些受体的过程中，靶标效率会在疾病的发展过程中发生改变，并且必须考虑到这一重要因素。有一些输送药物到脑部的靶向受体非常有用，比如胰岛素受体，它在糖尿病和肥胖症中扮演着重要的角色。在诸如阿尔茨海默症这样的脑部疾病中，受体的敏感性会发生改变[39-40]。靶向胰岛素受体治疗某些疾病可能会影响胰岛素抗性，而代谢会影响针对这种受体药物的疗效，并产生不良副作用[20]。谷胱甘肽受体在脑血管病中起着重要作用。它起到抗氧化剂的作用，保护脑细胞在大脑疾病中免于死亡[20,41]。相关人员报道了其已被用于给大脑输送药物，并且报道了它在治疗脑疾病方面具有的潜在用途[20,42-43]。其他用作治疗脑疾病靶向受体有用于阿尔茨海默症、帕金森病和癫痫等脑疾病中的乙酰胆碱受体表达[44]；转铁蛋白(Tf)受体影响与脑部和BBB中Tf结合的铁吸收，研究人员在阿尔茨海默症中发现了海马体表达减少[45]；在某些脑部炎症性疾病中，如缺血、多发性硬化、帕金森病等，发现了白喉毒素(DT)受体的强烈表达[20]；在大脑皮层、小脑、脑干和海马体等特定部位强烈表达的肺耐药蛋白(LRP)受体受大多数脑部疾病的影响[20,46]。在吸附介导的内吞过程中，疾病状态下内皮细胞的内吞活性变化对运输途径没有影响[20]。阳离子分子通过这种途径输送。

3. 跨脑输送方式

将药物递送到脑部的方式有四种[47]，即简单扩散、促进扩散、载体介导和液相运输(图8.2)[47]。简单扩散可分为细胞旁扩散和跨细胞扩散。在细胞旁扩散中，跨血脑屏障的药物递送方式需要通过紧密连接[47]。具有亲水性质的化合物采用了这一方式。扩散速率与分子浓度的差异直接相关。这种输送方式取决于药物分子的大小和渗透性。在血脑屏障中，通过简单扩散、促进扩散、吸附介导内吞作用、受体介导内吞作用或外排输送来实现跨细胞输送[47]。在简单扩散过程中，该化合物的脂溶性和大小对其细胞外转运有影响。扩散速率与血脑屏障浓度差异有直接关系[47]。在促进扩散中，载流子有助于提高输送速率。这是被动方式，有助于在血脑屏障中输送某些物质，如胺类、核苷和谷胱甘肽[47-48]。促进扩散具有类似酶介导反应的特征。载体介导的输送包括使用流入和流出输送体[47]。一些用于氨基酸、己糖、核苷和肽的运输体可以通过血液流向大脑[20,47]。这些输送系统在输送药物到脑部的过程中起着重要的作用。流出输送体有助于维持大脑的稳态。一些流出输送体包括P-糖蛋白[47]。液相输送过程进一步分为液相内吞和吸附内吞。吸附内吞包括与细胞膜的相互作用[47]。

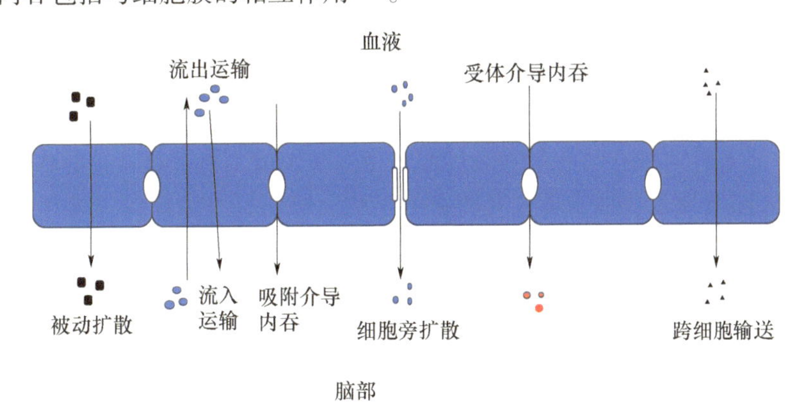


图8.2 药物跨脑不同的输送方式的示意图

## 8.4 石墨烯基药物递送系统

### 8.4.1 用于治疗脑肿瘤的石墨烯基药物递送系统

脑胶质瘤的治疗方式疗效低、副作用严重，因此是不理想的治疗方式。脑胶质瘤约占所有原发性脑肿瘤的65%，存活率低，只有10%的患者可以存活5年[49]。开发能够克服血脑屏障的系统有助于将治疗药物运输到胶质瘤细胞。石墨烯基载体已被应用于体外和体内的胶质瘤细胞。石墨烯基系统已被用于药物递送。Liu等[50]将血清转铁蛋白(Tf)与聚乙二醇纳米尺度氧化石墨烯共轭，以用于运输阿霉素。转铁蛋白是一种铁转运血清糖蛋白，可以在胶质瘤细胞表面强烈表达。制备的给药系统尺寸在100~400nm之间，药物加载率达到115.4%。与游离阿霉素和阿霉素-聚乙二醇化氧化石墨烯相比，阿霉素在细胞内的输送和对C6胶质瘤细胞的细胞毒性作用显著。与游离药物相比，处方中的阿霉素在体内的输送有定向增强作用，在给药后患有肿瘤的大鼠寿命得到延长。这些发现表明了石墨烯在体内和体外的治疗作用[50]。Song等[51]采用化学沉淀法将超顺磁性$Fe_3O_4$纳米粒子加载到氧化石墨烯表面，制备了氧化石墨烯基多功能靶向药物递送系统，以此与乳铁蛋白受体一起输送阿霉素。配方尺寸为200~1000nm，具有超顺磁性行为。该系统具有高的载药能力和pH依赖释放行为。与游离阿霉素相比，细胞内输送效率和抗C6胶质瘤细胞的细胞毒性增强。结果证实了石墨烯治疗胶质瘤的潜力[51]。阿霉素的释放受阿霉素与Lf/GO/$Fe_3O_4$纳米复合材料氢键的影响。在酸性条件下，由于Lf和阿霉素氢键作用和化学相互作用强，药物释放缓慢。$IC_{50}$处方量为11.98μg/mL，而游离阿霉素值为13.05μg/mL。从处方中持续释放的阿霉素延长了药物在靶点释放的时间。与游离药物相比，该处方的细胞内药物浓度增加[51]。Dong等[52]制备的Tf共轭的聚乙二醇纳米尺度氧化石墨烯药物载体，并将其用于输送阿霉素(图8.3)。与碱性pH值相比，酸性溶液中的阿霉素释放速度较快：在90h内，18%的阿霉素在pH值为7.4时释放，60%阿霉素在pH值为5.5时释放。在NIR激光照射下，pH值为5.5时阿霉素的释放率为73%，这说明在NIR激光照射后氧化石墨烯产生的热能增强了阿霉素的释放。Tf作为靶向分子，增强了药物处方的细胞吸收。最近，有关组织分布的论文中提到的体内研究进一步揭示了TfR在胶质瘤细胞表面的过度表达，而纳米载体中的Tf配体将更多的阿霉素输送到肿瘤部位[52]。Joo等[53]报道了RNAi基纳米粒子保护siRNA有效载荷免受核酸酶诱导的降解。该纳米载体由加载了siRNA的多孔硅纳米粒子组成，并由氧化石墨烯纳米片包封。氧化石墨烯在体外将寡核苷酸有效加载的释放延迟了3倍。通过静脉注射将纳米粒子输送到脑损伤的小鼠，发现在损伤部位有明显的累积。氧化石墨烯导致siRNA有效加载释放缓慢，也抑制了处方的降解。该处方具有选择性，产生于神经元细胞特异性靶向肽，促进了siRNA的回归和输送。在小鼠体外神经母细胞瘤细胞系观察到明显的基因沉默。在体外和体内的研究表明，这对神经细胞和脑损伤有很高的特异性[53]。Sun等[54]将DOX加入纳米氧化石墨烯，并共价连接PEG，用于选择性地将药物递送到癌细胞。激活氧化石墨烯后，再将PEG接枝到—COOH官能团上获得nGO-PEG，使其在细胞溶液中具有较高的溶解度和稳定性。载体上的阿霉素体外药物释放在pH值为5.5时为40%，在pH值为7.4时为15%。载体的pH值依赖释放剖面揭示了载体在选择性药物释放方面的潜力[54]。Lu等加入1,3-双(2-氯乙基)-1-硝基脲，这是一种用于治疗脑部恶性肿瘤的药物，经聚丙烯酸改性后进入氧化石墨烯，从而提高水溶性和细胞渗透性[55]。载体为1.9nm，横向宽度为36nm。与半衰期为19h的游离药物相比，纳米载体将结合药物的半衰期显著延长到43h。GL261癌细胞对载体的细胞内摄取增强。用PAA-GO培养细胞48h，其仍然完全存活，这揭示了纳米载体的无毒效应。然而，携带该药物的游离药物和载体对 GL261 细胞有毒性，这与浓度相关。载药载体 $IC_{50}$ 为 18.2μg/mL，而游离药物为 78.5μg/mL。1，3－双（2－氯乙基）－1－硝基脲的抗癌活性来源于其诱导 DNA 链间交联的能力。用游离药物治疗 12h 后，链间交联约为 15.5%，用载药载体治疗后，链间交联约为 19.6%。高交联水平与细胞毒性的增加成直接正比[55]。Wierzbicki 等[56]研究了纳米氧化石墨烯对胶质母细胞瘤细胞株 U87 和 U118 的渗透能力。将 10μg/mL、20μg/mL、50μg/mL、100μg/mL 和 200μg/mL 浓度的纳米氧化石墨烯添加到培养的细胞中。细胞活力的降低与石墨烯含量有关。氧化石墨烯的体外毒性较低。当氧化石墨烯浓度为 20μg/mL 时，通过透射电子显微镜在 24h 内检查摄取和细胞定位，结果显示氧化石墨烯被细胞吸收并位于细胞内部的液泡和细胞质中，导致液泡损坏。在两组癌细胞中，用 50μg/mL 浓度的纳米氧化石墨烯治疗后，侵袭能力均显著降低。研究人员观察到在用纳米氧化石墨烯处理并经过与细胞间的相互作用后，抑制作用增强。纳米氧化石墨烯粒子导致 U87 和 U118 的黏附减少，从而使得胶质母细胞瘤细胞株 U87 和 U118 的迁移和侵袭能力下降，这会影响 EGFR/AKT/mTOR 和 β－连环素信号转导通路的活性。这些发现表明氧化石墨烯可能是一种低毒的治疗胶质母细胞瘤的方法[56]。Fiorillo 等评估了 25μg/mL 和 50μg/mL 含量的氧化石墨烯对一系列癌细胞的抑制作用，包括胶质母细胞瘤脑癌细胞系[57]。研究人员发现氧化石墨烯无毒，且具有诱导分化和抑制增殖的能力。这些发现表明氧化石墨烯可作为手术中的冲洗液，清除残余肿瘤干细胞的肿瘤切除部位，目的是通过基于分化的纳米治疗法来预防肿瘤复发和远处转移[57]。Sawosz 等在石墨烯溶液中加入精氨酸或脯氨酸，以增强石墨烯的活性[58]。对 GBM U87 细胞的体外评价和鸡胚胎绒膜尿囊膜培养的石墨烯基材料肿瘤的体内研究揭示了石墨烯的抗癌作用。氧化石墨烯与氨基酸的功能化提高了纳米粒子的特异性分布。对细胞活力的研究表明，还原氧化石墨烯治疗可以显著降低细胞毒性，降低细胞活力，而还原氧化石墨烯＋脯氨酸和还原氧化石墨烯＋精氨酸治疗仅影响石墨烯基材料细胞的生存。由于精氨酸和脯氨酸功能化导致处方聚集减少，从而抑制了石墨烯进入细胞。然而，并未影响 NAD（P）H 的产生等细胞内机制。还原氧化石墨烯＋脯氨酸和还原氧化石墨烯＋精氨酸的毒性高于对照组，这是由于石墨烯薄片黏附在细胞膜上而破坏细胞膜所致。氨基酸与氧化石墨烯的功能化增加了石墨烯片与细胞膜的附着力，从而增加了它们的毒性。FGF2 在 mRNA 水平上的表达证实了肿瘤细胞增殖速率的降低。还原氧化石墨烯和精氨酸的结合优先增加分子向最具有侵略性的肿瘤生长区域的运动[58]。Yang 等将表皮生长因子受体抗体与加载了表柔比星的聚乙二醇化纳米氧化石墨烯共轭，用于肿瘤靶向治疗[59]。用载药载体治疗 U87 细胞表明 EGFR 表达显著降低，这说明抗体与 PEG－纳米氧化石墨烯共轭会显著增强其下调 EGFR 的能力。结果表明，该处方降低了 EGFR 阳性癌细胞的生长信号。$IC_{50}$ 游离表柔比星为 15.1μg/mL，$IC_{50}$ 加载表柔比星的载体为 9.7μg/mL。NIR 照射（$2W/cm^2$，120s）与处方结合后，$IC_{50}$ 抑制率为 2.6μg/mL，这表明肿瘤细胞 DNA 双链断裂增强[59]。体内研究进一步表明，用激光照射小鼠 120s（$2W/cm^2$），并注入载药载体，会使小鼠的肿瘤在 10 天内全部消融，表明这是治疗肿瘤的有效方法[59]。氧化石墨烯可作为一个良好的平台，用于肿瘤靶向化疗、光热治疗和抑制 EGFR 生长信号，这能有效抑制肿瘤生长，并防止肿瘤复发[59]。Wang 等将氧化石墨烯纳米片基免疫疗法用于治疗胶质瘤[60]。氧化石墨烯纳米片负载到抗原 ELTLGEFLKL 上。加载在纳米片上的抗原在 0.2～12.5nm 的范围内。结果表明，与无脉冲树突状细胞相比，使用游离抗原刺激树突状细胞会产生有限的抗胶质瘤反应。用氧化石墨烯刺激树突状细胞不会产生明显影响。然而，用氧化石墨烯－抗原刺激树突状细胞可显著增强抗胶质瘤免疫反应（$p<0.05$），这证实 IFN－γ 反应的表达，表明氧化石墨烯作为免疫佐剂具有潜在的应用价值。氧化石墨烯作为抗原载体穿过细胞膜，从而将更多抗原导入树突状细胞[60]。Mendonça 等研究了还原氧化石墨烯诱导瞬时血脑屏障开放的潜力。体内研究表明，在还原氧化石墨烯处理的大鼠中，通过削弱细胞旁途径穿过血脑屏障的还原氧化石墨烯具有时间依赖性。使用还原氧化石墨烯治疗可降低血脑屏障细胞旁紧密度。MALDI－MSI 显示在摄入还原氧化石墨烯 15min 后，其分布在整个大脑中，最高浓度主要分布在丘脑和海马两个脑区。还原氧化石墨烯摄取的持续增加证实了还原氧化石墨烯从外周血转运到脑部。在脑实质、丘脑和海马中检测到还原氧化石墨烯的存在，这显示了空间丰度[61]。

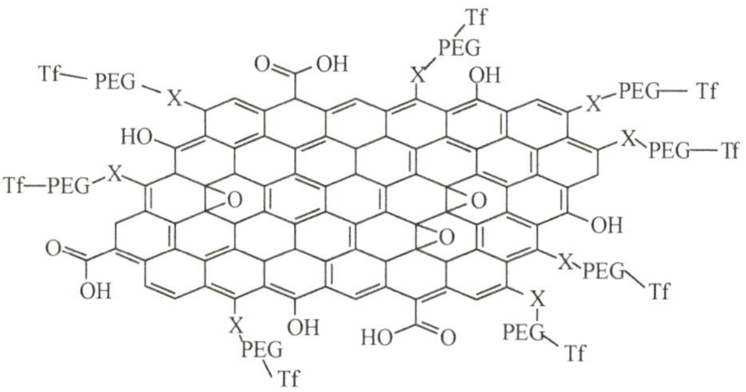

Tf PEG X O OH HO OH Tf—PEG X PEG—Tf O Tf—PEG—X O X PEG—Tf OH O O X PEG Tf OH X X OH HO O PEG PEG Tf Tf

图 8.3 Tf－共轭聚乙二醇纳米尺度氧化石墨烯载药载体

## 8.4.2 用于诊断和治疗阿尔茨海默症的石墨烯基药物递送系统

据 Hendrix 等报道，目前全世界有超过 3500 万的人患有阿尔茨海默症，而且这一病例的数量预计还会上升[62]。阿尔茨海默症的特征是性认知损害，这与蛋白质聚集障碍有关。淀粉样蛋白－β 和 tau 蛋白的聚集和积累是阿尔茨海默症病理生理学的关键蛋白[62]。淀粉样斑块和神经纤维缠结在轻度痴呆临床表现前可累积多年。然而，最近流体和成像生物标志物的发展可以检测到人类阿尔茨海默症病理的存在。放射性标记的分子探针可与大脑中的淀粉样斑块结合，并通过正电子发射断层扫描成像，能将其用来检测大脑中淀粉样蛋白的存在[63-64]。阿尔茨海默症的其他神经病理学特征是突触丧失、某些神经递质的标记减少以及选择性神经元细胞死亡[62]。在阿尔茨海默症中脆弱的神经元是位于海马锥体层的神经元；位于颞叶、顶叶和额叶新皮质区的神经元；位于内嗅皮层第二层的神经元[62]。在阿尔茨海默症中，负责注意力和记忆的胆碱能神经元功能障碍受到影响[65]。目前被批准用于阿尔茨海默症治疗的药物只能治疗轻微短暂的症状。然而，在早期阶段对该疾病的干预可能会使得阿尔茨海默症治疗成功。

石墨烯基材料已被应用于生物传感器中，用于检测阿尔茨海默症。Chae 等设计了氧等离子体处理的还原氧化石墨烯表面作为检测淀粉样 β 肽的反应界面，这是阿尔茨海默症的病理标志[66]。氧等离子体处理后的还原氧化石墨烯厚度显著降低，并缓慢减少 2～3nm。然而，当射频功率大于 50 W 时，厚度显著降低。射频功率小于 50W，曝光时间为

10s 时，适用于还原氧化石墨烯模式，且不需要去除薄膜。为评价氧等离子体处理对还原氧化石墨烯传感器生物分子感知能力的影响，使用 Aβ 肽作为目标分析物。Aβ 肽容易分裂，导致不溶性斑块形成，造成神经元功能障碍和细胞死亡，这些都与阿尔茨海默症进展密切相关。利用所选择的抗体对还原氧化石墨烯传感器进行功能化，并在传感器上引入目标分析物进行结合相互作用。在抗体固定后，氧等离子体处理的还原氧化石墨烯传感器的电阻增加了 14%，而未经处理的还原氧化石墨烯传感器的电阻增加了 4%。传感器电阻的变化表明抗体固定受氧等离子体处理条件的影响。温和的氧等离子体处理条件与未处理的还原氧化石墨烯相比，保留了还原氧化石墨烯薄膜。氧等离子体处理提高了反应性，还原氧化石墨烯表面的功能化程度也增加了功能化抗体分子与目标分析物之间的相互作用。用于改性还原氧化石墨烯表面的氧等离子体处理提高了它们的生物分子传感性能，而不需要复杂的程序，这表明石墨烯材料作为神经系统疾病诊断工具的潜力[66]。Kim 等设计了一种用于检测 $A\beta_{40}$的化学电阻式晶圆尺度还原氧化石墨烯生物传感器。通过偶联剂的偶联作用，将 Aβ(6E10)抗体固定在还原氧化石墨烯的羧基反应位点上。固定化后，$A\beta_{40}$与固定抗体在还原氧化石墨烯表面反应为免疫分析反应。由于采用可靠的高灵敏度(检测限 100fg/mL)的还原氧化石墨烯模式，还原氧化石墨烯传感器中$A\beta_{40}$抗体和 Aβ 抗体反应产生的抗性变化可重现。这种水平的性能足够用于阿尔茨海默症的诊断传感器[67]。Li 等使用近红外激光照射临床上使用的淀粉样染色染料，即硫黄素 - S 改性氧化石墨烯，以此产生局部热生成，从而建立了分离淀粉样蛋白聚集的策略[68]。激光照射能在近红外频率下克服周围组织的非特异性加热，并能穿透具有足够强度和较高空间精度的组织。氧化石墨烯通过与 Aβ 聚集体选择性黏附，可以与硫黄素 - S 共价相连，形成共轭 GO - ThS - Aβ(图 8.4)。研究展示了纳米氧化石墨烯的近红外光学吸收能力，其可以产生局部热能，在低功率近红外激光辐照下离解 Aβ 原纤维。在近红外激光照射下，GO - ThS 离解了 Aβ 聚集体，这表明氧化石墨烯能产生局部热能，并利用近红外激光照射选择性地离解 Aβ 原纤维。用 GO - ThS 在小鼠 CSF 中孵育 Aβ，这可使 ThS 荧光增加 273%。然而，在近红外激光照射下，荧光信号明显下降到 128%。用 MTT(3 - (4,5 - 二甲基噻唑 - 2 - yl) - 2,5 - 溴化二苯基四唑方法体外评估 PC12 细胞，检测细胞代谢，结果表明 Aβ 原纤维会使得 MTT 细胞还原减少 48%。在近红外激光照射 5min 后，用 Aβ 和 GO - ThS(12.5μg/mL)处理细胞，可使细胞存活率提高到 88% 左右。在没有近红外激光照射下，用 GO - ThS 治疗的 Aβ 原纤维，或在近红外激光照射下用 GO - ThS 处理的 Aβ 纤维不会增加细胞的活力。结果表明，GO - ThS 能有效地溶解 Aβ 原纤维，这说明氧化石墨烯系统是光热治疗阿尔茨海默症的潜在材料[68]。Li 等[69]利用磁性氮掺杂石墨烯改性金电极研制了一种可重复使用的生物传感器，用于检测 $A\beta_{42}$。以 Aβ 1 - 28($A\beta_{ab}$)抗体为特异性生物识别元件，并与磁性氮掺杂石墨烯表面共轭。该生物传感器重复性和稳定性良好，其检出限为 5pg/mL。它缩短了响应时间，这表明氧化石墨烯在 AD 诊断应用中的潜力[69]。

石墨烯基材料也被用于给药系统的开发。Hong 等[70]开发了一种药物组合物作为预防阿尔茨海默症的活性成分，包括石墨烯纳米结构。石墨烯纳米结构抑制蛋白质错叠引起的纤维生成。石墨烯纳米结构的末端官能团与刚果红结合，以靶向神经元蛋白。药物处方抑制向邻近神经元的过渡，从而减缓神经退行性疾病的进展[70]。Liu 等报道了石墨烯量子点在抑制 Aβ 肽聚集中的应用。其特点是细胞毒性小、生物相容性好，且因其具有较小的尺寸可以穿过 BBB[71]。Xiao 等制备了石墨烯量子点，将其与神经保护肽甘氨酸－脯氨酸－谷氨酸共轭[72]。由于官能团的存在，量子点表现出良好的水溶性。与白藜芦醇相比，当量子点浓度为 200μg/mL 时，其对 $A\beta_{1-42}$聚集有较好的抑制作用。量子点的血液相容性较低，分别为 0.29%（500μg/mL）、0.18%（200μg/mL）和 0.13%（50μg/mL），这说明量子点静脉给药比较安全。它的大比表面积增强了其对 Aβ1－42 肽聚集的抑制作用。量子点的疏水相互作用在抑制聚集过程中起着主导作用。它与 Aβ1－42 的中心疏水基序定向结合。在小鼠体内的研究进一步揭示了肾脏的快速清除率，原因是尺寸较小。新生神经元前驱体细胞和神经元数量增加。促炎细胞因子降低，包括白介素（IL）－1α、IL－1β、IL－6、IL－33、IL－17α、MIP－1β 和肿瘤坏死因子－α，而抗炎细胞因子增加（IL－4 和 IL－10），这证实量子点可以阻止 Aβ 的聚集、降低炎症反应，从而保护突触，并促进神经发生，且提高体内学习记忆能力[72]。对纤颤抑制的研究表明，通过疏水、静电作用和 H 键合相互作用，较大比表面积的 $Ab_{25-35}$和 $Ab_{33-42}$肽与氧化石墨烯黏附，可以在低浓度的氧化石墨烯下，使得原纤维组装减少[73-75]。石墨烯基材料的改性也会影响其对 β－淀粉样肽聚集的抑制作用。相关人员已经报道了淀粉样－淀粉样聚集体中的较强相互作用是淀粉样－石墨烯相互作用中芳香侧链的结果[76]。Ahmad 等制备了氧化石墨烯－铁纳米复合材料，并证明了其调节 Aβ 聚集的能力[77]。然而，研究人员发现，氧化石墨烯片具有聚集和重堆叠等限制，这是由于相邻片之间的 π－π 相互作用，从而导致表面积的丧失和吸附能力的降低。为了克服上述限制，使用氧化石墨烯与纳米粒子结合形成纳米复合材料，以增加其稳定性和表面积和体积面积[76]。因此，纳米复合材料作为分子伴侣，可以与 $A\beta_{42}$多肽相互作用并结合，从而抑制它们的聚集[77]。

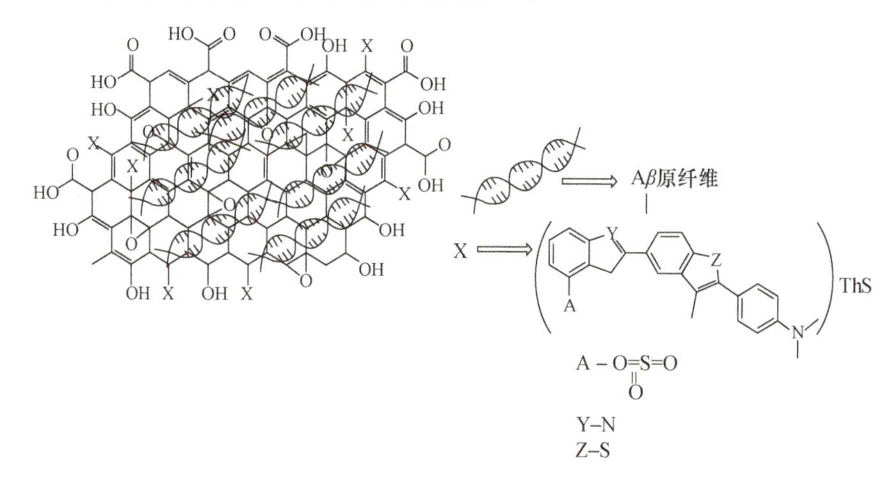


图 8.4　GO－ThS－Aβ 载体

## 8.4.3　用于治疗蛛网膜下腔出血的石墨烯基药物递送系统

蛛网膜下腔出血是一种常见的神经内科和神经外科疾病，这种疾病发病率高，且死亡率高。当大脑周围的两个膜之间出血时，就会发病。它通常是由动脉瘤破裂引起[78]。Yang 等将转录激活肽和甲氧基聚乙二醇在氧化石墨烯纳米片上共轭，以此制备了功能化的氧化石墨烯纳米片作为药物载体，然后加载吡非尼酮[79]。合成的载药载体具有高的载药能力，能有效地将吡非尼酮靶向释放到特定的脑组织中。在酸性环境下，吡非尼酮与疏水石墨烯表面的相互作用减弱，而在酸性条件下，明显可见药物释放速率高。载药载体具有延长血液循环和良好的血脑屏障穿透能力。细胞毒性测定表明，吡非尼酮-FGO在体外靶向神经元PC12细胞时，在低浓度下无毒性。体内测定表明，纳米复合材料在治疗蛛网膜下腔出血方面具有很好的应用前景，因为它具有穿透血脑屏障的能力[79]。吡非尼酮的芳香结构通过π-π堆叠和疏水相互作用使药物加载到氧化石墨烯纳米片上。

### 8.4.4 用于神经再生的石墨烯基材料

神经干细胞是中枢神经系统(CNS)中的一种多能细胞群，为神经再生细胞疗法的发展提供了一种有希望的方法。设计一种能调节神经干细胞组织发育的支架在临床应用中具有重要意义[80]。Li等开发了三维多孔支架，一种用于神经干细胞的石墨烯泡沫材料。与二维石墨烯薄膜相比，该支架通过下调Ki67表达支持神经干细胞的生长和增殖状态。这个支架能促进神经干细胞向星形胶质细胞尤其是神经元分化。结果证明，石墨烯基材料是一种导电材料，可以介导分化神经干细胞的电刺激，在神经组织再生中有很大的潜力[80]。Park等开发了一种基于石墨烯的基底，能促进人类神经干细胞的黏附和向神经元的分化[81]。Qian等报道了由单层石墨烯或多层石墨烯和聚己内酯构成的石墨烯支架。导电三维石墨烯支架在体外和体内均能显著改善神经表达。它在周围神经损伤后促进轴突再生和再髓鞘形成。大部分再生神经组织良好，缺乏瘢痕组织。石墨烯与聚己内酯的结合降低了聚己内酯的电阻，增强了神经突的生长[82]。Hong等开发了用于神经再生的石墨烯基底。石墨烯基底增强了PC-12细胞的黏附和神经突的生长，这揭示了它们良好的生物相容性和增强神经细胞的独特表面，这表明它们在神经再生和纳米药物中的潜力[83]。Serrano等报道了用生物相容性冷冻铸造程序制备的多孔、柔性的三维氧化石墨烯基支架，将其用于神经组织再生。胚胎神经祖细胞的体外研究表明，在这些三维支架上形成了高度可行和相互连接的神经网络。石墨烯的氧化还原状态对神经细胞的分化有影响[84]。Tu等通过氨基($—NH_2$)、聚间氨基苯磺酸($—NH_2$/$—SO_3H$)或甲氧基($—OCH_3$)末端官能团和羧化氧化石墨烯化学改性，制备了不同电荷的氧化石墨烯。将氧化石墨烯作为体外基底，用以培养大鼠海马神经元，从而研究了神经突的生长和分支。通过功能化氧化石墨烯来操纵电荷，这影响了神经过程的生长和分支。与中性和带负电荷的氧化石墨烯相比，带正电荷的氧化石墨烯增强了神经元的生长和分支[85]。Fabbro等报道了石墨烯基底应用于神经元生长界面。对脑细胞的体外研究甚至显示了细胞黏附层的界面，保留了未改变的神经元信号特性[86]。Rauti等报道了氧化石墨烯纳米片在不影响细胞生存能力的情况下下调神经元信号的能力[87]。Li等通过对小鼠海马模型的体外研究，表明石墨烯基支架与神经界面的相容性。与聚苯乙烯基底上的神经元培养相比，接种细胞后7天，石墨烯支架增加了神经元电路的分支，神经元细胞的数量也随着神经元平均长度的增加而增加[88]。

### 8.4.5 用于治疗中风的石墨烯基材料

当大脑的一部分血液供应被切断时就会发生中风，这是一种威胁生命的大脑疾病[89]。中风的症状取决于大脑血管系统发生阻塞或破裂的部位。中风主要有两种类型，即缺血性中风和出血性中风。当流向大脑的任何区域的血液中断时，就会发生缺血性中风。它与缺氧有关，会导致神经元死亡[89]。缺血性中风占所有中风的80%以上。出血性中风是由于大脑周围出血引起的，导致供应大脑的弱血管破裂[89]。使用静脉应用重组组织纤溶酶原激活剂治疗出血性中风，溶栓的机会窗口为症状开始后的4.5h，这说明诊断的时间至关重要。神经影像学是鉴别中风的唯一方法。石墨烯材料已被用于生物传感器，用以有效诊断中风。Liu等设计了一种还原氧化石墨烯-金氧化物植入式纳米复合神经探针，其可以利用非酶-化学界面实时监测神经-化学信号和神经-电信号[90]。对超急性中风模型的体内研究表明，在血栓性中风发生后1h内，$H_2O_2$的浓度为(100.48±4.52)μmol/L，而在非涂层电极中浓度为(71.92±2.52)μmol/L。纳米复合材料电极作为一种快速、可靠的检测平台，可以探测大脑中的$H_2O_2$[90]。Tan等在氧化石墨烯复合材料上吸附钌羰基簇，将其作为原位血管扩张的支架，用以治疗中风相关的血管疾病。该复合材料在光血栓性缺血中风大鼠模型中没有产生任何细胞毒作用[91]。Lin等也发现了相似的结果，他们开发了一种高度敏感和快速的生物传感器，用于检测中风的生物标志物[92]。研究人员利用了在单层石墨烯上的钌羰基(Ru-CO)簇的吸附性能。在模拟临床血清样品中，定量检测到MMP-2浓度为17 ng/mL的生物标志物，如基体金属蛋白-2(MMP-2)，这揭示了石墨烯基材料在早期检测和预防中风疾病中的功效[92]。

### 8.4.6 用于治疗帕金森病的石墨烯基材料

帕金森病是世界上最常见的神经退行性疾病之一。目前，还没有治疗方法可以改变帕金森病的神经退化过程。然而，为了改善病人的生活质量，可以采用症状疗法[93-94]。帕金森病的发病机制与α-突触核蛋白聚集的积累一致[95]。目前尚无有效的抗凝剂治疗帕金森病。Kim等报道了石墨烯量子点通过与α-突触核蛋白聚集的相互作用，具有抗淀粉样活性[96]。量子点抑制了α-突触核蛋白聚集的纤颤，并以时间相关的方式分解成熟的原纤维。这些量子点抑制了神经元的死亡和突触丢失、减少了路易(Lewy)体/路易神经元的形成、改善了线粒体功能紊乱，并抑制了α-突触核蛋白聚集病理学从神经元到神经元的传递。在体内使用量子点表明，量子点穿透了血脑屏障之后，在中枢神经系统区域中发现了大量的量子点[96]。

相关人员设计了石墨烯基电极用于检测帕金森病。Yue等报道了在三维石墨烯泡沫电极上制备了垂直排列的ZnO纳米线阵列，用差示脉冲伏安法检测多巴胺和尿酸[97]。该电极具有较大的比表面积和选择性，尿酸和多巴胺的检出限为1nmol/L。帕金森病患者的尿酸水平比正常人低25%，这表明尿酸可作为帕金森病的生物学标志物[97]。

### 8.4.7 用于治疗癫痫症的石墨烯基材料

癫痫是一种严重的神经系统疾病。目前可用的抗癫痫药物存在药理上的局限性，这影响了该疾病的治疗。这些药物通过抑制癫痫发作而缓解症状，对过程没有影响，导致癫痫病在大脑中发生[98]。长时间使用抗癫痫药物伴有严重的副作用[98]。Lu等设计了一种柔性的石墨烯基皮质微电极阵列，用于在不穿透组织的情况下，从大脑表面进行电生理传感和刺激[99]。该电极具有良好的阻抗和电荷注入特性，使其适合于在体内高效的皮层传感和刺激。D'ambrosio等使用填充石墨烯的生物相容性硅酮，发明了一种可植入的冷却装置，用于插入颅骨小孔，以用于与颅骨中的脑膜或大脑部分接触，而外部表面是为了与覆盖颅骨的头皮部分进行接触，从而使植入物在脑膜或大脑的接触部分产生局部冷却[100]。研究人员发现植入物的局部冷却效应可以有效抑制癫痫发作[100]。

### 8.4.8 用于治疗多发性硬化的石墨烯基材料

多发性硬化是中枢神经系统的炎症性脱髓鞘障碍。Tošić等研究了量子点对神经炎症自身免疫性脑脊髓炎模型的影响[101]。在大鼠疾病不同阶段，往其腹腔注射量子点。在疾病的各个阶段使用的量子点导致疾病的临床分数显著降低。临床改善与炎症浸润减少、胶质细胞凋亡和脊髓组织脱髓鞘一致。大鼠淋巴结和脊髓中的量子点积累显著。在浸润的脊髓T细胞中，TH1细胞因子IFN－γ及其转录因子的表达也明显降低。量子点通过抑制TH1反应和减少CNS组织中的凋亡和自噬从而减少了神经炎症损伤[101]。

## 8.5 小结

石墨烯基材料可以吸附多种芳香烃；它们经济实惠、生物相容性好，且具有较大的比表面积，因此成为装载药物的靶向药物递送系统的潜在材料。脑相关疾病的治疗方式不尽人意，因为这些药物的疗效低且有严重的副作用。上述因素促使一些研究人员设计出能够绕过或穿透血脑屏障的载体。在脑癌治疗系统的设计中，研究人员采用了在胶质瘤细胞表面强烈表达的铁转运血清糖蛋白等受体，与游离药物相比，这些受体可选择性地输送加载药物，在体外和体内均有良好的细胞毒性作用。药物半衰期也得到延长，研究人员发现石墨烯基材料具有无毒、诱导分化和抑制增殖的特性。在阿尔茨海默症的有效治疗中，早期对该疾病的干预可使得治疗结果成功。石墨烯基材料已被用于生物传感器检测淀粉样β肽，这是阿尔茨海默症的病理特征。该生物传感器具有良好的重现性和稳定性，检测限为5pg/mL，价格合理且响应时间缩短。石墨烯纳米结构可抑制由蛋白质错叠引起的原纤维形成，从而减缓了阿尔茨海默症的进程。然而，值得注意的是，氧化石墨烯纳米片由于相邻片之间的π－π相互作用而具有一些限制，诸如聚集和重叠等，从而导致表面积的丧失和吸附能力的降低。为了克服上述限制，选择的纳米粒子与氧化石墨烯结合形成纳米复合材料，并将其作为分子伴侣，可以与Aβ42肽相互作用并结合，从而抑制其聚集。石墨烯基材料也是开发用于检测和预防中风的生物传感器的潜在材料。

在应用石墨烯基材料治疗蛛网膜下腔出血的报告中，加载药物的芳香结构通过π－π堆叠和疏水相互作用影响药物在氧化石墨烯纳米片的负载。石墨烯基材料被用于神经再生，使得周围神经损伤后轴突再生和髓鞘再生，再生神经组织良好，并缺乏瘢痕组织。功能化石墨烯材料的电荷性质对体外和体内外神经突生长也有影响。在治疗帕金森病、多发性硬化症和癫痫等其他神经系统疾病时，石墨烯基材料被用于电极设计，可用于在体内进行高效的皮层传感和刺激，石墨烯基材料也可用于植入物设计，可以与覆盖在颅骨的头皮相应部位接触，导致脑膜或大脑接触部位的局部冷却，从而抑制癫痫发作、通过抑制TH1反应减少神经炎性损伤、减少中枢神经系统组织中的凋亡和自噬；挽救神经元死亡和突触丢失；减少路易体/路易神经元的形成；改善线粒体功能紊乱；防止α－突触核蛋白聚集病理从神经元到神经元的传递。体外和体内的结果揭示了石墨烯基材料在脑部输送中的潜力。然而，石墨烯基材料在生物传感器的重现性和可靠性方面存在着挑战，尽管有一些报道表明石墨烯基材料的检测灵敏度优于传统的检测方法。石墨烯基纳米生物传感器的批次差异并不令人满意，需要引起更多的关注。石墨烯基材料在给药应用中面临的主要挑战在于缺乏对石墨烯及其衍生物的长期毒性、生物分布、生物相容性和生物降解性的了解。石墨烯在组织再生应用中的主要挑战在于对干细胞分化机制的认识不足。目前迫切需要进一步研究石墨烯基材料，以便恰当地解决上述挑战。

## 参考文献


[1] Abbott, N. J., Blood – brain barrier structure and function and the challenges for CNS drug delivery. *J. Inherit. Metab. Dis.*, 36, 3, 437 – 449, 2013.

[2] Pulicherla, K. K. and Verma, M. K., Targeting therapeutics across the blood brain barrier (BBB), prerequisite towards thrombolytic therapy for cerebrovascular disorders – An overview and advancements. *AAPS PharmSciTech*, 16, 2, 223 – 233, 2015.

[3] Kanwar, J. R., Sriramoju, B., Kanwar, R. K., Neurological disorders and therapeutics targeted to surmount the blood – brain barrier. *Int. J. Nanomed.*, 7, 3259 – 3278, 2012.

[4] Homann, B., Plaschg, A., Grundner, M., Haubenhofer, A., Griedl, T., Ivanic, G., Hofer, E., Fazekas, F., Homann, C. N., The impact of neurological disorders on the risk for falls in the community dwelling elderly: A case – controlled study. *BMJ Open*, 3, 11, e003367, 2013.

[5] Choi, S., Krishnan, J., Ruckmani, K., Cigarette smoke and related risk factors in neurological disorders: An update. *Biomed. Pharmacother*, 85, 79 – 86, 2017.

[6] Planas, V. M., Nutritional and metabolic aspects of neurological diseases. *Nutr. Hosp.*, 29, 3 – 12, 2014.

[7] McCallion, C., Burthem, J., Rees – Unwin, K., Golovanov, A., Pluen, A., Graphene in therapeutics delivery: Problems, solutions and future opportunities. *Eur. J. Pharm. Biopharm.*, 104, 235 – 250, 2016.

[8] Pan, Y., Sahoo, N. G., Li, L., The application of graphene oxide in drug delivery. *Expert Opin. Drug Delivery*, 9, 11, 1365 – 1376, 2012.

[9] Wu, S. Y., An, S. S., Hulme, J., Current applications of graphene oxide in nanomedicine. *Int. J. Nanomed.*, 10, Spec Iss, 9 – 24, 2015.

[10] Bramini, M., Alberini, G., Colombo, E., Chiacchiaretta, M., DiFrancesco, M. L., Maya – Vetencourt, J. F., Maragliano, L., Benfenati, F., Cesca, F., Interfacing graphene – based materials with neural cells. *Front. Syst. Neurosci.*, 12, 12, 2018.

[11] Weiss, N. O., Zhou, H., Liao, L., Liu, Y., Jiang, S., Huang, Y., Duan, X., Graphene: An emerging electronic material. *Adv. Mater.*, 24, 43, 5782 – 5825, 2012.

[12] Zhu, Y., Murali, S., Cai, W., Li, X., Suk, J. W., Potts, J. R., Ruoff, R. S., Graphene and graphene oxide: Synthesis, properties, and applications. *Adv. Mater.*, 22, 35, 3906 – 3924, 2010.

[13] Georgakilas, V., Otyepka, M., Bourlinos, A. B., Chandra, V., Kim, N., Kemp, K. C., Hobza, P., Zboril, R., Kim, K. S., Functionalization of graphene: Covalent and non – covalent approaches, derivatives and applications. *Chem. Rev.*, 112, 11, 6156 – 6214, 2012.

[14] Yang, Y., Asiri, A. M., Tang, Z., Du, D., Lin, Y., Graphene based materials for biomedical applications. *Mater. Today Chem.*, 16, 10, 365 – 373, 2013.

[15] Shen, H., Zhang, L., Liu, M., Zhang, Z., Biomedical applications of graphene. *Theranostics*, 2, 3, 283 –

294,2012.

[16] Reina,G. ,González - Domínguez,J. M. ,Criado,A. ,Vázquez,E. ,Bianco,A. ,Prato,M. ,Promises,factsand challenges for graphene in biomedical applications. *Chem. Soc. Rev.* ,46,15,4400 - 4416,2017.

[17] Weaver,C. L. ,LaRosa,J. M. ,Luo,X. ,Cui,X. T. ,Electrically controlled drug delivery from graphene oxide nanocomposite films. *ACS Nano*,8,2,1834 - 1843,2014.

[18] Mahdavi,M. ,Rahmani,F. ,Nouranian,S. ,Molecular simulation of pH - dependent diffusion,loading,and release of doxorubicin in graphene and graphene oxide drug delivery systems. *J. Mater. Chem. B*,4,46,7441 - 7451,2016.

[19] Zare - Zardini,H. ,Taheri - Kafrani,A. ,Amiri,A. ,Bordbar,A. K. ,New generation of drug delivery systems based on ginsenoside Rh2 - ,lysine - and arginine - treated highly porous graphene for improving anticancer activity. *Sci Rep.* ,8,1,586,2018.

[20] Rip,J. ,Schenk,G. J. ,De Boer,A. G. ,Differential receptor - mediated drug targeting to the diseased brain. *Expert Opin. Drug Delivery*,6,3,227 - 237,2009.

[21] Chen,Y. and Liu,L. ,Modern methods for delivery of drugs across the blood - brain barrier. *Adv. Drug Delivery Rev.* ,64,7,640 - 665,2012.

[22] Stewart,P. A. ,Endothelial vesicles in the blood - brain barrier:Are they related to permeability? Cell. *Mol. Neurobiol.* ,20,149 - 163,2000.

[23] Persidsky,Y. ,Ramirez,S. H. ,Haorah,J. ,Kanmogne,G. D. ,Blood - brain barrier:Structural components and function under physiologic and pathologic conditions. *J. NeuroimmunePharmacol.* ,1,223 - 236,2006.

[24] Dohgu,S. ,Takata,F. ,Yamauchi,A. ,Nakagawa,S. ,Egawa,T. ,Naito,M. ,Tsuruo,T. ,Sawada,Y. ,Nia,M. ,Kataoka,Y. ,Brain pericytes contribute to the induction and up - regulation of blood - brain barrier functions through transforming growth factor - beta production. *BrainRes.* ,1038,208 - 215,2005.

[25] Wekerle,H. ,Immune protection of the brain - efficient and delicate. *J. Infect. Dis.* ,186,Suppl 2,S140 - S144,2002.

[26] Streit,W. J. ,Conde,J. R. ,Fendrick,S. E. ,Flanary,B. E. ,Mariani,C. L. ,Role of microglia in the central nervous system's immune response. *Neurol. Res.* ,27,685 - 691,2005.

[27] Desai,B. S. ,Monahan,A. J. ,Carvey,P. M. ,Hendey,B. ,Blood - brain barrier pathology in Alzheimer's and Parkinson's disease:Implications for drug therapy. *Cell Transplant.* ,16,285 - 299,2007.

[28] Atluri,V. S. ,Hidalgo,M. ,Samikkannu,T. ,Kurapati,K. R. ,Jayant,R. D. ,Sagar,V. ,Nair,M. P. ,Effect of human immunodeficiency virus on blood - brain barrier integrity and function:Anupdate. *Front. Cell Neurosci.* ,9,212,2015.

[29] Venkat,P. ,Chopp,M. ,Chen,J. ,Blood - brain barrier disruption,vascular impairment,and ischemia/reperfusion damage in diabetic stroke. *J. Am. Heart Assoc.* ,6,6,e005819,2017.

[30] Krizbai,I. A. ,Bauer,H. ,Bresgen,N. *et al.* ,Effect of oxidative stress on the junctional proteins of cultured cerebral endothelial cells. *Cell Mol. Neurobiol.* ,25,129 - 139,2005.

[31] McAdams,R. M. and Juul,S. E. ,The role of cytokines and inflammatory cells in perinatal brain injury. *Neurol. Res. Int.* ,15,2012. http://dx. doi. org/10. 1155/2012/561494

[32] Park,J. ,Fan,Z. ,Kumon,R. E. ,El - Sayed,M. E. ,Deng,C. X. ,Modulation of intracellular $Ca^{2+}$ concentration in brain microvascular endothelial cells*in vitro* by acoustic cavitation. *UltrasoundMed. Biol.* ,36,7,1176 - 1187,2010.

[33] Lin,M. ,Sun,W. ,Gong,W. ,Zhou,Z. ,Ding,Y. ,Hou,Q. ,Methylophiopogonanone a protects against cerebral ischemia/reperfusion injury and attenuates blood - brain barrier disruption*invitro*. *PloS One*,10,4,e0124558,2015.

[34] Spindler, K. R. and Hsu, T. H., Viral disruption of the blood – brain barrier. *Trends Microbiol.*, 20, 6, 282 – 290, 2012.

[35] Kim, B. J., Hancock, B. M., Bermudez, A., Del Cid, N., Reyes, E., van Sorge, N. M., Lauth, X., Smurthwaite, C. A., Hilton, B. J., Stotland, A., Banerjee, A., Bacterial induction of Snail1 contributes to blood – brain barrier disruption. *J. Clin. Invest.*, 125, 6, 2473 – 2483, 2015.

[36] Sufiawati, I. and Tugizov, S. M., HIV – associated disruption of tight and adherens junctions of oral epithelial cells facilitates HSV – 1 infection and spread. *PloS One*, 9, 2, e88803, 2014.

[37] Schubert – Unkmeir, A., Konrad, C., Slanina, H., Czapek, F., Hebling, S., Frosch, M., Neisseria meningitidis induces brain microvascular endothelial cell detachment from the matrix and cleavage of occludin: A role for MMP – 8. *PLoS Pathogens*, 6, 4, e1000874, 2014.

[38] Banks, W. A., Terrell, B., Farr, S. A. *et al.*, Passage of amyloid beta protein antibody across the blood – brain barrier in a mouse model of Alzheimer's disease. *Peptides*, 23, 2223 – 2226, 2002.

[39] Folch, J., Ettcheto, M., Busquets, O., Sánchez – López, E., Castro – Torres, R. D., Verdaguer, E., Manzine, P. R., Poor, S. R., García, M. L., Olloquequi, J., Beas – Zarate, C., The implication of the brain insulinreceptor in late onset Alzheimer's disease dementia. *Pharmaceuticals*, 11, 1, 11, 16, 2018.

[40] De Felice, F. G., Lourenco, M. V., Ferreira, S. T., How does brain in sulin resistance develop in Alzheimer's disease? *Alzheimers Dement.*, 10, 1, S26 – S32, 2014.

[41] Song, J., Kang, S. M., Lee, W. T., Park, K. A., Lee, K. M., Lee, J. E., Glutathione protects brain endothelial cells from hydrogen peroxide – induced oxidative stress by increasing nrf2 expression. *J. Neuropathol. Exp. Neurol.*, 23, 1, 93 – 103, 2014.

[42] Salem, H. F., Ahmed, S. M., Hassaballah, A. E., Omar, M. M., Targeting brain cells with glutathionemodulated nanoliposomes: *In vitro* and *in vivo* study. *Drug Des. Dev. Ther.*, 9, 3705 – 3727, 2015.

[43] Patel, P. J., Acharya, N. S., Acharya, S. R., Development and characterization of glutathioneconjugated albumin nanoparticles for improved brain delivery of hydrophilic fluorescent marker. *Drug Delivery*, 20, 3 – 4, 143 – 155, 2013.

[44] Posadas, I., Lopez – Hernandez, B., Cena, V., Nicotinic receptors in neurodegeneration. *Curr. Neuropharmacol.*, 11, 298 – 314, 2013.

[45] Simpson, I. A., Ponnuru, P., Klinger, M. E., Myers, R. L., Devraj, K., Coe, C. L., Lubach, G. R., Carruthers, A., Connor, J. R., A novel model for brain iron uptake: Introducing the concept of regulation. *J. Cereb. Blood Flow Metab.*, 35, 1, 48 – 57, 2015.

[46] Van Uden, E., Kang, D. E., Koo, E. H., Masliah, E., L. D. L., Receptor – related protein (LRP) in Alzheimer's disease: Towards a unified theory of pathogenesis. *Microsc. Res. Tech.*, 50, 4, 268 – 272, 2000.

[47] de Lange, C. M., E., The physiological characteristics and transcytosis mechanisms of the blood – brain barrier (BBB). *Current Pharm. Biotechnol.*, 13, 12, 2319 – 2327, 2012.

[48] Greig, N. H., Momma, S., Sweeney, D. J., Smith, Q. R., Rapoport, S. I., Facilitated transport of melphalan at the rat blood – brain barrier by the large neutral amino acid carrier system. *CancerRes.*, 47, 1571 – 76, 1987.

[49] Ellis, H. P., Greenslade, M., Powell, B., Spiteri, I., Sottoriva, A., Kurian, K. M., Current challenges in glioblastoma: Intratumour heterogeneity, residual disease, and models to predict disease recurrence. *Front. Radiat. Ther. Oncol.*, 5, 251, 2015.

[50] Liu, G., Shen, H., Mao, J., Zhang, L., Jiang, Z., Sun, T., Lan, Q., Zhang, Z., Transferrin modified graphene oxide for glioma – targeted drug delivery: *In vitro* and *in vivo* evaluations. *ACS Appl. Mater. Interfaces*, 5, 15, 6909 – 6914, 2013.

[51] Song, M. M., Xu, H. L., Liang, J. X., Xiang, H. H., Liu, R., Shen, Y. X., Lactoferrin modified graphene oxide iron oxide nanocomposite for glioma - targeted drug delivery. *Mater. Sci. Eng. C*, 77, 904 - 911, 2017.

[52] Dong, H., Jin, M., Liu, Z., Xiong, H., Qiu, X., Zhang, W., Guo, Z., *In vitro* and *in vivo* braintargeting chemo - photothermal therapy using graphene oxide conjugated with transferrin for gliomas. *Lasers Med. Sci.*, 31, 6, 1123 - 1131, 2016.

[53] Joo, J., Kwon, E. J., Kang, J., Skalak, M., Anglin, E. J., Mann, A. P., Ruoslahti, E., Bhatia, S. N., Sailor, M. J., Porous silicon - graphene oxide core - shell nanoparticles for targeted delivery of siRNA to the injured brain. *Nanoscale Horiz.*, 1, 5, 407 - 414, 2016.

[54] Sun, X., Liu, Z., Welsher, K., Robinson, J. T., Goodwin, A., Zaric, S., Dai, H., Nano - graphene oxide for cellular imaging and drug delivery. *Nano Res.*, 1, 3, 203 - 212, 2008.

[55] Lu, Y. J., Yang, H. W., Hung, S. C., Huang, C. Y., Li, S. M., Ma, C. C., Chen, P. Y., Tsai, H. C., Wei, K. C., Chen, J. P., Improving thermal stability and efficacy of BCNU in treating glioma cellsusing PAA - functionalized graphene oxide. *Int. J. Nanomed.*, 7, 1737, 2012.

[56] Wierzbicki, M., Jaworski, S., Kutwin, M., Grodzik, M., Strojny, B., Kurantowicz, N., Zdunek, K., Chodun, R., Chwalibog, A., Sawosz, E., Diamond, graphite, and graphene oxide nanoparticles decrease migration and invasiveness in glioblastoma cell lines by impairing extracellular adhesion. *Int. J. Nanomed.*, 12, 7241 - 7254, 2017.

[57] Fiorillo, M., Verre, A. F., Iliut, M., Peiris - Pagés, M., Ozsvari, B., Gandara, R., Cappello, A. R., Sotgia, F., Vijayaraghavan, A., Lisanti, M. P., Graphene oxide selectively targets cancer stem cells, across multiple tumor types: Implications for non - toxic cancer treatment, via "differentiationbased nano - therapy". *Oncotarget*, 6, 6, 3553 - 3562, 2015.

[58] Sawosz, E., Jaworski, S., Kutwin, M., Vadalasetty, K. P., Grodzik, M., Wierzbicki, M., Kurantowicz, N., Strojny, B., Hotowy, A., Lipińska, L., Jagiełło, J., Graphene functionalized with arginine decreases the development of glioblastoma multiforme tumor in a genedependent manner. *Int. J. Mol. Sci.*, 16, 10, 25214 - 25233, 2015.

[59] Yang, H. W., Lu, Y. J., Lin, K. J., Hsu, S. C., Huang, C. Y., She, S. H., Liu, H. L., Lin, C. W., Xiao, M. C., Wey, S. P., Chen, P. Y., EGRF conjugated PEGylated nanographene oxide for targeted chemotherapy and photothermal therapy. *Biomed*, 34, 29, 7204 - 7214, 2013.

[60] Wang, W., Li, Z., Duan, J., Wang, C., Fang, Y., Yang, X. D., *In vitro* enhancement of dendritic cell - mediated anti - glioma immune response by graphene oxide. *Nanoscale Res. Lett.*, 9, 1, 311, 9, 2014.

[61] Mendonca, M. C., Soares, E. S., de Jesus, M. B., Ceragioli, H. J., Ferreira, M. S., Catharino, R. R., Cruz - Höfling, M. A., Reduced graphene oxide induces transient blood - brain barrier opening: An *in vivo* study. *J. Nanobiotechnol.*, 13, 1, 78, 13, 2014.

[62] Hendrix, J. A., Bateman, R. J., Brashear, H. R., Duggan, C., Carrillo, M. C., Bain, L. J., DeMattos, R., Katz, R. G., Ostrowitzki, S., Siemers, E., Sperling, R., Challenges, solutions, and recommendations for Alzheimer's disease combination therapy. *Alzheimers Dement.*, 12, 5, 623 - 630, 2016.

[63] Clark, C. M., Schneider, J. A., Bedell, B. J., Beach, T. G., Bilker, W. B., Mintun, M. A., Pontecorvo, M. J., Hefti, F., Carpenter, A. P., Flitter, M. L., Krautkramer, M. J., Kung, H. F., Coleman, R. E., Doraiswamy, P. M., Fleisher, A. S., Sabbagh, M. N., Sadowsky, C. H., Reiman, P. E., Zehntner, S. P., Skovronsky, D. M., Use of florbetapir - PET for imaging beta - amyloid pathology. *JAMA*, 305, 275 - 283, 2011.

[64] Perrin, R. J., Fagan, A. M., Holtzman, D. M., Multimodal techniques for diagnosis and prognosis of

Alzheimer's disease. *Nature*,461,916 - 922,2009.

[65] Ferreira - Vieira,H. T. ,Guimaraes,M. I. ,Silva,M. F. ,Ribeiro,M. F. ,Alzheimer's disease:Targeting the cholinergic system. *Curr. Neuropharmacol.* ,14,1,101 - 115,2016.

[66] Chae,M. S. ,Kim,J. ,Jeong,D. ,Kim,Y. ,Roh,J. H. ,Lee,S. M. ,Heo,Y. ,Kang,J. Y. ,Lee,J. H. ,Yoon,D. S. ,Kim,T. G. ,Enhancing surface functionality of reduced graphene oxide biosensors by oxygen plasma treatment for Alzheimer's disease diagnosis. *Biosens. Bioelectron.* ,92,610 - 617,2017.

[67] Kim,J. ,Chae,M. S. ,Lee,S. M. ,Jeong,D. ,Lee,B. C. ,Lee,J. H. ,Kim,Y. ,Chang,S. T. ,Hwang,K. S. ,Wafer - scale high - resolution patterning of reduced graphene oxide films for detection of low concentration biomarkers in plasma. *Sci. Rep.* ,6,31276,2016.

[68] Li,M. ,Yang,X. ,Ren,J. ,Qu,K. ,Qu,X. ,Using graphene oxide high near - infrared absorbance for photothermal treatment of Alzheimer's disease. *Adv. Mater.* ,24,13,1722 - 1728,2012.

[69] Li,S. S. ,Lin,C. W. ,Wei,K. C. ,Huang,C. Y. ,Hsu,P. H. ,Liu,H. L. ,Lu,Y. J. ,Lin,S. C. ,Yang,H. W. ,Ma,C. C. ,Non - invasive screening for early Alzheimer's disease diagnosis by a sensitively immunomagnetic biosensor. *Sci. Rep.* ,6,25155,2016.

[70] Hong,B. H. ,Yoo,J. M. ,Ko,H. and Kim,D. ,Graphene nanostructure - based pharmaceutical composition for preventing or treating neurodegenerative diseases. U. S. Patent Application16/004,744,2017.

[71] Liu,Y. ,Xu,L. P. ,Dai,W. ,Dong,H. ,Wen,Y. ,Zhang,X. ,Graphene quantum dots for the inhibition of β amyloid aggregation. *Nanoscale*,7,45,19060 - 5,2015.

[72] Xiao,S. ,Zhou,D. ,Luan,P. ,Gu,B. ,Feng,L. ,Fan,S. ,Liao,W. ,Fang,W. ,Yang,L. ,Tao,E. ,Guo,R. ,Graphene quantum dots conjugated neuroprotective peptide improve learning and memory capability. *Biomed*,106,98 - 110,2016.

[73] Bag,S. ,Sett,A. ,DasGupta,S. ,Dasgupta,S. ,Hydropathy:The controlling factor behind the inhibition of Aβ fibrillation by graphene oxide. *RSC Adv.* ,6,105,103242 - 103252,2016.

[74] Chen,Y. ,Chen,Z. ,Sun,Y. ,Lei,J. ,Wei,G. ,Mechanistic insights into the inhibition and size effects of graphene oxide nanosheets on the aggregation of an amyloid - β peptide fragment. *Nanoscale*,10,19,8989 - 8997,2018.

[75] Mahmoudi,M. ,Akhavan,O. ,Ghavami,M. ,Rezaee,F. ,Ghiasi,S. M. ,Graphene oxide strongly inhibits amyloid beta fibrillation. *Nanoscale*,4,23,7322 - 7325,2012.

[76] Božinovski,D. M. ,Petrović,P. V. ,Belić,M. R. ,Zarić,S. D. ,Insight into the interactions of amyloid β - sheets with graphene flakes:Scrutinizing the role of aromatic residues in amyloids thatinteract with graphene. *Chem. Phys. Chem.* ,19,10,1226 - 1233,2018.

[77] Ahmad,I. ,Mozhi,A. ,Yang,L. ,Han,Q. ,Liang,X. ,Li,C. ,Yang,R. ,Wang,C. ,Graphene oxideiron oxide nanocomposite as an inhibitor of Aβ 42 amyloid peptide aggregation. *ColloidsSurf.* ,*B*,159,540 - 545,2017.

[78] Lantigua,H. ,Ortega - Gutierrez,S. ,Schmidt,J. M. ,Lee,K. ,Badjatia,N. ,Agarwal,S. ,Claassen,J. ,Connolly,E. S. ,Mayer, S. A. , Subarachnoid haemorrhage: Who dies, and why? *Crit. Care*, 19, 1, 309,2015.

[79] Yang,L. ,Wang,F. ,Han,H. ,Yang,L. ,Zhang,G. ,Fan,Z. ,Functionalized graphene oxide as adrug carrier for loading pirfenidone in treatment of subarachnoid haemorrhage. *Colloids Surf.* , *B*, 129, 21 - 29,2015.

[80] Li,N. ,Zhang,Q. ,Gao,S. ,Song,Q. ,Huang,R. ,Wang,L. ,Liu,L. ,Dai,J. ,Tang,M. ,Cheng,G. ,Three - dimensional graphene foam as a biocompatible and conductive scaffold for neural stemcells. *Sci. Rep.* ,3,3,1604,2013.

[81] Park, S. Y., Park, J., Sim, S. H., Sung, M. G., Kim, K. S., Hong, B. H., Hong, S., Enhanced differentiation of human neural stem cells into neurons on graphene. *Adv. Mater.*, 22, 23, 201, 36, 2011.

[82] Qian, Y., Zhao, X., Han, Q., Chen, W., Li, H., Yuan, W., An integrated multi-layer 3D-fabrication of PDA/RGD coated graphene loaded PCL nanoscaffold for peripheral nerve restoration. *Nat. Commun.*, 9, 1, 323, 2018.

[83] Hong, S. W., Lee, J. H., Kang, S. H., Hwang, E. Y., Hwang, Y. S., Lee, M. H., Han, D. W., Park, J. C., Enhanced neural cell adhesion and neurite outgrowth on graphene-based biomimetic substrates. *Biomed Res. Int.*, 8, 2014. http://dx.doi.org/10.1155/2014/212149.

[84] Serrano, M. C., Patiño, J., García-Rama, C., Ferrer, M. L., Fierro, J. L., Tamayo, A., Collazos-Castro, J. E., Del Monte, F., Gutierrez, M. C., 3D free-standing porous scaffolds made of graphene oxideas substrates for neural cell growth. *J. Mater. Chem. B*, 2, 34, 5698-5706, 2014.

[85] Tu, Q., Pang, L., Chen, Y., Zhang, Y., Zhang, R., Lu, B., Wang, J., Effects of surface charges of graphene oxide on neuronal outgrowth and branching. *Analyst*, 139, 1, 105-115, 2014.

[86] Fabbro, A., Scaini, D., Leon, V., Vazquez, E., Cellot, G., Privitera, G., Lombardi, L., Torrisi, F., Tomarchio, F., Bonaccorso, F., Bosi, S., Graphene-based interfaces do not alter target nervecells. *ACS Nano*, 10, 1, 615-623, 2016.

[87] Rauti, R., Lozano, N., León, V., Scaini, D., Musto, M., Rago, I., Ulloa Severino, F. P., Fabbro, A., Casalis, L., Vázquez, E., Kostarelos, K., Graphene oxide nanosheets reshape synaptic function in cultured brain networks. *ACS Nano*, 10, 4, 4459-4471, 2016.

[88] Li, N., Zhang, X., Song, Q., Su, R., Zhang, Q., Kong, T., Liu, L., Jin, G., Tang, M., Cheng, G., The promotion of neurite sprouting and outgrowth of mouse hippocampal cells in culture by graphene substrates. *Biomed.* 32, 35, 9374-9382, 2011.

[89] Saenger, A. K. and Christenson, R. H., Stroke biomarkers: Progress and challenges for diagnosis, prognosis, differentiation, and treatment. *Clin. Chem.*, 56, 1, 21-33, 2010.

[90] Liu, T. C., Chuang, M. C., Chu, C. Y., Huang, W. C., Lai, H. Y., Wang, C. T., Chu, W. L., Chen, S. Y., Chen, Y. Y., Implantable graphene-based neural electrode interfaces for electrophysiology and neurochemistry in*in vivo* hyperacute stroke model. *ACS Appl. Mater. Interfaces*, 8, 1, 187-196, 2015.

[91] Tan, M. J., Pan, H. C., Tan, H. R., Chai, J. W., Lim, Q. F., Wong, T. I., Zhou, X., Hong, Z. Y., Liao, L. D., Kong, K. V., Flexible modulation of CO-release using various nuclearity of metal carbonyl clusters on graphene oxide for stroke remediation. *Adv. Healthcare Mater.*, 7, 5, 1701113, 2018.

[92] Lin, D., Tseng, C. Y., Lim, Q. F., Tan, M. J., Kong, K. V., A rapid and highly sensitive strain-effect graphene-based bio-sensor for the detection of stroke and cancer bio-markers. *J. Mater. Chem. B*, 6, 17, 2536-2540, 2018.

[93] Connolly, B. S. and Lang, A. E., Pharmacological treatment of Parkinson disease: A review. *JAMA*, 311, 16, 1670-1683, 2014.

[94] Aderibigbe, B. A., *In situ*-based gels for nose to brain delivery for the treatment of neurological diseases. *Pharmaceutics*, 1040, 2, 2018.

[95] Stefanis, L., α-Synuclein in Parkinson's disease. *Cold Spring Harbor Perspect Med.*, 2, 2, a009399, 2012.

[96] Kim, D., Yoo, J. M., Hwang, H., Lee, S. H., Yun, S. P., Park, M. J., Choi, S., Kwon, S. H., Lee, M., Shin, S., Hong, B. H., Graphene quantum dots prevent {\alpha}-synuclein transmission in Parkinson's disease. arXiv preprint arXiv:1710.07213, 2017.

[97] Yue, H. Y., Huang, S., Chang, J., Heo, C., Yao, F., Adhikari, S., Gunes, F., Liu, L. C., Lee, T. H., Oh, E. S., Li, B., ZnO nanowire arrays on 3D hierarchical graphene foam: Biomarker detection of Parkinson's

disease. *ACS Nano*,8,2,1639 - 1646,2014.

[98] Wahab, A. , Difficulties in treatment and management of epilepsy and challenges in new drug development. *Pharmaceuticals*,3,7,2090 - 2110,2010.

[99] Lu,Y. ,Lyu,H. ,Richardson,A. G. ,Lucas,T. H. ,Kuzum,D. ,Flexible neural electrode array based - on porous graphene for cortical microstimulation and sensing. *Sci. Rep.* ,6,33526,2016.

[100] D'ambrosio,R. ,Fender,J. ,Ojemann,J. ,Miller,J. W. ,Smyth,M. ,Rothman,S. M. ,University of Washington,University of Minnesota,Washington University in St Louis,2016.

[101] Tošić,J. ,Vidićević,S. ,Stanojević,Z. ,Paunović,V. ,Petrićević,S. ,Martinović,T. ,Kravić - Stevović, T. ,Cirić,D. ,Marković,Z. ,Isaković,A. J. ,Trajković,V. ,Graphene quantum dots show protective effect on a model of experimental autoimmune encephalomyelitis. *Eur. Neuropsychopharmacol.* , 26, S211 - S212,2016.

# 第9章　石墨烯基材料的抗微生物活性

Shesan J. Owonubi[1], Victoria O. Fasiku[2], Neerish Revaprasadu[1]

[1]南非夸祖鲁－纳塔尔祖鲁兰德大学化学系

[2]南非夸祖鲁－纳塔尔，夸祖鲁·纳塔尔大学药学科学系

**摘　要**　微生物感染已成为世界上主要的公共卫生问题之一，每年会致使数百万人生病。使用抗生素会对普通药物产生耐药性，从而使治疗这些感染变得非常困难。研究人员发现石墨烯对细菌和其他微生物具有很强的细胞毒性作用。石墨烯基材料是近十年来的热门材料，由于其单层的二维结构，使得石墨烯材料具有独特的物理化学性质（例如，优越的电导率、较高的力学强度、超强的热导率、较高的卓越的生物相容性和功能化能力），因此石墨烯基材料受到了全球研究人员的广泛关注。石墨烯的功能化使其可以产生衍生物（氧化石墨烯、还原氧化石墨烯、石墨、氧化石墨等），它在材料科学、物理、化学和生物技术等领域得到了广泛的研究。尽管研究人员已经证明了石墨烯基材料的抗微生物能力，在哺乳动物细胞上耐药性较小且细胞毒性也较小，但在生物医学应用前，应仔细评估石墨烯和石墨烯基材料对健康的潜在影响。在本章中，我们介绍了石墨烯和石墨烯基材料，通过强调其对全球公共卫生的潜在影响来阐述微生物。然后，重点讨论这些石墨烯基材料的抗微生物能力的表现方法，并提供了大量的参考，最后讨论了这些石墨烯基材料对健康的毒理学影响。

**关键词**　石墨烯基材料，细菌，感染，毒性，生物医学，病毒，真菌

## 9.1　概述

石墨烯有时被描述为由石墨构成的单原子平面[1-2]，有时还被描述为由碳原子组成的单层薄片，紧密地堆叠为二维蜂窝晶格[3-4]。研究人员广泛报道了石墨烯基材料及其衍生物具有优异的结构和卓越的热学、光学、力学和电子性能[5]。氧化石墨烯在石墨烯薄片平面上有环氧和酚羟基官能团，它是石墨烯衍生物之一[6-7]，而另一个衍生物氧化石墨，指的是化学剥离的氧化石墨烯[6]。还原氧化石墨烯（rGO）是另一种衍生物，通过热退火或化学处理氧化石墨烯得到，从而消除了现有的官能团[8]。近十年来，这些材料以其优异的性能在纳米材料领域得到了广泛的关注，它们在生物医学[9-15]、电子学[16-19]、力学[20-23]、环境科学[24-27]、能源[28-31]等领域都有潜在的用途。Xu 和其同事报告了用于水处理的石

墨烯吸附剂，所有这些发现都促进了在不同领域应用中对石墨烯的研究[32]。除了它们的不同用途外，据报道石墨烯基材料也被用作抗微生物剂，其行为机制解释了其作用形式。

考虑到微生物在多年来一直是公共卫生面临的挑战，使用抗微生物剂作为解决方案已经被用于治疗全世界的微生物感染[33]。但是考虑到大多数微生物在治疗过程中表现出的耐药性，很难有效地治疗许多感染。最近，研究人员已经开始使用石墨烯及其衍生物开发新材料，因为这些石墨烯及其衍生物具有抗微生物能力，但对引起感染的微生物，如植物病原体[34-36]、真菌[37-40]和细菌[41-44]的抵抗力较差。

通常，石墨烯及其衍生物已被认为可以引起物理和化学抗微生物作用。例如，细菌膜直接与石墨烯锋利边缘相互作用导致物理破坏，且由活性氧（ROS）或电荷传递产生氧化应激会导致化学破坏[45]。在其他一些情况下，石墨烯起到稳定和分散纳米材料的作用，如金属、聚合物和复合材料以及金属氧化物，这可以协同提供抗微生物能力。

## 9.2 石墨烯基材料的抗微生物活性

### 9.2.1 抗菌活性

Hu等[46]研究了氧化石墨烯纳米片与细菌细胞的相互作用，发现其具有较好的抗微生物能力和较低的细胞毒性水平。他们证明了石墨烯基纸可以抑制细菌的生长，这表明了氧化石墨烯应用具有低成本、高效、环保等潜力。上海应用物理研究所的Hu等[47]利用悬浮官能团（羧基、环氧基和羟基）对石墨烯进行化学改性，使石墨烯能够在水中快速分散。研究人员用Hummers方法制备氧化石墨烯纳米片，使用原子力显微镜（AFM）发现氧化石墨烯纳米片的厚度约为1.1nm，这表明氧化石墨烯纳米片是二维纳米材料。作者进一步使用肼还原了这些氧化石墨烯纳米片，形成还原氧化石墨烯纳米片，通过原子力显微镜（AFM）确定其厚度为1.0nm。通过与大肠杆菌DH5α的相互作用，研究人员研究了还原氧化石墨烯和氧化石墨烯的细胞毒性和抗微生物活性。用基于萤光素酶的ATP检测试剂盒孵育2h后，使用85μg/mL氧化石墨烯和还原氧化石墨烯纳米片治疗后，37℃下的大肠杆菌代谢活性分别下降到约13%和24%，这表明石墨烯基材料均有抗微生物活性。此外，对于A549细胞，与氧化石墨烯相比，还原氧化石墨烯细胞的细胞毒性水平更高，这可能是由于还原氧化石墨烯和氧化石墨烯中存在的官能团之间的不同表面电荷所致。Gurunathan等[48]在韩国建国大学做的研究报告了相似的结果，他们发现还原氧化石墨烯与氧化石墨烯对铜绿假单胞菌具有氧化应激介导的抗微生物能力。他们报告了含量相关性并测试了与时间相关的抗微生物效率，他们使用铜绿假单胞菌孵育75μg/mL的分散剂，每4h测定活力损失，氧化石墨烯的存活率在1h、2h和4h分别为23%、49%和87%，还原氧化石墨烯的存活率分别为14%、40%和86%。结果表明，氧化石墨烯比还原氧化石墨烯具有更高的抗微生物能力。最近，耶鲁大学的Perreault等[49]在一次会谈中描述了氧化石墨烯纳米片大小对大肠杆菌抗微生物活性的影响。他们发现，当用于表面涂层的氧化石墨烯纳米片从0.65$\mu m^2$降低到0.01$\mu m^2$时，其抗微生物活性就会增加，他们将这归因于与较小的纳米片缺陷密度较高有关的氧化机制。但当它们被用作细胞悬液时，情况正好相反，0.65$\mu m^2$的氧化石墨烯纳米片在暴露3h后使细菌失去活性。

其他科学家已经研究了石墨烯基纳米材料的抗微生物潜力，并取得了一些成功，表9.1强调了这些应用。

表9.1 石墨烯基纳米材料的抗微生物应用

| 石墨烯基纳米材料 | 调查的菌株 | 参考文献 |
| --- | --- | --- |
| 氧化石墨烯－银纳米复合材料 | 大肠杆菌<br>金黄色葡萄球菌<br>铜绿葡萄球菌 | [50－52] |
| 氧化石墨烯－聚(酰胺)薄膜 | 大肠杆菌 | [53] |
| 聚乙二醇化银－石墨烯量子点纳米复合材料 | 金黄色葡萄球菌<br>铜绿假单胞菌 | [54] |
| 氧化石墨烯－gunanidine 聚合物 | 大肠杆菌<br>金黄色葡萄球菌 | [55] |
| 氧化石墨烯纳米壁 | 金黄色葡萄球菌 | [43] |
| 氧化石墨烯－PEI－单宁酸 | 大肠杆菌 | [56] |
| 壳聚糖－Ag 纳米粒子－氧化石墨烯 | 金黄色葡萄球菌 | [57] |
| 氧化石墨烯$TiO_2$ | 大肠杆菌 | [58] |
| 氨基苯酚－Ag 纳米粒子－石墨烯薄片 | 大肠杆菌<br>金黄色葡萄球菌 | [59] |
| ZnO－壳聚糖－氧化石墨烯纳米复合材料 | 大肠杆菌<br>金黄色葡萄球菌 | [60] |
| 氧化石墨烯－胱胺纳米杂化材料 | 鼠伤寒沙门氏菌<br>大肠杆菌<br>枯草芽孢杆菌<br>粪肠球菌 | [61] |
| $MnS_2$还原氧化石墨烯纳米杂化材料 | 大肠杆菌 | [62] |
| Ag 纳米粒子－聚(*N*－乙烯基吡咯烷酮)－氧化石墨烯 | 大肠杆菌<br>金黄色葡萄球菌 | [63] |
| $Co_3O_4$ 纳米粒子－还原氧化石墨烯纳米复合材料 | 大肠杆菌 | [64] |
| ZnO 纳米粒子－氧化石墨烯 | 鼠伤寒沙门氏菌<br>大肠杆菌<br>枯草芽孢杆菌<br>粪肠球菌 | [65] |
| ZnO－氧化石墨烯 | 大肠杆菌 | [66] |
| $TiO_2$－还原氧化石墨烯 | 大肠杆菌 | [67] |
| 氧化石墨烯 | 水稻白叶枯病菌 | [34] |

### 9.2.2 抗真菌活性

研究人员已经对石墨烯基材料的抗真菌能力进行了研究，并成功获得了一些发现，尽管与其抗微生物能力相比报道较少。考虑到公众关注真菌有效载荷引起的感染，因此鼓励研究人员去研究确定可能的抗真菌材料。来自泰国的研究人员报道了还原氧化石墨烯纳米片的合成和抗真菌活性。他们用 Hummers 法成功制备出纳米薄片后，分别测定了还原氧化石墨烯纳米片对尖孢镰刀菌、米曲霉和黑曲霉的抗真菌能力，得到了 50μg/mL、100μg/mL 和 100μg/mL 的 $IC_{50}$ 值[37]。Li 等[68]研究了氧化石墨烯冰片（GOB）复合材料的抗真菌能力。研究人员使用硫玛酸改性氧化石墨烯薄片对冰片进行酯化，从而制备了 GOB。在制备过程中，采用连接分子促进表面羧基的形成。为了证实抗真菌活性，Li 和其同事将总状毛霉放置于37℃下并进行培育，证实了在120h 后真菌广泛生长。随后进行了着陆测试（图 9.1），包括在生长的总状毛霉上贴上治疗样本，当真菌在样本上生长时，是否确认促进生长表明了它的抗真菌能力。GOB 样品是唯一一种抑制总状毛霉生长的治疗方法，因为与其他治疗样本相比，这些细胞在孵化 5 天后没有黏附在样品表面，这证实了它的抗真菌能力。

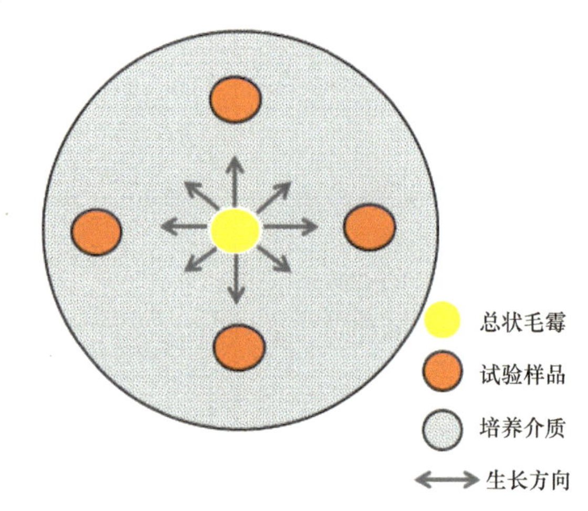


图 9.1　抗真菌着陆试验模型的示意图[68]

Cui 和其同事[69]对氧化石墨烯－银纳米复合材料的抗真菌能力进行了研究。他们通过改进的 Hummers 法成功地合成了氧化石墨烯－银纳米复合材料，并对其进行了进一步的表征，研究了其在白假丝酵母上的抗真菌活性，结果表明，与银纳米粒子相比，氧化石墨烯－银纳米复合材料具有更强的抗真菌能力。据报道，与银纳米粒子相比，制备的氧化石墨烯－银纳米复合材料的细胞毒性也较低，它具有与红血球的卓越血液相容性，这表明氧化石墨烯－银纳米复合材料在生物医学领域的潜在应用，可以在全球公共卫生领域协助抗击真菌感染。

研究人员报道了石墨烯基材料有助于农作物疾病预防。Chen 和其同事[70]报道了通过界面静电自组装制备氧化石墨烯－Ag 纳米粒子，其对禾本科镰刀菌具有体外和体内抗真菌能力。与氧化石墨烯纳米片（250μg/mL）和 Ag 纳米粒子（12.45μg/mL）相比，浓度低至 9.37μg/mL 的氧化石墨烯－Ag 纳米粒子具有较好的抗真菌性能，这表明其具有预防农作物疾病的抗真菌能力。Wang 和其同事研究了氧化石墨烯－$Fe_3O_4$ 纳米复合材料对葡萄致病真菌葡萄浆单胞菌的抗菌作用。按照 Wang 等[72]报道的方法氧化和剥离石墨粉末，然后使用 Fan 等[71]的方法制备了氧化石墨烯氧化－$Fe_3O_4$ 纳米复合材料。50μg/mL

的氧化石墨烯 - $Fe_3O_4$ 纳米复合材料具有保护和抗真菌能力，250μg/mL 的氧化石墨烯 - $Fe_3O_4$ 纳米复合材料降低了葡萄浆单胞菌的影响，这表明其浓度为 1000μg/mL 时对葡萄藤植物无任何不良影响。

### 9.2.3 抗病毒活性

虽然对石墨烯基材料的研究信息很少，但其由于抗病毒特性已被研究人员利用，并取得了显著的成功。中国研究人员利用氧化石墨烯和还原氧化石墨烯的抗病毒活性成功对抗核糖核酸（RNA）病毒、猪流行性腹泻病毒（PEDV）和 DNA 病毒 - 伪狂犬病病毒（PRV）等病毒[73]。这两种病毒株都来自接种商用疫苗的感染猪，他们发现石墨烯基材料在 1.5μg/mL 和 6μg/mL 的最低浓度下有效抗阻 PEDV 和 PRV 病毒，其活性与时间和浓度有关。他们报道了对 PEDV 和 PRV 感染的抑制，通过结构破坏使其失活，从而使病毒进入，这表明石墨烯基材料对病毒潜在作用非常有效。石墨烯基材料的抗病毒活性被认为是负电荷和尖锐边缘结构的结果。以色列的研究人员报告了使用石墨烯基材料预防单纯疱疹病毒 1 型（HSV - 1）引起的感染。他们使用低浓度下功能化的还原氧化石墨烯和氧化石墨烯去阻断 HSV - 1 引起的感染，这进一步证实了石墨烯基材料的抗病毒能力[74]。最近，Deokar 和其同事报道了用功能化还原氧化石墨烯合成磺化磁性纳米粒子，以通过光热捕捉和破坏 HSV - 1[75]。首先用改性 Hummers 法氧化石墨，然后使用化学沉淀法同时还原和功能化磁性纳米粒子，并在磺化前将氧化石墨烯还原到还原氧化石墨烯，得到功能化还原氧化石墨烯的磺化磁性纳米粒子。据报道，磺化作用是为了模拟细胞表面的硫酸肝素部分，而磁性的纳米粒子通过使用外部磁铁，使得捕获的病毒体集中到一起，提高了石墨烯基材料的抗病毒光热效能。该装置取得了成功，在 7min 内有效地消除了大约 99.999% 的病毒载量，这证实了设计的有效性和 A2,3 - 双（2 - 甲氧基 - 4 - 氮 - 5 - 磺基苯基）- 2 H - 四唑 - 5 - 315 羧苯胺（XTT）基的比色法确定其对细胞的非毒性。

## 9.3 石墨烯基材料的毒理学作用

虽然石墨烯基材料的应用很有趣，但由于其明显的非生物降解性，对其毒性作用和生物相容性的深入研究一直是争论的焦点[76]。体外毒性研究通常是评估大多数石墨烯基材料毒性的第一步，然后进一步深入进行体内研究。与体内研究相比，体外研究通常不那么昂贵和复杂，但它提供了体内研究中可以预期的提示[77]。研究表明，石墨烯基材料的性质、制备方法、组成官能团及其特征决定了它们与人体细胞、组织和器官的相互作用[78]。研究人员已经进行了大量的实验来评估几种石墨烯基材料的毒性，尽管与碳纳米管相比，报告的毒性明显更低，但是关于它们的毒性还有很多争论[79]。同时，研究人员发现在体内使用不同的石墨烯基材料作用也不同，因为它们存在着不同的生物分布模式[80-81]（图 9.2）。

在一项研究中，使用氧化石墨烯（50μg/mL）可对成纤维细胞产生明显的细胞毒性[82]。然而，在对 A549 人类癌性肺泡基底上皮细胞（A549 细胞）进行的另一项研究中，研究人员认为 80μg/mL 的氧化石墨烯是毒性阈值。当含量高于此水平时，细胞可能发生凋亡[76]。当氧化石墨烯含量大于 50mg/mL 时，观察到细胞毒性作用，如细胞黏附减少、诱导细胞凋亡、氧化石墨烯进入溶酶体、线粒体、内质和细胞核等。在大鼠体内进行的毒性研究表明，注射氧化石墨烯的含量与毒性作用有关，这是长期累积的结果[83]。这种毒性是由于氧化石墨烯在体内不稳定以及不能与蛋白质特异结合导致的。因此，注射氧化石墨烯后，其在肺中被捕获，肺是第一个携带石墨烯基材料的器官。在另一项研究中，与其他纳米材料相比，氧化石墨烯的血液循环时间更长，进入网状上皮结构域的氧化石墨烯摄取量也更低[84]。此外，在该团队进行实验后，Wang 和其同事们报道了氧化石墨烯的生物相容性。分别给 4 ~ 5 周龄雌性昆明小鼠（Sprague - Dawley 大鼠）静脉注射低、中、高含量的氧化石墨烯，分别为 0.1mg、0.25mg 和 0.4mg[77]。研究人员观察到高用量大鼠组的毒性，一周后 9 只大鼠死亡了 4 只。相关人员称，这是肺部氧化石墨烯积聚的结果，会导致气道阻塞。1 天、7 天、30 天的组织学分析结果表明，氧化石墨烯不能穿过血脑屏障，因为在大脑中没有积聚。观察到的其他慢性毒性作用是肺、肝、肾和脾中形成肉芽肿[85]。这些发现表明，氧化石墨烯在小浓度下无毒，因为在用药 0.1mg 和 0.25mg 氧化石墨烯的大鼠组中没有发现毒性。

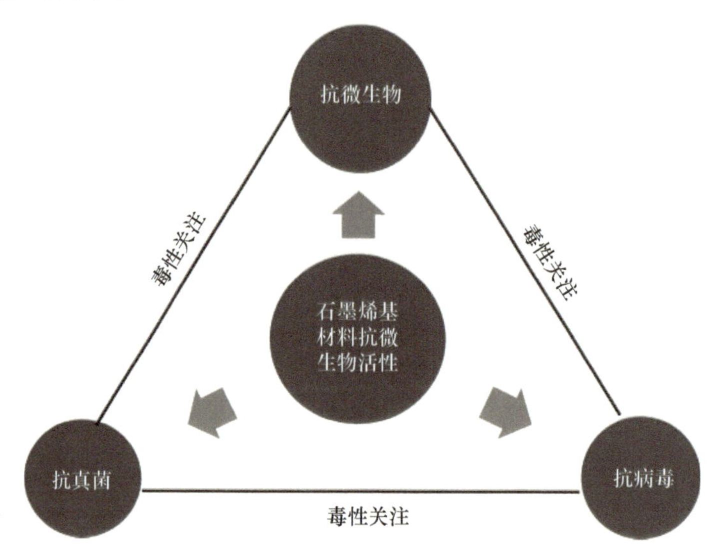


图 9.2　石墨烯基材料抗微生物活性的毒性关注图形摘要

Liao 和同事还评估了氧化石墨烯对皮肤成纤维细胞和人类红细胞的毒性。结果表明，最低粒径的氧化石墨烯具有最高的溶血活性。另一方面，在聚集的石墨烯片中发现较低的溶血活性[86]。从他们的研究报告来看，颗粒的大小、颗粒的状态、氧含量以及材料的表面电荷对红细胞的毒理反应起着关键作用。此外，他们的报告清楚地显示，致密的石墨烯片对哺乳动物的成纤维细胞造成的损伤要比没有那么致密的石墨烯片损伤更大。通过两个星期研究氧化石墨烯对小鼠（每千克体重给 1mg）的影响，发现小鼠的器官没有任何病理改变。研究人员还研究了功能化石墨烯基材料的毒性。Sasidharan 等在报告中强调了这一点，他们比较了原始石墨烯和羧基氧化石墨烯（GO—COOH）对猴肾细胞的毒性。他们评估了 10 ~ 300μg/mL 浓度的石墨烯衍生物的细胞相互作用的变化[87]。结果表明，氧化程度越高的亲水性石墨烯衍生物，其细胞相容性越强。同样，MTT 和 Trypan 蓝法也被用来评估三种功能化石墨烯量子点（$NH_2$、COOH、CO—N$(CH3)_2$）的细胞毒性。在用浓度为10~200μg/mL的石墨烯量子点治疗24h后，使用的A549肺癌和人神经胶质瘤C6细胞没有死亡和坏死[88]。在另一项涉及功能化氧化石墨烯薄片的研究中，观察到RAW-264.7巨噬细胞、Saos-2成骨细胞和MC3T3-E1鼠前成骨细胞的氧化应激、细胞周期改变和凋亡[89]。这表明在F-肌动蛋白长丝上的聚(乙二醇胺)功能化氧化石墨烯片对细胞有一定的毒性作用。采用MTT法、荧光DNA法和荧光显微培养细胞毒性测定，Horvath等研究了氧化石墨烯和还原氧化石墨烯对A549人肺上皮细胞和小鼠RAW 264.7腹膜巨噬细胞的毒性[90]。结果表明，在0.0125~12.5μg/$cm^2$浓度范围内，暴露后5天内发现与含量相关的毒性：第2天和第3天的A549和RAW 264.7巨噬细胞中，RAW 264.7巨噬细胞则需要1.25~12.5μg/$cm^2$的更高浓度。研究人员发现氧化石墨烯发生细胞内化，但未发现细胞内损伤的迹象，且在0.0125~0.125μg/$cm^2$浓度范围内细胞内活性氧生成没有增加。同样，与未功能化的石墨烯量子点相比，功能化石墨烯量子点在48h内的毒性水平较低[91]。在皮下和腹腔组织放入植入物后，研究氧化石墨烯在两个氧合阶段之间的生物相容性，以确定氧化石墨烯对医疗器械的影响[92]。用20mg/kg的氧化石墨烯注射组织部位，会带来不同碳氧比。流式细胞仪用于定量炎症细胞。结果发现，炎症反应通常与人体系统中引入异物有关。同时，监测巨噬细胞的水平，观察到氧化石墨烯组较对照组有较低的巨噬细胞水平。此外，随着氧化石墨烯氧化水平的提高，促进炎症环境的改善以及单核细胞数量的增多。同样，不同氧化法合成的具有不同氧含量的氧化石墨烯表明，氧化石墨烯中的氧含量与A 549细胞的毒性有关。通过对黏附在肺上皮细胞的各种氧化石墨烯进行检测，以研究它们的线粒体活性[93]。在对Hep G2细胞进行的另一项实验中[94]，证实了氧化石墨烯和羧基石墨烯纳米微片对细胞膜的损伤。这种损伤是由于这些材料与细胞的物理相互作用以及含量的增加。此外，细胞暴露于这些材料导致了细胞的代谢活性和细胞的超微结构的改变，并观察到了诱导氧化应激。Li和其同事们也发现了在气管内滴注氧化石墨烯后，肺中保留了纳米级的氧化石墨烯[95]。他们在研究纳米尺度氧化石墨烯在体内的分布和肺毒性时发现了此现象。他们认为石墨烯基材料的保留可能导致慢性肺纤维化和急性肺损伤。他们还报道了125 I-NGO的生物分布与125 I离子的分布有很大的差异；因此，突变和癌症可能是由于放射性同位素的积累和保留而产生，这些放射性同位素通过纳米粒子(纳米尺度氧化石墨烯)传递到肺部。Vallabani和其同事[96]用MTT法研究了在10~100μg/mL浓度下的氧化石墨烯对正常人肺细胞(BEAS-2B)的毒性作用[96]。结果发现细胞活性下降，早期和晚期阶段凋亡细胞增多，并与含量和时间相关。同样，Yuan等用MTT法、双氢荧光素二乙酸酯(FDA)、荧光分析法和2 D LC-MS蛋白质组分析法研究了48h内氧化石墨烯对人肝癌HepG2细胞的细胞毒性作用[97]。研究显示，在氧化石墨烯浓度为1μg/mL时，活性氧增加了8%，线粒体损伤也增加了6%。同时，未凋亡细胞群体、细胞周期、代谢和细胞骨架蛋白表达均无明显变化。在另一项研究中，报道氧化石墨烯浓度低于80μg/mL时，其对人神经母细胞瘤SH-SY5Y细胞没有凋亡或细胞毒性作用[98]。相反，发现了增强的细胞分化和表达神经元标记(MAP2)以及改善的神经元长度。因此，这表明氧化石墨烯在神经退行性疾病的治疗中发挥了重要的作用。此外，一组研究人员研究了纳米洋葱、氧化-纳米微片(GONP)和氧化-纳米带等不同石墨烯纳米结构对人类间充质干细胞(hMSC)干细胞分化能力的毒理学行为。他们用不同浓度(5~300μg/mL)的石墨烯纳米结构处理这些细胞24~72h，并利用钙黄绿素乙酰氧基甲酯和 Alamar 蓝检测发估计其细胞毒性作用。从他们的发现来看,毒性与含量相关,而不与时间相关。然而,当细胞暴露于大于 50μg/mL 的石墨烯基材料时,未见细胞毒性反应。除了这些发现外,研究人员还发现 hMSC 的成骨和成脂分化的变化并不是由任何一个石墨烯位纳米结构诱导的。Cheng 和其同事为了比较它们对人类上皮细胞(A549 细胞)的细胞毒作用,对 GONR 和 GONP 进行了细胞毒性研究。使用浓度为 3 ~400μg/mL 的氧化石墨烯,并用 WST -8 和 MTT 法评估了细胞毒性[99]。存在较多的羰基和高长径比(GONP 为 11.06%,GONR 为 28.22%,GONP 的长 × 宽为 100nm × 10nm,GONR 的长 × 宽为 5000nm × 310nm)是由于 GONP 的细胞毒性增加。在 Akhavan 和其同事做的一项实验中发现石墨烯基纳米材料(薄片和纳米带)的细胞毒性与含量和形状相关[100]。在实验中,从脐带血中提取的 hMSC 同时暴露于 rGO 薄片(rGOS)和 GONR 中,并通过 FDA 评估其细胞活性。细胞暴露于浓度为 10μg/mL 的 rGONR 中 1h 后,发现细胞具有毒性作用,而 96h 后,在 10μg/mL 的 rGOS 中培养的细胞的细胞毒性水平相同。氧化应激产生和 DNA 断裂/染色体畸变是因为 rGOS 和 rGONR 的细胞毒性。根据 Mullick - Chowdhury 等的实验报告,使用了四种不同的细胞系,即 Sloan Kettering 组织的乳腺癌细胞(SKBR3)、Michigan 癌症基金会的 7 乳腺癌细胞(MCF7)、来自宫颈癌组织的 Henrietta Lacks 细胞(HeLa)、NIH - 3T3 小鼠成纤维细胞(NIH - 3T3),以及 6 种不同的检测法,研究了石墨烯基材料的细胞毒性[101]。用浓度为 10 ~400μg/mL 的 GONR 对细胞处理 12 ~ 48h,然后将其分散在 DSPE - PEG(1,2 - 二硬脂酰 - 锡 - 甘油 - 3 - 磷酸乙醇胺 - *N* - [氨基(聚乙二醇)]中。石墨烯基材料的毒性表现为含量、时间和细胞类型相关,与其他细胞类型 78% ~100% 细胞存活率相比,HeLa 细胞具有最小细胞存活率(5% ~25%)。除了这些结果外,通过透射电子显微镜(TEM)观察到 HeLa 细胞肿胀和破裂的质膜,这显示了坏死的细胞亡。大小也是与石墨烯基材料所显示的毒性水平相关的一个关键因素。Akhavan 等的研究强调了这一点,他们在 hMSC 上制备了尺寸为 3.8μm ±0.4μm 的氧化石墨烯和尺寸为 11nm ±4nm、91nm ±37nm、418nm ±56nm 的 rGO 纳米微片(rGONP)[102]。RNA 流出物和彗星试验、ROS 试验和 FDA 检测法用于评估细胞毒性和细胞存活率。细胞组暴露于浓度为 100μg/mL 的 rGONP(11nm ±4nm)时,细胞死亡率大于 95%,而暴露于制备的氧化石墨烯时,死亡率最低约为 20%。

Chang 等进行了另一项研究,探讨了石墨烯基材料尺寸对毒性的影响。人肺腺癌细胞(A549)暴露于不同大小的氧化石墨烯中,即 160nm ±90nm、430nm ±300nm、780nm ± 410nm,在浓度为 10 ~200μg/mL 范围内培养 24 ~72h 后,用 CCK -8 法检测细胞。结果表明,最小尺寸氧化石墨烯薄片的细胞活力最低约为 67%,而 430nm ±300nm 和 780nm ± 410nm 的氧化石墨烯薄片的细胞活力则大于 80%[103]。有一篇报道用两种不同的方法,即超声和探针超声研究了 GONR 毒性与尺寸相关。将 GONR 在细胞培养培养基中溶解 5 ~20min,分别溶解 1min、5min 或 10min[104]。将两种不同细胞(MCF -7 和 A549 细胞)暴露于 20μg/mL 浓度的含有 GONR 和乳酸脱氢酶介质中,使用 presto 蓝法测定石墨烯基材料的毒性。用 GONR 超声和非超声槽液对细胞无不良影响。然而,发现使用 GONR 探针超声溶液治疗的细胞组细胞代谢压力降低。据报道,发现的这种细胞毒性是由于存在的小碎片和碎屑这在 TEM 图像中可以看出来。

Yue 等发现氧化石墨烯的横向尺寸与其细胞反应调节有直接关系[105]。研究人员研究了6个不同的细胞系（人脐静脉内皮细胞、人肝癌细胞[HepG2]、人乳腺癌[MCF-7]、小鼠 Lewis 肺癌、小鼠巨噬细胞[J774A.1]和腹腔巨噬细胞[PMØ]），以评估石墨烯基材料的细胞毒性作用。每种细胞系暴露于20μg/mL 浓度的不同大小（2μm 和 350nm）的氧化石墨烯微片中，持续48h。处理组使用无锰的氧化石墨烯微片和含锰的氧化石墨烯微片（杂质）。研究发现，在锰-氧化石墨烯组中，所有细胞类型均表现出明显的细胞毒性，约40%~60%细胞死亡；而在合成氧化石墨烯中去除杂质（锰）可以恢复细胞活力，大约有80%~100%细胞存活率。这突出了在石墨烯基材料生产过程中消除所有杂质的重要性，以避免干扰。此外，我们还观察到微米大小的氧化石墨烯可以诱导细胞因子的释放以及更强烈的炎症反应。他们的研究结果表明，细胞释放细胞因子和炎症反应取决于氧化石墨烯的大小。Singh 等对石墨烯基材料进行了体内毒性研究[80]。在此研究中，调查了氧化石墨烯和还原氧化石墨烯纳米微片聚集情况。将250μg/kg 含量的石墨烯基材料注入8~12周龄雄性小鼠内，保持15min。为观察小鼠的肺，将其安乐死后进行组织学分析。结果表明，氧化石墨烯比还原氧化石墨烯更能引起微片聚集。此外，还原氧化石墨烯引起的血管阻塞约为8%，明显低于氧化石墨烯引起的血管阻塞率。他们的发现表明，氧化石墨烯由于氧化后表面电荷较大，会诱发严重的肺血栓栓塞。Zhang 等[106]研究了20mg/kg含量的葡聚糖功能化氧化石墨烯（GO-Dex）在第1天、第3天和第7天时对雌性 Balb/c 小鼠的影响。在对肝切片后7天使用苏木精和伊红（H&E）染色，可见黑点显著增加。这是由于从老鼠的肝脏中清除了 GO-Dex。因此，使用功能化的氧化石墨烯不会产生任何毒性。在同一组研究人员报告的另一项研究中，研究了氧化石墨烯在 Sprague Dawley 大鼠体内的分布和生物相容性[107]。给大鼠静脉注射1mg/kg 和10mg/kg 的氧化石墨烯，14天后进行脾、肝、肾组织病理学分析。用药1mg/kg 小组的各器官均无病理变化，用药10mg/kg 小组除肺外均有正常的病理生理变化。他们观察到炎性细胞浸润、肉芽肿性病变、纤维化和肺水肿，这是由于氧化石墨烯在肺部的聚集，这表明虽然氧化石墨烯生物兼容，但它在肺部的积累可能引起对其安全性的担忧。他们除了对此研究外，还对氧化石墨烯的生物分布进行了评价。静脉使用$^{188}$Re-标记氧化石墨烯后，在1h、3h、6h、12h、24h 和48h 对其进行跟踪。他们观察到氧化石墨烯从血液中清除，发现网状内皮系统中的单核吞噬细胞在肝脏和脾脏中清除了氧化石墨烯，但在肺中发现了氧化石墨烯的累积。Chowdhury 和其他研究人员评估了功能化的氧化石墨烯纳米微片的血液学毒性[108]。用聚右旋糖酐和 RBL-2H3 肥大细胞功能化氧化石墨烯纳米微片，将人血小板暴露于1~10mg/mL 的浓度中，未见石墨烯基材料的血液学毒性。没有发现血小板活化，也没有组胺释放和血细胞溶血。在浓度大于7mg/mL 时，补充蛋白表达增加12%~20%，而细胞因子肿瘤坏死因子-α和白细胞介素-10的水平没有变化。Singh 等对石墨烯基材料的血液学毒性进行了类似的实验。这个体外评估包括两个石墨烯基材料，即氧化石墨烯和还原氧化石墨烯，检测了其在人血小板上的作用[80]。他们将浓度为2μg/mL 的氧化石墨烯暴露于新鲜分离的血小板悬浮液中，然后进行毒性或其他研究。研究表明，血栓形成的原因是钙和 Src 激酶的释放导致氧化石墨烯活化，而与氧化石墨烯浓度相同的还原氧化石墨烯诱导微小的血小板聚集（即氧化石墨烯诱导的聚集只有10%）。

Duch 和其团队对在2%的普兰尼克和水中聚集的氧化石墨烯和原始石墨烯进行了实验，以确定它们的毒性作用[109]。这三种类型的石墨烯基材料分别用于治疗六只雄性小鼠，剂量为每只小鼠50μg；通过气管内滴注完成用药。对小鼠给药24h后，将安乐死小鼠的肺进行了组织学分析和电镜观察。观察到不同石墨烯基材料的分散和氧化状态对其肺毒性水平的影响。聚集的石墨烯会诱导局部纤维反应，与之相比，最分散的石墨烯基材料（在普兰尼克共聚物溶液中的原始石墨烯）诱导降低的急性非纤维性肺炎症。此外，结果显示与氧化石墨烯相比，使用原始石墨烯治疗肺部疾病的健康风险较低。这是因为氧化石墨烯导致持续21天以上的肺损伤。

同样，Li和其团队也研究了氧化石墨烯在体内的肺毒性和生物分布。给小鼠注射10mg/kg的氧化石墨烯，并在0h、24h、48h、72h和1周时进行观察，发现慢性肺毒性与时间相关。然后进行单光子发射计算机断层扫描成像和组织学分析，用于评价生物分布和肺毒性。由于在肺内发现氧化石墨烯分布，氧化石墨烯导致急性肺损伤，从而引起慢性肺纤维化。在支气管肺泡灌洗液中发现嗜中性粒细胞增多，这与含量相关。组织学分析的结果显示肺泡间隔结构增厚和改变，广泛出血和中等程度的肠道水肿。此外，使用氧化石墨烯48h后显示随着某些酶（超氧化物歧化酶和谷胱甘肽过氧化物酶）增加，发生氧化应激。也有人认为，氧化石墨烯可以穿过空气-血液屏障，因为在肝脏和肠道中发现少量氧化石墨烯。因此，在大规模生产氧化石墨烯时，必须减少人体暴露于氧化石墨烯中，因为氧化石墨烯会造成严重肺毒性。静脉滴注浓度为0、1mg/kg、5mg/kg或10mg/kg的氧化石墨烯到昆明小鼠，24h后发现与含量相关的急性和慢性肺毒性[95]。

为了观察GBM在体内的毒性，研究人员对口服石墨烯基材料也进行了研究。Fu和其团队进行了这样的研究，他们评估了氧化石墨烯对雌性大鼠的毒性[110]。在他们的研究中，观察了口服0.5mg/mL和0.05 mg/mL的氧化石墨烯对妊娠小鼠后代的影响。在小鼠出生后1～38天（PND），将这些浓度的氧化石墨烯悬浮液用于8～9周龄雌性ICR小鼠身上。在哺乳期间给幼鼠喂含有氧化石墨烯的水，在断奶期的1～21 PND和22～38P ND期间给幼鼠喂净水。第21天后测量幼鼠体重，并在第38天后将其安乐死。与对照组相比，0.5mg/mL的氧化石墨烯治疗组显示体重、体长和尾长的增加以及严重的萎缩。然而，在氧化石墨烯用药组，肌酐、丙氨酸转氨酶、天冬氨酸转氨酶和血尿素氮等血液酶水平无显著差异。空肠（小肠部分）、回肠和十二指肠的H&E染色结果显示十二指肠宽度和绒毛长度延长。结果表明，氧化石墨烯有可能对哺乳期的幼鼠产生实质性的不良影响。

Zhang等研究了还原氧化石墨烯对6～8周龄C57b/6雄性小鼠的平衡、精神状态、学习、记忆、神经肌肉协调和运动活性的短期影响[111]。这些研究人员通过Morris水迷宫、野外和小鼠转棒仪进行了这项实验。5天中每24h将60mg/kg含量的氧化石墨烯使用到小鼠身上，在3～4天后显示小鼠运动活性和神经肌肉协调能力下降。然而，与进食的对照组相比，用药的小鼠组保持了正常的器官重量、进食行为和体重。也可以说它们没有通过小鼠转棒仪和野外测试。然而，15～60天的治疗后显示这些参数回归正常。此外，衰老参数、肝功能、肾功能和血液酶均无明显变化。其他关于学习和记忆的酶，如海马乙酰胆碱酯酶和胆碱乙酰转移酶的水平保持正常。这说明口服高浓度的氧化石墨烯不会对精神状态、记忆、空间、学习和探索性表现产生任何负面影响。然而，在运动和神经肌肉协调方面，会出现短期的减少，但在几天后最终恢复正常。

Wu等对秀丽隐杆线虫进行了口服氧化石墨烯实验。在幼虫和成年发育阶段，分别给予0.1～100mg/L含量的氧化石墨烯，并将急性和延长暴露时间定为24h[112]。研究人员通过将氧化石墨烯与线虫食物混合在一起,成功在这些生物上使用了氧化石墨烯,以此分析氧化石墨烯对它们生长、繁殖、运动和死亡的影响。当氧化石墨烯用量大于 0.5mg/L 时,观察到肠道和神经元以及生殖器官在延长暴露的情况下受到严重的损伤,另外还有绒毛脱落、高渗透肠壁和扩大排便周期等其他有害影响。因此,暴露于氧化石墨烯会对环境中的植物区系产生长期的负面影响。

日本的研究人员将 0.1mg/mL、0.2mg/mL 或 0.3mg/mL 浓度的氧化石墨烯用玻璃体内注入法注入白兔,以此进行了氧化石墨烯的眼部毒性研究[113]。用针直接将药物注入眼部,通过眼底镜检查和裂隙灯生物显微镜观察眼部情况。与对照组相比,氧化石墨烯对视网膜、后介质、内介质和角膜均无明显的不良反应。与对照组相比,用氧化石墨烯治疗眼部的眼压也无显著性差异。进行 H&E 染色治疗后 49 天,未见治疗眼部视网膜异常。然而,视网膜中仍有少量的氧化石墨烯残留。使用氧化石墨烯治疗眼部,应用视网膜电图(ERG)在治疗 2 天、7 天、28 天和 49 天后对眼电脉冲传导的变化进行了同样的评估。报告显示治疗组的 ERG 振幅与对照组相比无明显变化。

Sahu 等使用腹腔注射氧化石墨烯分散多元凝胶,在 8 周后报告显示巨噬细胞数量减少[114]。研究人员发现无慢性炎症记录,也无出血或组织坏死。此外,6 ~ 7 周龄 balb/c 小鼠皮下注射石墨烯基材料后,未见周围组织有降解产物。同样,Strojny 和其团队在给 6 周大的雌性 Wister 大鼠注射 4mg/kg 的氧化石墨烯、石墨和纳米金刚石的纳米粒子悬浮液后,对大鼠腹腔内毒性进行了研究[115]。在 4 周或 12 周后将实验对象安乐死,以便收集它们的血液和肝脏进行分析。在注射部位附近的腹腔内观察到聚集纳米粒子的存在,在肠系膜和肝浆液中也有较小的聚集物。血和肝酶水平正常,这说明在整个实验期间石墨烯基材料的生物相容性对健康无不良影响。其他研究人员同样研究了腹腔注射石墨烯基材料对小鼠的毒性[116-117]。他们的结果表明,不同的石墨烯基材料具有不同的毒性作用,包括无毒性或最小毒性到严重毒性。

从上述研究结果中可以看出,影响石墨烯基材料毒性水平的主要因素是含量、尺寸、曝露时间和石墨烯层数[76]。此外,暴露环境决定了材料是否发生聚集,以及材料与细胞类型的相互作用方式(黏附或悬浮),由此其决定了石墨烯基材料的毒性[85]。此外,应仔细研究石墨烯基材料的纯度,因为它们也可能产生能够诱导细胞毒性的碎片。这就需要进一步的研究,以此更好地了解细石墨烯基材料的安全和不利影响的细节。此外,在石墨烯基材料广泛应用于生物系统之前,还需要对石墨烯基材料的毒性进行标准化和验证。

## 9.4 小结

研究人员已经发现,利用不同石墨烯基材料,石墨烯具有抗微生物、抗病毒和抗真菌活性。这些研究成果促进了石墨烯基材料在体内的应用,但引起了全世界研究人员产生了一些有争议的讨论,如毒性方面。这进一步限制了石墨烯基材料在生物医学领域的发展。避免围绕石墨烯基材料毒性的主流辩论将帮助研究人员进一步研究它们在生物医学领域的应用发展。相关人员需要确定和规定适当的指导方针,以指示适用于石墨烯基纳米材料的安全尺寸/体积比。这将极大地提高石墨烯基材料在生物医学领域的应用能力。

## 参考文献


[1] Geim, A. K., Graphene: Status and prospects. *Science*, 324, 5934, 1530 – 1534, 2009.

[2] Geim, A. K. and Novoselov, K. S., The rise of graphene. *Nat. Mater.*, 6, 3, 183, 2007.

[3] Novoselov, K. S., Geim, A. K., Morozov, S. V., Jiang, D., Zhang, Y., Dubonos, S. V. et al., Electric field effect in atomically thin carbon films. *Science*, 306, 5696, 666 – 669, 2004.

[4] Sanchez, V. C., Jachak, A., Hurt, R. H., Kane, A. B., Biological interactions of graphene – family nanomaterials: An interdisciplinary review. *Chem. Res. Toxicol.*, 25, 1, 15 – 34, 2011.

[5] Rao, C. N. R., Sood, A. K., Subrahmanyam, K. S., Govindaraj, A., Graphene: The new two – dimensional nanomaterial. *Angew. Chem. Int. Ed.*, 48, 42, 7752 – 7777, 2009.

[6] Park, S. and Ruoff, R. S., Chemical methods for the production of graphenes. *Nat. Nanotechnol.*, 4, 4, 217 – 224, 2009.

[7] Compton, O. C. and Nguyen, S. T., Graphene oxide, highly reduced graphene oxide, and graphene: Versatile building blocks for carbon – based materials. *Small*, 6, 6, 711 – 723, 2010.

[8] Luo, D., Zhang, G., Liu, J., Sun, X., Evaluation criteria for reduced graphene oxide. *J. Phys. Chem. C*, 115, 23, 11327 – 11335, 2011.

[9] Feng, L. and Liu, Z., Graphene in biomedicine: Opportunities and challenges. *Nanomedicine*, 6, 2, 317 – 324, 2011.

[10] Yang, K., Feng, L., Shi, X., Liu, Z., Nano – graphene in biomedicine: Theranostic applications. *Chem. Soc. Rev.*, 42, 2, 530 – 547, 2013.

[11] Zhang, H., Gruener, G., Zhao, Y., Recent advancements of graphene in biomedicine. *J. Mater. Chem. B*, 1, 20, 2542 – 2567, 2013.

[12] Byun, J., Emerging frontiers of graphene in biomedicine. *J. Microbiol. Biotechnol.*, 25, 2, 145 – 151, 2015.

[13] Owonubi, S., Aderibigbe, B., Mukwevho, E., Sadiku, E., Ray, S., Characterization and in vitro release kinetics of antimalarials from whey protein – based hydrogel biocomposites. *Int. J. Ind. Chem.*, 9, 1 – 14, 2018.

[14] Chen, Y., Tan, C., Zhang, H., Wang, L., Two – dimensional graphene analogues for biomedical applications. *Chem. Soc. Rev.*, 44, 9, 2681 – 2701, 2015.

[15] Owonubi, S. J., Aderibigbe, B. A., Fasiku, V. O., Mukwevho, E., Sadiku, E. R., Graphene for brain targeting, in: *Nanocarriers for Brain Targeting: Principles and Applications*, vol. 1, R. K. Keservani, A. K. Sharma, R. K. Kesharwani (Eds.), p. 593, Apple Academic Press, USA, 2019.

[16] Schwierz, F., Graphene transistors. *Nat. Nanotechnol.*, 5, 7, 487, 2010.

[17] Palacios, T., Graphene electronics: Thinking outside the silicon box. *Nat. Nanotechnol.*, 6, 8, 464, 2011.

[18] Tour, J. M., Top – down versus bottom – up fabrication of graphene – based electronics. *Chem. Mater.*, 26, 1, 163 – 171, 2013.

[19] Li, X., Tao, L., Chen, Z., Fang, H., Li, X., Wang, X. et al., Graphene and related two – dimensional materials: Structure – property relationships for electronics and optoelectronics. *Appl. Phys. Rev.*, 4, 2, 021306, 2017.

[20] Palermo, V, Kinloch, I. A., Ligi, S., Pugno, N. M., Nanoscale mechanics of graphene and graphene oxide in composites: A scientific and technological perspective. *Adv. Mater.*, 28, 29, 6232 – 6238, 2016.

[21] Young, R. J., Kinloch, I. A., Gong, L., Novoselov, K. S., The mechanics of graphene nanocomposites: A review. *Compos. Sci. Technol.*, 72, 12, 1459 – 1476, 2012.

[22] Bowick, M., Kosmrlj, A., Nelson, D., Sknepnek, R. (Eds.), *Graphene Statistical Mechanic*, APS Meeting Abstracts, Bulletin of the American Physical, USA, 2015.

[23] Ciriminna, R., Zhang, N., Yang, M. - Q., Meneguzzo, F., Xu, Y. - J., Pagliaro, M., Commercialization of graphene - based technologies: A critical insight. *Chem. Commun.*, 51, 33, 7090 - 7095, 2015.

[24] Munuera, J. M., Paredes, J. I., Enterria, M., Pagán, A., Villar - Rodil, S., Pereira, M. F. R. et al., Electrochemical exfoliation of graphite in aqueous sodium halide electrolytes toward low oxygen content graphene for energy and environmental applications. *ACS Appl. Mater. Interfaces*, 9, 28, 24085 - 24099, 2017.

[25] Perreault, F., De Faria, A. F., Elimelech, M., Environmental applications of graphene - based nanomaterials. *Chem. Soc. Rev.*, 44, 16, 5861 - 5896, 2015.

[26] Shen, Y. and Chen, B., Sulfonated graphene nanosheets as a superb adsorbent for various environmental pollutants in water. *Environ. Sci. Technol.*, 49, 12, 7364 - 7372, 2015.

[27] Zhao, L., Yu, B., Xue, F., Xie, J., Zhang, X., Wu, R. et al., Facile hydrothermal preparation of recyclable S - doped graphene sponge for Cu2 + adsorption. *J. Hazard Mater.*, 286, 449 - 456, 2015.

[28] Raccichini, R., Varzi, A., Passerini, S., Scrosati, B., The role of graphene for electrochemical energy storage. *Nat. Mater.*, 14, 3, 271, 2015.

[29] Sun, H., Mei, L., Liang, J., Zhao, Z., Lee, C., Fei, H. et al., Three - dimensional holey - graphene/niobia composite architectures for ultrahigh - rate energy storage. *Science*, 356, 6338, 599 - 604, 2017.

[30] Zheng, S., Wu, Z. - S., Wang, S., Xiao, H., Zhou, F., Sun, C. et al., Graphene - based materials for high - voltage and high - energy asymmetric supercapacitors. *Energy Storage Mater.*, 6, 70 - 97, 2017.

[31] Mao, J., Iocozzia, J., Huang, J., Meng, K., Lai, Y., Lin, Z., Graphene aerogels for efficient energy storage and conversion. *Energy Environ. Sci.*, 11, 772 - 799, 2018.

[32] Xu, J., Lv, H., Yang, S. - T., Luo, J., Preparation of graphene adsorbents and their applications in water purification. *Rev. Inorg. Chem.*, 33, 2 - 3, 139 - 160, 2013.

[33] Powers, J., Antimicrobial drug development —The past, the present, and the future. *Clin. Microbiol. Infect.*, 10, s4, 23 - 31, 2004.

[34] Chen, J., Wang, X., Han, H., A new function of graphene oxide emerges: Inactivating phytopathogenic bacterium*Xanthomonas oryzaepv. Oryzae. J. Nanopart. Res.*, 15, 5, 1658, 2013.

[35] Wang, X., Liu, X., Han, H., Evaluation of antibacterial effects of carbon nanomaterials againstcopper - resistant Ralstonia solanacearum. *Colloids Surf.*, *B*, 103, 136 - 142, 2013.

[36] Ocsoy, I., Paret, M. L., Ocsoy, M. A., Kunwar, S., Chen, T., You, M. et al., Nanotechnology in plant disease management: DNA - directed silver nanoparticles on graphene oxide as an antibacterial against Xanthomonasperforans. *ACS Nano*, 7, 10, 8972 - 8980, 2013.

[37] Sawangphruk, M., Srimuk, P., Chiochan, P., Sangsri, T., Siwayaprahm, P., Synthesis and antifungal activity of reduced graphene oxide nanosheets. *Carbon*, 50, 14, 5156 - 5161, 2012.

[38] Maktedar, S. S., Mehetre, S. S., Singh, M., Kale, R., Ultrasound irradiation: A robust approach for direct functionalization of graphene oxide with thermal and antimicrobial aspects. *Ultrason. Sonochem.*, 21, 4, 1407 - 1416, 2014.

[39] Chen, J., Peng, H., Wang, X., Shao, F., Yuan, Z., Han, H., Graphene oxide exhibits broad - spectrum antimicrobial activity against bacterial phytopathogens and fungal conidia by intertwining and membrane perturbation. *Nanoscale*, 6, 3, 1879 - 1889, 2014.

[40] Li, C., Wang, X., Chen, F., Zhang, C., Zhi, X., Wang, K. et al., The antifungal activity of graphene oxide - silver nanocomposites. *Biomaterials*, 34, 15, 3882 - 3890, 2013.

[41] Liu, S., Zeng, T. H., Hofmann, M., Burcombe, E., Wei, J., Jiang, R. et al., Antibacterial activity of

graphite, graphite oxide, graphene oxide, and reduced graphene oxide: Membrane and oxidative stress. *ACS Nano*, 5, 9, 6971 – 6980, 2011.

[42] Tu, Y., Lv, M., Xiu, P., Huynh, T., Zhang, M., Castelli, M. et al., Destructive extraction of phospholipids from Escherichia coli membranes by graphene nanosheets. *Nat. Nanotechnol.*, 8, 8, 2013. nnano. 125, 2013.

[43] Akhavan, O. and Ghaderi, E., Toxicity of graphene and graphene oxide nanowalls against bacteria. *ACS Nano*, 4, 10, 5731 – 5736, 2010.

[44] He, J., Zhu, X., Qi, Z., Wang, C., Mao, X., Zhu, C. et al., Killing dental pathogens using antibacterial graphene oxide. *ACS Appl. Mater. Interfaces*, 7, 9, 5605 – 5611, 2015.

[45] Ji, H., Sun, H., Qu, X., Antibacterial applications of graphene – based nanomaterials: Recent achievements and challenges. *Adv. Drug Delivery Rev.*, 105, 176 – 189, 2016.

[46] Hu, W., Peng, C., Luo, W, Lv, M., Li, X., Li, D. et al., Graphene – based antibacterial paper. *ACS Nano*, 4, 7, 4317 – 4323, 2010.

[47] Hummers, W. S., Jr. and Offeman, R. E., Preparation of graphitic oxide. *J. Am. Chem. Soc.*, 80, 6, 1339, 1958.

[48] Gurunathan, S., Han, J. W., Dayem, A. A., Eppakayala, V., Kim, J. – H., Oxidative stress – mediated antibacterial activity of graphene oxide and reduced graphene oxide in Pseudomonas aeruginosa. *Int. J. Nanomed.*, 7, 5901, 2012.

[49] Perreault, F., De Faria, A. F., Nejati, S., Elimelech, M., Antimicrobial properties of graphene oxide nanosheets: Why size matters. *ACS Nano*, 9, 7, 7226 – 7236, 2015.

[50] Chook, S. W., Chia, C. H., Zakaria, S., Ayob, M. K., Huang, N. M., Neoh, H. M. et al., Antibacterial hybrid cellulose – graphene oxide nanocomposite immobilized with silver nanoparticles. *RSC Adv.*, 5, 33, 26263 – 26268, 2015.

[51] Vi, T. T. T., Rajesh Kumar, S., Rout, B., Liu, C. – H., Wong, C. – B., Chang, C. – W. *et al.*, The preparation of graphene oxide – silver nanocomposites: The effect of silver loads on Gram – positive and Gram – negative antibacterial activities. *Nanomaterials*, 8, 3, 163, 2018.

[52] Shao, W, Liu, X., Min, H., Dong, G., Feng, Q., Zuo, S., Preparation, characterization, and antibacterial activity of silver nanoparticle – decorated graphene oxide nanocomposite. *ACS Appl. Mater. Interfaces*, 7, 12, 6966 – 6973, 2015.

[53] He, L., Dumee, L. F., Feng, C., Velleman, L., Reis, R., She, F. *et al.*, Promoted water transport across graphene oxide – poly (amide) thin film composite membranes and their antibacterial activity. *Desalination*, 365, 126 – 135, 2015.

[54] Habiba, K., Bracho – Rincon, D. P., Gonzalez – Feliciano, J. A., Villalobos – Santos, J. C., Makarov, V. I., Ortiz, D. *et al.*, Synergistic antibacterial activity of PEGylated silver – graphene quantum dots nanocomposites. *Appl. Mater. Today*, 1, 2, 80 – 87, 2015.

[55] Li, P., Sun, S., Dong, A., Hao, Y., Shi, S., Sun, Z. et al., Developing of a novel antibacterial agent by functionalization of graphene oxide with guanidine polymer with enhanced antibacterial activity. *Appl. Surf. Sci.*, 355, 446 – 452, 2015.

[56] Lim, M. – Y., Choi, Y. – S., Kim, J., Kim, K., Shin, H., Kim, J. – J. *et al.*, Cross – linked graphene oxide membrane having high ion selectivity and antibacterial activity prepared using tannic acid – functionalized graphene oxide and polyethyleneimine. *J. Membr. Sci.*, 521, 1 – 9, 2017.

[57] Marta, B., Potara, M., Iliut, M., Jakab, E., Radu, T., Imre – Lucaci, F. et al., Designing chitosan – silver nanoparticles – graphene oxide nanohybrids with enhanced antibacterial activity against Staphylococcus au-

reus. *Colloids Surf.* ,*A*,487,113 – 120,2015.

[58] Chang,Y. – N. ,Ou,X. – M. ,Zeng,G. – M. ,Gong,J. – L. ,Deng,C. – H. ,Jiang,Y. et al. ,Synthesis of magnetic graphene oxide – $TiO_2$ and their antibacterial properties under solar irradiation. *Appl. Surf. Sci.* ,343,1 – 10,2015.

[59] Pant,B. ,Pokharel,P. ,Tiwari,A. P. ,Saud,P. S. ,Park,M. ,Ghouri,Z. K. *et al.* ,Characterization and antibacterial properties of aminophenol grafted and Ag NPs decorated graphene nanocomposites. *Ceram. Int.* , 41,4,5656 – 5662,2015.

[60] Chowdhuri,A. R. ,Tripathy,S. ,Chandra,S. ,Roy,S. ,Sahu,S. K. ,A ZnO decorated chitosan – graphene oxide nanocomposite shows significantly enhanced antimicrobial activity with ROS generation. *RSC Adv.* , 5,61,49420 – 49428,2015.

[61] Nanda,S. S. ,An,S. S. A. ,Yi,D. K. ,Oxidative stress and antibacterial properties of a graphene oxide – cystamine nanohybrid. *Int. J. Nanomed.* ,10,549,2015.

[62] Fakhri,A. and Kahi,D. S. ,Synthesis and characterization of $MnS_2$/reduced graphene oxide nanohybrids for with photocatalytic and antibacterial activity. *J. Photochem. Photobiol.* ,B,166,259 – 263,2017.

[63] Singh,S. ,Gundampati,R. K. ,Mitra,K. ,Ramesh,K. ,Jagannadham,M. V. ,Misra,N. et al. ,Enhanced catalytic and antibacterial activities of silver nanoparticles immobilized on poly(N – vinyl pyrrolidone) – grafted graphene oxide. *RSC Adv.* ,5,100,81994 – 82004,2015.

[64] Alsharaeh,E. ,Mussa,Y. ,Ahmed,F. ,Aldawsari,Y. ,Al – Hindawi,M. ,Sing,G. K. ,Novel route for the preparation of cobalt oxide nanoparticles/reduced graphene oxide nanocomposites and their antibacterial activities. *Ceram. Int.* ,42,2,3407 – 3410,2016.

[65] Zhong,L. ,Liu,H. ,Samal,M. ,Yun,K. ,Synthesis of ZnO nanoparticles – decorated spindleshaped graphene oxide for application in synergistic antibacterial activity. *J. Photochem. Photobiol*,*B*,183,293 – 301,2018.

[66] Trinh,L. T. ,Quynh,L. A. B. ,Hieu,N. H. ,Synthesis of zinc oxide/graphene oxide nanocomposite material for antibacterial application. *Int. J. Nanotechnol.* ,15,1 – 3,108 – 117,2018.

[67] Wan ag,A. ,Rokicka,P. ,Kusiak – Nejman,E. ,Kapica – Kozar,J. ,Wrobel,R. J. ,Markowska – Szczupak,A. *et al.* ,Antibacterial properties of TiO2 modified with reduced graphene oxide. *Ecotoxicol. Environ. Saf.* ,147,788 – 793,2018.

[68] Li,G. ,Zhao,H. ,Hong,J. ,Quan,K. ,Yuan,Q. ,Wang,X. ,Antifungal graphene oxide – borneol composite. *Colloids Surf.* ,*B*,160,220 – 227,2017.

[69] Cui,J. ,Yang,Y. ,Zheng,M. ,Liu,Y. ,Xiao,Y. ,Lei,B. et al. ,Facile fabrication of graphene oxide loaded with silver nanoparticles as antifungal materials. *Mater. Res. Express*,1,4,045007,2014.

[70] Chen,J. ,Sun,L. ,Cheng,Y. ,Lu,Z. ,Shao,K. ,Li,T. et al. ,Graphene oxide – silver nanocomposite:Novel agricultural antifungal agent against Fusarium graminearum for crop disease prevention. *ACS Appl. Mater. Interfaces*,8,36,24057 – 24070,2016.

[71] Fan,X. ,Jiao,G. ,Zhao,W. ,Jin,P. ,Li,X. ,Magnetic $Fe_3O_4$ – graphene composites as targeted drug nanocarriers for pH – activated release. *Nanoscale*,5,3,1143 – 1152,2013.

[72] Wang,X. ,Liu,X. ,Chen,J. ,Han,H. ,Yuan,Z. ,Evaluation and mechanism of antifungal effects of carbon nanomaterials in controlling plant fungal pathogen. *Carbon*,68,798 – 806,2014.

[73] Ye,S. ,Shao,K. ,Li,Z. ,Guo,N. ,Zuo,Y. ,Li,Q. et al. ,Antiviral activity of graphene oxide:How sharp edged structure and charge matter. *ACS Appl. Mater. Interfaces*,7,38,21571 – 21579,2015.

[74] Sametband,M. ,Kalt,I. ,Gedanken,A. ,Sarid,R. ,Herpessimplexvirustype – 1attachmentinhi – bition by functionalized graphene oxide. *ACS Appl. Mater. Interfaces*,6,2,1228 – 1235,2014.

[75] Deokar, A. R., Nagvenkar, A. P., Kalt, I., Shani, L., Yeshurun, Y., Gedanken, A. et al., Graphene – based"hot plate"for the capture and destruction of the herpes simplex virus type 1. *Bioconjugate Chem.*, 28,4,1115 – 1122,2017.

[76] Shin, S. R., Li, Y. – C., Jang, H. L., Khoshakhlagh, P., Akbari, M., Nasajpour, A. et al., Graphene – based materials for tissue engineering. *Adv. Drug Delivery Rev.*, 105,255 – 274,2016.

[77] Lalwani, G., D'agati, M., Khan, A. M., Sitharaman, B., Toxicology of graphene – based nanomaterials. *Adv. Drug Delivery Rev.*, 105,109 – 144,2016.

[78] Zhang, Y., Ali, S. F., Dervishi, E., Xu, Y., Li, Z., Casciano, D. et al., Cytotoxicity effects of graphene and single – wall carbon nanotubes in neural phaeochromocytoma – derived PC12 cells. *ACS Nano*, 4,6, 3181 – 3186,2010.

[79] Fisher, C., Rider, A. E., Han, Z. J., Kumar, S., Levchenko, I., Ostrikov, K., Applications and nanotoxicity of carbon nanotubes and graphene in biomedicine. *J. Nanomater.*, 2012,3,2012.

[80] Singh, S. K., Singh, M. K., Nayak, M. K., Kumari, S., Shrivastava, S., Gracio, J. J. et al., Thrombus inducing property of atomically thin graphene oxide sheets. *ACS Nano*, 5,6,4987 – 4996,2011.

[81] Yang, K., Wan, J., Zhang, S., Zhang, Y., Lee, S. – T., Liu, Z., In vivo pharmacokinetics, long – term biodistribution, and toxicology of PEGylated graphene in mice. *ACS Nano*, 5,1,516 – 522,2010.

[82] Ren, H., Wang, C., Zhang, J., Zhou, X., Xu, D., Zheng, J. *et al.*, DNA cleavage system of nanosized graphene oxide sheets and copper ions. *ACS Nano*, 4,12,7169 – 7174,2010.

[83] Wang, Y., Li, Z., Hu, D., Lin, C. – T., Li, J., Lin, Y., Aptamer/graphene oxide nanocomplex for in situ molecular probing in living cells. *J. Am. Chem. Soc.*, 132,27,9274 – 9276,2010.

[84] Wilczek, P., Major, R., Lipinska, L., Lackner, J., Mzyk, A., Thrombogenicity and biocompatibility studies of reduced graphene oxide modified acellular pulmonary valve tissue. *Mater. Sci. Eng.*, *C*, 53, 310 – 321,2015.

[85] Pattnaik, S., Swain, K., Lin, Z., Graphene and graphene – based nanocomposites: Biomedical applications and biosafety. *J. Mater. Chem. B*, 4,48,7813 – 31,2016.

[86] Liao, K. – H., Lin, Y. – S., Macosko, C. W., Haynes, C. L., Cytotoxicity of graphene oxide and graphene in human erythrocytes and skin fibroblasts. *ACS Appl. Mater. Interfaces*, 3,7,2607¬ 2615,2011.

[87] Sasidharan, A., Panchakarla, L., Chandran, P., Menon, D., Nair, S., Rao, C. et al., Differential nano – bio interactions and toxicity effects of pristine versus functionalized graphene. *Nanoscale*, 3, 6, 2461 – 2464,2011.

[88] Yuan, X., Liu, Z., Guo, Z., Ji, Y., Jin, M., Wang, X., Cellular distribution and cytotoxicity of graphene quantum dots with different functional groups. *Nanoscale Res. Lett.*, 9,1,108,2014.

[89] Matesanz, M. – C., Vila, M., Feito, M. – J., Linares, J., Gonsalves, G., Vallet – Regi, M. *et al.*, The effects of graphene oxide nanosheets localized on F – actin filaments on cell – cycle alterations. *Biomaterials*, 34,5,1562 – 1569,2013.

[90] Horvath, L., Magrez, A., Burghard, M., Kern, K., Forro, L., Schwaller, B., Evaluation of the toxicity of graphene derivatives on cells of the lung luminal surface. *Carbon*, 64,45 – 60,2013.

[91] Wang, L., Wang, Y., Xu, T., Liao, H., Yao, C., Liu, Y. et al., Gram – scale synthesis of singlecrystalline graphene quantum dots with superior optical properties. *Nat. Commun.*, 5,5357,2014.

[92] Sydlik, S. A., Jhunjhunwala, S., Webber, M. J., Anderson, D. G., Langer, R., In vivo compatibility of graphene oxide with differing oxidation states. *ACS Nano*, 9,4,3866 – 3874,2015.

[93] Chng, E. L. K. and Pumera, M., The toxicity of graphene oxides: Dependence on the oxidative methods used. *Chem. Eur. J.*, 19,25,8227 – 8235,2013.

[94] Lammel, T. , Boisseaux, P. , Fernandez - Cruz, M. - L. , Navas, J. M. , Internalization andcytotoxicity of graphene oxide and carboxyl graphene nanoplatelets in the human hepatocellular carcinoma cell line Hep G2. *Part. FibreToxicol.* ,10,1,27,2013.

[95] Li,B. ,Yang,J. ,Huang,Q. ,Zhang,Y. ,Peng,C. ,Zhang,Y. et al. ,Biodistribution and pulmonary toxicity of intratracheally instilled graphene oxide in mice. *NPG Asia Mater.* ,5,4,e44,2013.

[96] Vallabani,N. ,Mittal,S. ,Shukla,R. K. ,Pandey,A. K. ,Dhakate,S. R. ,Pasricha,R. et al. ,Toxicity of graphene in normal human lung cells(BEAS - 2B). *J. Biomed. Nanotechnol.* ,7,1,106 - 107,2011.

[97] Yuan,J. ,Gao,H. ,Sui,J. ,Duan,H. ,Chen,W. N. ,Ching,C. B. ,Cytotoxicity evaluation of oxidized single - walled carbon nanotubes and graphene oxide on human hepatoma HepG2 cells:An iTRAQ - coupled 2D LC - MS/MS proteome analysis. *Toxicol. Sci.* ,126,1,149 - 161,2011.

[98] Lv,M. ,Zhang,Y. ,Liang,L. ,Wei,M. ,Hu,W. ,Li,X. et al. ,Effect of graphene oxide on undiffer - entiated and retinoic acid - differentiated SH - SY5Y cells line. *Nanoscale*,4,13,3861 - 3866,2012.

[99] Chng,E. L. K. ,Chua,C. K. ,Pumera,M. ,Graphene oxide nanoribbons exhibit significantly greater toxicity than graphene oxide nanoplatelets. *Nanoscale*,6,18,10792 - 10797,2014.

[100] Akhavan,O. ,Ghaderi,E. ,Emamy,H. ,Akhavan,F. ,Genotoxicity of graphene nanoribbons in human mesenchymal stem cells. *Carbon*,54,419 - 431,2013.

[101] Chowdhury,S. M. ,Lalwani,G. ,Zhang,K. ,Yang,J. Y. ,Neville,K. ,Sitharaman,B. ,Cell specific cytotoxicity and uptake of graphene nanoribbons. *Biomaterials*,34,1,283 - 293,2013.

[102] Akhavan,O. ,Ghaderi,E. ,Akhavan,A. ,Size - dependent genotoxicity of graphene nanoplatelets in human stem cells. *Biomaterials*,33,32,8017 - 8025,2012.

[103] Chang,Y. ,Yang,S. - T. ,Liu,J. - H. ,Dong,E. ,Wang,Y. ,Cao,A. et al. ,In vitro toxicity evaluation of graphene oxide on A549 cells. *Toxicol. Lett.* ,200,3,201 - 210,2011.

[104] Mullick Chowdhury,S. ,Dasgupta,S. ,McElroy,A. E. ,Sitharaman,B. ,Structural disruption increases toxicity of graphene nanoribbons. *J. Appl. Toxicol.* ,34,11,1235 - 1246,2014.

[105] Yue,H. ,Wei,W. ,Yue,Z. ,Wang,B. ,Luo,N. ,Gao,Y. *et al.* ,The role of the lateral dimension of graphene oxide in the regulation of cellular responses. Biomaterials,33,16,4013 - 4021,2012.

[106] Zhang,S. ,Yang,K. ,Feng,L. ,Liu,Z. ,In vitro and in vivo behaviors of dextran functionalized graphene. *Carbon*,49,12,4040 - 4049,2011.

[107] Zhang,X. ,Yin,J. ,Peng,C. ,Hu,W. ,Zhu,Z. ,Li,W. *et al.* ,Distribution and biocompatibility studies of graphene oxide in mice after intravenous administration. *Carbon*,49,3,986 - 995,2011.

[108] Chowdhury,S. M. ,Kanakia,S. ,Toussaint,J. D. ,Frame,M. D. ,Dewar,A. M. ,Shroyer,K. R. *et al.* ,In vitro hematological and in vivo vasoactivity assessment of dextran functionalized graphene. *Sci. Rep.* ,3, 2584,2013.

[109] Duch,M. C. ,Budinger,G. S. ,Liang,Y. T. ,Soberanes,S. ,Urich,D. ,Chiarella,S. E. *et al.* ,Minimizing oxidation and stable nanoscale dispersion improves the biocompatibility of graphene in the lung. *Nano Lett.* ,11,12,5201 - 5207,2011.

[110] Fu,C. ,Liu,T. ,Li,L. ,Liu,H. ,Liang,Q. ,Meng,X. ,Effects of graphene oxide on the development of offspring mice in lactation period. *Biomaterials*,40,23 - 31,2015.

[111] Zhang,D. ,Zhang,Z. ,Liu,Y. ,Chu,M. ,Yang,C. ,Li,W. *et al.* ,The short - and long - term effects of orally administered high - dose reduced graphene oxide nanosheets on mouse behaviors. *Biomaterials*, 68,100 - 113,2015.

[112] Wu,Q. ,Yin,L. ,Li,X. ,Tang,M. ,Zhang,T. ,Wang,D. ,Contributions of altered permeability of intestinal barrier and defecation behavior to toxicity formation from graphene oxide in nematode Caenorhabditis

elegans. *Nanoscale*,5,20,9934 -9943,2013.

[113] Yan,L. ,Wang,Y. ,Xu,X. ,Zeng,C. ,Hou,J. ,Lin,M. et al. ,Can graphene oxide cause damage to eyesight? *Chem. Res. Toxicol.* ,25,6,1265 -1270,2012.

[114] Sahu, A. , Choi, W. I. , Tae, G. , A stimuli - sensitive injectable graphene oxide composite hydrogel. *Chem. Commun.* ,48,47,5820 -5822,2012.

[115] Strojny,B. ,Kurantowicz,N. ,Sawosz,E. ,Grodzik,M. ,Jaworski,S. ,Kutwin,M. et al. ,Long term influence of carbon nanoparticles on health and liver status in rats. *PloS One*,10,12,e0144821,2015.

[116] Yang,K. ,Gong,H. ,Shi,X. ,Wan,J. ,Zhang,Y. ,Liu,Z. ,In vivo biodistribution and toxicology of functionalized nano - graphene oxide in mice after oral and intraperitoneal administration. *Biomaterials*,34, 11,2787 -2795,2013.

[117] Ali - Boucetta,H. ,Bitounis,D. ,Raveendran - Nair,R. ,Servant,A. ,Van den Bossche,J. ,Kostarelos, K. ,Purified graphene oxide dispersions lack*in vitro cytotoxicity* and *in vivo* pathogenicity. *Adv. Healthcare Mater.* ,2,3,433 -441,2013.

# 第10章 石墨烯量子点的结构、性质及其生物医学应用

Svetlana Jovanovic
塞尔维亚贝尔格莱德,贝尔格莱德大学温卡核科学研究所

**摘　要**　2007年,研究人员发现了石墨烯量子点(GQD),这是石墨烯家族的一个新成员。由于其独特的物理、光学和化学特性,石墨烯量子点吸引了科学界广泛的关注。石墨烯虽然是GQD结构的基础,但边缘和基面的含氧官能团使其具有水溶性。GQD的另一个惊人特征是它们的光致发光特性。由于GQD的兼容性和光致发光性,其已初步用于生物成像研究。后来,人们发现了这种新材料的其他用途:在药物递送、化学传感器和生物传感器、诊断等方面。本章将介绍GQD结构和性能的最新知识。由于GQD具有光激发产生活性氧(ROS)的能力,已被用于抗肿瘤和抗菌光动力学治疗药剂,而GQD低细胞毒性和光致发光性使其可用于生物成像和传感器中。因此,GQD的生物医学应用将是本章的重点。虽然GQD显示出了很好的性能,但其研究还处于早期阶段,仍有许多问题需要解决,如ROS的产生机制、光致发光的起源、生物分布、消除途径等。本章也将讨论这些问题。

**关键词**　石墨烯量子点,合成,光致发光,生物成像,药物递送

## 10.1 石墨烯量子点的结构

石墨烯量子点(GQD)是石墨烯家族中最年轻的成员之一,于2007年被发现[1]。虽然是通过合成方法发现GQD,但后来在自然界中也发现了GQD,比如煤炭[2]。从不同的天然资源(煤)中分离得到GQD,产出率约为20%。这些分离的GQD表现出与实验室生产的GQD相似的特性:溶于水和荧光。

与其他石墨烯纳米材料相比,如碳纳米管,GQD在水中的溶解度或分散性是一种独特的性能,为了使其溶于水,必须对其进行改性[3-5]。考虑到GQD在三个方向的尺寸均小于100nm,且激子运动受限[6],因此这种新型纳米材料属于零维材料(0D)。

在GQD结构中,存在石墨烯平面(图10.1)[7]。石墨烯平面比其他石墨烯基材料小:在GQD中,石墨烯平面尺寸在100nm以下,而石墨烯和氧化石墨烯具有π共轭的$sp^2$碳原子体系,其长度或宽度为数百或数千纳米,而在碳纳米管中,π共轭域的长度为几

厘米[8-14]。

由于石墨烯平面在量子点的核心，GQD的高度通常在0.24nm左右，这相当于(100)单个石墨烯点的间距[15]。因此，GQD是各向异性的，因为它们的横向尺寸大于GQD高度。在GQD的结构中，除了小的$sp^2$结构域外，还存在不同的含氧官能团，如羧基(—COOH)、环氧基(—COC—)、羟基(—OH)、羰基(—CHO)和乙氧基(—$OCH_3$)[16-19]。羟基和环氧官能团很可能位于石墨烯平面上，而羧基、羰基和其他官能团则位于量子点的边缘[18,20]。GQD结构中官能团的数量取决于制备GQD的合成方法和实验条件。

这些官能团都对GQD的极性有影响，特别是它们在水和极性有机溶剂中的溶解度。与氧化石墨烯一样，GQD是唯一的水分散石墨烯基纳米材料。GQD在水中的溶解度在1~24mg/mL范围内。研究人员发现GQD溶解度最大，具有结构中最高氧含量(50%)。

除含氧官能团外，GQD结构中可以存在的其他官能团如下：

(1)N官能团：氨基、硝基、吡啶、吡咯烷酸和石墨氮[21-25]。

(2)S官能团：C-S-C，C-$SO_x$-C($x$=2,3,4)和C-SH[26-27]。

(3)B官能团：石墨样$BC_3$结构和氧化的B—C键，如$BC_2O$和$BCO_2$[28-29]。

(4)P官能团：$C_3PO$、$C_2PO_2$和$CPO_3$[30-31]。

(5)F官能团[32-33]。

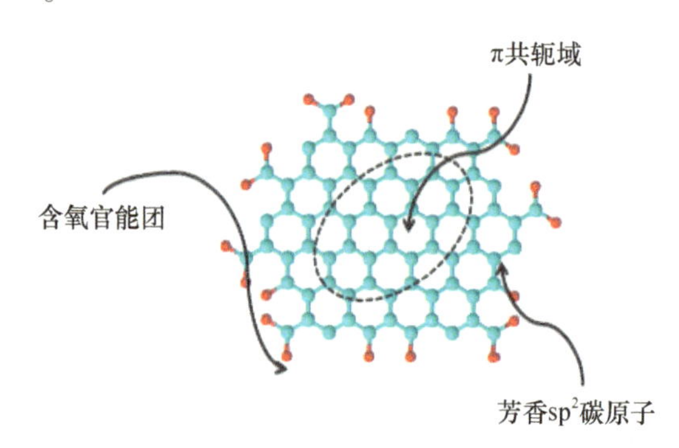


图10.1 GQD结构

官能团可引入GQD结构，具体如下。

(1)在量子点合成后经过不同的化学或物理过程改性量子点结构，进行后合成处理[17,34-35]。

(2)GQD中不同的官能团是对石墨烯等用于合成的起始材料进行改性的结果[36]。

(3)最近，最常用的步骤涉及使用适当的起始材料，包括碳和氧以及杂原子，这将在GQD形成期间引入GQD结构中[24,31]。

由于GQD几何和结构，其表现出优异的化学和物理性能：具有较大的比表面积、长径比以及通过π-π共轭体系进行表面接枝的能力。考虑到GQD在生物医学的应用，其水分散性是这种新材料最重要的特性。

## 10.2 石墨烯量子点合成

自2007年发现GQD以来，研究人员已发现了许多不同的合成方法。所有这些方法都分为两大类:自下而上和自上而下的合成方法。图 10.2 给出了自上而下和自下而上合成方法的示意图,包括起始材料(石墨烯、氧化石墨烯、碳纳米管和碳纳米纤维,以及选定的起始分子结构)。

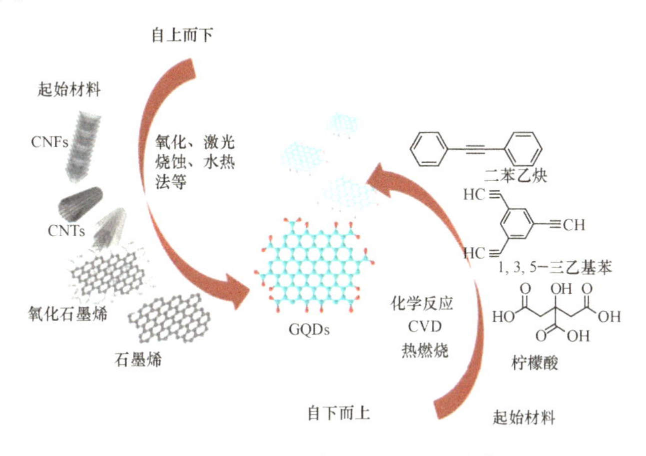


图 10.2 自上而下和自下而上方法合成 GQD

## 10.2.1 自下而上合成法

自下而上的方法是利用逐步化学反应、化学气相沉积(CVD)、高压和高温策略以及热燃烧不同分子制备含不同碳分子的石墨烯薄片[37-41]。这些方法可以很好地控制实验条件,得到尺寸、形状和光学性能一致的 GQD。但通常,这种方法在合成阶段或在后续 GQD 隔离阶段可以要求非常精密和昂贵的仪器和化学品。

GQD 合成中最广泛使用的自下而上方法是不同有机分子 - 前驱体的碳化。合成 GQD 最常用的自下而上方法是柠檬酸的碳化,因为这种方法简单且经济[40-41]。虽然合成过程通常简单、快速和价格低,但接下来的步骤,即清洁和分离 GQD 经常需要很长时间,包括复杂和昂贵的实验室材料。人们使用了不同的分子作为前驱体,如碳水化合物、氨基酸、胺等[42-43]。通过选择合适的起始原料,合成了不同原子掺杂的 GQD:N、S、Cl、B 等[28,44]。图 10.3 给出了 N - 和 S,N 掺杂 GQD 的结构示例。

所有这些反应都是基于前驱体分子热诱导脱水,从而留下碳骨架。碳化过程中残留的骨架形成了 GQD 的核——一个非常小的石墨烯碎片。通过改变加热条件,如温度、溶剂或压力,可以实现不同程度的碳化。

在水热条件下(高压灭菌器中的高压下)和仅使用温度(200℃)的常压下,可实现前驱体的碳化[44]。

合成 GQD 的第二种自下而上的方法是有机反应法。这种方法可以生产大小和边缘结构一致的 GQD。Yan 等首次利用 Scholl 方法在 1910 年[45]开发的氧化缩合反应[39]合成了 GQD。后来,Mullen 的研究小组用 Scholl 缩合法合成石墨烯[46]。Lewis 酸催化芳族化合物的耦合反应消除了与芳基结合的两个氢原子,这通常被称为 Scholl 缩合法[47]。Yan 等应用溶液化学方法制备了三种不同大小的 GQD,分别有 168、132 和 170 个碳原子[39]。这种方法可以精确控制尺寸。同一研究组还合成了可以控制尺寸的 N 掺杂 GQD[48]。同时,还采用聚合六环六苯 - 六苯并苯聚合法合成了 GQD[49]。

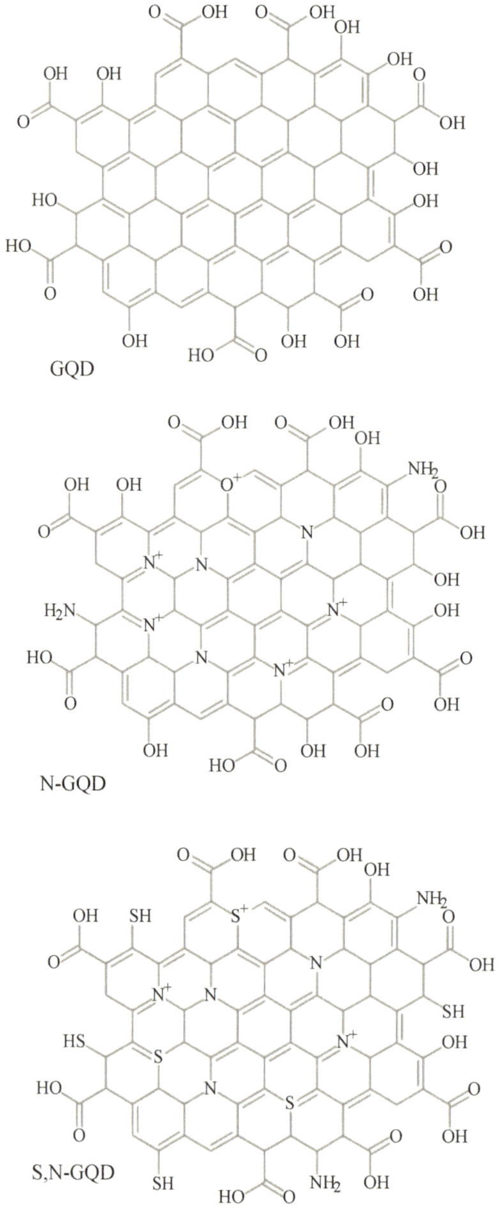

GQD

N-GQD

S,N-GQD

图 10.3 GQD、N－GQD 和 S,N－GQD 的结构示意图

化学气相沉积法是生产 GQD 的另一种自下而上的方法。虽然化学气相沉积是石墨烯合成中最常用的方法,但它可用于合成 GQD。如果石墨烯的成核速率超过其生长速率,则在化学气相沉积制备过程中石墨烯薄片的尺寸可以减小[50]。通过改变基底的表面形貌、碳源和氢的流速、温度和生长时间控制石墨烯薄片的尺寸。甲烷气体通常作为碳源[37,50－51],而 GQD 合成的基底可以是多晶铜箔、六方氮化硼或硅[37,50－51]。尽管这种方法可以控制 GQD 的大小,但与不同有机分子的碳化相比,它需要更昂贵的仪器。

其他自下而上的制备工艺包括在 800～1200℃的温度下和 4.0 GPa 压力下进行固体到固体反应[52]。以及通过使用 1,3,5－三氨基－2,4,6－三硝基苯作为唯一的前驱体,可能获得 GQD[53]。作者将这种方法命名为单层分子间碳化法,该方法是在750℃下在氮气气氛中将前驱体加热20min。

### 10.2.2 自上而下合成法

GQD 的自上而下合成方法是基于使用不同的化学和物理策略,如氧化石墨、石墨烯或氧化石墨烯、石墨或碳纳米管的激光烧蚀、电子束光刻、电化学剥离和溶剂热法将不同的石墨烯材料切割成细小的石墨烯碎片[7,24,54-56]。煤、石墨、石墨烯、碳纳米管、碳纳米纤维、碳黑、碳纳米洋葱等材料作为原料已广泛应用于各领域[2,18,57-60]。

此类方法的缺点如下:①一些方法花费大量时间;②这些方法通常需要多个步骤;③对尺寸分布和边缘结构等 GQD 特性的控制有限;④石墨烯和碳纳米管等原材料成本高;⑤GQD 产出率低和电子束光刻和激光烧蚀等仪器昂贵。

化学氧化法是一种广泛应用的 GQD 合成方法。不同石墨烯基材料作为起始材料已被广泛使用,如石墨、石墨烯和碳纳米管[61-62]。这些材料要用强酸性条件、强氧化剂或温和氧化试剂进行氧化[61-62]。因此,在氧化时,可使用 $HNO_3$[61]或与 $HNO_3$ 和 $H_2SO_4$ 的混合物[2,63]或像 $KMnO_4$[64]这样的强氧化剂。

Jiang 等提出了一种不使用酸的环境友好型 GQD 合成方法[65]。他们以氧化石墨烯薄片、氨和过氧化氢为起始原料制备了 GQD。得到的胺基功能化 GQD 的直径为7.5nm,其来源为氧化石墨烯薄片。

一种新的方法是用单过硫酸氢钾复合盐(Oxone)作为氧化剂辅助的溶剂热法,可以在无酸条件下合成 GQD[66]。此外,还从不同的碳自然资源中制备 GQD:石墨、多壁碳纳米管、碳纤维和木炭。这种无酸方法优于酸性或强氧化剂的氧化,如可以避免强酸的中和、方法简单、净化工艺环保以及生产过程可循环,并且可以大规模生产,产出率高。

激光烧蚀不同石墨烯基材料,如高度定向热解石墨、氧化石墨烯分散液或多壁碳纳米管可以产出 GQD[67-69]。这种合成方法环保且可扩展,通常只需一步就能实现合成。例如,Russo 等通过飞秒激光烧蚀水中的高定向热解石墨,生产了 GQD 和多孔石墨烯[68]。虽然该方法在 GQD 的大规模生产中具有广阔的应用前景,但激光的价格给该方法的成本效益带来了挑战。

电子束光刻也是比较昂贵的合成方法。这种合成的优点之一是可以在室温下生产 GQD[70],当反应混合物暴露在辐照下时产生单晶荧光 GQD。此外,该方法也成功地应用于悬浮石墨烯的纳米刻蚀,使石墨烯的高分辨率刻蚀达到7nm[56]。

电化学剥离是合成 GQD 的常用方法,因为操作相对简单、前驱体价低、制备条件温和。但由于这种方法产量低、制备时间长,因此限制了该方法大规模生产 GQD。在此过程中,通过氧化和剥离浸渍在电化学电池电解质中的石墨电极,生成 GQD。在电化学氧化过程中,电解质电解分解过程中形成的自由基攻击浸渍的石墨电极表面,引起插层或/和自由基反应,从而在电极周围的溶液中释放 GQD[71-72]。由于仪器和化学品价格低廉,这种方法适合于大规模生产。关于电解质,研究人员研究了不同的溶液。电解液的变化可以生成掺杂 N 或 S 等不同原子的 GQD[73-74]或不同表面氧化度的 GQD[75]。可以通过改变电解质的组成来控制 GQD 的尺寸,例如在水中结合柠檬酸和氢氧化碱[76]。在1700℃真空加热将石墨电极改性,可以生成不同尺寸和光学性能的 GQD[18]。

在溶剂热法中，起始材料通常是一种富氧石墨烯基材料，如氧化石墨烯或氧化碳纳米管。在密闭的高压釜中所产生的高温高压条件下，可将具有缺陷的起始材料切成小块的GQD[7]。如果溶剂是水，这种方法称为水热法；而如果起始物质分散在有机溶剂中，则称为溶剂热法。如果反应混合物中含有C、O或H以外的杂原子，则可以产生掺杂的GQD，如通过氧化石墨烯、氨溶液和硫粉末产生N，S共掺杂的GQD[77]。以氧化石墨烯作为起始缺陷材料，采用一步水热法制备共掺杂GQD。以小石墨烯氧化片和聚乙二醇为起始材料，采用水热法通过一锅水热反应制备了聚乙二醇表面钝化GQD(GQD-PEG)[78]。简单的合成工艺后，需要采用多级清洗工艺，这既提高了合成的价格，又增加了时间消耗。

以上列出的合成方法具有一定的优势，但仍然需要发展一些理想的方法，从而用低廉的价格高产量生产标准的GQD。

## 10.3 形貌及光学特征

GQD的形貌多样。GQD的尺寸和高度取决于合成过程和条件[79]。大多数GQD直径小于10nm。迄今为止发现的最大GQD直径为60nm[79]。GQD的高度通常在5nm以下。原子力显微镜通常用于分析GQD的轮廓，如图10.4所示。

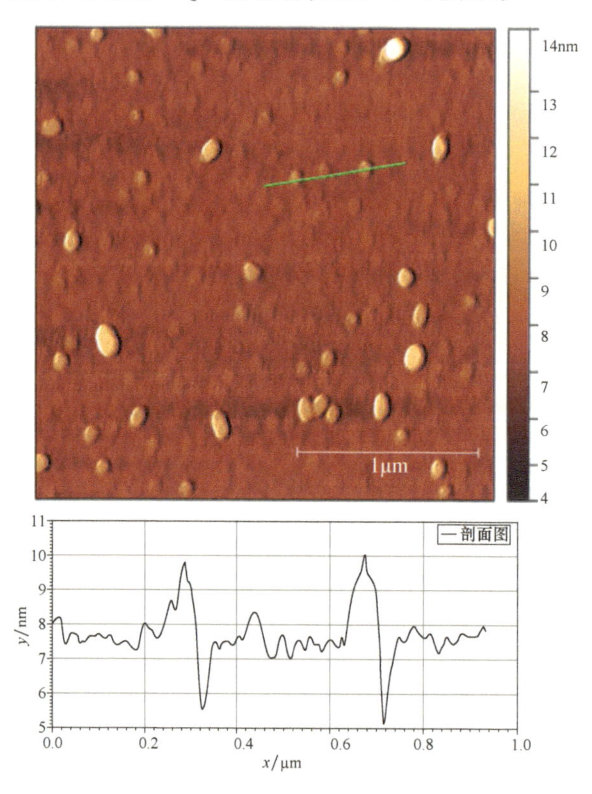


图10.4 GQD的原子力显微镜(AFM)图像和轮廓测量(AFM图像上方的绿线显示测量位置)

所有的GQD都显示出类似的紫外-可见光谱：紫外线区域(230~320nm)的强光学吸收，以及延伸到可见光范围的尾部。吸收的最大值范围通常较宽，中心在230nm左右，这归因于GQDsp$^2$域的$\pi-\pi^*$跃迁[17-18]。在300nm处，通常出现肩带，这是由于C═O键

的 $n-\pi^*$ 跃迁。掺杂的 GQD 在 400 ~ 700nm 范围内表现出不同的吸收特性，在 680nm 处表现出深红色发射峰值[80]。

光致发光是 GQD 最具吸引力的特性之一，该特性有良好的应用前景且其成因具研究价值。发射带的位置一般取决于激发波长。这种现象称为波长依赖行为。这可能是由于 GQD 样品中直径分布广泛、存在不同的发射陷阱，或者是由于目前尚未解决的机制所致[81]。与有机染料的发射光谱相比，GQD 的发射光谱范围更广，斯托克斯位移较大。

GQD 光致发光(PL)的起源至今仍是科学界争论的话题。考虑到石墨烯中的激子具有无限的玻尔直径，任何尺寸的石墨烯碎片都会表现出量子约束效应。因此，GQD 具有非零的带隙，从而产生光致发光特性。除了量子约束效应外，还发现 GQD 表面/边缘状态和 $\pi$ 域大小在 GQD 的光致发光中起着重要的作用[81]。Pan 等提出自由锯齿形碳烯型三重态导致 GQD 的蓝色光致发光[7]。除了边缘结构外，在光致发光的机制中，不同的官能团也起着不同的重要的作用，由于电子结构改性产生同时含有氧和氮的基团[81]。

光致发光的量子产率(QY)是发射光子数与被吸收光子数的比值。就 GQD 而言，量子产率根据合成工艺和表面化学环境的不同，其变化在 2% 到 86% 不等[82]。该参数对 GQD 的荧光传感应用具有重要意义。量子产率值可通过表面改性或钝化提高。研究人员每年都通过引入新的合成工艺提高量子产率。

GQD 的另一个重要的光学特性是光稳定性以及抗光漂白性，这得益于稳定的碳核光致发光中心。GQD 的这一特点对于它们在光动力疗法中的应用非常重要[83-84]。

## 10.4 应用

GQD 最有趣的特点是光致发光。如果与有机染料或半导体点相比，GQD 是一种小的纳米粒子，在水中具有很高的溶解性和长期稳定性，并且具有抗光漂白性、低毒性，良好的生物相容性，这些特点使 GQD 具有很好的生物成像和传感应用前景。考虑到 GQD 对扰动高度敏感，它们在传感应用方面具有很大的潜力。由于 GQD 的应用，传感器的检测灵敏度、稳定性、选择性和安全性得到了提高。由于 GQD 拥有某些分析物，能够打开或关闭荧光，因此 GQD 被用于检测无机离子[26-27,85]、有机分子[29]以及大型生物分子[64]。在生物医学科学领域，GQD 的应用主要有三个领域：药物递送、生物成像、抗癌/抗菌光动力剂。GQD 在药物递送中的应用基于 GQD 结合药物并将药物递送到目标地点的能力。相关人员广泛研究了 GQD 的生物成像，这是由于其固有的光致发光性、抗光漂白性和良好的生物相容性。GQD 被用来观察生物物质。除了基于尺寸和光致发光的应用外，最近的研究证明 GQD 可以参与光化学反应，并在光激发下产生单线态氧，这使得 GQD 成为光动力治疗的候选药物。

本章中，仅对 GQD 的生物医学应用进行讨论。

## 10.5 石墨烯量子点的生物学性质

研究人员致力于研究 GQD 的细胞毒性及其在生物传感、生物成像、纳米药物等不同生物应用中的可能性。如图10.5所示，研究人员研究了GQD在生物传感、药物递送、光治疗癌症和细菌感染（光动力治疗）和生物成像中的应用。

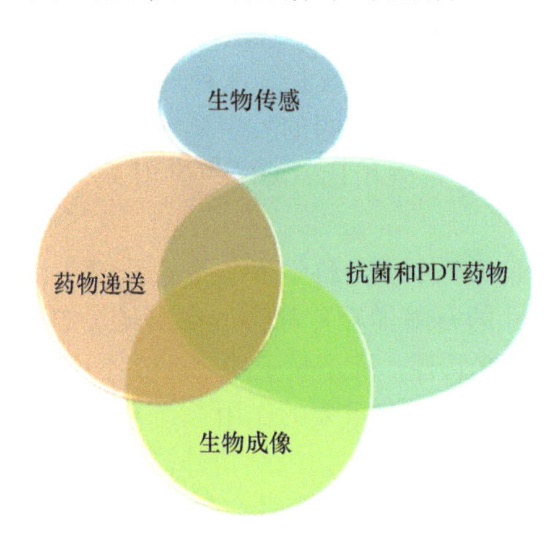


图10.5　GQD在生物学中的潜在应用

在本节中，首先将讨论GQD的细胞毒性。然后描述了GQD在生物成像中的应用。10.5.6节将说明GQD在癌症和细菌治疗中有趣的新型应用。

## 10.5.1　细胞毒性

为了探讨GQD作为成像剂或生物活性药剂在生物医学中的应用，我们必须充分了解这些纳米粒子的毒性。本节将通过对已发表的研究分析，探讨GQD在体外和体内的毒性。

某些材料对活细胞的影响被定义为“细胞毒性”或体外毒性。在体外试验中的细胞存活率可以表征这些效应。为获得细胞存活率数据，研究人员采用MTT、乳酸脱氢酶（LDH）或三磷酸腺苷（ATP）等检测方法。研究人员将实验材料添加到细胞中，在开始阶段和暴露一定时间后，以活细胞的数量确定细胞存活率。通常也监测其他显示细胞膜损伤的参数，如LDH、ATP和脂质提取物。

利用这些实验，研究人员研究了GQD的体外毒性。由于GQD在生物传感、生物成像、纳米药物等各种先进应用中具有广阔的前景，因此在实际应用前必须对其毒理学进行深入的了解。因此，在过去的十年中，研究人员广泛研究了GQD对细胞和生物体的毒性。如上所述，根据合成过程，GQD拥有不同的大小和功能基团。

研究表明，一定浓度的GQD无毒性，但似乎在许多生物应用中无毒性浓度的值都太低。因此，仅在GQD浓度低于50μg/mL时观察到细胞存活率为100%，而在GQD浓度为1mg/mL时，发现50个细胞死亡[58,62,86]。

近年来，研究人员对GQD进行聚合物包覆以此降低GQD的毒性，如PEG[87]。为了减轻GQD的细胞毒性，Chandra等研究了目前关于GQD毒性的两个假设。

（1）如果GQD的大小小于10nm，它们的毒性可能是由于催化活性表面、锋利的边缘或进入细胞核造成严重的细胞损伤。尺寸的增加导致光致发光强度的降低，因此这种假设不能成为解决方案。

(2)GQD 浓度大于 100μg/mL 时,就认为其毒性是由于细胞内产生的活性氧(ROS)导致[88]。

他们将 GQD 嵌入 PEG 基体中,而不是在 GQD 表面使用聚合物作为涂层。这些 PEG－GQD 纳米粒子直径为 88nm ± 18nm,由嵌入在 PEG 基体中的单个 GQD(直径约 6nm)组成。

研究人员观察到,将 GQD 包封到 PEG 纳米粒子时,可以大大降低 GQD 的细胞毒性。细胞毒性降低是因为聚乙二醇化 GQD 产生细胞内 ROS 的能力下降。较大尺寸的纳米粒子表现出较小的分子相似性;因此,细胞吸收的机制(如果有吸收)与小纳米粒子不同(<10nm)。

在另一项研究中,Chong 等研究了 PEG 功能化 GQD 的毒性[86]。人宫颈癌细胞系(HeLa)和人肺泡基底上皮细胞癌(A549)暴露在 PEG－GQD 中 24h,没有发现毒性迹象,PEG－GQD 浓度为 160μg/mL 时,HeLa 细胞存活率为 95%,PEG－GQD 浓度为 640μg/mL 时,A549 细胞存活率为 85%。细胞膜完整性得到保护,且无氧化应激。作者将这一效应归因于 GQD 结构中的高含氧量。Sun 等的研究也发现了类似的结果;当 GQD 浓度为 100μg/mL 时,A549 细胞系的存活率为 80%[62]。Wu 等运用自上而下方法,即 photo－Fenton 反应,以氧化石墨烯为起始材料制备了 GQD,并使用 MTT 试验和 MCF－7 和 MGC－803 细胞系研究细胞存活率,当 GQD 浓度为 200μg/mL 时,细胞系存活率为 80% 以上,当 GQD 浓度为 400μg/mL 时,细胞存活率为 70% 以上[89]。他们利用自下而上法——商用多环芳烃前驱体[90]的碳化获得的 GQD,并观察了 MCF－7 细胞系的高细胞存活率:当 GQD 浓度为 100μg/mL,存活率接近 100%,当 GQD 浓度为 500μg/mL 时,细胞存活率为 90% 以上。

研究人员研究了 GQD 对干细胞的毒性作用[71],当选择的干细胞暴露于 100mg/mL 浓度的 GQD 3 天后,其细胞存活率在 80% 以上。本研究表明,GQD 是用于标记干细胞的一种优良的低细胞毒性和生物相容性剂。Nurunnabi 等采用肾上皮细胞系 MDCK,观察到细胞暴露于浓度为 500 mg/mL 的 GQD 48h 以上,细胞存活率为 95%[91]。

此外,研究人员还研究了化学掺杂 GQD 的细胞毒性。Wang 等研究了氧化石墨烯和 N 掺杂 GQD 对红细胞的毒性作用[92]。研究人员观察了氧化石墨烯的溶血活性、ATP 的释放和形态学变化,而红细胞暴露于 N 掺杂的 GQD 时没有损伤。这些结果证明 GQD 的细胞毒性要比氧化石墨烯低很多,氧化石墨烯会造成严重的细胞损伤,如溶血。结果表明,GQD 和细胞之间的相互作用机制与表面官能团、电荷和颗粒尺寸密切相关。

Liu 等研究了类似的 N 掺杂 GQD 的毒性[93]。他们使用二甲甲酰胺为溶剂和氮源,采用简单的溶剂热法制备 N－GQD。HeLa 细胞暴露于浓度为 400μg/mL 的 GQD 24h,不会引起细胞毒性。

Zhu 等使用氨基和含氧官能团制备了 GQD[94]。这些光点表现出良好的生物相容性:RSC96 细胞暴露于浓度为 100μg/mL 的 GQD 时,细胞存活率为 90% 以上,暴露于浓度为 300μg/mL 的 GQD 时,细胞存活率 >60%。

除 N 掺杂 GQD 外,研究人员还研究了硼掺杂 GQD(BGQD)的细胞毒性[95]。Hai 等以氧化石墨烯为碳源,并以硼砂为硼源,采用一锅无酸微波法制备了 BGQD。标准 MTT 检测法结果表明,BGQD 具有较低的细胞毒性和良好的生物相容性。研究人员在 HeLa 细胞系上进行了细胞存活实验，将细胞系暴露于4.0mg/mL的BGQD 12h后，细胞存活率达87%。本研究表明，与未掺杂GQD相比，BGQD的细胞毒性甚至可能更低，且生物相容性更好。

上述研究表明，GQD确实是一种生物相容性材料，且对不同的细胞系具有低毒性作用。

然而，GQD会在细胞内产生大量的ROS，导致细胞死亡[80,84]。只有当GQD暴露在光下时，才会有这种效应[17]，而在黑暗中，则不会产生ROS。这种效应被用于光动力疗法，它使用光活性化合物、光和氧分子。其他章节将进一步说明GQD在光动力疗法中的基础和应用（5.3节）。

由于GQD的低毒性和生物相容性，GQD在不同生物医学领域作为潜在助剂越来越受到人们的关注。

## 10.5.2 石墨烯量子点在生物传感中的应用

由于GQD水溶性高、细胞毒性低、生物相容性好、光致发光稳定、抗光漂白性强，其已被广泛用于不同生物分子的检测。基于GQD的生物传感器分为三类：光致发光生物传感器、电化学发光（ECL）生物传感器和电化学生物传感器。

### 10.5.2.1 光致发光石墨烯量子点生物传感器

在信号关闭或信号接通过程中构建光致发光GQD生物传感器。

在信号关闭过程中构建的光致发光生物传感器，当目标分子存在时，感测材料即GQD，其光致发光值降低。信号关闭光致发光传感器的示意图如图10.6所示。

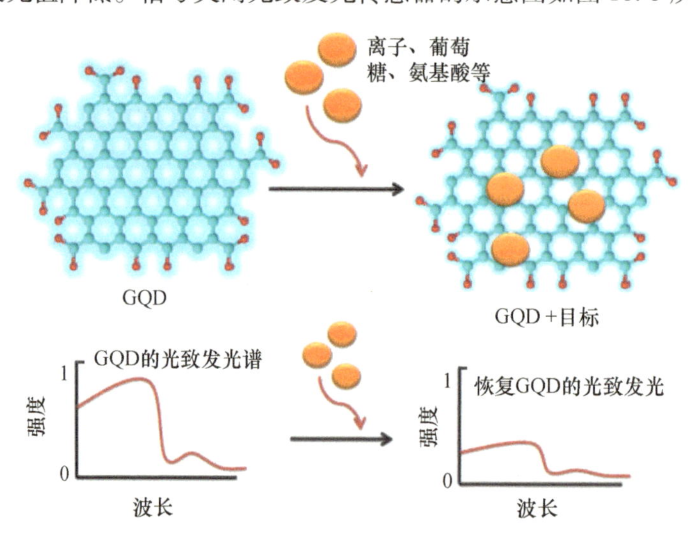


图10.6 基于GQD的信号关闭传感器检测原理

以下是一些信号关闭光传感器的例子。用S掺杂GQD检测人血清中的$Fe^{3+}$离子[27]。在$Fe^{3+}$浓度为0.01～0.70μmol/L的范围内，S－GQD的光致发光强度逐渐降低。S－GQD的光致发光强度与$Fe^{3+}$浓度成正比。该探针灵敏度高，检出限为4.2nmol/L。在$Fe^{3+}$离子存在下，S－GQD的光致发光有明显的猝灭作用，这与$Fe^{3+}$和S－GQD的酚醛羟基之间的配位相互作用有关。

通过$Zr^{4+}$离子配位诱导的磷酸化肽－GQD 共轭物的选择性聚集，确定了蛋白激酶 CK2 的活性[96]。肽－GQD 结合物光致发光强度降低与浓度为 0.1～1.0 个单位/mL 的酪蛋白激酶Ⅱ(CK2)呈线性关系。检出限为 0.03 个单位/mL。其传感原理是基于 CK2 对底物肽的磷酸化作用和加入$Zr^{4+}$，通过$Zr^{4+}$和磷酸基团的多配位相互作用，连接磷酸肽磷酸化位点。这些相互作用导致了 GQD 广泛聚集和光致发光猝灭。

另一个检测系统是基于 GQD 和银纳米粒子的复合材料[97]。在该复合材料中，GQD 的光致发光发生猝灭，但加入银和生物硫醇使强烈的光致发光进一步猝灭。这种行为是由于 Ag－S 键的形成产生了强烈的相互作用。该复合材料对银离子(3.5nmol/L)、半胱氨酸(6.2nmol/L)、同型半胱氨酸(4.5nmol/L)和谷胱甘肽(4.1nmol/L;GSH)高度敏感。

研究人员建立了一种以 GQD 为有效探针的无标记荧光法，用于敏感和选择性检测多巴胺[98]。水中的多巴胺导致 GQD 的光致发光猝灭。多巴胺在碱性溶液中被氧化而产生多巴胺－奎宁，而光致发光消失正是因为 GQD 的电子向多巴胺－奎宁转移。浓度范围为 0.25～50μmol/L，检出限为 0.09μmol/L。

此外，研究人员还开发了几种 GQD 基生物传感器，用于葡萄糖检测。

(1)血液中的葡萄糖使与血红素功能化的 GQD 的光致发光猝灭(葡萄糖的线性范围在 9～300μmol/L，检出限为 0.1μmol/L)[99]。

(2)与 3－氨基苯硼酸功能化的石墨烯量子点可以作为定向和敏感检测葡萄糖的传感系统[100]。

基于 GQD 的生物传感器数量众多，分析物的检测是光致发光强度增加的结果。图 10.7 中显示了信号开启传感器的检测示意图。可以看出，在这种情况下，光致发光活性物质 GQD 与支架结合，从而导致光致发光猝灭。当系统中存在分析物分子时，GQD 会从支架中释放，导致 GQD 光致发光的恢复。

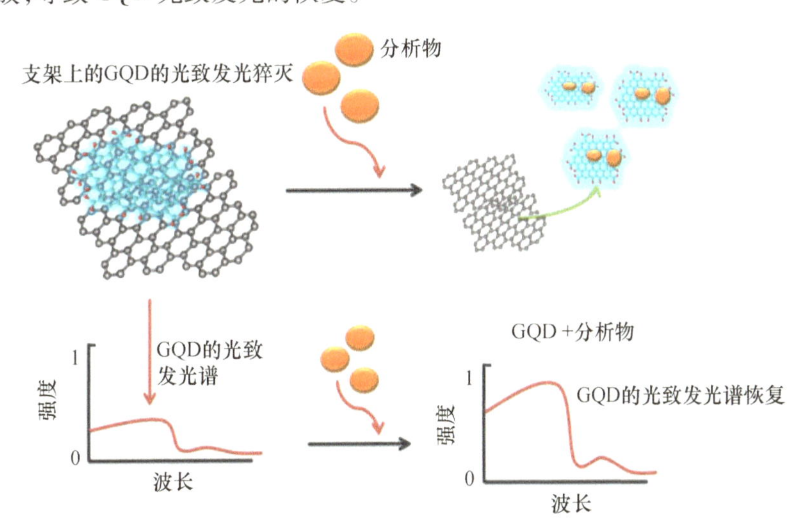


图 10.7 基于 GQD 的信号关闭光致发光传感器分析物的检测机理的示意图

其中一种"信号开启"光致发光生物传感器是基于 GQD 和二硫化钼($MoS_2$)纳米片的传感器，用于检测上皮细胞黏附分子(EpCAM)[101]。该文献介绍了 PEG 功能化和标记的 EpCAM 适体 GQD 通过范德瓦耳斯力吸附在 $MoS_2$ 表面。这导致了 GQD 的光致发光通过荧光共振能量转移(FRET)猝灭。当系统中存在 EpCAM 蛋白时，适体与 EpCAM 蛋白之间的强亲和力相互作用导致 GQD 标记的 EpCAM 适体从 $MoS_2$ 脱离，且光致发光强度恢复。光致发光发射强度的变化允许对 EpCAM 蛋白进行敏感和选择性的检测。检出限约为 450pmol/L。该平台用于 EpCAM 表达乳腺癌 MCF - 7 细胞的体外检测。

另外一种基于 GQD 的生物传感器可以用来检测乙酰胆碱酯酶(AChE,中枢神经系统和神经肌肉连接处的关键酶)[102]。其检测机制也是“信号开启”PL 传感，检出限非常小，约 0.58pmol/L。该传感器平台具有简单的“混合检测”功能，可用于检测各种能直接或间接抑制 AChE 酶活性的化合物。该生物传感器被用于检测农药对氧磷、一种治疗阿尔茨海默病的药物他克林和重要的神经递质多巴胺。

利用基于 BGQD 的“信号开启”光致发光生物传感器检测葡萄糖[29]。其检测机制是基于聚集诱导的光致发光强度增强：葡萄糖分子中的两个顺式二醇基团与 BGQD 表面的两个硼酸基团发生反应，导致结构刚性聚集体的形成，限制了分子内的旋转。与游离 BGQD 相比，生成的聚集体的光致发光发射强度更高。Li 等设计了另一种葡萄糖检测方法[103]。他们使用阴离子 GQD 和阳离子硼酸取代联吡啶盐(BBV)。葡萄糖传感是基于 GQD 与 BBV 之间的静电吸引，其中 GQD 的光致发光猝灭。当系统存在葡萄糖时，硼酸与葡萄糖发生反应，形成四面体阴离子型葡萄糖醛酸酯，从而导致 GQD 的光致发光强度恢复。

研究人员还研制了检测胰蛋白酶的生物传感器[104]。用于胰蛋白酶定量的多功能纳米探针是基于 GQD 和香豆素衍生物 CMR2 制造的。以牛血清白蛋白为蛋白模型，将其作为 GQD 和 CMR2 的连接体，同时作为 GQD 和 CMR2 的荧光增强剂。当系统存在胰蛋白酶时，由于胰蛋白酶吸收了白蛋白连接体，因此 GQD - CMR2 发生分裂。这些事件导致了 GQD 光致发光发射峰的恢复。胰蛋白酶的检出限为 0.7μg/mL。该值是急性胰腺炎患者尿中胰蛋白酶水平的 0.8%。结果表明，研制的生物传感器检测快速、成本低，其在临床筛选中具有很高的应用潜力。另一种胰蛋白酶检测方法是基于 GQD 表面细胞色素 C 的自组装[105]。当把胰蛋白酶加入 GQD 细胞色素 C 系统时，酶消化细胞色素 C，从而导致 GQD 的光致发光恢复。

GSH 功能化的 GQD 基生物传感器检测三磷酸腺苷[106]。将 $Fe^{3+}$ 加入 GSH 功能化的 GQD，该复合材料的荧光因电子转移而猝灭。但当环境中出现磷酸盐离子时，GSH 与 GQD 发生分离，导致光致发光恢复。该生物传感器可用于测定细胞裂解液和血清中 ATP 的浓度。

研究人员开发了其他许多检测生物硫醇、金属离子的生物传感器[107-108]。

“开启”光致发光生物传感器的一个分支是 FRET 传感器，这种传感器的工作原理是基于 GQD 的光致发光猝灭，猝灭现象是由于石墨烯与 GQD 的 $\pi - \pi$ 堆叠造成的。研究人员构建了一种用于检测抗坏血酸的生物传感器[109]。该传感器基于方酸(SQA) - 铁(Ⅲ)和 GQD。铁(Ⅲ)离子与 SQA 形成配位共价键。SQA - 铁和 GQD 发射吸收带的重叠使得 FRET 诱导 GQD 荧光猝灭。铁(Ⅲ)与抗坏血酸之间的氧化还原能提高 GQD 的灵敏度。该传感器在 1.0 ~ 95μmol/L 范围内具有较高的选择性和灵敏度。检出限为 200nmol/L。

Bhatnagar 等将抗原肌钙蛋白 I(抗 - cTnI)抗体与氨基功能化 GQD 共轭，开发了一种心脏免疫传感器，用以检测血液中的心肌标记抗原肌钙蛋白(cTnI)，这种传感器基于共轭物与石墨烯之间作为猝灭物的FRET[110]。氨基功能化GQD通过碳二亚胺偶联与抗体cTnI共价键和。所研制的传感器具有高度特异性,对非特异性抗原的反应微乎其微。对cTnI的线性响应在0.001~1000ng/mL范围内,检出限为0.192pg/mL。设计的生物传感器似乎可行,并表现出检测早期心脏病(心肌梗死)的潜力。

研究人员也研究了用FRET传感器检测人类免疫球蛋白G(抗原)[111],用于DNA检测[112]和其他检测[113-114]。

#### 10.5.2.2 电化学石墨烯量子点生物传感器

在循环伏安法(CV)、计时电流法和差分脉冲伏安法测量中,GQD是多价氧化还原产物。这种行为为设计不同的电化学传感器提供了机会。

Zhao等首次研制了电化学GQD生物传感器[115]。该传感平台基于单链DNA(ssDNA)与石墨烯材料的强相互作用,这种传感器以与特定序列的ssDNA分子偶联的GQD改性热解石墨电极作为探针。在该传感器中,基于GQD和ssDNA的探针抑制了电化学活性组分$[Fe(CN)_6]^{3-/4-}$和电极之间的电子转移,但当ssDNA或靶向蛋白等靶向分子也存在于测试溶液中时,基于ssDNA的探针将与靶向分子结合,而基于石墨烯的探针没有与靶向分子结合,$[Fe(CN)_6]^{3-/4-}$的峰值电流随着靶分子的增加而增加。这种传感器具有较高的灵敏度和选择性。

Gupta等研制了电化学GQD传感器用于葡萄糖检测[116],将用于葡萄糖氧化的酶即葡萄糖氧化酶(GOX),固定在用GQD和其他石墨烯材料改性的玻碳电极上。所制备的GOX-GQD生物传感器在10μmol/L至3mmol/L范围内对葡萄糖的存在表现出线性响应。检出限为1.35μmol/L。

研究人员开发了另一种基于GQD的电化学生物传感器,用于检测细菌对抗生素的反应[117]。纳米多孔氧化铝膜首先被硅烷化,然后用氨基GQD进行功能化。这种膜被用来固定抗沙门氏菌抗体。制备的膜用于捕获沙门氏菌细菌。阻抗信号可以通过纳米孔膜,用来监测纳米孔膜上对细菌的捕获和细菌对抗生素的反应。该电化学生物传感器可以快速检测细菌对抗生素的反应(30min),其检出限为pmol/L水平。

研究人员开发了基于GQD的电化学免疫传感器,用于检测禽白血病病毒亚组J(ALV-J)[118]。所制备的免疫传感器对ALV-J的检测具有良好的分析性能,检测范围为每毫升50%组织培养感染用量(TCID50/mL)的10(2.08)~10(4.50),检出限为115 TCID50/mL(信噪比为3),传感器具有灵敏度高、重复性好和稳定性好等特点。

#### 10.5.2.3 基于光致发光的电化学发光生物传感器

电化学发光(ECL)生物传感器将化学发光和电化学结合在一起。这种传感器具有背景信号低、灵敏度高、设置简单、无标签等特点,是一种很有价值的检测方法。其机制基于在溶液中通过电解某些物质(分子或纳米材料)产生光发射[119]。它们也被称为电致化学发光,因为在电化学能量电子转移反应过程中,在电极表面形成的电化学发光体的激发态产生了光发射。

石墨烯量子点由于其活性高、环保、制备简便、易于标记等优点而被公认为是具有吸引力的电化学发光体。GQD的电化学发光的机理是基于亚硫酸盐($SO_3^{2-}$)[120]、过氧二硫酸钠($S_2O_8^{2-}$)[121]等共反应物促进GQD激发态形成。

研究人员合成了一种基于GQD的电化学发光生物传感器,用于microRNA分析[121]。

该复合生物传感器灵敏度高，检出限为0.83fmol/L，其在核酸生物传感领域具有很高的应用潜力。

研究人员还制备了葡萄糖电化学发光生物传感器[122]。将尺寸小于10nm的GQD与过硫酸钾混合后，可以通过CV扫描产生强阴极电化学发光信号。研究发现，电化学发光信号主要依赖于GQD和氧分子的还原。但是，形成葡萄糖氧化的双氧水猝灭了该信号。该生物传感器由GOX、壳聚糖和GQD组成，其形式是沉积在玻碳电极上的薄膜。电化学发光信号与葡萄糖浓度的线性相关性在1.2～120pmol/L之间，检出限为0.3pmol/L。

利用基于GQD的电化学发光生物传感器可以检测肿瘤标记物[123]。基于金－银纳米复合材料功能化的石墨烯作为一个传感平台，可以增加表面积，从而捕获大量的抗体并提高电子传输速率。将具有多孔PtPd纳米链的GQD复合材料与第二抗体共轭，提高了检测的灵敏度。

除了葡萄糖、肿瘤标记物和核酸外，电化学发光生物传感器也被开发用于如下检测：

(1)酶(蛋白激酶A，CK2)[96,124]；

(2)蛋白质[125]；

(3)碳水化合物抗原153[126]；

(4)癌胚抗原[127]以及其他。

从合成的角度来看，即使电化学发光生物传感器也非常复杂，但它们显示了许多明显的优点，如便捷的光发射控制、广泛的响应范围和高信噪比。因此，研究人员仍然开发了少量的这种生物传感器。在未来我们可以期待发展基于GQD的新型卓越、性能优异的电化学发光系统。

## 10.5.3 石墨烯量子点作为生物成像的助剂

生物成像在诊断肿瘤位置、确定药物是否进入靶向细胞以及确定药物在细胞内的位置等方面起着非常重要的作用。由于GQD具有固有的光致发光性，自发现这种材料以来，研究人员对这种材料作为生物成像助剂的兴趣不断增加。在生物成像中使用的GQD必须具有较高的光致发光强度。考虑到近年来通过表面钝化、掺杂或引入不同的官能团等方式提高了GQD的性能，GQD在生物成像中的应用日益接近临床应用。由于GQD具有双光子激发性能，可以在较低的波长下激发GQD，这对于低强度照射的临床应用非常重要。将GQD与顺磁粒子结合，也可用于磁共振成像(MRI)。

以GQD为成像助剂，对不同的癌细胞系进行生物成像检测。研究最多的细胞有HeLa细胞[73,93,95]、真皮成纤维细胞[91]、中国仓鼠卵巢CHO－K1细胞[128]、胰腺癌细胞(A549)[129]、HEK293A细胞[130]、人类乳腺癌T47D细胞[131]、纤维肉瘤HT－1080细胞[131]、胰腺癌细胞(MIA PaCa－2)[131]、人骨肉瘤细胞系(MG－63)[131]、人乳腺癌细胞(MCF－7)[132]和人肝癌细胞(HepG2、ATCC)[132]。

在生物成像中，当足够的GQD进入细胞时，必须达到高光致发光强度。这可以通过增加GQD来实现，因为据报道，浓度增加会导致内化程度提高[133]。但考虑到GQD浓度的增加可能导致毒性效应，因此这种方法不适用。通过引入共同功能基团，可提高GQD细胞内的浓度：

(1)具有不同官能团的石墨烯量子点：$NH_2$、COOH、$CO-N(CH_3)_2$在人体A549肺癌细胞和人神经胶质瘤 C6 细胞中的内化效果优于未改性的 GQD,它们随机分布于细胞质中,且不会扩散到细胞核[134]。

(2)用 PEG 进行功能化[88]。

(3)与肼进行功能化,获得具有肼基的 GQD,这种材料除进入肿瘤细胞(人肺癌 A549 和人乳腺细胞 MCF-7)外,还可通过三种不同类型的干细胞、神经球细胞、胰腺祖细胞和心脏祖细胞轻松内化。

(4)具有$NO_x$基团的石墨烯量子点具有高的信噪比、良好的稳定性和低的细胞毒性,可以被 CHO-K1 细胞成功地内化[128]。

如果 GQD 与靶分子功能化,则可实现靶细胞的选择性转运和增强内化。因此,在低浓度的 GQD 下,可以增加内化或细胞内浓度以及光致发光强度。在这种情况下,需要较低的 GQD 浓度,以便达到必要的光致发光强度成像,尽量减少毒性的风险。例如,与叶酸功能化的 GQD 进入 HeLa 细胞,并表现出强烈的绿色光致发光,而对于没有叶酸受体的细胞(A549 和 HEK293A),这种效应并不显著[130]。

当 GQD 进入细胞后,它们主要聚集在细胞的细胞质中,细胞核中的数量很少[71,80,134]。这些发现使人们消除了对基因毒性的担忧。

Lie 等利用 N 掺杂 GQD 研究了双光子成像[93]。结果表明,N-GQD 在组织模型中的穿透深度可以达到 1800μm 的大成像深度,这极大地扩展了双光子成像的基本深度限制[93]。

细胞核、细胞质和内质网均可见 GQD 的存在[89]。Wu 等证明了 GQD 主要通过细胞质膜微囊介导的内吞作用进行内化。不同内吞作用的抑制剂也表明存在能量相关的途径。这创造了使用 GQD 靶向细胞核的可能性。

石墨烯量子点也被用于活体生物成像[135]。研究人员在斑马鱼心血管系统中观察了 GQD 的生物分布,心率试验结果表明,摄入少量 GQD 对斑马鱼心血管系统的危害不大。GQD 的光致发光只出现在心肌细胞的细胞质中,而在细胞核中没有被观察到光致发光。Zhu 等在 462nm 处进行激发,并在 620nm 处发射,以便获得声音最小、荧光背景、信噪比最好的高质量图像[94]。

上述研究和其他许多研究表明,GQD 在体外和体内成像中的应用具有巨大的潜力。但在实际使用前还需要解决一些问题,如量子产率低、波长发射短、合成方法限制等,解决这些问题后可以大量生产标准尺寸和光致发光的 GQD。通过生产高量子产率的 GQD,可以获得较低量的点和较高信噪比的高质量图像。考虑到合成技术的快速发展,所提出的问题可以快速解决,并能将其使用到临床应用中。

### 10.5.4 石墨烯量子点作为光动力疗法的助剂

由于 GQD 水溶性高、毒性低、光致发光强度高,因此其是一种具有吸引力的生物成像和传感应用材料。这两种应用都是基于 GQD 的光致发光。除了光致发光,GQD 还有一个有趣的特性,即它们在光激发下产生单线氧[136-137]。研究人员基于 GQD 的这一特性,探索了 GQD 作为光敏剂(PS)用于光动力疗法(PDT)。

在过去的几十年里,PDT 作为一种无创的局部治疗,其副作用少且全身毒性低,这些特性使其引起了人们的广泛关注。光动力疗法基于三个部分:光、氧和化合物,它们可以被光激发，并能将能量传递给氧分子。这些化合物被命名为光敏剂。图10.8说明了在PDT中GQD作为光敏剂的使用。

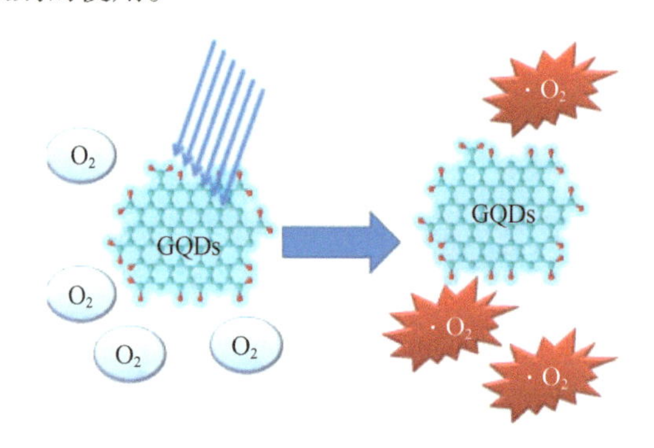


图10.8 PDT的构成：光、氧和作为光敏剂的GQD

当氧分子从激发的光敏剂中获得能量时，会形成不同的活性氧。这些物种具有毒性作用，会导致细胞死亡。

如果在光照条件下光敏剂的定位受到癌细胞选择性转运的限制，将只在这些细胞中形成活性氧，并导致细胞死亡。在光源被移除后，活性氧的产生将停止。已经形成的活性氧反应非常强烈，寿命很短。在光照停止后，活性氧会很快猝灭，导致毒性效应终止。

现在已有许多有关GQD在生物成像应用的论文，但已发表的关于GQD作为PS研究的论文数量要少得多。研究人员发现GQD可以参与光化学反应并在光激发时产生单线氧，这使得它们成为潜在的抗癌或/和抗菌剂[83-84,138-139]。对GQD进行改性，如钝化-非共价功能化、GQD与N原子的掺杂以及γ辐照，增加了光激发下产生的单态氧[17,80,136]。

有研究小组发现了GQD的体外光动力学活性[84]，并采用电化学方法制备了GQD。研究人员在470nm处的光激发下观察到活性氧的产生。在光激发过程中，细胞悬液没有明显的温度升高，因此排除了光热毒性。本研究显示诱导氧化应激和激活Ⅰ型(凋亡)和Ⅱ型(自噬)程序性细胞死亡引起的GQD体外光动力细胞毒性。研究人员使用人胶质瘤细胞U251作为细胞模型。实验结果表明，单用GQD或蓝光处理U251细胞不能诱导细胞毒性。但在GQD浓度为200mg/mL的情况下，同时使用GQD和蓝光治疗U251细胞24h，会导致40%以上细胞死亡。观察到的细胞毒性是活性氧产生的结果。研究人员认为细胞死亡是细胞凋亡和自噬的结果。

研究人员研究了在光激发下(470nm处1W)，GQD通过产生活性氧在耐甲氧西林金黄色葡萄球菌和大肠杆菌等两种致病菌上的抗菌活性[83]。使用浓度为200μg/mL的GQD且光照15min，可杀死大部分细菌，但细菌死亡数量不到健康细胞的50%，这表明GQD具有相对选择性的光动力抗菌活性[83]。

Ge等还研究了这些GQD在体外和体内对乳腺癌细胞的影响，结果表明光照射可导致光致细胞死亡[80]。体内研究显示，使用GQD17天后会导致乳腺癌细胞完全破坏。

Nurunnabi等还对GQD在癌细胞上的光动力和光热活性进行了体内研究[140]。静脉注射GQD，且在670nm进行光激发，可在21天内将肿瘤大小减小70%。研究表明，GQD是一个多功能系统，既可诱导光热效应和光动力学效应，又可与无创光学成像形成对比。

研究人员还通过γ射线照射实现GQD光激发，从而提高单线氧生成能力[17]。根据辐照介质的不同，γ射线照射可诱导碳纳米材料的结构改性，如切割、氧化或还原[4,141-143]。在本研究中，减少了部分的GQD：所有γ射线照射GQD的酸位点数目相似，为0.14mmol/g，而未被γ射线照射GQD的酸位点数目几乎是原来的两倍(0.25mmol/g)。γ射线照射引起结构和形态改变，而且PLQY($\varphi$)增加6倍(γ射线照射后为4.3%，未被γ射线照射GQD为0.7%)。在γ射线照射GQD中，$^{10}O_2$随着时间呈线性连续增加，而未γ射线照射GQD中，$^1O_2$呈饱和状态。结果表明，γ射线照射后的GQD随着时间具有较好的光稳定性、较高的光毒性和较稳定的单线氧生成能力。

研究人员观察到GQD在没有光激发的情况下不会造成细胞损伤。它们具有抗漂白性和良好的生物相容性，这有利于其在PDT中的应用。与传统的光敏剂相比，GQD具有水溶性、生物相容性和光稳定性。理想的光敏剂除了水溶性外，在光诱导活性氧生产中非常有效，这意味着所产生的活性氧的产量必须足够高，才能导致细胞死亡。尽管GQD显示出了很有前途的特性，但它们还远未被临床应用。在应用前，还需要对诸多因素进行改进和研究，比如活性氧的产量、700nm以上的光吸收、活性氧产生机理、GQD结构与活性氧产生的关系、生物分布、人体组织液体稳定性、清除时间和途径等。

### 10.5.5 石墨烯量子点作为药物递送的载体

在GQD的结构中，$sp^2$杂化的C原子产生了具有芳香去局域化π电子的疏水区。这些GQD域可通过π-π堆叠与其他疏水分子或具有芳香官能团的分子进行相互作用。除疏水基团外，GQD也有大量亲水官能团。由于羧酸官能团的存在，GQD可以参与化学反应并结合不同的分子。GQD由于这些化学性质，已得到广泛研究并可以递送不同药剂。本节下面将讨论一些GQD作为递送载体的纳米系统。

#### 10.5.5.1 石墨烯量子点在传统光动力疗法药剂递送中的应用

研究表明，GQD与经典的PDT助剂一起，可以形成复合纳米粒子，这是PDT中一种有效的纳米粒子。

这种复合纳米系统的一个例子是基于PEG固定且带有PS氯离子e6(Ce6)的GQD[144]。该复合物的合成包括多个步骤，而GQD-EG的尺寸在3~10nm之间。GQD有助于增加进入细胞的复合物数量。但在这种复合物中，Ce6的光致发光和光致单线氧都发生了猝灭。复合物进入肿瘤细胞后，其纳米系统受到高浓度GSH的影响，导致GQD-SS-PEG-Ce6中的二硫键通过氧化还原反应分裂。细胞外(2μmol/L)和细胞内(10mmol/L)的GSH浓度有很大差异，细胞质中的GSH浓度是一些肿瘤细胞的4倍以上[146]。GQD-SS-PEG-Ce6分裂引起氧化还原电位变化，且游离Ce6分子在细胞中释放，从而恢复了在光动力疗法中这个经典助剂的光致发光和光动力疗法活性。22天治疗抑制了细胞生长，最终使得肿瘤组织体积从(267±13)$mm^3$降至(118±6)$mm^3$。在这种复合物中，GQD使得细胞摄取更高，限制了Ce6输送到肿瘤细胞中，且没有受体靶向。在特定于肿瘤细胞的环境中，高浓度的GSH激发了Ce6选择性释放。

Du等[147]制备了类似的复合物，以用于运输Ce6，但这种情况没有PEG聚合物。他们利用还原可裂二硫键，建立了GQD-Ce6复合材料，并对其光动力活性进行了分析。该复合材料的生成包括多个合成步骤，这增加了制备成本。即使为复合结构，但其直径也较小，低于10nm的GQD。由于HeLa细胞体积小且在体内有效抑制肿瘤，在HeLa细胞内存在较多的肿瘤聚集物。每天用650nm的激光束（$200mW/cm^2$）进行30min光激发，并持续14天，可发现肿瘤生长和生长动态的变化：对照组肿瘤细胞继续生长，GQD治疗14天后肿瘤细胞体积缩小至1/6。本研究证明，Ce6与GQD结合后，肿瘤体积和生长速率均降低。通过比较Li等的研究和这个研究可以发现，与基于Ce6和PEG的复合材料相比，基于Ce6的GQD是一种更有效的肿瘤生长抑制剂[144,147]。

研究表明，GQD可以作为传统光动力疗法药剂的有效载体。考虑到Ce6和其他光动力疗法试剂通常是疏水分子，且具有芳香结构，因此不溶于水，GQD的作用是为这些试剂提供溶解性和生物相容性。因此，GQD增加了细胞的摄取、减少了药物的用量，以达到肿瘤细胞需要的有效浓度。

**10.5.5.2 石墨烯量子点在其他生物活性药剂输送中的应用**

除了输送光动力疗法药剂外，GQD还与不同的金属纳米粒子进行了功能化。这些研究的目的是建立对肿瘤细胞具有多重毒性作用的纳米系统：

（1）在光照射下生成活性氧，从而产生GQD的光动力疗法效应；

（2）在光照射下产生足够诱导肿瘤细胞死亡的热量，从而产生金属纳米粒子的光热疗法效应。

Wo等用空心磁性纳米球（HMNS）制备了一种核壳纳米复合材料，将其涂覆在硅壳上，并与羧基化负载阿霉素的GQD连接[148]。用脂质体稳定这种纳米复合材料。由于在600nm和1000nm处光吸收率较强，在671nm和808nm处的吸收系数足以满足光照条件（分别为（3.35 ± 0.39）L/gcm和（3.37 ± 0.40）L/gcm）。因此，用于照射的激光波长为671nm或808nm。在水中加入纳米复合材料20min后发现水的温度在前5～10min内升高，然后逐渐趋于平稳。在671nm处照射5min后，温度升高15℃，照射10min和20min后，温度分别升高18℃和19℃。高于42.5℃的温度会导致癌细胞死亡[149-150]，这表明光热效应成功地抑制了肿瘤的生长。激光照射和磁场照射癌细胞（人食管癌细胞Eca-109细胞），即在671nm激光照射20min和磁场照射20min的情况下，经脂质体包覆的阿霉素负载的HMNS/$SiO_2$/GQDs导致大部分Eca-109细胞死亡（存活率为9.80% ±9.31%）。这种纳米复合材料结合光动力、光热和化学疗法产生协同抗癌作用。

Habiba等[151]制备了PEG和银纳米粒子功能化的GQD复合材料。他们在这种复合物中添加了阿霉素，并研究了HeLa与人前列腺癌细胞系DU145两种细胞系的光动力学效应。在波长为425nm ± 10nm，照射治疗15min。研究表明，与其他PS相比，较低用量的这种复合物降低了细胞的增殖。制备的复合纳米系统既具有化学效应，又具有光动力学效应，对HeLa和DU145细胞的疗效增强。

Nafiujjaman等[152]用GQD和金属纳米粒子合成了一个更为复杂的纳米体系。他们制备了基于聚合物多巴胺和$Mn_3O_4$纳米粒子功能化的GQD。为了GQD激发，采用了670nm的激光源，光强为$4mW/cm^2$。研究人员分析了该复合物在A549荷瘤小鼠体内的效应。研究发现，在治疗16天后，小鼠肿瘤大小为对照组的1/3。结果表明，该复合物可用于多种用途：光成像和MRI诊断以及作为肿瘤光动力治疗的治疗药剂。

Some等[153]制备了另一种GQD的纳米体系。他们证明了不同石墨烯纳米载体负载的超高疏水药物（姜黄素）的pH依赖性。在不同石墨烯基材料中，GQD具有超高的载药能力（40～800mg/g）。他们认为光点与姜黄素会产生相互作用，这是由于与极性功能基团的相互作用。在pH值为9时形成这种复合材料,这高于生理pH值,这意味着这种复合材料的分解不太可能发生在正常组织中。作者在肿瘤细胞中观察到pH较低时,姜黄素发生分解。在pH值为5时,85%姜黄素从复合物中释放,而在pH值为9和7.5时,姜黄素的分解率分别为5%和9.8%。他们观察到含姜黄素的石墨烯衍生物促进了该化合物的释放,有效地杀死了人结肠癌细胞系HCT 116,其对体内肿瘤生长有很高的抑制作用,对体外和体内肿瘤细胞存活均有协同的化疗作用。基于GQD和姜黄素的复合材料似乎具有双重作用:作为肿瘤成像的表面生物探针和作为化学治疗剂。

石墨烯量子点用于盐酸利多卡因和白蛋白的转运[133]。Justin等以壳聚糖和GQD为原料,合成了电刺激和跟踪透皮给药的可降解微针头。与原始壳聚糖微针相比,这些带有药物载体GQD的纳米复合材料在小分子重量模型药物中表现出增强的释药行为。盐酸利多卡因主要通过芳香环的π-π堆叠从而与GQD结合,但与氢的键合较弱。采用离子电渗疗法诱导药物释放并通过被动扩散检测释放量,使释放量从7.5%增加到94.5%。此外,纳米复合微针还能释放出一种大分子量的模型药物。这种新型纳米复合材料似乎是离子治疗和跟踪给药治疗的通用平台。

研究人员还合成了GQD与顺铂复合物[154]。顺铂不稳定的氯化物配体被GQD的羧基取代,形成相对稳定的复合材料。研究人员观察到药物对细胞的渗透率增加,这说明GQD的大小对药物的渗透性有重要影响。疗效的提高是因为使用了高剂量的药物,这表明GQD增多了细胞内的累积。但目前仍未清楚GQD与细胞膜相互作用的机理。

### 10.5.6 石墨烯量子点作为抗菌治疗的药剂

耐多药细菌感染的增加是一个重要的生物医学挑战,这要求开发基于抗菌的替代平台,使病原体无法产生耐药性。不同石墨烯基材料的抗菌活性[155-156]在克服耐多药细菌方面显示出了很好的作用,但其机理仍有待科学讨论。

Ristic等研究了电化学产生的GQD,发现光激发(470nm,1 W)时产生活性氧[83]。光激发和GQD都导致了耐甲氧西林的金黄色葡萄球菌和大肠杆菌等两株致病菌的死亡。研究人员观察到暴露于GQD光激发下的细菌氧化应激的诱导作用。当仅用GQD治疗细菌时,没有发现氧化应激和细菌活力下降。作者发现GQD具有较好的选择性抗菌光动力作用。此后相关人员研究了石墨烯结构与抗菌性能的关系[155]。

Hui等研究了用断裂C60笼制备的GQD和用氧化石墨烯制备的GQD[157]。他们观察到C60制备的GQD能有效杀灭金黄色葡萄球菌,但对枯草芽孢杆菌、大肠杆菌、铜绿假单胞菌均无明显抑制作用,而氧化石墨烯制备的GQD没有显示出任何抗细菌活性。他们注意到GQD和靶向细菌之间的表面高斯曲率匹配,这说明GQD曲率与细菌细胞表面存在关联。在开始步骤中,GQD破坏细菌细胞包膜的能力取决于材料来源和细菌形状。

研究人员利用GQD过氧化物酶样活性以及优良的生物相容性,设计了具有GQD和低含量$H_2O_2$的抗菌带[158]。在该系统中,GQD将具有较低抗菌活性的$H_2O_2$分子转化为具有较高抗菌活性的3个OH自由基。结果表明,$H_2O_2$抗菌性能得到了提高,且显示了革兰氏阴性细菌(大肠杆菌)和革兰氏阳性性菌(金黄色葡萄球菌)抗菌活性的宽光谱。以控制用量的方式使用GQD(100μg/mL)和$H_2O_2$可显著降低大肠杆菌和金黄色葡萄球菌的存活率,而单独使用10~500μg/mL范围内的GQD对大肠杆菌和金黄色葡萄球菌均无明显的抗菌活性。研究人员研究了体内抗菌效果，结果表明用制备的创可贴治疗伤口3天后，能治愈大肠杆菌和金黄色葡萄球菌的感染。

## 参考文献


[1] Trauzettel, B., Bulaev, D. V., Loss, D., Burkard, G., Spin qubits in graphene quantum dots. *Nat. Phys.*, 3, 3, 192, 2007.

[2] Ye, R., Xiang, C., Lin, J., Peng, Z., Huang, K., Yan, Z., Cook, N. P., Samuel, E. L., Hwang, C. C., Ruan, G., Ceriotti, G., Raji, A. R., Marti, A. A., Tour, J. M., Coal as an abundant source of graphene quantum dots. *Nat. Commun.*, 4, 2943, 2013.

[3] Jovanovic, S. P., Markovic, Z. M., Kleut, D. N., Tosic, D. D., Kepic, D. P., Cincovic, M. T. M., Antunovic, I. D. H., Markovic, B. M. T., Covalent modification of single wall carbon nanotubes upon gamma irradiation in aqueous media. *Chem. Ind.*, 65, 5, 479, 2011.

[4] Jovanović, S. P., Marković, Z. M., Kleut, D. N., Romćević, N. Z., Trajković, V. S., Dramićanin, M. D., Marković, B. M. T., A novel method for the functionalization of γ – irradiated single wall carbon nanotubes with DNA. *Nanotechnology*, 20, 44, 445602, 2009.

[5] Jovanovic, S., Markovic, Z., Kleut, D., Romcevic, N., Cincovic, M. M., Dramicanin, M., Markovic, B. T., Functionalization of single wall carbon nanotubes by hydroxyethyl cellulose. *Acta Chim. Slov.*, 56, 4, 892, 2009.

[6] Rajabi, H. R., *Photocatalytic activity of quantum dots, in semiconductor photocatalysis— Materials, mechanisms and applications*, W. Cao(Ed.), InTech, Rijeka, 2016, Ch. 17.

[7] Pan, D., Zhang, J., Li, Z., Wu, M., Hydrothermal route for cutting graphene sheets into blue – luminescent graphene quantum dots. *Adv. Mater.*, 22, 6, 734, 2010.

[8] Ponomarenko, L. A., Schedin, F., Katsnelson, M. I., Yang, R., Hill, E. W., Novoselov, K. S., Geim, A. K., Chaotic Dirac billiard in graphene quantum dots. *Science*, 320, 5874, 356, 2008.

[9] Wu, T., Zhang, X., Yuan, Q., Xue, J., Lu, G., Liu, Z., Wang, H., Wang, H., Ding, F., Yu, Q., Xie, X., Jiang, M., Fast growth of inch – sized single – crystalline graphene from a controlled single nucleuson Cu – Ni alloys. *Nat. Mater.*, 15, 1, 43, 2016.

[10] Pan, S. and Aksay, I. A., Factors controlling the size of graphene oxide sheets produced via the graphite oxide route. *ACS Nano*, 5, 5, 4073, 2011.

[11] Geng, D., Wang, H., Yu, G., Graphene single crystals: Size and morphology engineering. *Adv. Mater.*, 27, 18, 2821, 2015.

[12] Shiren, W., Zhiyong, L., Ben, W., Chuck, Z., Statistical characterization of single – wall carbon nanotube length distribution. *Nanotechnology*, 17, 3, 634, 2006.

[13] Zhang, R., Zhang, Y., Zhang, Q., Xie, H., Qian, W., Wei, F., Growth of half – meter long carbon nanotubes based on Schulz – Flory distribution. *ACS Nano*, 7, 7, 6156, 2013.

[14] Wang, X., Li, Q., Xie, J., Jin, Z., Wang, J., Li, Y., Jiang, K., Fan, S., Fabrication of ultralong and electrically uniform single – walled carbon nanotubes on clean substrates. *Nano Lett.*, 9, 9, 3137, 2009.

[15] Lin, L. and Zhang, S., Creating high yield water soluble luminescent graphene quantum dotsvia exfoliating and disintegrating carbon nanotubes and graphite flakes. *Chem. Commun.*, 48, 82, 10177, 2012.

[16] Park, J., Moon, J., Kim, C., Kang, J. H., Lim, E., Park, J., Lee, K. J., Yu, S. – H., Seo, J. – H., Lee, J., Heo, J., Tanaka, N., Cho, S. – P., Pyun, J., Cabana, J., Hong, B. H., Sung, Y. – E., Graphene quan-

tumdots: Structural integrity and oxygen functional groups for high sulfur/sulfide utilization inlithium sulfur batteries. *NPG Asia Mater.* ,8,e272,2016.

[17] Jovanovic,S. P. ,Syrgiannis,Z. ,Markovic,Z. M. ,Bonasera,A. ,Kepic,D. P. ,Budimir,M. D. ,Milivojevic,D. D. ,Spasojevic,V. D. ,Dramicanin,M. D. ,Pavlovic,V. B. ,Todorovic Markovic,B. M. ,Modification of structural and luminescence properties of graphene quantum dotsby gamma irradiation and their application in a photodynamic therapy. *ACS Appl. Mater. Interfaces*,7,46,25865,2015.

[18] Jovanović,S. P. ,Marković,Z. M. ,Syrgiannis,Z. ,Dramićanin,M. D. ,Arcudi,F. ,Parola,V. L. ,Budimir,M. D. ,Marković,B. M. T. ,Enhancing photoluminescence of graphene quantum dotsby thermal annealing of the graphite precursor. *Mater. Res. Bull.* ,93,Supplement C,183,2017.

[19] Feng,J. ,Dong,H. ,Yu,L. ,Dong,L. ,The optical and electronic properties of graphene quantum dots with oxygen – containing groups: A density functional theory study. *J. Mater. Chem. C*,5,24,5984,2017.

[20] Wang,S. ,Cole,I. S. ,Zhao,D. ,Li,Q. ,The dual roles of functional groups in the photoluminescence of graphene quantum dots. *Nanoscale*,8,14,7449,2016.

[21] Kashani,H. M. ,Madrakian,T. ,Afkhami,A. ,Highly fluorescent nitrogen – doped graphene quantum dots as a green,economical and facile sensor for the determination of sunitinib inreal samples. *New J. Chem.* ,41,14,6875,2017.

[22] Sun,L. ,Luo,Y. ,Li,M. ,Hu,G. ,Xu,Y. ,Tang,T. ,Wen,J. ,Li,X. ,Wang,L. ,Role of pyridinic – N fornitrogen – doped graphene quantum dots in oxygen reaction reduction. *J. Colloid. Interface Sci.* ,508,154,2017.

[23] Li,M. ,Wu,W. ,Ren,W. ,Cheng,H. – M. ,Tang,N. ,Zhong,W. ,Du,Y. ,Synthesis and upconversion luminescence of N – doped graphene quantum dots. *Appl. Phys. Lett.* ,101,10,103107,2012.

[24] Santiago,S. R. M. ,Lin,T. N. ,Chang,C. H. ,Wong,Y. A. ,Lin,C. A. J. ,Yuan,C. T. ,Shen,J. L. ,Synthesis of N – doped graphene quantum dots by pulsed laser ablation with diethylenetriamine(DETA) and their photoluminescence. *Phys. Chem. Chem. Phys.* ,19,33,22395,2017.

[25] Kuo,N. – J. ,Chen,Y. – S. ,Wu,C. – W. ,Huang,C. – Y. ,Chan,Y. – H. ,Chen,I. W. ,One – pot synthesis of hydrophilic and hydrophobic n – doped graphene quantum dots via exfoliating and disintegrating graphite flakes. *Sci. Rep.* ,6,30426,2016.

[26] Bian,S. ,Shen,C. ,Qian,Y. ,Liu,J. ,Xi,F. ,Dong,X. ,Facile synthesis of sulfur – doped graphene quantum dots as fluorescent sensing probes for Ag + ions detection. *Sens. Actuators*,*B*,242,Supplement C,231,2017.

[27] Li,S. ,Li,Y. ,Cao,J. ,Zhu,J. ,Fan,L. ,Li,X. ,Sulfur – doped graphene quantum dots as a novel fluorescent probe for highly selective and sensitive detection of Fe(3 +). *Anal. Chem.* ,86,20,10201,2014.

[28] Van Tam,T. ,Kang,S. G. ,Babu,K. F. ,Oh,E. – S. ,Lee,S. G. ,Choi,W. M. ,Synthesis of B – dopedgraphene quantum dots as a metal – free electrocatalyst for the oxygen reduction reaction. *J. Mater. Chem. A*,5,21,10537,2017.

[29] Zhang,L. ,Zhang,Z. – Y. ,Liang,R. – P. ,Li,Y. – H. ,Qiu,J. – D. ,Boron – doped graphene quantum dotsfor selective glucose sensing based on the"Abnormal"aggregation – induced photo luminescence enhancement. *Anal. Chem.* ,86,9,4423,2014.

[30] Li,Y. ,Li,S. ,Wang,Y. ,Wang,J. ,Liu,H. ,Liu,X. ,Wang,L. ,Liu,X. ,Xue,W. ,Ma,N. ,Electrochemical synthesis of phosphorus – doped graphene quantum dots for free radical scavenging. *Phys. Chem. Chem. Phys.* ,19,18,11631,2017.

[31] Liu,R. ,Zhao,J. ,Huang,Z. ,Zhang,L. ,Zou,M. ,Shi,B. ,Zhao,S. ,Nitrogen and phosphorusco – doped graphene quantum dots as a nano – sensor for highly sensitive and selective imaging detection of nitrite in

live cell. *Sens. Actuators*, *B*, 240, Supplement C, 604, 2017.

[32] Sun, H., Ji, H., Ju, E., Guan, Y., Ren, J., Qu, X., Synthesis of fluorinated and nonfluorinated graphene quantum dots through a new top - down strategy for long - time cellular imaging. *Chemistry*, 21, 9, 3791, 2015.

[33] Yousaf, M., Huang, H., Li, P., Wang, C., Yang, Y., Fluorine functionalized graphene quantumdots as Inhibitor against hIAPP amyloid aggregation. *ACS Chem. Neurosci.*, 8, 6, 1368, 2017.

[34] Sun, H., Wu, L., Gao, N., Ren, J., Qu, X., Improvement of photoluminescence of graphene quantum dots with a biocompatible photochemical reduction pathway and its bioimaging application. *ACS Appl. Mater. Interfaces*, 5, 3, 1174, 2013.

[35] Sekiya, R., Uemura, Y., Naito, H., Naka, K., Haino, T., Chemical functionalisation and photoluminescence of graphene quantum dots. *Chemistry*, 22, 24, 8198, 2016.

[36] Gong, P., Yang, Z., Hong, W., Wang, Z., Hou, K., Wang, J., Yang, S., To lose is to gain: Effective synthesis of water - soluble graphene fluoroxide quantum dots by sacrificing certain fluorine atoms from exfoliated fluorinated graphene. *Carbon*, 83, Supplement C, 152, 2015.

[37] Ding, X., Direct synthesis of graphene quantum dots on hexagonal boron nitride substrate. *J. Mater. Chem. C*, 2, 19, 3717, 2014.

[38] Naik, J. P., Sutradhar, P., Saha, M., Molecular scale rapid synthesis of graphene quantum dots (GQDs). *J. Nanostruc. Chem.*, 7, 1, 85, 2017.

[39] Yan, X., Cui, X., Li, L. S., Synthesis of large, stable colloidal graphene quantum dots with tunablesize. *J. Am. Chem. Soc.*, 132, 17, 5944, 2010.

[40] Dong, Y., Shao, J., Chen, C., Li, H., Wang, R., Chi, Y., Lin, X., Chen, G., Blue luminescent graphene quantum dots and graphene oxide prepared by tuning the carbonization degree ofcitric acid. *Carbon*, 50, 12, 4738, 2012.

[41] Wang, S., Chen, Z. - G., Cole, I., Li, Q., Structural evolution of graphene quantum dots during thermal decomposition of citric acid and the corresponding photoluminescence. *Carbon*, 82, 304, 2015.

[42] Shehab, M., Ebrahim, S., Soliman, M., Graphene quantum dots prepared from glucose as opticalsensor for glucose. *J. Lumin.*, 184, Supplement C, 110, 2017.

[43] Wu, X., Tian, F., Wang, W., Chen, J., Wu, M., Zhao, J. X., Fabrication of highly fluorescent graphene quantum dots using l - glutamic acid for*in vitro/in vivo* imaging and sensing. *J. Mater. Chem. C*, 1, 31, 4676, 2013.

[44] Yin, Y., Liu, Q., Jiang, D., Du, X., Qian, J., Mao, H., Wang, K., Atmospheric pressure synthesis of nitrogen doped graphene quantum dots for fabrication of BiOBr nanohybrids with enhanced visible - light photoactivity and photostability. *Carbon*, 96, Supplement C, 1157, 2016.

[45] Scholl, R. and Mansfeld, J., Meso - Benzdianthron (Helianthron), meso - Naphthodianthron, undein neuer-Weg zum Flavanthren. *Ber. Dtsch. Chem. Ges.*, 43, 2, 1734, 1910.

[46] Wu, J., Pisula, W., Mullen, K., Graphenes as potential material for electronics. *Chem. Rev.*, 107, 3, 718, 2007.

[47] Wang, Z., *Scholl Reaction*, in: *Comprehensive Organic Name Reactions and Reagents*, John Wiley& Sons, Inc, Hoboken, New Jersey, 2010.

[48] Li, Q., Zhang, S., Dai, L., Li, L. S., Nitrogen - doped colloidal graphene quantum dots and theirsize - dependent electrocatalytic activity for the oxygen reduction reaction. *J. Am. Chem. Soc.*, 134, 46, 18932, 2012.

[49] Liu, R., Wu, D., Feng, X., Mullen, K., Bottom - up fabrication of photoluminescent graphene quantum

dots with uniform morphology. *J. Am. Chem. Soc.* ,133,39,15221,2011.

[50] Fan,L. ,Zhu,M. ,Lee,X. ,Zhang,R. ,Wang,K. ,Wei,J. ,Zhong,M. ,Wu,D. ,Zhu,H. ,Direct synthesis of graphene quantum dots by chemical vapor deposition. *Part. Part. Syst. Char.* ,30,9,764,2013.

[51] Huang,K. ,Lu,W. ,Yu,X. ,Jin,C. ,Yang,D. ,Highly pure and luminescent graphene quantum dots on silicon directly grown by chemical vapor deposition. *Part. Part. Syst. Char.* ,33,1,8,2016.

[52] Zhu,C. ,Yang,S. ,Wang,G. ,Mo,R. ,He,J. ,Sun,Z. ,Di,N. ,Yuan,J. ,Ding,G. ,Xie,X. ,Negative induction effect of graphite N on graphene quantum dots:Tunable band gap photoluminescence. *J. Mater. Chem. C*,3,34,8810,2015.

[53] Li,R. ,Liu,Y. ,Li,Z. ,Shen,J. ,Yang,Y. ,Cui,X. ,Yang,G. ,Bottom - up fabrication of single - layered-nitrogen - doped graphene quantum dots through intermolecular carbonization arrayed in a 2Dplane. *Chemistry*,22,1,272,2016.

[54] Li,Y. ,Hu,Y. ,Zhao,Y. ,Shi,G. ,Deng,L. ,Hou,Y. ,Qu,L. ,An electrochemical avenue to greenluminescent graphene quantum dots as potential electron - acceptors for photovoltaics. *Adv. Mater.* ,23,6,776,2011.

[55] Fan,T. ,Zeng,W. ,Tang,W. ,Yuan,C. ,Tong,S. ,Cai,K. ,Liu,Y. ,Huang,W. ,Min,Y. ,Epstein,A. J. ,Controllable size - selective method to prepare graphene quantum dots from graphene oxide. *Nanoscale Res. Lett.* ,10,55,2015.

[56] Sommer,B. ,Sonntag,J. ,Ganczarczyk,A. ,Braam,D. ,Prinz,G. ,Lorke,A. ,Geller,M. ,Electronbeam induced nano - etching of suspended graphene. *Sci. Rep.* ,5,7781,2015.

[57] Minati,L. ,Torrengo,S. ,Maniglio,D. ,Migliaresi,C. ,Speranza,G. ,Luminescent graphene quantum dots from oxidized multi - walled carbon nanotubes. *Mater. Chem. Phys.* ,137,1,12,2012.

[58] Peng,J. ,Gao,W. ,Gupta,B. K. ,Liu,Z. ,Romero - Aburto,R. ,Ge,L. ,Song,L. ,Alemany,L. B. ,Zhan,X. ,Gao,G. ,Vithayathil,S. A. ,Kaipparettu,B. A. ,Marti,A. A. ,Hayashi,T. ,Zhu,J. J. ,Ajayan,P. M. ,Graphene quantum dots derived from carbon fibers. *Nano Lett.* ,12,2,844,2012.

[59] Liu,Y. and Kim,D. Y. ,Ultraviolet and blue emitting graphene quantum dots synthesized from carbon nano - onions and their comparison for metal ion sensing. *Chem. Commun.* (*Camb*),51,20,4176,2015.

[60] Dong,Y. ,Chen,C. ,Zheng,X. ,Gao,L. ,Cui,Z. ,Yang,H. ,Guo,C. ,Chi,Y. ,Li,C. M. ,One - stepand high yield simultaneous preparation of single - and multi - layer graphene quantum dotsfrom CX - 72 carbon black. *J. Mater. Chem.* ,22,18,8764,2012.

[61] Dong,Y. ,Pang,H. ,Ren,S. ,Chen,C. ,Chi,Y. ,Yu,T. ,Etching single - wall carbon nanotubes into green and yellow single - layer graphene quantum dots. *Carbon*,64,Supplement C,245,2013.

[62] Sun,Y. ,Wang,S. ,Li,C. ,Luo,P. ,Tao,L. ,Wei,Y. ,Shi,G. ,Large scale preparation of graphene quantum dots from graphite with tunable fluorescence properties. *Phys. Chem. Chem. Phys.* ,15,24,9907,2013.

[63] Zhou,X. ,Tian,Z. ,Li,J. ,Ruan,H. ,Ma,Y. ,Yang,Z. ,Qu,Y. ,Synergistically enhanced activity of graphene quantum dot/multi - walled carbon nanotube composites as metal - free catalysts for oxygen reduction reaction. *Nanoscale*,6,5,2603,2014.

[64] Zhu,Y. ,Wang,G. ,Jiang,H. ,Chen,L. ,Zhang,X. ,One - step ultrasonic synthesis of graphene quantum dots with high quantum yield and their application in sensing alkaline phosphatase. *Chem. Commun.* (*Camb*),51,5,948,2015.

[65] Jiang,F. ,Chen,D. ,Li,R. ,Wang,Y. ,Zhang,G. ,Li,S. ,Zheng,J. ,Huang,N. ,Gu,Y. ,Wang,C. ,Shu,C. ,Eco - friendly synthesis of size - controllable amine - functionalized graphene quantum dots with antimycoplasma properties. *Nanoscale*,5,3,1137,2013.

[66] Shin, Y. , Park, J. , Hyun, D. , Yang, J. , Lee, J. – H. , Kim, J. – H. , Lee, H. , Acid – free and oxone oxidant – assisted solvothermal synthesis of graphene quantum dots using various natural carbon materials as resources. *Nanoscale*, 7, 13, 5633, 2015.

[67] Russo, P. , Liang, R. , Jabari, E. , Marzbanrad, E. , Toyserkani, E. , Zhou, Y. N. , Single – step synthesis of graphene quantum dots by femtosecond laser ablation of graphene oxide dispersions. *Nanoscale*, 8, 16, 8863, 2016.

[68] Russo, P. , Hu, A. , Compagnini, G. , Duley, W. W. , Zhou, N. Y. , Femtosecond laser ablation of highly oriented pyrolytic graphite: A green route for large – scale production of porous graphene and graphene quantum dots. *Nanoscale*, 6, 4, 2381, 2014.

[69] Kang, S. H. , Mhin, S. , Han, H. , Kim, K. M. , Jones, J. L. , Ryu, J. H. , Kang, J. S. , Kim, S. H. , Shim, K. B. , Ultrafast method for selective design of graphene quantum dots with highly efficient blue emission. *Sci. Rep.* , 6, 38423, 2016.

[70] Wang, L. , Li, W. , Wu, B. , Li, Z. , Pan, D. , Wu, M. , Room – temperature synthesis of graphene quantum dots via electron – beam irradiation and their application in cell imaging. *Chem. Eng. J.* , 309, Supplement C, 374, 2017.

[71] Zhang, M. , Bai, L. L. , Shang, W. H. , Xie, W. J. , Ma, H. , Fu, Y. Y. , Fang, D. C. , Sun, H. , Fan, L. Z. , Han, M. , Liu, C. M. , Yang, S. H. , Facile synthesis of water – soluble, highly fluorescent graphene quantum dots as a robust biological label for stem cells. *J. Mater. Chem.* , 22, 15, 7461, 2012.

[72] Zhao, Q. L. , Zhang, Z. L. , Huang, B. H. , Peng, J. , Zhang, M. , Pang, D. W. , Facile preparation of low cytotoxicity fluorescent carbon nanocrystals by electrooxidation of graphite. *Chem. Commun.* (*Camb*), 41, 5116, 2008.

[73] Tan, X. , Li, Y. , Li, X. , Zhou, S. , Fan, L. , Yang, S. , Electrochemical synthesis of small – sized red fluorescent graphene quantum dots as a bioimaging platform. *Chem. Commun.* (*Camb*), 51, 13, 2544, 2015.

[74] Li, Y. , Zhao, Y. , Cheng, H. , Hu, Y. , Shi, G. , Dai, L. , Qu, L. , Nitrogen – doped graphene quantum dots with oxygen – rich functional groups. *J. Am. Chem. Soc.* , 134, 1, 15, 2012.

[75] Li, Y. , Liu, H. , Liu, X. Q. , Li, S. , Wang, L. , Ma, N. , Qiu, D. , Free – radical – assisted rapid synthesis of graphene quantum dots and their oxidizability studies. *Langmuir*, 32, 34, 8641, 2016.

[76] Ahirwar, S. , Mallick, S. , Bahadur, D. , Electrochemical method to prepare graphene quantum dots and graphene oxide quantum dots. *ACS Omega*, 2, 11, 8343, 2017.

[77] Zhang, B. – X. , Gao, H. , Li, X. – L. , Synthesis and optical properties of nitrogen and sulfur co – dopedgraphene quantum dots. *New J. Chem.* , 38, 9, 4615, 2014.

[78] Shen, J. , Zhu, Y. , Yang, X. , Zong, J. , Zhang, J. , Li, C. , One – pot hydrothermal synthesis of graphene quantum dots surface – passivated by polyethylene glycol and their photoelectric conversionunder near – infrared light. *New J. Chem.* , 36, 1, 97, 2012.

[79] Li, L. , Wu, G. , Yang, G. , Peng, J. , Zhao, J. , Zhu, J. – J. , Focusing on luminescent graphene quantumdots: Current status and future perspectives. *Nanoscale*, 5, 10, 4015, 2013.

[80] Ge, J. , Lan, M. , Zhou, B. , Liu, W. , Guo, L. , Wang, H. , Jia, Q. , Niu, G. , Huang, X. , Zhou, H. , Meng, X. , Wang, P. , Lee, C. – S. , Zhang, W. , Han, X. , A graphene quantum dot photodynamic therapyagent with high singlet oxygen generation. *Nat. Commun.* , 5, 4596, 2014.

[81] Zhu, S. , Song, Y. , Zhao, X. , Shao, J. , Zhang, J. , Yang, B. , The photoluminescence mechanism incarbon dots (graphene quantum dots, carbon nanodots, and polymer dots): Current state andfuture perspective. *Nano Res.* , 8, 2, 355, 2015.

[82] Zhou, S. , Xu, H. , Gan, W. , Yuan, Q. , Graphene quantum dots: Recent progress in preparation and fluo-

rescence sensing applications. *RCS Adv.* ,6,112,110775,2016.

[83] Ristic, B. Z. , Milenkovic, M. M. , Dakic, I. R. , Todorovic – Markovic, B. M. , Milosavljevic, M. S. , Budimir, M. D. , Paunovic, V. G. , Dramicanin, M. D. , Markovic, Z. M. , Trajkovic, V. S. , Photodynamic antibacterial effect of graphene quantum dots. *Biomaterials*, 35, 15, 4428, 2014.

[84] Markovic, Z. M. , Ristic, B. Z. , Arsikin, K. M. , Klisic, D. G. , Harhaji – Trajkovic, L. M. , Todorovic – Markovic, B. M. , Kepic, D. P. , Kravic – Stevovic, T. K. , Jovanovic, S. P. , Milenkovic, M. M. , Milivojevic, D. D. , Bumbasirevic, V. Z. , Dramicanin, M. D. , Trajkovic, V. S. , Graphene quantum dots as autophagy – inducing photodynamic agents. *Biomaterials*, 33, 29, 7084, 2012.

[85] Bian, S. , Shen, C. , Hua, H. , Zhou, L. , Zhu, H. , Xi, F. , Liu, J. , Dong, X. , One – pot synthesis of sulfur – doped graphene quantum dots as a novel fluorescent probe for highly selective and sensitive detection of lead(ii). *RSC Adv.* ,6,74,69977,2016.

[86] Chong, Y. , Ma, Y. , Shen, H. , Tu, X. , Zhou, X. , Xu, J. , Dai, J. , Fan, S. , Zhang, Z. , The *in vitro* and*in vivo* toxicity of graphene quantum dots. *Biomaterials*, 35, 19, 5041, 2014.

[87] Chen, J. , Sun, H. , Ruan, S. , Wang, Y. , Shen, S. , Xu, W. , He, Q. , Gao, H. , *In vitro* and *in vivo* toxicology of bare and PEGylated fluorescent carbonaceous nanodots in mice and zebrafish: The potential relationship with autophagy. *RSC Adv.* ,5,48,38547,2015.

[88] Chandra, A. , Deshpande, S. , Shinde, D. B. , Pillai, V. K. , Singh, N. , Mitigating the cytotoxicity of graphene quantum dots and enhancing their applications in bioimaging and drug delivery. *ACS Macro Lett.* , 3,10,1064,2014.

[89] Wu, C. , Wang, C. , Han, T. , Zhou, X. , Guo, S. , Zhang, J. , Insight into the cellular internalization and cytotoxicity of graphene quantum dots. *Adv. Healthc. Mater.* ,2,12,1613,2013.

[90] Zhou, L. , Geng, J. , Liu, B. , Graphene quantum dots from polycyclic aromatic hydrocarbon for bioimaging and sensing of Fe3 + and hydrogen peroxide. *Part. Part. Syst. Char.* ,30,12,1086,2013.

[91] Nurunnabi, M. , Khatun, Z. , Huh, K. M. , Park, S. Y. , Lee, D. Y. , Cho, K. J. , Lee, Y. K. , *In vivo* biodistribution and toxicology of carboxylated graphene quantum dots. *ACS Nano*, 7, 8, 6858, 2013.

[92] Wang, T. , Zhu, S. , Jiang, X. , Toxicity mechanism of graphene oxide and nitrogen – dopedgraphene quantum dots in RBCs revealed by surface – enhanced infrared absorption spectroscopy. *Toxicol. Res.* ,4,4, 885,2015.

[93] Liu, Q. , Guo, B. , Rao, Z. , Zhang, B. , Gong, J. R. , Strong two – photon – induced fluorescence from photostable, biocompatible nitrogen – doped graphene quantum dots for cellular and deeptissue imaging. *Nano Lett.* ,13,6,2436,2013.

[94] Zhu, S. , Zhou, N. , Hao, Z. , Maharjan, S. , Zhao, X. , Song, Y. , Sun, B. , Zhang, K. , Zhang, J. , Sun, H. , Lu, L. , Yang, B. , Photoluminescent graphene quantum dots for*in vitro* and *in vivo* bioimaging using long wavelength emission. *RSC Adv.* ,5,49,39399,2015.

[95] Hai, X. , Mao, Q. – X. , Wang, W. – J. , Wang, X. – F. , Chen, X. – W. , Wang, J. – H. , An acid – free microwave approach to prepare highly luminescent boron – doped graphene quantum dots for cell imaging. *J. Mater. Chem. B*, 3, 47, 9109, 2015.

[96] Wang, Y. , Zhang, L. , Liang, R. P. , Bai, J. M. , Qiu, J. D. , Using graphene quantum dots as photoluminescent probes for protein kinase sensing. *Anal. Chem.* ,85,19,9148,2013.

[97] Ran, X. , Sun, H. , Pu, F. , Ren, J. , Qu, X. , Graphene quantum dots for label – free, Ag Nanoparticledecorated, rapid and sensitive detection of Ag + and biothiols. *Chem. Commun.* ,49,11,1079,2013.

[98] Zhao, J. , Zhao, L. , Lan, C. , Zhao, S. , Graphene quantum dots as effective probes for label – freefluorescence detection of dopamine. *Sens. Actuators, B*, 223, 246, 2016.

[99] He,Y.,Wang,X.,Sun,J.,Jiao,S.,Chen,H.,Gao,F.,Wang,L.,Fluorescent blood glucose monitorby hemin – functionalized graphene quantum dots based sensing system. *Anal. Chim. Acta*,810,71,2014.

[100] Qu,Z. – b.,Zhou,X.,Gu,L.,Lan,R.,Sun,D.,Yu,D.,Shi,G.,Boronic acidfunctionalized graphene quantum dots as a fluorescent probe for selective and sensitive glucose determinationin microdialysate. *Chem. Commun.*,49,84,9830,2013.

[101] Shi,J.,Lyu,J.,Tian,F.,Yang,M.,A fluorescence turn – on biosensor based on graphene quantumdots (GQDs) and molybdenum disulfide(MoS2) nanosheets for epithelial cell adhesion molecule(EpCAM) detection. *Biosens. Bioelectron.*,93,182,2017.

[102] Nan,L.,Xuewan,W.,Jie,C.,Lei,S.,Peng,C.,Graphene quantum dots for ultrasensitive detection of acetylcholinesterase and its inhibitors. *2D Mater.*,2,3,034018,2015.

[103] Li,Y. – H.,Zhang,L.,Huang,J.,Liang,R. – P.,Qiu,J. – D.,Fluorescent graphene quantum dots with a boronic acid appended bipyridinium salt to sense monosaccharides in aqueous solution. *Chem. Commun.*,49,45,5180,2013.

[104] Poon,C. Y.,Li,Q.,Zhang,J.,Li,Z.,Dong,C.,Lee,A. W.,Chan,W. H.,Li,H. W.,FRET – basedmodified graphene quantum dots for direct trypsin quantification in urine. *Anal. Chim. Acta*,917,64,2016.

[105] Li,X.,Zhu,S.,Xu,B.,Ma,K.,Zhang,J.,Yang,B.,Tian,W.,Self – assembled graphene quantumdots induced by cytochrome c: A novel biosensor for trypsin with remarkable fluorescence enhancement. *Nanoscale*,5,17,7776,2013.

[106] Liu,J. – J.,Zhang,X. – L.,Cong,Z. – X.,Chen,Z. – T.,Yang,H. – H.,Chen,G. – N.,Glutathionefunctionalized graphene quantum dots as selective fluorescent probes for phosphate – containing metabolites. *Nanoscale*,5,5,1810,2013.

[107] Wu,Z.,Li,W.,Chen,J.,Yu,C.,A graphene quantum dot – based method for the highly sensitive and selective fluorescence turn on detection of biothiols. *Talanta*,119,538,2014.

[108] Fan,Z.,Li,Y.,Li,X.,Fan,L.,Zhou,S.,Fang,D.,Yang,S.,Surrounding media sensitive photoluminescence of boron – doped graphene quantum dots for highly fluorescent dyed crystals,chemical sensing and bioimaging. *Carbon*,70,149,2014.

[109] Gao,Y.,Yan,X.,Li,M.,Gao,H.,Sun,J.,Zhu,S.,Han,S.,Jia,L. – N.,Zhao,X. – E.,Wang,H.,A "turn – on" fluorescence sensor for ascorbic acid based on graphene quantum dots via fluorescence resonance energy transfer. *Anal. Met.*,10,611,2018.

[110] Bhatnagar,D.,Kumar,V.,Kumar,A.,Kaur,I.,Graphene quantum dots FRET based sensor for early detection of heart attack in human. *Biosens. Bioelectron.*,79,495,2016.

[111] Zhao,H.,Chang,Y.,Liu,M.,Gao,S.,Yu,H.,Quan,X.,A universal immunosensing strategy based on regulation of the interaction between graphene and graphene quantum dots. *Chem. Commun.*,49,3,234,2013.

[112] Qian,Z. S.,Shan,X. Y.,Chai,L. J.,Ma,J. J.,Chen,J. R.,Feng,H.,A universal fluorescence sensing strategy based on biocompatible graphene quantum dots and graphene oxide for the detection of DNA. *Nanoscale*,6,11,5671,2014.

[113] Dong,H.,Gao,W.,Yan,F.,Ji,H.,Ju,H.,Fluorescence resonance energy transfer between quantum dots and graphene oxide for sensing biomolecules. *Anal. Chem.*,82,13,5511,2010.

[114] Álvarez – Diduk,R.,Orozco,J.,Merkoci,A.,Paper strip – embedded graphene quantum dots: Ascreening device with a smartphone readout. *Sci. Rep.*,7,1,976,2017.

[115] Zhao,J.,Chen,G.,Zhu,L.,Li,G.,Graphene quantum dots – based platform for the fabrication of electrochemical biosensors. *Electrochem. Commun.*,13,1,31,2011.

[116] Gupta, S., Smith, T., Banaszak, A., Boeckl, J., Graphene quantum dots electrochemistry and sensitive electrocatalytic glucose sensor development. *Nanomaterials*, 7, 10, 301, 2017.

[117] Ye, W., Guo, J., Bao, X., Chen, T., Weng, W., Chen, S., Yang, M., Rapid and sensitive detection of bacteria response to antibiotics using nanoporous membrane and graphene quantum dot(GQDs) – based electrochemical biosensors. *Materials*, 10, 6, 603, 2017.

[118] Wang, X., Chen, L., Su, X., Ai, S., Electrochemical immunosensor with graphene quantum dots and apoferritin – encapsulated Cu nanoparticles double – assisted signal amplification for detection of avian leukosis virus subgroup *J. Biosens. Bioelectron.*, 47, 171, 2013.

[119] Richter, M. M., Electrochemiluminescence(ECL). *Chem. Rev.*, 104, 6, 3003, 2004.

[120] Zhou, C., Chen, Y., You, X., Dong, Y., Chi, Y., An electrochemiluminescent biosensor based on interactions between a graphene quantum dot – sulfite co – reactant system and hydrogen peroxide. *Chem. Electron. Chem.*, 4, 7, 1783, 2017.

[121] Zhang, P., Zhuo, Y., Chang, Y., Yuan, R., Chai, Y., Electrochemiluminescent graphene quantum dots as a sensing platform: A dual amplification for microRNA assay. *Anal. Chem.*, 87, 20, 10385, 2015.

[122] Tian, K., Nie, F., Luo, K., Zheng, X., Zheng, J., A sensitive electrochemiluminescence glucose biosensor based on graphene quantum dot prepared from graphene oxide sheets and hydrogen peroxide. *J. Electroanal. Chem.*, 801, 162, 2017.

[123] Yang, H., Liu, W., Ma, C., Zhang, Y., Wang, X., Yu, J., Song, X., Gold – silver nanocompositefunctionalized graphene based electrochemiluminescence immunosensor using graphene quantum dots coated porous PtPd nanochains as labels. *Electrochim. Acta*, 123, 470, 2014.

[124] Li, J., Guo, S., Wang, E., Recent advances in new luminescent nanomaterials for electrochemiluminescence sensors. *RSC Adv.*, 2, 9, 3579, 2012.

[125] Miao, W., Electrogenerated chemiluminescence and its biorelated applications. *Chem. Rev.*, 108, 7, 2506, 2008.

[126] Liu, F., Ge, S., Su, M., Song, X., Yan, M., Yu, J., Electrochemiluminescence device for *in – situ* and accurate determination of CA153 at the MCF – 7 cell surface based on graphene quantum dots loaded surface villous Au nanocage. *Biosens. Bioelectron.*, 71, 286, 2015.

[127] Dong, Y., Wu, H., Shang, P., Zeng, X., Chi, Y., Immobilizing water – soluble graphene quantum dots with gold nanoparticles for a low potential electrochemiluminescence immunosensor. *Nanoscale*, 7, 39, 16366, 2015.

[128] Shao, T., Wang, G., An, X., Zhuo, S., Xia, Y., Zhu, C., A reformative oxidation strategy using high concentration nitric acid for enhancing the emission performance of graphene quantum dots. *RSC Adv.*, 4, 89, 47977, 2014.

[129] Nigam, P., Waghmode, S., Louis, M., Wangnoo, S., Chavan, P., Sarkar, D., Graphene quantum dots conjugated albumin nanoparticles for targeted drug delivery and imaging of pancreatic cancer. *J. Mater. Chem. B*, 2, 21, 3190, 2014.

[130] Wang, X., Sun, X., Lao, J., He, H., Cheng, T., Wang, M., Wang, S., Huang, F., Multifunctional graphene quantum dots for simultaneous targeted cellular imaging and drug delivery. *ColloidsSurf.*, *B*, 122, 638, 2014.

[131] Kumawat, M. K., Thakur, M., Gurung, R. B., Srivastava, R., Graphene quantum dots for cell proliferation, nucleus imaging, and photoluminescent sensing applications. *Sci. Rep.*, 7, 15858, 2017.

[132] Chen, J., Than, A., Li, N., Ananthanarayanan, A., Zheng, X., Xi, F., Liu, J., Tian, J., Chen, P., Sweet graphene quantum dots for imaging carbohydrate receptors in live cells. *FlatChem*, 5, 25, 2017.

[133] Justin, R. , Roman, S. , Chen, D. , Tao, K. , Geng, X. , Grant, R. T. , MacNeil, S. , Sun, K. , Chen, B. , Biodegradable and conductive chitosan – graphene quantum dot nanocomposite microneedlesfor delivery of both small and large molecular weight therapeutics. *RSC Adv.* ,5,64,51934,2015.

[134] Yuan, X. , Liu, Z. , Guo, Z. , Ji, Y. , Jin, M. , Wang, X. , Cellular distribution and cytotoxicity of graphene quantum dots with different functional groups. *Nanoscale Res. Lett.* ,9,1,1,2014.

[135] Jiang, D. , Chen, Y. , Li, N. , Li, W. , Wang, Z. , Zhu, J. , Zhang, H. , Liu, B. , Xu, S. , Synthesis of luminescent graphene quantum dots with high quantum yield and their toxicity study. *PLoS One*, 10, 12, e0144906,2015.

[136] Christensen, I. L. , Sun, Y. – P. , Juzenas, P. , Carbon dots as antioxidants and prooxidants. *J. Biom. Nanotechnol.* ,7,5,667,2011.

[137] Markovic, Z. M. , Harhaji – Trajkovic, L. M. , Todorovic – Markovic, B. M. , Kepic, D. P. , Arsikin, K. M. , Jovanovic, S. P. , Pantovic, A. C. , Dramicanin, M. D. , Trajkovic, V. S. , *In vitro* comparisonof the photothermal anticancer activity of graphene nanoparticles and carbon nanotubes. *Biomaterials*, 32, 4, 1121,2011.

[138] Kuo, W. S. , Chang, C. Y. , Chen, H. H. , Hsu, C. L. , Wang, J. Y. , Kao, H. F. , Chou, L. C. , Chen, Y. C. , Chen, S. J. , Chang, W. T. , Tseng, S. W. , Wu, P. C. , Pu, Y. C. , Two – Photon photoexcited photodynamictherapy and contrast agent with antimicrobial graphene quantum dots. *ACS Appl. Mater. Interfaces*, 8, 44,30467,2016.

[139] Kuo, W. – S. , Chen, H. – H. , Chen, S. – Y. , Chang, C. – Y. , Chen, P. – C. , Hou, Y. – I. , Shao, Y. – T. , Kao, H. – F. , Lilian Hsu, C. – L. , Chen, Y. – C. , Chen, S. – J. , Wu, S. – R. , Wang, J. – Y. , Graphene quantumdots with nitrogen – doped content dependence for highly efficient dual – modality photodynamic antimicrobial therapy and bioimaging. *Biomaterials*,120,185,2017.

[140] Nurunnabi, M. , Khatun, Z. , Reeck, G. R. , Lee, D. Y. , Lee, Y. K. , Photoluminescent graphenena noparticles for cancer phototherapy and imaging. *ACS Appl. Mater. Interfaces*,6,15,12413,2014.

[141] Jovanović, S. , Marković, Z. , Budimir, M. , Spitalsky, Z. , Vidoeski, B. , TodorovićMarković, B. , Effects of low gamma irradiation dose on the photoluminescence properties of graphene quantum dots. *Opt. Quant. Electron.* ,48,4,259,2016.

[142] Kleut, D. , Jovanović, S. , Marković, Z. , Kepić, D. , Tošić, D. , Romčević, N. , Marinović – Cincović, M. , Dramićanin, M. , Holclajtner – Antunović, I. , Pavlović, V. , Dražić, G. , Milosavljević, M. , Todorović Marković, B. , Comparison of structural properties of pristine and gamma irradiatedsingle – wall carbon nanotubes: Effects of medium and irradiation dose. *Mater. Character.* ,72,37,2012.

[143] Tošić, D. , Marković, Z. , Dramićanin, M. , Holclajtner Antunović, I. , Jovanović, S. , Milosavljević, M. , Pantić, J. , TodorovićMarković, B. , Gamma ray assisted fabrication of fluorescent oligographenenanoribbons. *Mater. Res. Bull.* ,47,8,1996,2012.

[144] Li, Y. , Wu, Z. , Du, D. , Dong, H. , Shi, D. , Li, Y. , A graphene quantum dot(GQD) nanosystem with redox – triggered cleavable PEG shell facilitating selective activation of the photosensitiser for photodynamic therapy. *RSC Adv.* ,6,8,6516,2016.

[145] Ballatori, N. , Krance, S. M. , Notenboom, S. , Shi, S. , Tieu, K. , Hammond, C. L. , Glutathione dysregulation and the etiology and progression of human diseases. *Biol. Chem.* ,390,3,191,2009.

[146] Meng, F. , Hennink, W. E. , Zhong, Z. , Reduction – sensitive polymers and bioconjugates for biomedical applications. *Biomaterials*,30,12,2180,2009.

[147] Du, D. , Wang, K. , Wen, Y. , Li, Y. , Li, Y. Y. , Photodynamic graphene quantum dot: Reduction condition regulated photoactivity and size dependent efficacy. *ACS Appl. Mater. Interfaces*,8,5,3287,2016.

[148] Wo, F., Xu, R., Shao, Y., Zhang, Z., Chu, M., Shi, D., Liu, S., A multimodal system with synergistic effects of magneto – mechanical, photothermal, photodynamic and chemo therapies of cancer in graphene – quantum dot – coated hollow magnetic nanospheres. *Theranostics*, 6, 4, 485, 2016.

[149] Baronzio, G. F. and Hager, E. D., *Hyperthermia in Cancer Treatment: A Primer*, Springer – Verlag, Berlin, 2006.

[150] Field, S. B. and Hand, J. W., *An Introduction to the Practical Aspects of Clinical Hyperthermia*, Taylor & Francis, London; New York, 1990.

[151] Habiba, K., Encarnacion – Rosado, J., Garcia – Pabon, K., Villalobos – Santos, J. C., Makarov, V. I., Avalos, J. A., Weiner, B. R., Morell, G., Improving cytotoxicity against cancer cells by chemophotodynamic combined modalities using silver – graphene quantum dots nanocomposites. *Int. J. Nanomed.*, 11, 107, 2016.

[152] Nafiujjaman, M., Nurunnabi, M., Kang, S. – h., Reeck, G. R., Khan, H. A., Lee, Y. – k., Ternary graphene quantum dot – polydopamine – Mn3O4 nanoparticles for optical imaging guided photodynamic therapy and T1 – weighted magnetic resonance imaging. *J. Mater. Chem. B*, 3, 28, 5815, 2015.

[153] Some, S., Gwon, A. R., Hwang, E., Bahn, G. – h., Yoon, Y., Kim, Y., Kim, S. – H., Bak, S., Yang, J., Jo, D. – G., Lee, H., Cancer therapy using ultrahigh hydrophobic drug – loaded graphenederivatives. *Sci. Rep.*, 4, 6314, 2014.

[154] Sui, X., Luo, C., Wang, C., Zhang, F., Zhang, J., Guo, S., Graphene quantum dots enhance anticancer activity of cisplatin via increasing its cellular and nuclear uptake. *Nanomedicine*, 12, 7, 1997, 2016.

[155] Marković, Z. M., Matijašević, D. M., Pavlović, V. B., Jovanović, S. P., Holclajtner – Antunović, I. D., Špitalsky, Z., Mičušik, M., Dramićanin, M. D., Milivojević, D. D., Nikšić, M. P., Todorović Marković, B. M., Antibacterial potential of electrochemically exfoliated graphene sheets. *J. Colloid. Interface Sci.*, 500, 30, 2017.

[156] Markovic, Z. M., Kepic, D. P., Matijasevic, D. M., Pavlovic, V. B., Jovanovic, S. P., Stankovic, N. K., Milivojevic, D. D., Spitalsky, Z., Holclajtner – Antunovic, I. D., Bajuk – Bogdanovic, D. V., Niksic, M. P., Todorovic Markovic, B. M., Ambient light induced antibacterial action of curcumin/graphene nanomesh hybrids. *RSC Adv.*, 7, 57, 36081, 2017.

[157] Hui, L., Huang, J., Chen, G., Zhu, Y., Yang, L., Antibacterial property of graphene quantum dots (both source material and bacterial shape matter). *ACS Appl. Mater. Interfaces*, 8, 1, 20, 2016.

[158] Sun, H., Gao, N., Dong, K., Ren, J., Qu, X., Graphene quantum dots – band – aids used for wound disinfection. *ACS Nano*, 8, 6, 6202, 2014.

# 第11章 功能化石墨烯纳米材料作为生物催化剂的最新进展和未来展望

Nalok Dutta, Malay Kr. Saha
印度西孟加拉邦国立霍乱和肠道疾病研究所

**摘　要**　石墨烯基纳米结构材料在生物技术和生物医学领域具有广阔的应用前景。功能化石墨烯纳米材料包括单层和多层石墨烯、氧化石墨烯、化学/热还原氧化石墨烯、氧化石墨烯量子点、石墨烯量子点和杂化纳米复合材料。功能化石墨烯纳米材料的每一个成员都具有不同的物理和化学性质，即层数、表面化学、密度、成分、电导率和力学性能，使其有望应用于多个领域。功能化石墨烯纳米材料独特的结构特点以及其影响生物分子微环境的能力，使其适合用于固化酶。近年来，研究人员广泛研究了纳米结构复合材料、纳米杂化材料、纳米粒子、纳米纤维和碳基纳米材料在固化酶过程中的应用。石墨烯纳米材料的合成和表面工程取得了显著的进展，为石墨烯纳米材料在纳米催化体系中的应用开辟了新的途径。这些新型的生物共轭物在催化效率、操作稳定性和应用潜力等方面与传统固化酶材料不同。它们的催化行为受生物分子相互作用以及酶与纳米材料结合的方法影响。本章将讨论这种相互作用的含义，以及在这个不断发展的领域中的未来前景和可能面临的挑战。

**关键词**　石墨烯纳米材料，生物催化剂，固化，纳米生物界面，酶工程

## 11.1 概述

在过去十年中，纳米科学和生物技术领域的重大发展促进了创新功能化生物纳米系统在生物技术、生物传感和生物医学领域的应用。研究人员正在开发有效的纳米催化剂，希望将酶固化在具有独特物理/化学特性的坚固纳米材料上，这也是研究的基础[1-4]。固化酶的催化性能发生改变后，酶的稳定性增强，有利于重复使用，并容易与反应介质分离，从而创造出适合商业生物催化发展需要的坚固生物催化剂[5-9]。最近已经发展了几种固化酶的方法[4,6,10]。在现有的固化载体中，纳米结构复合材料、纳米粒子、纳米纤维和碳基纳米材料是基础和应用研究的重点[1-4,7]。纳米结构材料的主要优点之一是它们具有操纵生物分子环境的潜力，从而提高其生物功能和稳定性[4,7]。纳米结构材料作为固化载体具有独特性质，包括电导率和磁性，其为制备有效的纳米催化剂和独特酶应用的发展提供了绝佳机会[2,11]。

碳基层状材料，如石墨烯和氧化石墨烯，由于具有大比表面积和优异的物理化学性

质,越来越多地被用于催化、传感、环境修复和储能等各个领域[12-16]。这些层状材料是二维纳米系统,由微片组成,通过弱结合堆叠形成三维结构。这些二维材料被定义为具有强平面内化学键合的固体,但其平面外范德瓦耳斯力键合较弱[17]。

石墨烯由单原子厚的 $sp^2$ 杂化碳原子组成,结构为六角形排列晶体,这是一种典型的层状材料[18]。功能化石墨烯纳米材料的家族成员包括单层和多层石墨烯、氧化石墨烯、化学/热还原氧化石墨烯、氧化石墨烯量子点、石墨烯量子点以及相应的有机/无机杂化纳米复合材料[19-22]。功能化石墨烯纳米材料的每一个成员表现出不同的物理和化学性质,例如层数、表面化学、缺陷密度、成分和纯度、电导率和力学性能,这为其广泛应用提供了许多可能性[23-25]。

石墨烯片具有易于改性的大比表面积,它具有很好的力学和热稳定性、化学惰性以及优良的电学性能。基于聚乙二醇改性的氧化石墨烯纳米片作为水溶性载体可以输送不溶于水的药物[26]。石墨烯具有的本征含氧官能团作为起始位置,可以使得金属纳米粒子和卟啉等有机大分子在氧化石墨烯片上沉积,这开辟了一条实现具有多功能纳米尺度催化、磁性和光电性能材料的新途径[27-29]。最近,有文章报道了石墨烯纳米材料是应用于生物技术和生物医学中的理想系统,例如传递基因和递送药物、生物成像和生物传感、生物电子学、组织工程以及作为抗菌剂[14-17]。石墨烯基纳米材料的大表面积为酶等各种生物分子提供了理想的固化载体。这些纳米材料的表面化学性能会影响它们与生物分子的相互作用,从而影响共轭蛋白的吸附、构象和生物功能。石墨烯基纳米材料可以将理想的功能基团嫁接到其表面,并提供具有定制功能的功能化的纳米材料,并提高了其作为纳米支架的应用适宜性(图 11.1)[30-31]。

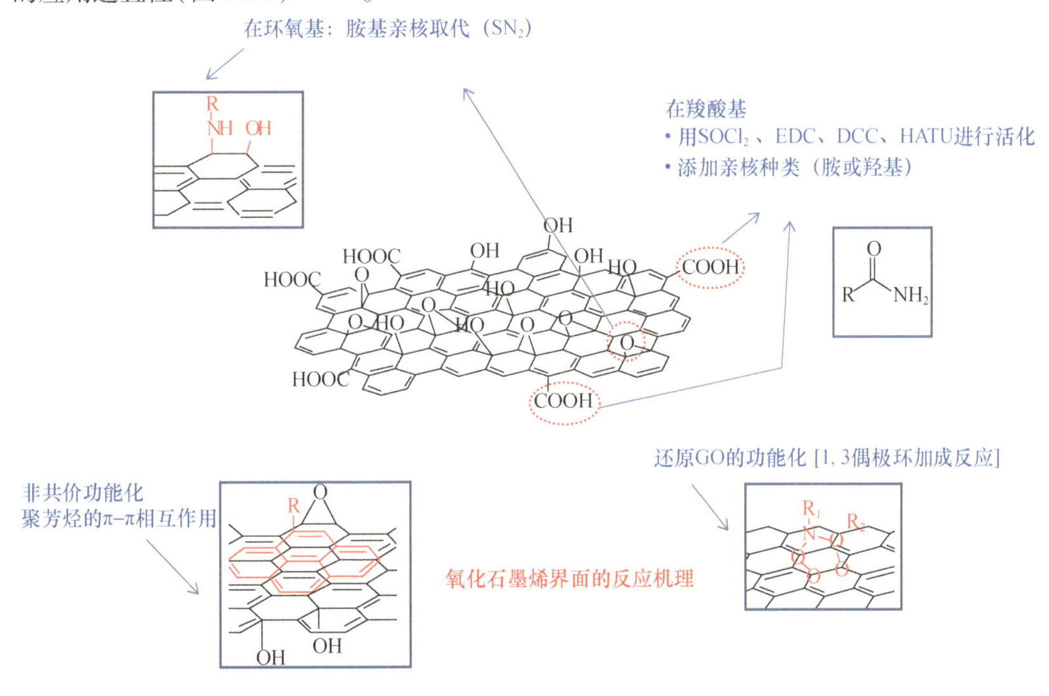


图 11.1 功能化氧化石墨烯的不同方法

注:DCC 代表 N,N0-二环己基羧基二酰亚胺;EDC 代表 1-乙基-3-(3-二甲胺丙基-羧基二酰亚胺;HATU 代表 2-(7-aza-1H-苯并三唑-1-yl)-1,1,3,3-四甲基尿铵六氟磷酸;$SOCl_2$ 代表硫酰氯。

此外，石墨烯基纳米材料工程使得功能化成为可能，从而增强固定化酶的精确调控，如防止酶分裂[19]、增强活细胞的转运能力[25-26]、响应外部信号的可切换活性[27]、促进电子向蛋白质的转移[28-29]，以及在微器件和微芯片生物反应器中加入酶[30-31]。

在纳米基体上固化酶面临许多挑战，这促使研究人员开始探索表面功能增强的新型基体材料，以提高固化酶的催化效率。随着纳米结构材料的发展，一系列不同尺寸和形状的纳米材料被用作固化酶的基底[32-33]。研究表明，用纳米结构材料固化酶相比大块固体基底有一些优势[8,34]。为了在纳米结构材料表面有效固化酶，需要大量的努力来改性或功能化基底表面。此外，对于大多数纳米结构材料来说，使用传统的表面分析工具很难完全表征它们的表面。这限制了对酶固化的深入理解。石墨烯纳米材料是研究纳米结构材料固化酶的理想载体。石墨烯纳米材料富含含氧官能团，因此在没有任何表面改性或偶联剂的情况下，使固化酶成为可能。研究人员将石墨烯纳米材料的原子平坦表面作为平台，使用原子力显微镜表征固化酶，并进一步研究了酶分子与石墨烯表面的相互作用。

本章详细讨论了在功能化石墨烯纳米材料上固化酶的研究进展，以建立建全的纳米催化系统。文献总结了近年来石墨烯基纳米催化体系在石墨烯表面保存、优化和增强酶活性和稳定性方面的研究进展。

## 11.2 石墨烯纳米材料的功能化

为制备多功能石墨烯纳米材料，研究人员提出了多种石墨烯表面改性方法。石墨烯与基体界面本质上会进行相互作用，这对复合材料最终性质有重要的影响。大多数分散方法产生的复合材料是非共价组装，它们的聚合物基体和填料通过相对较弱的分散力相互作用。

另一方面，石墨烯基薄片被用作分散和稳定纳米粒子的载体。二维碳片是制备纳米薄膜的合适纳米尺度载体。金属纳米粒子在拉曼散射(SERS)、显示器件、催化、微电子、发光二极管、光伏电池和生物应用等众多领域中发挥着重要作用。此外，纳米粒子的电子、光学和催化性能随合成方法的不同发生变化[35]。

### 11.2.1 氧化石墨烯片的有机功能化

氧化石墨烯片的有机功能化在于其在高密度聚合基体中均匀分散的潜力，可以促进良好的界面黏附。可以通过两种不同的方法和共价键或非共价键来实现氧化石墨烯的有机功能化。当材料在应变状态下，石墨烯和聚合物基体之间的共价键更有效地消除了张力。然而，石墨烯的共价功能化在 $sp^2$ 杂化网络上创造了不连续的离散区，不允许电子导电，这对降低纳米复合材料的导电性有重要意义。在这种情况下，石墨烯的非共价功能化通过弱相互作用使这种效应最小化，因为它不干扰石墨烯的芳香结构。通常很难实现原始石墨烯片的功能化，这是由于其溶解性差。然而，研究人员提出了几种方法，可以通过非共价 $\pi-\pi$ 堆叠或共价 C—C 偶联反应实现共轭石墨烯片表面功能化[30-31]。通过强烈的氧化反应产生的氧化石墨烯是石墨的富氧衍生物，具有羟基、环氧基和羧基[36]。这些含氧基团随机分布在氧化石墨烯片的基面和边缘。由于氧化石墨烯具有亲水性官能团，因此其在水和其他极性溶剂中具有很高的分散性，并且显示了重要的溶胀性和插层性。在适当的条件下，可以在水中剥离氧化石墨烯，以此形成单片胶体悬浮液[37]。大量生产氧化石墨烯并不难，含氧官能团的数量和类型取决于所用的合成方法[38-39]。在还原条件下，如高温热处理和还原剂化学处理，氧化石墨烯失去羧基、环氧和羟基，并类似石墨烯，因为其遭受过度剥离[30-31]。还原氧化石墨烯恢复了它的导电性，而其含氧量、表面电荷和水分散性降低[40]。石墨烯纳米微片边缘的羧酸官能团、基面上的环氧官能团和羟基组成了化学活性中心，包括 π 共轭系统。氧化石墨烯的化学功能化包括四种不同类型的反应[38]：①在羧酸基上的共价键，通常位于石墨烯片的边缘，并使用胺基或羟基团等亲核试剂；②通过胺开环反应与氧化石墨烯片基面上的环氧基共价结合；③非共价功能化，包括与聚合物、表面活性剂及其他小分子发生范德瓦耳斯力相互作用以及与聚芳烃衍生物发生 π-π 相互作用；④还原氧化石墨烯功能化（例如，环加成反应、重氮反应等）。

1. 共价功能化

碳纳米材料的共价功能化通常是在石墨基体被强酸和氧化剂氧化之后进行的，以获得作为锚定有机分子前驱体的氧官能团。氧化石墨烯的特点是被氧官能团高度功能化，碳/氧比达到 2∶1。

如果有可用的官能团，就可以使用有机化学领域中已经存在的不同方法，使得氧化石墨烯功能化。在化学反应方面，乙酰化是促进有机前驱体分子与氧化石墨烯表面官能团共价结合的最常用方法之一[31]。有机功能化氧化石墨烯后，可以在几种不同的溶剂（水、丙酮、乙醇、1-丙醇、乙二醇、二氯甲烷、吡啶、二甲基甲酰胺［DMF］、四氢呋喃、二甲基亚砜［DMSO］、*N*-甲基吡咯烷酮、乙腈、己烷、二乙基醚和甲苯）中形成稳定的胶体溶液，提高了加工和处理氧化石墨烯的能力[38,41]；并改善了石墨烯和溶剂之间的分子和原子界面相互作用。

Stankovich 等通过在氧化石墨烯表面分别形成具有羧基和羟基的酰胺和氨基甲酸酯，显示了氧化石墨烯与脂肪族和芳香族异氰酸酯衍生物的表面功能化[42]。结果表明，在DMF、*N*-甲基-2-吡咯烷酮、DMSO、六乙磷酸酰胺等极性非质子溶剂中，这些新的杂化材料可以形成稳定的胶体溶液。

另一种允许在氧化石墨烯表面添加新的官能团的方法是硅烷化[43-44]。Yang 等通过氧化石墨烯表面的环氧官能团与 APTS 的胺基之间的 SN2 亲核反应，显示了 3-氨丙基三-乙氧基硅烷（APTS）在氧化石墨烯表面上的共价结合。这种改性类型对不同溶剂（极性或非极性）中功能化氧化石墨烯的分散有特殊助力；这是因为硅烷家族提供了广泛的末端官能团。

通过羧酸功能化氧化石墨烯是最常见的途径之一，可以通过亚硫酰氯（$SOCl_2$[45-46]，1-乙基-3-(3-二甲胺丙基)-碳二酰亚胺（EDC）[26]，*N*,*N′*-二环己基碳二酰亚胺（DCC）[47]和 2-(7-氮杂-1H-苯并三唑-1-基)-1,1,3,3-四甲基六氟磷酸（Hatu）[48]等各种化学剂活化这些官能团，从而实现氧化石墨烯功能化。随后添加亲核物种，如胺类和羟基，这可以形成酰胺或酯基，从而实现氧化石墨烯官能团的共价结合。

Wang 等研究了使用十八胺对氧化石墨烯进行表面改性[49]。用有机官能团对氧化石墨烯进行表面改性，使其与分子聚合物基体无缝集成，得以控制聚合物链在氧化石墨烯表面的生长。

2. 非共价功能化

氧化石墨烯通过非共价结合形成各种多功能材料，可能是范德瓦耳斯力或离子作用；

这种性质主要是因为它的表面存在氧官能团从而带负电荷，而且它的石墨结构具有离域π轨道，允许π-π相互作用。

最新研究表明，使用DNA、蛋白质和酶等多种生物分子对石墨烯进行功能化引起了人们的兴趣，通过这种方法可以获得在纳米电子学和生物技术中具有广泛用途的功能材料。例如，在石墨烯表面可以吸附DNA生物分子，这是由于单链DNA的初级胺和氧化石墨烯的羧基之间的非共价相互作用（静电/氢结合），以及涉及DNA嘌呤和嘧啶碱基的π-π堆叠作用。结果表明，在浓度低于2.5mg/mL的情况下，这些系统在水溶液中可以稳定几个月[50]。这种方法同样适用于双链DNA链，但结果表明石墨烯的水悬浮物没有那么稳定，这可能是由于螺旋配对限制了与氧化石墨烯亲水表面的相互作用。功能化纳米材料的表面化学会影响其分散性和与其他材料或分子的相互作用[51]，同时使石墨烯层保持分离。

## 11.3 石墨烯片的无机功能化

石墨烯是固化无机纳米粒子的重要基底。金属纳米粒子在石墨烯片上的分散为催化、磁性和光电材料的开发提供了新的途径。在过去几年中，研究者开始关注有效结合金属纳米粒子，这可以生成应用于许多领域的纳米复合材料，如化学传感器、能源和氢存储系统以及催化剂等；除了已经提到的石墨烯的特性外，石墨烯还具有其他优势，可以为其增添磁性、光学、电子、催化等与无机纳米粒子相关的特殊性能[52-53]。

## 11.4 石墨烯纳米材料与酶的相互作用

酶由于其选择性的性质，可以催化特定的反应且产生很少的副作用。因此，它们是替代传统化学合成的环保物质，特别是在食品和制药工业中高反应选择性必不可少。由于酶缺乏长期运行稳定性，且酶的回收和再利用比较困难，因此酶的工业应用受到限制。通过将酶固化在某些基体上可以克服这些限制。酶与载体的相互作用决定了固化酶的性质，影响了固化酶的化学性质和其他热力学性质。固化酶的性能也受颗粒流动性的影响，受颗粒大小和溶液黏度的控制[54]。

纳米材料和纳米结构通常具有较大的比表面积、较低的传质阻力和较高的酶加载能力。这有助于更好地与酶相互作用，从而提高固定化效率、回收能力，并可以长期储存酶。也可以对纳米材料进行设计，使其具有与生物分子相互作用的多个表面官能团。研究人员研究了多种纳米材料，发现通过固化过程显示了它们对酶的积极作用[55-57]。石墨烯也受益于生物改性，改性提高了其生物相容性、溶解性和选择性。蛋白质可以通过物理吸附或化学结合作用剥离和改性石墨烯，因为其存在不同官能团[58]。研究人员将氧化石墨烯作为多种生物活性物质的纳米支架，从而产生新的生物催化剂、生物传感器和药物输送载体[59]。氧化石墨烯纳米片的形态和可接近的比表面积，以及形成的稳定水悬浮液，满足了高酶加载对支架的要求，从而为生物技术应用中催化剂的发展提供了条件[60]。在氧化石墨烯表面成功地固化了辣根过氧化物酶和草酸氧化酶，并根据氧化石墨烯还原程度，酶与纳米材料表面的静电作用会发生不同级别的变化[61-62]。氧化石墨烯支架上的戊二醛间隔臂的引入，使酶分子连接产生生物结合剂，这种生物结合剂具有更好的热稳定性、可重用性和储存稳定性[63-64]。

石墨烯基纳米材料可以通过静电、范德瓦耳斯力、π-π堆叠或疏水相互作用与生物分子产生相互作用[65-66]。氧化石墨烯表面含有羧基、环氧和羟基，是固化研究中最常用的石墨烯衍生物。这些极化的官能团为材料提供负表面电荷，允许像氢键这样的弱相互作用。表面未改性的区域保持它们的自由π-电子，使得任何π-π相互作用都可行。相互作用的程度取决于纳米材料的结构、表面化学、电荷和亲水性[67-68]，从而影响生物分子的构象状态和催化活性。

静电荷在酶-纳米材料的相互作用中起着重要作用，特别是带负电荷的氧化石墨烯[62,69]。当pH值低于辣根过氧化物酶的等电点时，与其在pI上观察到的pH值相比，固定化效率提高，这说明静电作用对固化的重要性[62]。在类似的例子中，细胞色素C被固定在氧化石墨烯衍生物上[69]。在负电荷纳米材料上细胞色素C为正电荷时，加载效率最高。有趣的是，当氧化石墨烯还原时（rGO），溶液的pH值对酶的固化作用不明显[62]，而酶的负载量显著降低[69]。在这种情况下，根据接触角实验和表面活性剂在固化过程中的应用，发现疏水相互作用发挥了主要作用[64]。固定在石墨烯或非功能化碳纳米管上的主要相互作用是疏水相互作用，其强度受纳米材料曲率的影响[68]。碳基纳米材料的曲率可以避免强相互作用。

在最近的研究中发现，与平面氧化石墨烯衍生物相比，碳纳米管的曲率在维持固化水解酶的结构和活性方面有重要的作用[70]。此外，使用碳纳米管会抵消聚乙二醇化氧化石墨烯对胰蛋白酶催化活性的有益作用[71]。将乙酰胆碱酯酶固定化于氧化石墨烯和富勒烯上可以观察到相似的结果[72]。由于可溶性蛋白质的表面没有疏水残留，酶经过结构改变以促进固定化，而疏水相互作用是驱动力[61]。固定化过程会耗尽葡萄糖氧化酶[66]、过氧化氢酶[73]、细胞色素C[69]、纤维素酶[74]和α-淀粉酶[75]。在枯草芽孢杆菌酯酶与几种功能化石墨烯基纳米材料的相互作用中也观察到类似的结果[70]。

重大的结构变化往往导致较低的活性[62,66,70,73]，虽然应该考虑到酶的性质，以评估结构变化的程度和催化行为的改变。Dutta等[74]以戊二醛为交联剂，在氧化石墨烯纳米支架上固定化了添加嗜冷纤维素酶（cel）的氧化镁纳米粒子（MgN）（最适活性在15℃和pH值8.0）。酶固定化后，在8℃时活性增加了3倍，90℃时活性增加了3.5倍以上。纤维素酶镁纳米复合材料（MgN-cel）纤维素酶在石墨烯上固定化后（GO-MgN-cel），$K_m$在8℃时下降至1/6.7，在90℃时下降至1/34。与未处理的酶相比，氧化石墨烯-MgN-cel的$V_{最大}$在8℃和90℃分别增加5倍和4.7倍。与原始酶相比，GO-MgN-cel的$t_{1/2}$（半衰期）和$E_d$在90℃时增加了72.5倍和2.48倍，在8℃时增加了41.6倍和2.19倍。GO-MgN-cel在12次重复使用后仍保持酶活性，并在4℃处贮藏120天以上后仍然具有储存稳定性。结果表明，MgN-cel与氧化石墨烯交联后，GO-MgN系统起到了协同作用，从而在极端温度和酸碱条件下保护酶的结构和完整性。由于酶的固有结构在极端温度和pH值范围内保持完整，因此它成为一种高效的催化剂。

早期的研究用FTIR表征了功能化氧化石墨烯的交联模式[76]。揭示了与交联分子C-H拉伸模式对应的峰值存在，表明功能化石墨烯和戊二醛之间发生了交联。羟基可以通过形成半缩醛结构与醛发生反应。戊二醛分子中存在的醛官能团与功能化石墨烯片作为交联剂发生反应。戊二醛通过含有醛基的单臂与氧化石墨烯的羟基结合，通过醛基上的氨基与酶结合。戊二醛也被认为对水溶液中氧化石墨烯纳米片的自组装中起着重要作用，因为在少量戊二醛存在的情况下，纳米片的自组装以一种更有序的方式发生。在另一项研究中，在氧化石墨烯上对嗜冷 α－淀粉酶进行固化，得到相似结果[75]。图 11.2 描述了通过戊二醛作为交联剂，生物催化剂与氧化石墨烯黏附的示意图。

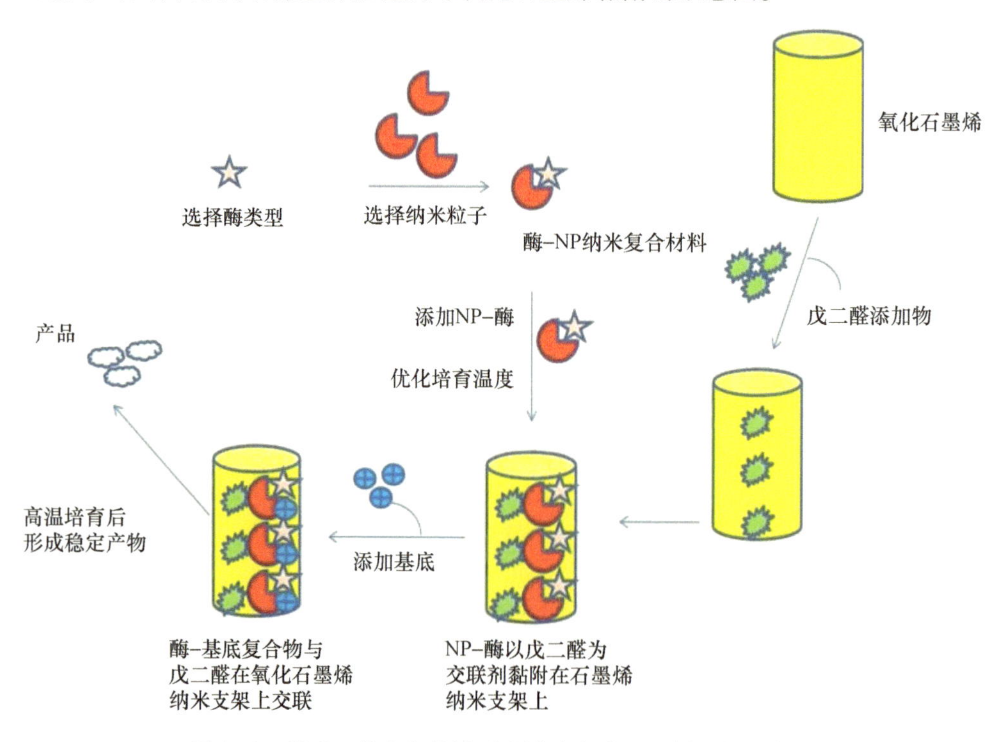


图 11.2　以戊二醛为交联剂，酶固化在氧化石墨烯上的示意图

Wei 和 Ge 认为氧化石墨烯表面的大量活性氧干扰过氧化氢酶活性中心的电子转移，从而导致较低的表观活性[73]。相反，脂肪酶固定在碳基纳米材料后，其催化活性增强，因为它们会作用于界面，而催化相同反应的酯酶则明显失去活性[64,70]。这与固定化后脂肪酶的结构没有明显改变有关[64]。然而，另一种酶乙酰胆碱酯酶固定在氧化石墨烯后，保留了固有构象和大部分活性[72]。相反，在固定化酶的条件下，解脂耶氏酵母的脂肪酶发生了一些结构变化[77]，这说明石墨烯纳米材料对酶的催化活性和结构的影响是很难预测的，而且取决于酶的性质。关于细胞色素 C 在石墨烯基材料上固定后结构变化的报道更加模糊；一些研究表明并没有发现明显的结构变化[65,67]，而另一些研究则表明 α－螺旋结构的丧失[69]。然而，所有的研究都一致认为血红素微环境被改变为更容易获得的构象，从而导致更高的过氧化物酶活性[67,69]。当氧化石墨烯被功能化或还原时，细胞色素 C 的过氧化物酶活性降低，这归因于更紧密的蛋白质结构和较难接近的活性位置[67,69]。葡萄糖氧化酶固定在氧化石墨烯上后，也观察到相似暴露的黄嘌呤腺嘌呤二核苷酸，并伴有构象变化[66]。

根据文献报道，蛋白质与石墨烯纳米材料的附着取决于纳米材料的表面化学和曲率以及蛋白质的性质。

### 11.4.1 酶在石墨烯基材料上的固定化

研究人员开发了一些石墨烯基材料的固化策略,这建立在一些决定因素的基础上,如结合实际和商业适用性的酶[2]。到目前为止,研究人员仍然选择通过物理吸附的非特异性结合的方法,作为蛋白质-纳米材料相互作用的固定化方法[62-63]。吸附通常被认为是一种固定化技术,因为它是一种简单、无化学的酶结合过程。石墨烯层数对酶的固化没有显著的影响,因此有效固定不需要完全剥离石墨[78]。然而,石墨烯基纳米材料的表面化学是一个关键因素,因为它可以影响酶-纳米材料的相互作用,从而改变固化酶的催化行为[67,71]。除了纳米材料的共价化学功能化,石墨烯片还可以用钙离子[78]或离子液体[79]改性。这些方法在不破坏石墨烯表面的情况下提高了固定化效率。然而,非共价固定的主要缺点是蛋白质从纳米材料表面泄漏[80]。这个问题可以通过共价固定来解决,由于增强了坚固性,从而获得更高的稳定性[82]。纳米材料化学功能化的发展产生了具有丰富多样官能团的新型材料,促进了共价连接方法的发展。最常用的方法是使用合适的交联剂,这取决于纳米材料表面的官能团。EDC 等碳二亚胺可以用于羧基材料[81]。1-乙基-3-(3-二甲胺丙基)-羧基攻击纳米材料的羧基形成邻氨基脲。这是高度反应性,可以直接用于在蛋白质表面的游离胺基形成稳定酰胺键。但是,中间酯不稳定,容易从水中水解。由于这个原因,*N*-羟基琥珀酰亚胺(NHS)或更亲水性的 *N*-羟基硫琥珀酸酰亚胺在此过程中被用于生产半稳定性胺反应酯,该反应酯后来被该蛋白所取代。该方法成功地应用于葡萄糖氧化酶[66]、牛血清白蛋白(BSA)[83-84]和胰蛋白酶[85]的固定化。另一种典型的交联剂是戊二醛,可用于具有胺功能团的石墨烯基纳米材料[64]。

Zue 等发现了一个更加复杂的过程,同时结合了这两种方法,例如:通过 EDC/NHS 化学反应,基于氨丙基三乙氧基硅烷功能化的$Fe_3O_4$纳米粒子在氧化石墨烯表面共价结合,然后使用戊二醛将血红蛋白共价固定在氧化石墨烯的硅烷衍生物上[86]。

一种结合共价和非共价相互作用的混合固定方法利用了1-芘丁酸琥珀酰亚胺酯。它的芘分子通过不可逆 π-π 堆叠与石墨烯表面相互作用,而蛋白质通过亲核攻击取代 NHS 分子,形成酰胺键。该方法已成功地用于葡萄糖氧化酶和谷氨酸脱氢酶的固定化[87]。

研究人员已开发的亲和固化方法是利用再生纳米材料/酶。在这些研究中,石墨烯基纳米材料被抗体功能化,这些抗体识别感兴趣蛋白或与蛋白质融合的另一种抗体。例如,研究人员报道了与兔抗人免疫球蛋白 G(IgG)抗体功能化的石墨烯,用于识别和选择性固定化人 IgG[88]。在另一种方法中,用亲和素功能化的氧化石墨烯固定生物素改性的适配体,以制备凝血酶检测器[89]。为了强调这种方法在各种生物技术应用中的潜力,研究人员报道了可以将含有细菌视紫质的生物素紫色膜固定在氧化石墨烯-亲和素复合材料上[90]。由于细菌视紫红质的光电特性,这些共轭物可以用于生物传感器和光电探测器等许多应用中。

在许多生物应用中,石墨烯的表面吸附或石墨烯-蛋白质相互作用非常有用。Zhou 等发现氧化石墨烯诱导蛋白的吸附伴随着蛋白质二级结构的显著变化;然而,蛋白涂层氧化石墨烯比原始氧化石墨烯和其他原始碳种表现出更好的细胞相容性,表明血清蛋白涂层氧化石墨烯可能在其生物医学应用中发挥重要作用[91]。Mahmoudi 等证明,血浆蛋白涂层氧化石墨烯纳米片能够比纯氧化石墨烯更有效地吸附引起神经退行性疾病的淀粉样蛋白纤维[92]。FGN上的蛋白冠在激光照射诱导的活性氧下，通过提高细胞吸收效率来提高肿瘤治疗的疗效[93-94]。蛋白质与石墨烯和石墨烯纳米材料的相互作用也促进了先进和高度敏感的生物传感器和治疗系统的开发。通过非共价或共价结合可以很容易地将靶向物种(肽、抗生物素蛋白-生物素、抗体和适体)固定在石墨烯或石墨烯纳米材料上[58]。表11.1描述了石墨烯、氧化石墨烯和还原石墨烯纳米材料与不同生物分子的作用。

表11.1　石墨烯纳米材料与生物分子的相互作用

| 石墨烯纳米材料 | 生物分子类型 | 应用 | 参考文献 |
|---|---|---|---|
| 石墨烯 | 疏水蛋白 | 稳定石墨烯 | [95] |
| 氧化石墨烯，还原氧化石墨烯 | 辣根过氧化物酶和草酸氧化酶 | 提高酶活性和稳定性的纳米载体 | [61-62] |
| 氧化石墨烯 | 葡萄糖氧化酶 | 提高酶活性的纳米载体 | [96] |
| 还原氧化石墨烯 | 辣根过氧化物酶 | 自由基清除剂和氧化还原介质 | [97] |
| 氧化石墨烯 | 纤维素酶和淀粉酶 | 提高酶活性和稳定性的固化基体 | [98] |
| 氧化石墨烯 | 脂肪酶 | 提高酶活性和稳定性的固化基体 | [99] |
| 氧化石墨烯，还原氧化石墨烯-聚多巴胺 | BSA | 蛋白质的结合与构象研究、表面改性、复合纳米粒子的组装 | [100] |
| 氧化石墨烯 | FBS | 降低细胞毒性 | [56] |
| 氧化石墨烯 | 血蛋白 | 降低A549细胞的细胞毒性 | [91] |
| 氧化石墨烯 | 卵清蛋白 | 细胞内疫苗蛋白传递 | [101] |
| 氧化石墨烯 | 生长因子 | 控制干细胞生长和分化 | [102] |
| 还原氧化石墨烯 | RGD-肽 | 在活细胞电极上促进细胞黏附，以便实时检测一氧化氮 | [103] |
| 氧化石墨烯，还原氧化石墨烯 | DNA | 表面改性 | [104] |
| 还原氧化石墨烯-聚多巴胺 | 质粒DNA | 基因转染研究 | [105] |
| 氧化石墨烯，还原氧化石墨烯-聚多巴胺 | 肝素 | 增强抗凝血活性、胶体稳定性和细胞相容性 | [106] |
| 氧化石墨烯，GO-BSA | 脂质膜和红细胞 | 氧化石墨烯膜上红细胞黏附及溶血的研究 | [107] |

石墨烯纳米材料的表面吸附不同类型的功能性生物分子后，表现出良好的细胞相容性或增强的生物功能，可用于不同场合。为了进一步研究固化方法的有效性，需要进行更多的研究。

Loo等对所有的固化方法进行了一项有趣的比较研究，结果表明，虽然亲和固化比物理吸收更稳定，但它导致了较低的选择性，使亲和相互作用的准确性不确定[89]。同时，大多数已发表的研究都没有证实纳米材料和固化酶之间的共价结合的形成。利用X射线光电子能谱验证了水解酶在功能化氧化石墨烯纳米材料上的共价固化[70]。此外，在大多数共价固化研究中，物理吸附不受阻碍，导致具有两个不同酶群的纳米催化体系。这说明固化过程没有合理的设计和优化，这限制了纳米催化剂的开发。使用数学工具，如响应面方法，将有利于酶固化领域的发展。

## 11.5 石墨烯作为酶固化的基质及其应用

利用石墨烯纳米材料作为酶固化的基质，提供了操控酶纳米环境的可能性，从而提高酶的操作稳定性、催化活性、酶载能力，并提高蛋白质电子转移，便于固化酶的精确调控。因此，石墨烯基纳米催化体系的应用有望扩大酶的实际应用。这些应用的图形表示如图11.3所示。

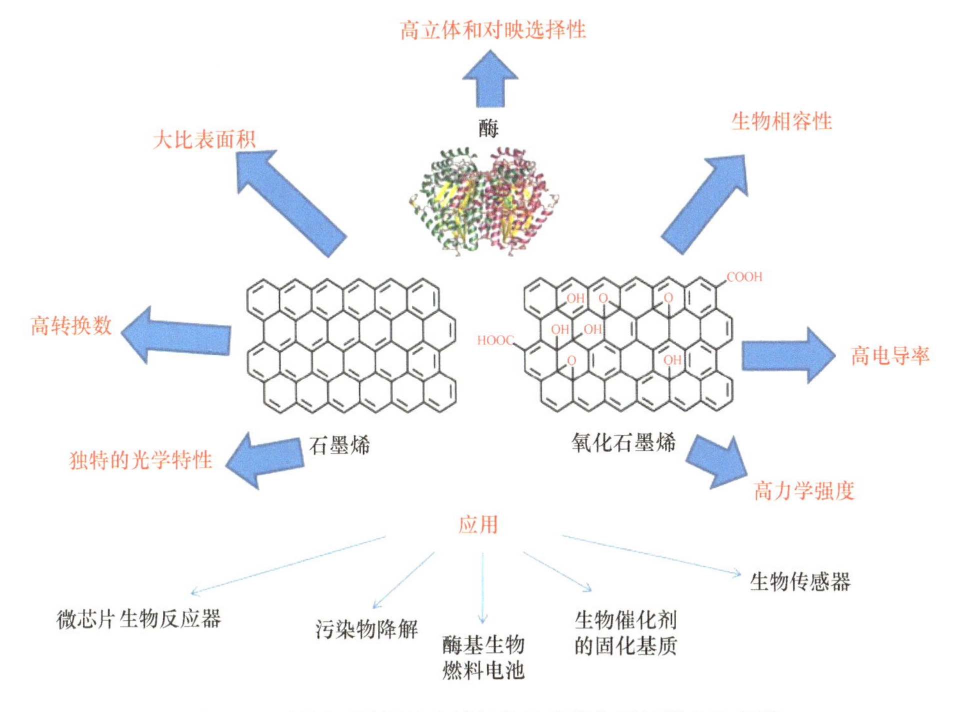


图11.3 使用石墨烯纳米材料的纳米催化剂的优点和应用

石墨烯基纳米催化体系在生物催化转化、污染物降解、生物燃料电池的发展、微芯片生物反应器等领域具有广泛的应用前景。最近研究人员研究了将脂肪酶固化在氧化石墨烯上[99]，发现其在有机溶剂中保持100%的活性，表明氧化石墨烯可以作为固化支撑。利用多种石墨烯基材料开发固化酶系统，有望实现污染物的降解和废水处理。将碱性蛋白酶固化在氧化石墨烯后，可以使得酪蛋白或废活性污泥水解成游离氨基酸[63]，或辣根过氧化物酶固化在同一纳米材料上，可以降解各种酚类化合物[97]。在另一项研究中[74-75]，发现添加镁纳米粒子的纤维素酶和α-淀粉酶固化在氧化石墨烯上后，可在4℃下保存120天以上，酶活力保持在80%以上，而添加镁纳米粒子的酶在同样温度下保存60天后，只能保留45%的活性。结果表明，在90℃培育酶系统后，常规酶活性显示GO-MgN-enzyme在240min后仍能保持72.9%的酶活性，而未经处理的酶组(GO,MgN)在60min后失去一半的初始活性。在8℃时，GO-MgN-酶在210min后仍能保持83%的酶活性，而未处理的酶组在150min后失去1/4的活性。这些观察表明，GO-MgN-酶是一个极其稳定的系统，即使在极端条件下，MgN和氧化石墨烯的双重作用也能增强酶的活性并维持催化位点的完整性。这种同时使用MgN和氧化石墨烯的固化模式是独一无二的，也是一个值得关注的发现。生物催化剂的可重用性是降低工业商品加工成本的一个重要因素。固化酶具有较好的重复使用性和较好的长期稳定性，因此具有较好的经济效益，可在间歇反应器和连续反应器中不断使用。

与游离酶相比，固化酶的重复使用性、储存稳定性和热稳定性得到了提高，这突出了固化酶在各种有机污染物生物修复中的应用潜力。自下而上蛋白质组学分析中最重要的任务之一就是开发高效、快速、可回收和自动化的蛋白质消化系统。

采用不同的氧化石墨烯基纳米复合材料，利用胰蛋白酶原位消化蛋白，使固化酶的变性和自溶性降到最低[108]。研究人员还报道了基于聚L-赖氨酸和聚乙二醇-二乙醇酸功能化的氧化石墨烯固化胰蛋白酶的蛋白质消化系统[86]。微波法辅助固化胰蛋白酶水解平板蛋白，通过MALDI-TOF-MS发现其具有较高的效率。研究人员正在开发基于氧化石墨烯的微片生物反应器，并与MALDI-TOF-MS分析相结合，得到消化和肽图谱[108]。这些微片生物反应器已被用于包括人类血清蛋白在内的几种标准蛋白质的快速消化和鉴定。上述研究表明，氧化石墨烯纳米复合材料具有较大的比表面积、较高的亲水性和良好的微波吸收能力，是开发高效的蛋白质消化和肽映射纳米催化体系的有前途的蛋白酶载体。近年来，研究人员利用氧化石墨烯磁性纳米复合材料作为乙酰胆碱酯酶固化平台，研制出一种可替代芯片酶微反应器平台，用以超敏检测有机磷农药[109]。在外加磁场的帮助下，这些磁性生物共轭物可以很容易堆叠。该酶微反应器具有较高的重现性和稳定性，因此为高效、低成本的农药分析提供了工具。氧化石墨烯与磁性纳米材料结合，以固化纤维素酶[110]。固化纤维素酶能有效催化纤维素衍生物的水解。相反，磁性纳米粒子的加入促进了酶在多个循环中的回收和再利用。

## 11.5.1 基于石墨烯的酶生物燃料电池

一种酶基生物燃料电池(EBFC)利用生物质衍生的能量载体，如葡萄糖、乙醇和油，通过酶催化的电化学反应发电。各种氧化还原酶，即乙醇脱氢酶、葡萄糖氧化酶和葡萄糖脱氢酶，可以用在EBFC阳极上氧化燃料，以产生质子、电子和其他副产品。在EBFC阴极上，氧化还原酶，如漆酶或胆红素氧化酶被用来与产生的质子催化氧化反应，从而产生水。目前在EBFC应用中，有两个正在研究的主要领域，即电子医疗设备的活体植入电源，如心脏起搏器，以及小型便携式电源设备的体外电源[111]。

实际上，过去十年，EBFC得到改善主要是由于使用碳基材料如碳纳米管和石墨烯制造酶功能化电极，因为它们具有固化酶的高导电性和大比表面积等优点[112-113]。以硅胶溶胶-凝胶固化石墨烯片/酶复合电极为基础，采用石墨烯制备无膜EBFC[114]。将葡萄糖氧化酶用作阳极酶，并以胆红素氧化酶用作阴极氧还原催化剂。这种石墨烯基EBFC模型产生最大功率密度，比单壁碳纳米管基EBFC模型产生的最大功率密度高出3倍。Wang等证明了石墨烯在电极上形成电化学功能化多层纳米结构的能力[115]。采用石墨烯作为间隔材料，通过逐层化学方法在电极上形成石墨烯/亚甲基绿和石墨烯/多壁碳纳米管的多层纳米结构。在葡萄糖/$O_2$EBFC中，使用葡萄糖脱氢酶为基础的生物阳极和漆酶为基础的生物阴极，证明了功能化纳米结构作为电子传感器的潜力。以还原氧化石墨烯/多壁碳纳米管改性玻碳电极为阳极，以石墨烯-铂复合改性玻碳电极为阴极，研制了一种有效的无膜葡萄糖/$O_2$EBFC[116]。最近研究人员提出了一种$Fe_3O_4$磁性纳米粒子/还原氧化石墨烯纳米片改性玻碳电极[117]。$Fe_3O_4$/还原氧化石墨烯杂化材料与乳酸脱氢酶结合后,显示了良好的电化学性能。石墨烯材料最近在微生物燃料电池的开发中得到了应用[118]。研究人员最新报道了一种具有葡萄糖氧化酶的酿酒酵母在电化学活性氧化石墨烯水凝胶中包封[119]。氧化石墨烯被证明是展示葡萄糖氧化酶酵母的有效传导支架,使酶和电极表面之间可以直接交流,这种特性对于 EBFC 的应用非常重要。与现在使用的大块固化载体相比,石墨烯基电极的优异性能可归因于其具有更大的比表面积,这促进了大量酶的固化,从而提高了催化效率[114]。这些纳米材料的导电性对于电化学应用具有同样重要的意义,且容易被表面功能化所改性。此类研究揭示了固化酶在石墨烯基纳米材料上的应用,最终促进了高效的生物燃料电池的研发。

## 11.6 小结

石墨烯基纳米材料由于其独特的结构和化学性质而成为研究最多的碳基材料。这些独特的性能使它们成为多价功能化和高效负载生物大分子的候选材料。石墨烯纳米材料的合成和表面工程取得了显著的进展,为进一步探索石墨烯纳米材料作为纳米支架在纳米催化体系中的应用开辟了新的途径。这些新型的生物共轭物在催化效率、操作稳定性和应用潜力等方面与传统固定化酶不同。生化和结构研究表明,固化方法和纳米材料的曲率对固化酶的固化效率、酯化活性、二级结构和操作稳定性有显著影响。大多数石墨烯纳米材料固化酶的催化行为增强表明,这些功能化纳米材料适合于高效纳米催化体系的开发。纳米碳基生物催化剂是有机合成和药物化学中的有用工具。这种创新技术拥有光明的前景,也是令人兴奋的挑战。事实上,制备具有高生物相容性、低毒性和可忽略的环境效应的碳基纳米材料对于制造组装和功能器件必不可少,这将扩大在生物催化转化、酶工程、生物燃料和能源生产、酶基生物传感和生物分析等领域的应用。

近年来,研究人员制备了大量的纳米催化剂,并将其成功地应用于不同的合成化学转化,主要关注氧化还原过程和 C—O 和 C—N 共价键的形成。该领域的技术已经达到了示范或工业厂房的水平。按发展趋势,载体和技术更加简化,以便减少酶的构型变化,并使催化剂的制备和回收变得更容易。在不同的情况下,逐层方法提高了系统的稳定性和反应性。在后一种情况下,载体对酶活性的干扰非常有限。通过比较,纳米结构的生物催化剂的反应性高于其微观结构的催化剂,突出了纳米尺度下产生的物理和化学性质对催化剂性能的影响。而且结构的复杂性和纳米结构支撑所发挥的作用因为发生的化学变化而发生明显的变化。虽然合成转换通常需要惰性和稳定的支持,但生物传感和燃料电池系统的特点是具有非常复杂的平台,它们是由不同纳米尺度物体混合而成的复合材料。因此有必要在电化学装置的特定空间方向上定位酶,也有必要优化酶与电极的活性中心之间的电子转移过程。这种高度的复杂性可能限制工业应用,因此需要更加努力去简化催化系统。最后,新型纳米结构碳基生物催化剂的设计应扩展到其他物理形式的碳,如碳泡沫和碳海绵。这些材料显示了有利于酶固化和活性的几个良性特性。例如,碳海绵可以很容易地固化高度亲脂性的酶,其可以作为活性泵从水介质中浓缩有机化合物,从而降低传质过程的动力学障碍。

总之,开发简单、低成本的纳米结构新材料的制备方法,使其具有定制的物理化学性能和表面功能基团，以及选择适用的固化方法，必将推动多功能纳米催化体系的发展。为了进一步了解石墨烯基材料对酶和其他蛋白质结构和功能的影响，还需要开展进一步的研究。例如，研究石墨烯纳米材料的功能化类型和物理化学特性对蛋白质固化效率和取向的影响，这将有助于进一步了解纳米材料与蛋白质分子之间的相互作用，从而实现纳米催化体系的优化。

## 参考文献

[1] Kim, J., Grate, J. W., Wang, P., Nanobiocatalysis and its potential applications. *Trends Biotechnol.*, 26, 11, 2008.

[2] Verma, M. L., Barrow, C. J., Puri, M., Nanobiotechnology as a novel paradigm for enzyme immobilization and stabilisation with potential applications in biodiesel production. *Appl. Microbiol. Biotechnol.*, 97, 1, 2013.

[3] Ge, J., Yang, C., Zhu, J., Lu, D., Liu, Z., Nanobiocatalysis in organic media: Opportunities for enzymes in nanostructures. *Top. Catal.*, 55, 16 – 18, 2012.

[4] Ansari, S. A. and Husain, Q., Potential applications of enzymes immobilized on/in nano materials: A review. *Biotechnol. Adv.*, 30, 3, 2012.

[5] Talbert, J. N. and Goddard, J. M., Enzymes on material surfaces. *Colloids Surf. B*, 93, 8 – 19, 2012.

[6] Mateo, C., Palomo, J. M., Fernandez – Lorente, G., Guisan, J. M., Fernandez – Lafuente, R., Improvement of enzyme activity, stability and selectivity via immobilization techniques. *Enzyme Microb. Technol.*, 40, 6, 2007.

[7] Rana, S., Yeh, Y. C., Rotello, V. M., Engineering the nanoparticle – protein interface: Applications and possibilities. *Curr. Opin. Chem. Biol.*, 14, 6, 2010.

[8] Bornscheuer, U. T., Immobilizing enzymes: How to create more suitable biocatalysts. *Angew. Chem. Int. Ed. Engl.*, 42, 29, 2003.

[9] Cao, L. and Schmid, R. D., *Carrier – Bound Immobilized Enzymes: Principles, Application and Design*, Wiley – VCH, ICMR – NICED, Kolkata, India 2006.

[10] Sassolas, A., Blum, L. J., Leca – Bouvier, B. D., Immobilization strategies to develop enzymatic biosensors. *Biotechnol. Adv.*, 30, 3, 2012.

[11] Johnson, P. A., Park, H. J., Driscoll, A. J., Enzyme nanoparticle fabrication: Magnetic nanoparticle synthesis and enzyme immobilization. *Methods Mol. Biol.*, 679, 183 – 191, 2011.

[12] Coleman, J. N., Lotya, M., O' Neill, A., Bergin, S. D., King, P. J., Khan, U., Young, K., Gaucher, A., De, S., Smith, R. J., Shvets, I. V., Two – dimensional nanosheets produced by liquid exfoliation of layered materials. *Science*, 331, 6017, 2011.

[13] Nicolosi, V., Chhowalla, M., Kanatzidis, M. G., Strano, M. S., Coleman, J. N., Liquid exfoliation of layered materials. *Science*, 340, 6139, 2013.

[14] Bitounis, D., Ali – Boucetta, H., Hong, B. H., Min, D. H., Kostarelos, K., Prospects and challenges of graphene in biomedical applications. *Adv. Mater.*, 25, 16, 2013.

[15] Du, D., Yang, Y., Lin, Y., Graphene – based materials for biosensing and bioimaging. *MRS Bull.*, 37, 12, 2012.

[16] Goenka, S., Sant, V., Sant, S., Graphene – based nanomaterials for drug delivery and tissue engineering. *J. Controlled Release*, 173, 75 – 88, 2014.

[17] Krishna, K. V., Menard - Moyon, C., Verma, S., Bianco, A., Graphene - based nanomaterials for nanobiotechnology and biomedical applications. *Nanomedicine*, 8, 10, 2013.

[18] Geim, A. K. and Novoselov, K. S., The rise of graphene. *Nat. Mater.*, 6, 3, 2007.

[19] Mao, H. Y., Laurent, S., Chen, W., Akhavan, O., Imani, M., Ashkarran, A. A., Mahmoudi, M., Graphene: Promises, facts, opportunities, and challenges in nanomedicine. *Chem. Rev.*, 113, 5, 2013.

[20] Zheng, X. T., Ananthanarayanan, A., Luo, K. Q., Chen, P., Glowing graphene quantum dots and carbon dots: Properties, syntheses, and biological applications. *Small*, 11, 14, 2015.

[21] Peng, J., Gao, W., Gupta, B. K., Liu, Z., Romero - Aburto, R., Ge, L., Song, L., Alemany, L. B., Zhan, X., Gao, G., Graphene quantum dots derived from carbon fibers. *Nano Lett.*, 12, 2, 2012.

[22] Xiang, Q., Cheng, B., Yu, J., Graphene - based photocatalysts for solar - fuel generation. *Angew. Chem. Int. Ed.*, 54, 39, 2015.

[23] Zhan, D., Yan, J., Lai, L., Ni, Z., Liu, L., Shen, Z., Engineering the electronic structure of graphene. *Adv. Mater.*, 24, 30, 2012.

[24] Yin, P. T., Shah, S., Chhowalla, M., Lee, K. B., Design, synthesis, and characterization of graphene - nanoparticle hybrid materials for bioapplications. *Chem. Rev.*, 115, 7, 2015.

[25] Ryu, J., Lee, E., Lee, K., Jang, J. A., Graphene quantum dots based fluorescent sensor for anthrax biomarker detection and its size dependence. *J. Mater. Chem. B*, 3, 24, 2015.

[26] Liu, Z., Robinson, J. T., Sun, X., Dai, H., PEGylated nanographene oxide for delivery of waterinsoluble cancer drugs. *J. Am. Chem. Soc.*, 130, 33, 2008.

[27] Lomeda, J. R., Doyle, C. D., Kosynkin, D. V., Hwang, W., Tour, J. M., Diazonium functionalization of surfactant wrapped chemically converted graphene sheets. *J. Am. Chem. Soc.*, 130, 48, 2008.

[28] Muszynski, R., Seger, B., Kamat, P. V., Decorating graphene sheets with gold nanoparticles. *J. Phys. Chem. C*, 112, 14, 2008.

[29] Xu, Y., Liu, Z., Zhang, X., Wang, Y., Tian, J., Huang, Y., Ma, Y., Zhang, X., Chen, Y., A graphene hybrid material covalently functionalized with porphyrin: Synthesis and optical limiting property. *Adv. Mater.*, 21, 12, 2009.

[30] Dai, L., Functionalization of graphene for efficient energy conversion and storage. *Acc. Chem. Res.*, 46, 1, 2013.

[31] Loh, K. P., Bao, Q., Ang, P. K., Yang, J., The chemistry of graphene. *J. Mater. Chem.*, 20, 12, 2010.

[32] Kim, J., Grate, J. W., Wang, P., Nanostructures for enzyme stabilization. *Chem. Eng. Sci.*, 61, 3, 2006.

[33] Tsang, S. C., Yu, C. H., Gao, X., Tam, K. J., Silica - encapsulated nanomagnetic particle as a new recoverable biocatalyst carrier. *Phys. Chem. B*, 110, 34, 2006.

[34] Takahashi, H., Li, B., Sasaki, T., Miyazaki, C., Kajino, T., Inagaki, S., Catalytic activity in organic solvents and stability of immobilized enzymes depend on the pore size and surface characteristics of mesoporous silica. *Chem. Mater.*, 12, 11, 2000.

[35] Hodes, G., When small is different: Some recent advances in concepts and applications of nanoscale phenomena. *Adv. Mater.*, 19, 5, 2007.

[36] Lerf, A., He, H., Forster, M., Klinowski, J., Structure of graphite oxide revisited. *J. Phys. Chem. B*, 102, 23, 1998.

[37] Bourlinos, A. B., Gournis, D., Petridis, D., Szabo, T., Szeri, A., Dekany, I., Graphite oxide: Chemical reduction to graphite and surface modification with primary aliphatic amines and amino acids. *Langmuir*, 19, 15, 2003.

[38] Dreyer, D. R., Park, S., Bielawski, C. W., Ruoff, R. S., The chemistry of graphene oxide. *Chem. Soc.*

Rev. ,39,1,2010.

[39] Gengler, R. Y. , Badali, D. S. , Zhang, D. , Dimos, K. , Spyrou, K. , Gournis, D. , Miller, R. D. , Revealing the ultrafast process behind the photoreduction of graphene oxide. *Nat. Commun.* ,4,2013.

[40] Bagri, A. , Mattevi, C. , Acik, M. , Chabal, Y. J. , Chhowalla, M. , Shenoy, V. B. , Structural evolution during the reduction of chemically derived graphene oxide. *Nat. Chem.* ,2,7,2010.

[41] Rao, C. N. R. , Biswas, K. , Subrahmanyam, K. S. , Govindaraj, A. , Graphene, the new nanocarbon. *J. Mater. Chem.* ,19,17,2009.

[42] Stankovich, S. , Piner, R. D. , Nguyen, S. T. , Ruoff, R. S. , Synthesis and exfoliation of isocyanatetreated graphene oxide nanoplatelets. *Carbon*,44,15,2006.

[43] Yang, H. , Li, F. , Shan, C. , Han, D. , Zhang, Q. , Niu, L. , Ivaska, A. , Covalent functionalization of chemically converted graphene sheets via silane and its reinforcement. *J. Mater. Chem.* ,19,26,2009.

[44] Hou, S. , Su, S. , Kasner, M. L. , Shah, P. , Patel, K. , Madarang, C. J. , Formation of highly stable dispersions of silane – functionalized reduced graphene oxide. *Chem. Phys. Lett.* ,501,1,2010.

[45] Niyogi, S. , Bekyarova, E. , Itkis, M. E. , McWilliams, J. L. , Hamon, M. A. , Haddon, R. C. , Solution properties of graphite and graphene. *J. Am. Chem. Soc.* ,128,24,2006.

[46] Zhuang, X. D. , Chen, Y. , Liu, G. , Li, P. P. , Zhu, C. X. , Kang, E. T. , Noeh, K. G. , Zhang, B. , Zhu, J. H. , Li, Y. X. , Conjugated – polymer – functionalized graphene oxide: Synthesis and nonvolatile rewritable memory effect. *Adv. Mater.* ,22,15,2010.

[47] Veca, L. M. , Lu, F. , Meziani, M. J. , Cao, L. , Zhang, P. , Qi, G. , Qu, L. , Shrestha, M. , and Sun, Y. P. , Polymer functionalization and solubilization of carbon nanosheets. *Chem. Commun.* ,18,2009.

[48] Mohanty, N. and Berry, V. , Graphene – based single – bacterium resolution biodevice and DNA transistor: Interfacing graphene derivatives with nanoscale and microscalebiocomponents. *Nano Lett.* ,8,12,2008.

[49] Wang, S. , Chia, P. J. , Chua, L. L. , Zhao, L. H. , Png, R. Q. , Sivaramakrishnan, S. , Zhou, M. , Goh, R. G. S. , Friend, R. H. , Wee, A. T. S. , Ho, P. K. H. , Band – like transport in surface – functionalized highly solution – processable graphene nanosheets. *Adv. Mater.* ,20,18,2008.

[50] Patil, A. J. , Vickery, J. L. , Scott, T. B. , Mann, S. , Aqueous stabilization and self – assembly of graphene sheets into layered bio – nanocomposites using DNA. *Adv. Mater.* ,21,31,2009.

[51] Georgakilas, V. , Kouloumpis, A. , Gournis, D. , Bourlinos, A. , Trapalis, C. , Zboril, R. , Tuning the dispersibility of carbon nanostructures from organophilic to hydrophilic: Towards the preparation of new multipurpose carbon – based hybrids. *Chem. Eur. J.* ,19,38,2013.

[52] Hassan, H. M. , Abdelsayed, V. , Abd El Rahman, S. K. , AbouZeid, K. M. , Terner, J. , El – Shall, M. S. , Al – Resayes, S. I. , El – Azhary, A. A. , Microwave synthesis of graphene sheets supporting metal nanocrystals in aqueous and organic media. *J. Mater. Chem.* ,19,23,2009.

[53] Kamat, P. V. , Graphene – based nanoarchitectures. Anchoring semiconductor and metal nanoparticles on a two – dimensional carbon support. *J. Phys. Chem. Lett.* ,1,2,2009.

[54] Hwang, E. T. and Gu, M. B. , Enzyme stabilization by nano/microsized hybrid materials. *Eng. LifeSci.* ,13, 1,2013.

[55] Dwevedi, A. , Singh, A. K. , Singh, D. P. , Srivastava, O. N. , Kayastha, A. M. , Lactosenano – probe optimized using response surface methodology. *Biosens. Bioelectron.* ,25,4,2009.

[56] Li, J. , Wang, J. , Gavalas, V. G. , Atwood, D. A. , Bachas, L. G. , Alumina – pepsin hybrid nanoparticles with orientation – specific enzyme coupling. *Nano Lett.* ,3,1,2002.

[57] Konwarh, R. , Karak, N. , Rai, S. K. , Mukherjee, A. K. , Polymer – assisted iron oxide magnetic nanoparticle immobilized keratinase. *Nanotechnology*,20,22,2009.

[58] Wang, Y., Li, Z., Wang, J., Li, J., Lin, Y., Graphene and graphene oxide: Biofunctionalization and applications in biotechnology. *Trends Biotechnol.*, 29, 5, 2011.

[59] Kuila, T., Bose, S., Khanra, P., Mishra, A. K., Kim, N. H., Lee, J. H., Recent advances in graphene based biosensors. *Biosens. Bioelectron.*, 26, 12, 2011.

[60] Zhao, F., Li, H., Jiang, Y., Wang, X., Mu, X., Co – immobilization of multi – enzyme on controlreduced graphene oxide by non – covalent bonds: An artificial biocatalytic system for the onepot production of gluconic acid from starch. *Green Chem.*, 16, 5, 2014.

[61] Zhang, J., Zhang, F., Yang, H., Huang, X., Liu, H., Zhang, J., Guo, S., Graphene oxide as a matrixfor enzyme immobilization. *Langmuir*, 26, 9, 2010.

[62] Zhang, Y., Zhang, J., Huang, X., Zhou, X., Wu, H., Guo, S., Assembly of graphene oxide – enzyme conjugates through hydrophobic interaction. *Small*, 8, 1, 2012.

[63] Su, R., Shi, P., Zhu, M., Hong, F., Li, D., Studies on the properties of graphene oxide – alkaline protease bio – composites. *Bioresour. Technol.*, 115, 2012.

[64] Pavlidis, I. V., Vorhaben, T., Tsoufis, T., Rudolf, P., Bornscheuer, U. T., Gournis, D., Stamatis, H., Development of effective nanobiocatalytic systems through the immobilization of hydrolases on functionalized carbon – based nanomaterials. *Bioresour. Technol.*, 115, 2012.

[65] Zuo, X., He, S., Li, D., Peng, C., Huang, Q., Song, S., Fan, C., Graphene oxide – facilitated electron transfer of metalloproteins at electrode surfaces. *Langmuir*, 26, 3, 2009.

[66] Shao, Q., Qian, Y., Wu, P., Zhang, H., Cai, C., Graphene oxide – induced conformation changes of glucose oxidase studied by infrared spectroscopy. *Colloids Surf.*, *B*, 109, 2013.

[67] Patila, M., Pavlidis, I. V., Diamanti, E. K., Katapodis, P., Gournis, D., Stamatis, H., Enhancement of cytochrome c catalytic behaviour by affecting the heme environment using functionalizedcarbon – based nanomaterials. *Proc. Biochem.*, 48, 7, 2013.

[68] Raffaini, G. and Ganazzoli, F., Surface topography effects in protein adsorption on nanostructured carbon allotropes. *Langmuir*, 29, 15, 2013.

[69] Yang, X., Zhao, C., Ju, E., Ren, J., Qu, X., Contrasting modulation of enzyme activity exhibited by graphene oxide and reduced graphene. *Chem. Commun.* (*Comb.*), 49, 77, 2013.

[70] Pavlidis, I. V., Vorhaben, T., Gournis, D., Papadopoulos, G. K., Bornscheuer, U. T., Stamatis, H., Regulation of catalytic behaviour of hydrolases through interactions with functionalized carbon – based nanomaterials. *J. Nanopart. Res.*, 14, 5, 2012.

[71] Jin, L., Yang, K., Yao, K., Zhang, S., Tao, H., Lee, S. T., Liu, Z., Peng, R., Functionalized graphene oxide in enzyme engineering: A selective modulator for enzyme activity and thermostability. *ACS Nano*, 6, 6, 2012.

[72] Mesarič, T., Baweja, L., Drašler, B., Drobne, D., Makovec, D., Dušak, P., Dhawan, A., Sepčić, K., Effects of surface curvature and surface characteristics of carbon – based nanomaterials on the adsorption and activity of acetylcholinesterase. *Carbon*, 62, 2013.

[73] Wei, X. L. and Ge, Z. Q., Effect of graphene oxide on conformation and activity of catalase. *Carbon*, 60, 2013.

[74] Dutta, N., Biswas, S., Saha, M. K., Biophysical characterization and activity analysis of nanomagnesium supplemented cellulase obtained from a psychrobacterium following graphene oxide immobilization. *Enzyme Microb. Technol.*, 95, 2016.

[75] Dutta, N., Biswas, S., Saha, M. K., Nano – magnesium aided activity enhancement and biophysical characterization of a psychrophilic α – amylase immobilized on graphene oxide nano support. *J. Biosci. Bio-*

eng. ,124,1,2017.

[76] Zhan,Y. ,Yang,X. ,Guo,H. ,Yang,J. ,Meng,F. ,Liu,X. ,Cross – linkable nitrile functionalized graphene oxide/poly(arylene ether nitrile) nanocomposite films with high mechanical strength and thermal stability. *J. Mater. Chem.* ,22,12,2012.

[77] Li,Q. ,Fan,F. ,Wang,Y. ,Feng,W. ,Ji,P. ,Enzyme immobilization on carboxyl – functionalized graphene oxide for catalysis in organic solvent. *Ind. Eng. Chem. Res.* ,52,19,2013.

[78] Alwarappan,S. ,Boyapalle,S. ,Kumar,A. ,Li,C. Z. ,Mohapatra,S. ,Comparative study of single – ,few – , and multilayered graphene toward enzyme conjugation and electrochemical response. *J. Phys. Chem.* ,116, 11,2012.

[79] Cazorla,C. ,Rojas – Cervellera,V. ,Rovira,C. ,Calcium – based functionalization of carbon nanostructures for peptide immobilization in aqueous media. *J. Mater. Chem.* ,22,37,2012.

[80] Jiang,Y. ,Zhang,Q. ,Li,F. ,Niu,L. ,Glucose oxidase and graphene bionanocomposite bridged by ionic liquid unit for glucose biosensing application. *Sens. Actuators*,*B*,161,1,2012.

[81] Gao,Y. and Kyratzis,I. ,Covalent immobilization of proteins on carbon nanotubes usingthe cross – linker 1 – ethyl – 3 – (3 – dimethylaminopropyl)carbodiimide—A critical assessment. *Bioconjug. Chem.* ,19,2008.

[82] Stavyiannoudaki,V. ,Vamvakaki,V. ,Chaniotakis,N. ,Comparison of protein immobilization methods onto oxidised and native carbon nanofibres for optimum biosensor development. *Anal. Bioanal. Chem.* ,395, 2,2008.

[83] Kuchlyan,J. ,Kundu,N. ,Banik,D. ,Roy,A. ,Sarkar,N. ,Spectroscopy and fluorescence lifetime imaging microscopy to probe the interaction of bovine serum albumin with graphene oxide. *Langmuir*,31,2015.

[84] Liu,J. ,Fu,S. ,Yuan,B. ,Li,Y. ,Deng,Z. ,Toward a universal"adhesive nanosheet"for the assembly of multiple nanoparticles based on a protein – induced reduction/decoration of graphene oxide. *J. Am. Chem. Soc.* ,132,2010.

[85] Xu,G. ,Chen,X. ,Hu,J. ,Yang,P. ,Yang,D. ,Wei,L. ,Immobilization of trypsin on graphene oxide for microwave – assisted on – plate proteolysis combined with MALDI – MS analysis. *Analyst.* ,137,12,2012.

[86] Zhu,J. ,Xu,M. ,Meng,X. ,Shang,K. ,Fan,H. ,Ai,S. ,Electro – enzymatic degradation of carbofuran with the graphene oxide – $Fe_3O_4$ – hemoglobin composite in an electrochemical reactor. *Proc. Biochem.* , 47,12,2012.

[87] Huang,Y. ,Dong,X. ,Shi,Y. ,Li,C. M. ,Li,L. J. ,Chen,P. ,Nanoelectronic biosensors based on CVD grown graphene. *Nanoscale*,2,8,2010.

[88] Wang,G. ,Huang,H. ,Zhang,G. ,Zhang,X. ,Fang,B. ,Wang,L. ,Gold nanoparticles/L – cysteine/graphene composite based immobilization strategy for an electrochemical immunosensor. *Anal. Methods*,2,11, 2010.

[89] Loo,A. H. ,Bonanni,A. ,Pumera,M. ,Biorecognition on graphene:Physical,covalent,and affinity immobilization methods exhibiting dramatic differences. *Chem. Asian J.* ,8,1,2013.

[90] Chen,H. M. ,Lin,C. J. ,Jheng,K. R. ,Kosasih,A. ,Chang,J. Y. ,Effect of graphene oxide on affinityimmobilization of purple membranes on solid supports. *Colloids Surf.* ,*B*,116,2014.

[91] Chong,Y. ,Ge,C. ,Yang,Z. ,Garate,J. A. ,Gu,Z. ,Weber,J. K. ,Liu,J. ,Zhou,R. ,Reduced cytotoxicity of graphene nanosheets mediated by blood – protein coating. *ACS Nano*,9,6,2015.

[92] Mahmoudi,M. ,Akhavan,O. ,Ghavami,M. ,Rezaee,F. ,Ghiasi,S. M. A. ,Graphene oxide strongly inhibits amyloid beta fibrillation. *Nanoscale*,4,23,2012.

[93] Hu,W. ,Peng,C. ,Lv,M. ,Li,X. ,Zhang,Y. ,Chen,N. ,Fan,C. ,Huang,Q. ,Protein coronamediated mitigation of cytotoxicity of graphene oxide. *ACS Nano*,5,5,2011.

[94] Hajipour, M. J., Akhavan, O., Meidanchi, A., Laurent, S., Mahmoudi, M., Hyperthermiainduced protein corona improves the therapeutic effects of zinc ferrite spinel – graphene sheets against cancer. *RSC Adv.*, 4, 107, 2014.

[95] Ahadian, S., Estili, M., Surya, V. J., Ramón – Azcón, J., Liang, X., Shiku, H., Ramalingam, M., Matsue, T., Sakka, Y., Bae, H., Nakajima, K., Facile and green production of aqueous graphene dispersions for biomedical applications. *Nanoscale*, 7, 15, 2015.

[96] Novak, M. J., Pattammattel, A., Koshmerl, B., Puglia, M., Williams, C., Kumar, C. V., "Stableon – the – table" enzymes: Engineering the enzyme – graphene oxide interface for unprecedented kinetic stability of the biocatalyst. *ACS Catal.*, 6, 1, 2016.

[97] Zhang, C., Chen, S., Alvarez, P. J. J., Chen, W., Reduced graphene oxide enhances horseradish peroxidase stability by serving as radical scavenger and redox mediator. *Carbon*, 94, 2015.

[98] He, C., Shi, Z. – Q., Ma, L., Cheng, C., Nie, C. – X., Zhou, M., Zhao, C. – S., Graphene oxide based heparin – mimicking and hemocompatible polymeric hydrogels for versatile biomedical applications. *J. Mater. Chem. B*, 3, 4, 2015.

[99] Hermanová, S., Zarevucka, M., Bouša, D., Pumera, M., Sofer, Z., Graphene oxide immobilized enzymes show high thermal and solvent stability. *Nanoscale*, 7, 13, 2015.

[100] Wang, Y., Zhao, C., Sun, D., Zhang, J. – R., Zhu, J. J., A graphene/poly (3, 4 – ethylenedioxythiophene) hybrid as an anode for high – performance microbial fuel cells. *ChemPlusChem*, 78, 8, 2013.

[101] Li, H., Fierens, K., Zhang, Z., Vanparijs, N., Schuijs, M. J., Van Steendam, K., FeinerGracia, N., De Rycke, R., De Beer, T., De Beuckelaer, A., De Koker, S., Spontaneous protein adsorption on graphene oxide nanosheets allowing efficient intracellular vaccine protein delivery. *ACS Appl. Mater. Interfaces*, 8, 2, 2016.

[102] Yoon, H. H., Bhang, S. H., Kim, T., Yu, T., Hyeon, T., Kim, B. – S., Dual roles of graphene oxidein chondrogenic differentiation of adult stem cells: Cell – adhesion substrate and growth factordelivery carrier. *Adv. Funct. Mater.*, 24, 6455 – 6464, 2014.

[103] Guo, C. X., Ng, S. R., Khoo, S. Y., Zheng, X., Chen, P., Li, C. M., RGD – peptide functionalized graphene biomimetic live – cell sensor for real – time detection of nitric oxide molecules. *ACSNano*, 6, 8, 2012.

[104] Liu, J., Li, Y., Li, Y., Li, J., Deng, Z., Noncovalent DNA decorations of graphene oxide and reduced graphene oxide toward water – soluble metal – carbon hybrid nanostructures via selfassembly. *J. Mater. Chem.*, 20, 5, 2010.

[105] Kim, H. and Kim, W. J., Photothermally controlled gene delivery by reduced graphene oxide – polyethylenimine nanocomposite. *Small*, 10, 1, 2014.

[106] Lee, D. Y., Khatun, Z., Lee, J. – H., Lee, Y. K., In, I., Blood compatible graphene/heparin conjugate through noncovalent chemistry. *Biomacromolecules*, 12, 2, 2011.

[107] Cai, B., Hu, K., Li, C., Jin, J., Hu, Y., Bovine serum albumin bioconjugated graphene oxide: Redblood cell adhesion and hemolysis studied by Qcm – D. *Appl. Surf. Sci.*, 356, 2015.

[108] Bao, H., Zhang, L., Chen, G., Immobilization of trypsin via graphene oxide – silica composite forefficient microchip proteolysis. *J. Chromatogr.*, *A*, 1310, 2013.

[109] Liang, R. P., Wang, X. N., Liu, C. M., Meng, X. Y., Qiu, J. D., Construction of graphene oxide magnetic nanocomposites – based on – chip enzymatic microreactor for ultrasensitive pesticide detection. *J. Chromatogr.*, *A*, 1315, 2013.

[110] Gokhale, A. A., Lu, J., Lee, I., Immobilization of cellulase on magnetoresponsive graphene nano – sup-

ports. *J. Mol. Catal. B:Enzym.* ,90,2013.

[111] Gao,F. ,Yan,Y. ,Su,L. ,Wang,L. ,Mao,L. ,An enzymatic glucose/O2 biofuel cell:Preparation,characterization and performance in serum. *Electrochem. Commun.* ,9,5,2007.

[112] Gao,F. ,Viry,L. ,Maugey,M. ,Poulin,P. ,Mano,N. ,Engineering hybrid nanotube wires for highpower biofuel cells. *Nat. Commun.* ,1,2010.

[113] Liu,Y. and Dong,S. ,A biofuel cell harvesting energy from glucose - air and fruit juice - air. *Biosens. Bioelectron.* ,23,4,2007.

[114] Liu,C. ,Alwarappan,S. ,Chen,Z. ,Kong,X. ,Li,C. Z. ,Membraneless enzymatic biofuel cells based on graphene nanosheets. *Biosens. Bioelectron.* ,25,7,2010.

[115] Wang,X. ,Wang,J. ,Cheng,H. ,Yu,P. ,Ye,J. ,Mao,L. ,Graphene as a spacer to layer - by - layerassemble electrochemically functionalized nanostructures for molecular bioelectronic devices. *Langmuir*,27, 17,2011.

[116] Devadas,B. ,Mani,V. ,Chen,S. M. ,A glucose/O2 biofuel cell based on graphene and multiwalled carbon nanotube composite modified electrode. *Int. J. Electrochem. Sci.* ,7,9,2012.

[117] Teymourian, H. , Salimi, A. , Khezrian, S. , $Fe_3O_4$ magnetic nanoparticles/reduced graphene oxide nanosheets as a novel electrochemical and bioeletrochemical sensing platform. *Biosens. Bioelectron.* , 49,2013.

[118] Bahartan,K. ,Amir,L. ,Israel,A. ,Lichtenstein,R. G. ,Alfonta,L. ,*In situ* fuel processing in a microbial fuel cell. *ChemSusChem*,5,9,2012.

[119] Bahartan, K. , Gun, J. , Sladkevich, S. , Prikhodchenko, P. V. , Lev, O. , Alfonta, L. , Encapsulation of yeast displaying glucose oxidase on their surface in graphene oxide hydrogel scaffolding and itsbioactivation. *Chem. Commun.* ,48,98,2012.